"十二五"普通高等教育本科国家级规划教材

教育部高等学校轻工类专业教学指导委员会"十四五"规划教材

国家级一流本科课程配套教材

包装印刷技术

（第三版）

张改梅　许文才　主编

中国轻工业出版社

图书在版编目（CIP）数据

包装印刷技术/张改梅，许文才主编. —3 版. —北京：
中国轻工业出版社，2024.6
ISBN 978-7-5184-4694-0

Ⅰ.①包… Ⅱ.①张… ②许… Ⅲ.①装潢包装印刷—
高等学校—教材 Ⅳ.①TS851

中国国家版本馆 CIP 数据核字（2023）第 239808 号

责任编辑：杜宇芳　　责任终审：滕炎福
文字编辑：王晓慧　　责任校对：吴大朋　　封面设计：锋尚设计
策划编辑：杜宇芳　　版式设计：致诚图文　　责任监印：张　可

出版发行：中国轻工业出版社（北京鲁谷东街 5 号，邮编：100040）
印　　刷：三河市万龙印装有限公司
经　　销：各地新华书店
版　　次：2024 年 6 月第 3 版第 1 次印刷
开　　本：787×1092　1/16　印张：20
字　　数：490 千字
书　　号：ISBN 978-7-5184-4694-0　定价：69.80 元
邮购电话：010-85119873
发行电话：010-85119832　010-85119912
网　　址：http://www.chlip.com.cn
Email：club@ chlip.com.cn

前　言

　　包装是实现商品价值和使用价值的手段，是商品生产与消费之间的桥梁，而包装印刷是提高商品附加值、增强商品竞争力、开拓市场的重要手段和途径。因此，学习、了解和掌握各类包装材料和容器的印刷方法、工艺和相关技术，对于正确设计、印制和评价包装容器的质量尤为重要。

　　2015 年 1 月，由许文才主编的《包装印刷技术》第二版正式出版，在第一版的基础上，增加了当时前沿的包装印刷技术。本书在吸收第一版和第二版《包装印刷技术》规划教材内容精华的基础上，补充了近年来国内外包装印刷最新的技术和工艺，针对大部分高校包装工程本科专业的教学计划和条件，突出了包装印刷技术和印后加工的相关内容。本书入选教育部高等学校轻工类专业教学指导委员会"十四五"规划教材。教材编写中适当删减传统印刷部分的内容，增加印后加工部分的知识，尤其是纸包装印后加工内容，同时强化培养解决复杂工程问题的能力、理论联系实际的工程应用能力；不断充实教学内容，增加最新技术和实用案例，如数字印刷最新技术等，在教学过程中完善教学内容，紧跟时代步伐；逐步完善教学资源库，开发微课和视频教学资源，利用在线课程的方式对学生开放，使学生随时随地参与学习；挖掘课程育人的元素，增加《包装印刷技术》课程思政的功能，提升育人效果。在编写过程中，参考了来自印刷一线和印刷设备器材销售商的工程技术人员提供的经验和专业资料。

　　《包装印刷技术》第三版是按照教育部《普通高等学校包装工程本科专业规范》、"包装印刷技术"专业教育知识体系和课程描述的要求编写的规划教材。内容上力求符合目前国内外现代包装工业发展的生产工艺，满足包装工程本科专业对人才培养的要求。本书是一本包装印刷技术的教材，适用于高等教育本科阶段的学习。它涵盖了包装印刷的基本理论、各种印刷方式和印后加工技术的原理和工艺，以及包装印刷的质量控制和新技术的发展。本书在介绍包装印刷技术的基础知识的同时，强调了工艺应用的特点，重点介绍了各种印刷方式在不同类型的包装材料和容器上的应用工艺和相关技术，详细介绍了包装印刷的基本概念、颜色复制原理、印前图文处理、油墨传递原理基础知识，以及平版印刷、凹版印刷、柔性版印刷、丝网印刷、数字印刷、特种印刷（全息、喷码、立体、移印）的原理与工艺。此外，还介绍了上光、覆膜、烫印、模切压痕、分切、复卷、涂布、复合等包装印后加工技术，以及 UV 冷烫印、LED-UV 印刷与 EB 固化技术、UV 模压成型技术、无溶剂复合技术等工艺。本书还包含了各类印刷方式在标签、折叠纸盒、纸箱、塑料软包装、金属与玻璃包装容器的应用工艺及相关技术，并在强调工艺应用特点的基础上，介绍了承印材料和油墨的特性、制版技术、包装印刷质量控制等内容。

　　本书内容系统全面，结构清晰，重点突出，实用性强，适合于高等院校包装工程、印刷工程等本、专科专业的学生使用，也可供从事印刷包装行业的工程技术人员参考。

　　本书由北京印刷学院张改梅、许文才组织编写并统稿，湖南工业大学钟云飞、西安理工大学刘琳琳、陕西科技大学智川、天津科技大学顾翀、北京印刷学院宋晓利、刘省珍、刘辉等参与编写。第一章由许文才、张改梅编写，第二章由刘琳琳编写，第三章由钟云飞、许文才、刘省珍编写，第四章由顾翀、张改梅编写，第五章由张改梅、刘省珍编写，

第六章由智川编写，第七章由张改梅、许文才、宋晓利、刘辉编写，另外还有包装工程专业的研究生参与了编写工作。在本书的编写过程中，得到曹国荣、付亚波、石佳子等老师的大力支持和帮助，在此表示衷心感谢。同时，本教材得到北京印刷学院 2023 年立项课题资助。

由于包装印刷技术涉及的学科基础和专业知识较多，加之编者水平有限，虽然经过很大努力，但是书中难免存在缺点以及疏漏之处，衷心希望得到广大同行专家和读者们的批评和指正！

张改梅　许文才

2023 年 11 月

目　　录

第一章　包装印刷基础

本章学习目标及要求：

1. 了解包装印刷技术的基本概念及基本知识，理解包装印刷的工艺过程、质量控制的重要性和实用性。

2. 归纳、对比不同印刷方式的基本原理和基本特点，能够选择合理的印刷方式。

3. 理解印刷色彩再现原理、油墨转移原理、制版原理，能够列举纸张、油墨、制版等影响印刷质量的因素。

第一节　包装与包装印刷

包装印刷技术是指在包装材料、包装容器、包装标签上印刷各种图文信息所涉及的工艺和技术，包括印前图文处理技术、印刷工艺、印后加工技术。常用的印刷方式包括凸版印刷（如柔性版印刷）、平版印刷（如胶印）、凹版印刷、孔版印刷（如丝网印刷）、数字印刷和特种印刷（如立体印刷、全息印刷、移印、喷码）等，常用的印后加工有上光、覆膜、烫金、模压、复合等。

一、印刷的定义及分类

1．印刷的定义

包装印刷
基本知识

所谓印刷是指使用印版或其他方式将原稿上的图文信息转移到承印物上的工艺技术。使用印版完成图文转移的工艺技术称为有版印刷；不使用印版完成图文转移的工艺技术称为无版印刷。

印版是用于传递油墨至承印物上的印刷图文载体，通常划分为凹版、凸版、平版和孔版等。承印物是能接受油墨或吸附色料并呈现图文的各种物质，主要包括纸张、纸板、塑料薄膜、铝箔、复合材料、金属板、玻璃、陶瓷等平面材料以及各种成型物品等。印刷品的制作一般包括印前图文处理与制版、印刷、印后加工3个工艺过程。

2．印刷的分类

印刷有不同的分类方法，主要有以下几种。

印刷的分类

（1）**按传统印版方式分类**　按所用印版特点不同可将印刷方式分为：平版印刷、凹版印刷、凸版印刷、孔版印刷等。

平版印刷是使用图文部分和非图文部分几乎处于同一平面的平版的印刷方式，利用油、水不相溶的自然规律，通过化学处理，使印版图文部分具有亲油性，空白部分具有亲水性。印刷过程如图1-1所示。

凹版印刷是图文部分低于非图文部分的使用印版的印刷方式。凹版上图文部分凹下，空白部分凸起并在同一平面或同一半径的弧面上。如图1-2所示，印刷时，先使整个印

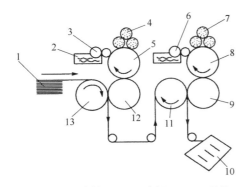

1—纸张；2—水槽；3、6—水辊；4、7—墨辊；
5、8—印版滚筒；9、12—橡皮滚筒；
10—印品；11、13—压印滚筒。

图1-1 平版印刷（胶印）示意图

版表面涂满油墨，然后用特制的刮墨机构，把空白部分的油墨去除干净，使油墨只存留在图文部分的"孔穴"之中，再在较大的压力作用下，将油墨转移到承印物表面。

凸版印刷是用图文部分高于非图文部分的印版进行印刷的方式，分为直接凸版印刷和间接凸版印刷。凸印版上空白部分凹下，图文部分凸起并且在同一平面或同一半径的弧面上。如图1-3所示，印刷时，墨辊首先滚过印版表面，使油墨黏附在凸起的图文部分，然后承印物和印版上的油墨相接触，在压力的作用下，图文部分的油墨转移到承印物表面。柔性版印刷是凸版印刷的一种，是采用以感光树脂版为原材料制作的弹性凸印版通过网纹辊将油墨转移到承印物表面的印刷方式。

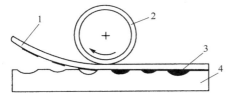

(a) 凹版印刷原理图

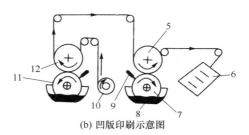

(b) 凹版印刷示意图

1—承印材料；2—压印滚筒；3—油墨；4—印版；5、12—压印滚筒；
6—印品；7、11—印版滚筒；8—墨槽；9—刮墨刀；10—纸张。

图1-2 凹版印刷

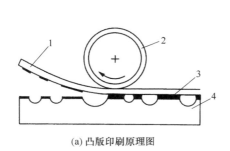

(a) 凸版印刷原理图

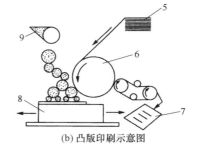

(b) 凸版印刷示意图

1—承印材料；2—压印滚筒；3—油墨；4—印版；5—纸张；
6—压印滚筒；7—印品；8—装版台；9—墨槽。

图1-3 凸版印刷

孔版印刷是印版在图文区域漏墨而在非图文区域不漏墨的印刷方式。孔版印刷的印版图文部分由可以将油墨漏印至承印物上的孔洞组成，而空白部分则不能透过油墨。孔版印刷包括誊写版印刷、镂空版印刷和丝网印刷。

① 誊写版印刷 俗称油印，用铁笔或其他方法在蜡纸上制出图文，随后在蜡纸面上

施墨印刷。

②镂空版印刷　在木板、纸板、金属或塑料等片材上刻画出图文，并挖空制成镂空版，通过刷涂或喷涂方法使油墨透过通孔附着于承印物上。

③丝网印刷　印版在图文部分呈筛网状开孔的孔版印刷方式。印刷时油墨在刮墨板的挤压下从版面通孔部分漏印在承印物上。丝网印刷是孔版印刷中应用最广泛的工艺方法，约占孔版印刷的98%以上。

对于平丝网印版而言，将丝织物、合成纤维或金属丝网绷紧在网框上，采用手工刻漆膜或涂感光胶等光化学制版法，使丝网印版上图文部分可漏印着墨，而将非图文部分的网孔堵死。如图1-4（a）所示，印刷时将印墨倒在网框内，然后用橡皮刮板在丝网版面上进行刮压运动，使油墨透过网孔漏在承印物上，形成所需的图文。

对于圆型丝网印版，多采用圆筒型金属丝网印版。如图1-4（b）所示的圆压圆丝网印刷机内置刮墨刀和自动供墨系统，印刷时印版作连续旋转运动，刮墨板不动，刮墨刀将印刷油墨从圆丝网版上转移到由压印滚筒支承的承印物表面。

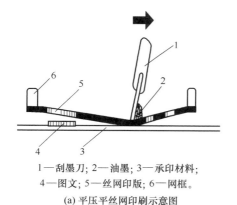

1—刮墨刀；2—油墨；3—承印材料；
4—图文；5—丝网印版；6—网框。

(a) 平压平丝网印刷示意图

1—刮墨装置；2—印刷油墨；
3—圆型丝网印版；4—承印材料；5—压印滚筒。

(b) 圆压圆丝网印刷原理示意图

图1-4　丝网印刷示意图

（2）数字印刷分类　数字印刷是指使用数据文件控制相应设备，将呈色剂或色料（如油墨）直接转移到承印物上的复制过程。它是利用数字技术对文件、资料进行个性化处理，采用印前系统将图文信息直接通过网络传输到数字印刷机上印刷出产品的一种印刷技术。它涵盖了印刷、电子、计算机、网络、通信等多种技术领域，印量灵活、印品兼具多样化与个性化特点、方便存储、可多次调用电子文件进行印刷。

数字印刷的主要特点是按需性、及时性和可变性。具体说来，它有以下特征：

①印刷过程　将数字文件/页面转换成印刷品。

②影像形成过程　为数字式，不需要任何中介模拟过程或载体的介入。

③印品信息　100%可变信息，可以选择不同的版式、不同的内容、不同的尺寸，甚至可以选择不同材质的承印物。

数字印刷有静电照相式数字印刷、喷墨式数字印刷、电凝聚数字印刷、热成像数字印刷、磁记录数字印刷等形式。其中，静电照相式数字印刷和喷墨式数字印刷是数字印刷的主要形式。

（3）特种印刷分类　除以上常用的传统印刷方式和数字印刷外，还有一些特殊印刷方式，如移印、立体印刷和全息印刷等。

移印是指承印物为不规则的异形表面（如仪器、电气零件、玩具等），经移印头将油墨转印至承印物上完成转移印刷的方式。所采用的印版（转印头）多为橡胶版或树脂版，属于间接印刷。移印具有工艺简单、承印物材料和形状的范围广泛、印版制作容易、多色套印容易、墨层薄、印刷图文变形大、易实现多胶头组合印刷等特点。

立体印刷模拟人两眼间距从不同角度观察同一物体，从不同的角度对同一物体进行拍摄，将左、右不同角度观察到的像素记录在感光材料上，经制版印刷后，得到裸眼无法正常观察的特殊印刷品，只有在配合凹凸柱镜状光栅板后，才能形成完整可视的立体印刷品。立体印刷具有立体感很强、产品图像清晰、层次丰富、形象逼真、光泽度好、颜色鲜艳、不易褪色等特点。

全息印刷是以全息照相（记录和再现物体三维立体信息的照相方法）技术为基础，复制全息图的工艺方法。常用的模压法就是采用具有浮雕型光栅的全息图作为原稿，制作出模压模具，在塑性较强的薄膜表面压出浮雕型光栅，实现大批量复制全息图的方法，常用于高档标签、化妆品彩盒、烟盒、酒盒等。

（4）按印刷品用途分类　按用途不同，可将印刷分为以下6种类型。

① 书刊印刷　以书籍、期刊等为主要产品的印刷。

② 报纸印刷　以报纸等信息媒介为产品的印刷。

③ 包装印刷　以包装材料、包装制品、标签等为产品的印刷。

④ 表格印刷　以商业表格和票据等为产品的印刷。

⑤ 证券印刷　以钞票、邮票、股票、债券等有价证券为产品的印刷。

⑥ 地图印刷　以地形图、地矿图、交通图、航测图、军用图等为产品的印刷。

（5）按承印物分类　按所印刷的承印物不同，可将印刷分为：纸及纸板印刷、塑料薄膜印刷、皮革印刷、塑料板印刷、金属印刷、玻璃印刷、陶瓷印刷等。

（6）按印刷色数分类　在一个印刷过程中，按所完成的印刷色数不同，可将印刷分为以下3种类型。

① 单色印刷　一个印刷过程中，只在承印物上印刷一种墨色的印刷。

② 双色印刷　一个印刷过程中，在承印物上印刷两种墨色的印刷。

③ 多色印刷　一个印刷过程中，在承印物上印刷两种以上墨色的印刷。

3. 包装印刷工艺流程

按传统印刷方式，其包装印刷工艺流程如图1-5所示。

图1-5　包装印刷工艺流程

包装设计主要有包装装潢设计和包装结构设计，对于运输包装容器，还要进行缓冲包装设计与物流包装设计。纸包装印刷后加工一般包括表面整饰和成型加工。常用的表面整饰工艺主要有覆膜、上光、烫印等；常用的成型加工工艺主要有压凹凸、模切压痕、折叠黏合等。软包装印后加工工艺一般包括复合、分切、复卷等。

二、包装印刷

1. 包装及包装印刷

（1）包装　包装是在流通过程中为保护产品、方便储运、促进销售，按一定技术方法而采用的容器、材料及辅助物等的总称；也指为了达到上述目的而在采用容器、材料和辅助物的过程中施加一定技术方法等的操作活动。包装是美化宣传商品、实现商品价值和使用价值的手段，是商品生产与消费之间的桥梁，而包装印刷是实现包装功能、提高商品附加值、增强商品竞争力、开拓市场的重要手段和途径。

（2）包装印刷　包装印刷是指以包装材料、包装制品、标签材料等为承印对象的印刷。

（3）包装印刷工艺　在包装材料、包装制品、标签材料上印刷不同信息和图案所需要的规范、程序和操作方法。

（4）包装印后加工工艺　使包装印刷品获得所要求的形状和使用性能的生产工序，包括不同形式的表面整饰工艺和成型加工工艺。

2. 包装印刷分类

包装印刷的分类方法较多，常用的分类方法主要有以下几种。

（1）按有无印版分类　分为传统印刷和数字印刷。

（2）按所承印的包装材料分类　分为纸与纸板印刷、塑料软包装印刷、塑料板印刷、金属印刷、玻璃印刷、陶瓷印刷、织物印刷、其他印刷。

（3）按包装制品及用途分类　分为纸包装制品印刷（包括纸盒、纸箱、纸袋、纸罐、纸杯、纸筒印刷等）、塑料包装制品印刷（包括以塑料薄膜和复合薄膜为主的软包装袋印刷以及硬质塑料容器印刷等）、金属包装制品印刷（包括金属罐、金属盒、金属筒、金属箱印刷等）、玻璃包装制品印刷、陶瓷容器印刷、标签印刷等。

① 纸包装制品印刷　纸包装制品主要有纸盒、纸箱、纸袋、纸桶（罐）和纸杯等，纸箱是最主要的运输包装形式，而纸盒广泛用作食品、医药、电子等各种产品的销售包装。在纸包装印刷领域，平版胶印、凸版柔印、凹版印刷、网版印刷、数字印刷等多种印刷并存，并在相互竞争中发展。单张纸印刷中大都采用胶印方式，也有的使用单张纸凹印和平压平网版印刷方式。而在卷筒纸印刷中，大都采用凹印和柔印方式，也有少量采用胶印或网版印刷方式。而且配套的后加工形式多样，使得纸包装产品的印刷工艺非常灵活多变。

② 塑料包装制品印刷　塑料包装印刷是指以塑料薄膜、塑料板及塑料制品等为承印物的印刷工艺。按材质可分为硬质塑料包装制品（也称塑料包装容器或塑料容器）和塑料软包装制品；按塑料包装容器的成型方法可分为吹塑、注塑、挤出、模压、热成型、旋转、缠绕成型容器等；按容器形状和用途，塑料包装容器可分为箱盒类、瓶罐类、袋类、软管类、薄壁包装容器类（盘、杯、盒、碗、半壳状等）。以塑料薄膜为主的软包装材料具有质轻、透明、防潮、抗氧化、耐酸、耐碱、气密性好、易于印刷精美图文的优点，广泛用于方便食品、生活用品、超级市场小商品的包装。普通玻璃纸、聚偏氯乙烯涂层玻璃纸、聚乙烯、聚丙烯、尼龙、聚酯、聚二氯乙烯、铝箔、纸等薄膜状材料，经过复合或涂料加工后，做成袋状，将内装物密封。

为了提高塑料薄膜等承印材料的印刷适性，改善印刷表面油墨的转移性能和附着力，必须对不易直接印刷的承印材料进行表面处理。常用的表面处理方法主要有等离子体、电晕处理、化学处理法、光化学处理涂层处理法、防静电处理等。

软包装印刷工艺主要有凹版印刷、柔性版印刷和丝网印刷等。一般情况下，应根据承印材料、单位面积的着墨量、印刷质量要求、图案式样、产品批量、印刷色数、墨层厚度、换版频率、成本预算等多种因素加以选择。塑料软包装印刷以凹版印刷为主，而柔性版印刷是软包装印刷的后起之秀。软包装印刷主要是在卷筒状的承印物表面进行印刷，有透明或不透明薄膜，有表面印刷和里面印刷之分，其中透明塑料膜的里印工艺是软包装印刷工艺的主要印刷方式。

刚性塑料包装容器的印刷方法主要有移印、丝网印刷、贴花纸印刷等。

③ 金属包装制品印刷　金属包装制品印刷是指以金属板或金属制品为承印物的印刷工艺，其承印材料主要有马口铁（镀锡钢板）、无锡薄钢板（TFS）、锌铁板、黑钢板、铝板、铝冲压容器以及铝、白铁皮复合材料等。金属罐是一种典型的金属制品，按结构加工工艺分有三片罐和两片罐等，主要用于罐头和饮料的容器。金属软管是一种用金属材料制成的圆柱形包装容器，主要用于膏状物品的包装，如牙膏、鞋油及医用药膏等的特殊容器。

金属印刷材料不能采用硬质金属印版与硬质承印物直接压印的直接印刷方式，往往采用间接印刷方式。金属印刷方式因承印物的形态不同而异，目前主要有平版胶印、无水平版胶印、凹版胶印及凸版干胶印等四种印刷方式。单张金属板印刷主要采用平版胶印和凸版干胶印两种印刷方式。马口铁、铝材质地坚硬、没有弹性，因此，多采用平版胶印工艺；成型罐多采用凸版干胶印工艺，即印版图文部分的油墨经过橡皮滚筒清晰地转印到金属罐表面。

金属三片罐常采用凸版干胶印印刷方式，即采用感光树脂凸版或金属凸版，通过橡皮滚筒转印的印刷方式。铝质两片罐的印刷多采用典型的曲面凸版印刷方式。

软管印刷是指利用弹性橡皮层转印图像原理，以软管为承印物的印刷工艺。软管印刷属曲面印刷，与金属铝质两片罐印刷方式相同，多采用凸版胶印工艺，印版为铜版和感光树脂版。

④ 玻璃包装制品印刷　玻璃包装制品印刷是指以玻璃板或玻璃制品为承印物的印刷工艺。由于玻璃制品大多为透明的，且表面平滑、坚硬，印后一般要进行烧结处理，需要具有一定的墨层厚度，因此，适于采用印刷压力小、印版柔软的丝网印刷方式完成彩色印刷。

玻璃印刷多采用丝网印版，是使用玻璃釉料在玻璃制品上进行装饰的一种印刷工艺，印刷后的玻璃制品要放入火炉中，以 $520\sim600℃$ 的温度进行烧制，印刷到玻璃表面上的釉料才能固结在玻璃上，形成绚丽多彩的装饰图案。

根据玻璃制品承印物形状的不同，可以通过圆柱形曲面丝网印刷机和圆锥形曲面丝网印刷机来完成印刷。玻璃制品特殊效果印刷方式主要有蚀刻丝网印刷、冰花丝网印刷、蒙砂丝网印刷、消光丝网印刷。

⑤ 陶瓷容器印刷　陶瓷容器印刷是指以陶瓷制品为承印物的印刷工艺。丝网印刷陶瓷装饰主要有直接装饰法、间接装饰法和直间装饰法（综合装饰法）三类。

陶瓷贴花纸采用的印刷方法主要有平版印刷、凹版印刷和凸版印刷，印花膜厚只能达到 $5\sim10\mu m$。在陶瓷上，要做到图案纹样有立体感、色泽鲜艳、经久耐用不脱色，采用丝网印刷方法是非常适宜的。陶瓷贴花纸印刷工艺根据贴花和上釉先后顺序及烧结方式不同，分为陶瓷釉上贴花纸丝印和陶瓷釉下贴花纸丝印。

⑥ 标签印刷　标签是用来表示商品的名称、标志、材质、生产厂家、生产日期及属性的特殊印刷品。标签印刷是指以标签材料为承印物的印刷工艺，涵盖了凸印、柔性版印刷、胶印、凹印、丝网印刷、数字印刷、特种印刷等多种印刷方式。

标签按标签材料不同可分为纸标签和不干胶标签；按贴标工艺不同可分为普通纸标签、不干胶标签和模内标签。除此之外，还有热收缩标签、直接丝网印刷标签和电子标签等。不干胶标签也叫自黏标签、及时贴、即时贴、压敏纸等，是以纸张、薄膜或特种材料为面材，背面涂有黏合剂，以涂硅保护纸为底纸的一种复合材料，并经印刷、模切等加工后成为成品标签。应用时只需从底纸上剥离，轻轻一按，即可贴到各种基材的表面，也可使用贴标机在生产线上自动贴标。与传统纸张类标签相比，不干胶标签不需刷胶、刷浆糊，使用方便、节省时间。因此，越来越多的商品使用不干胶标签来代替普通标签。

从目前国际标签印刷市场来看，不干胶标签的印刷方式主要有凸版和柔性版印刷方式。从输纸方式来看，不干胶标签的印刷方式主要有单张纸印刷和卷筒纸印刷。随着多功能轮转凸印标签机和机组式柔印机的普及和应用，卷筒纸印刷不干胶标签占据的比例越来越大。

（4）按承印物的表面形态分类　分为平面印刷、曲面印刷（包括移印、软管印刷、玻璃及陶瓷容器印刷等）、球面印刷。

三、绿色包装印刷

1. 绿色包装与绿色包装印刷的基本内涵

"绿色"泛指环境保护，体现"环境友好""健康有益"、可持续发展理念。

"绿色包装"指包装材料与制品在生产、使用和回收过程中对人体和环境无危害，包装废弃物能够循环再生利用或能自然降解的适度包装。绿色包装以环境和资源为核心，不仅考虑包装的质量、功能、寿命和成本，还要考虑从原材料的生产到包装制品的加工、使用以及废弃物的回收、利用全过程中包装对环境的影响。

"绿色包装印刷"指环保性包装印刷工艺。一般来讲，绿色包装印刷是指采用环保性印刷版材和材料在包装材料、包装容器和标签上印刷及印后制作工艺符合节能环保要求的印刷方式或印刷工艺。绿色包装印刷既包括环保印刷材料与辅料的使用、节材节能与环保的印刷与制作工艺过程，又包括包装制品在流通销售以及使用过程中的安全性、包装材料及容器的回收处理与可循环利用。因此，绿色包装印刷是印刷及加工实现节能减排与低碳经济的重要手段。通过绿色包装印刷的实施，可使包括材料、加工、应用和消费在内的整个供应链系统步入良性循环状态。

绿色包装印刷强调在包装设计、印前图文处理与印版制作、包装原辅材料选择、印刷与后加工工艺、包装制品的使用与回收利用等整个生命周期均应符合环保要求。如无水胶印、EB（电子束固化）油墨印刷、水性柔性版和水性凹版印刷、LED-UV 上光、冷烫印、无溶剂复合等都是绿色包装印刷与印后加工。

2. 绿色包装印刷的主要特征

一般而言，绿色包装印刷具有以下基本特征。

（1）节约材料、工艺适度　包装制品在满足方便流通与销售、保护产品、使用等功能条件下，在整个过程中使用最少的原辅材料和适度的印刷加工工艺。

（2）节能减排、减少危害　原辅材料生产、设备制造、印刷加工、包装制品使用与废弃物回收处理等过程中，使用最少的能源、产生最少的 VOCs 排放。

（3）环保生产、保障安全　原辅材料的生产与使用、设备的制备与使用、包装制品的印制加工与流通、产品的使用及废弃物回收处理等整个过程不会对人和环境造成影响，保障人身安全和食品包装安全。

绿色包装印刷产业与民生关系紧密，在企业改型和产业结构调整中发挥重要作用。只有坚持政府在实施绿色印刷和绿色包装战略中的主导作用，重视市场机制作用，实现市场资源的合理配置和优化组合，才是发展绿色包装印刷产业的路径。

四、包装印刷研究的对象

包装印刷主要研究不同包装材料的印刷适性，不同承印表面及不同用途的印刷方式的基本原理和制版工艺，印刷材料、印刷设备及印后加工处理的技术问题，它涉及印刷、材料、机、光、电等基本知识及应用技术。

掌握包装印刷与印后加工的基本原理，熟悉包装印刷的工艺过程，合理选择印刷方式和包装材料，对提高包装印刷质量、扩大包装印刷的应用范围等具有重要意义。

本书研究的主要内容为平版胶印、凹版印刷、柔性版印刷、丝网印刷、数字印刷、特种印刷（全息印刷、喷码印刷、立体印刷、移印技术）以及各印刷方式在纸制品、塑料制品、金属包装、玻璃包装、陶瓷容器中的应用；包装印后加工部分主要介绍上光、覆膜、烫印、模切压痕、分切、复卷、涂布、复合等内容。

第二节　印刷色彩复制原理

印刷色彩
复制原理（1）

一、颜色的描述

颜色的描述随应用领域与应用目的的不同，采用不同的科学标定方法。如物理学根据电磁波来研究颜色，用波长或频率来描述颜色；艺术家用色相、明度、饱和度来描述颜色；而印刷工业用密度、色度来描述颜色。从本质上讲，颜色的描述就是采用一定的体系给颜色一种适当的命名或定量标识，既可以基于物体对能量的辐射、吸收或反射的颜色标定，也可以基于人们对颜色感知的人眼视觉的生理机制和心理反应。

牛顿最早从物理学上发现颜色是由某种固定波长或两种及以上多种波长混合形成的，从而揭示了颜色混合的基本规律。从人类对颜色视觉特性来看，颜色包括彩色（如红、橙、黄、绿、青、蓝、紫）和中性色（如黑、白、灰）两部分，人眼不仅能够识别可见光光谱区中的红、橙、黄、绿、青、蓝、紫，还能够识别颜色 3~5nm 波长增减的变化。颜色科学的研究发现彩色具有色相、明度（亮度）和饱和度三个基本属性，而中性色只有明度（亮度）属性。

（1）色相　色相是颜色的重要基本特征。人眼视觉对色相的感觉与光波刺激中的光谱组分及分布直接相关，不同波长的单色光能够产生不同的色调感觉。对于复色光来说，色相感觉取决于光刺激中占主要成分波长的比例。

（2）明度　明度是人眼对颜色明亮程度的感觉。对于非彩色，人眼可以感受到白色、浅灰、暗灰、黑色的变化。对于彩色同样也有明度变化的感觉，一般来说，所形成的光刺激越强烈，明亮感觉越高。通常采用物体的反射率或者透射率来表示物体表面的明暗感知属性。

（3）饱和度　饱和度也称为彩度，是描述颜色感觉中彩色成分多少的属性，即颜色的鲜艳程度或纯度。在人眼可见光范围内，单色光能够产生最强烈的颜色刺激，饱和度最高。颜色的饱和度取决于光谱反射或透射特性。

二、颜色的分解及合成

在颜色复制中，分色是实现颜色复制的前提条件。即颜色无论采用何种表达形式复制，都必须在色分解过程中采用加色法三原色或减色法三原色进行描述，并在色还原过程中通过原色的空间混合或叠合，在不同颜色再现介质中进行复现。因此，颜色复制或复现的关键是通过颜色信息的色分解，获得其原色信息的分色技术。

1. 颜色的分解

任何颜色复制都是通过颜色分解（分色）与颜色合成（原色叠印）来实现的，即采用颜色分解—颜色传递—颜色合成的工艺过程。但不同技术工艺条件下的颜色复制，会在分色方法、实现手段和过程控制上有所不同，会在颜色再现精度与品质以及应用可靠性与易用性上有所差异。图1-6描述了基于纸媒体印刷颜色的复制过程。

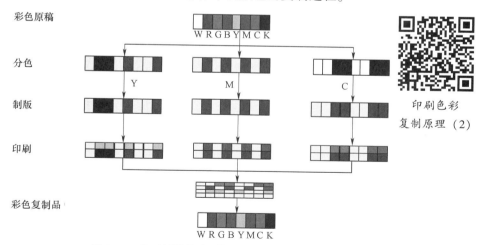

图1-6　基于纸媒体印刷颜色的复制过程

从图1-6可知，在颜色的复制过程中，颜色通过分色及其半色调处理后形成青、品红和黄的半色调分色信息，再转移到印版上，最终在印刷机上将分色半色调信息相互叠印而形成彩色复制品。因此，在所选择的材料、设备以及实际应用环境下，依据所建立的颜色基准来正确实现颜色的识别与分色，使实际样本对象和标准之间的差异或匹配误差最小是颜色复制的关键。

2. 分色技术

从技术层面上来看，分色是指在颜色分解、颜色传递、颜色合成的颜色复制过程中，以特定硬拷贝或软拷贝为目的，将彩色原稿分解成各个单色版的过程。而分色技术则是指能够按照软硬拷贝的复制要求，正确实现颜色分解的技术方法与工艺。分色技术可分为模拟照相分色技术、模数电子分色技术和数字分色技术三个技术发展阶段。

（1）模拟照相分色技术　模拟照相分色是指根据互补色原理，采用照相感光成像的技术方法，通过彩色滤色片将彩色原稿分解成青（C）、品红（M）、黄（Y）、黑（K）等四个单色版的过程。模拟照相分色也称互补分色，采用互补色滤色片将彩色原稿各部位反射或透射的三色混合色光分离成三种基本色光，并记录于感光材料或介质上。图1-7描述了典型模拟照相分色的原理，即采用红（R）、绿（G）、蓝（B）三色滤色片进行色光分解，使其互补色青（C）、品红（M）、黄（Y）分别在三张感光片上感光，获得只反映

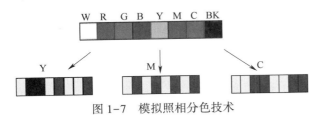

图1-7　模拟照相分色技术

原稿图像中一种颜色成分、对其他颜色成分不反映的分色片，从而实现了基于颜色理论的分色技术。在1930年—1990年，广泛应用于彩色印刷工业的照相制版就是模拟照相分色技术的范例。

（2）模数电子分色技术　模数电子分色是指采用电子扫描的方式将彩色原稿分解成各个单色版的过程，如图1-8所示。它在设备上通过电子分色机取代制版照相机，在技术上应用电子技术取代了光学技术，在方法上应用各种模拟电子控制手段取代了复杂光化学作业控制手段。模数电子分色开始使印刷制版工艺广泛采用精密光学器件和电子电路，突破彩色制版中分色与加网两大关键技术瓶颈，也使分色技术的实现在工艺控制上更简单、在作业手段上

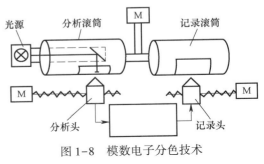

图1-8　模数电子分色技术

更优化、在颜色信息处理上更准确以及在制版印刷质量上更优异，生成效率和品质显著提升。

模数电子分色技术采用扫描方式将彩色原稿分解成规则排列的像素，并将每个像素颜色分色后转换成CMYK的电信号，其后用电子电路来实现对图像的校正，用计算机进行图像校正后的图像加网，最终将电信号转换成光信号后再记录在胶片上，获得CMYK四色分色片。应用模数电子分色技术的电子分色制版系统历经了电子分色制版、电分高端联网和DTP（桌面出版系统）三个典型工艺阶段，不仅集成了彩色图像信息采集、传输、处理和记录等专业颜色复制的制版功能，还应用数字控制方式实现了模拟照相分色技术中最复杂的图像分色、校正和加网过程，形成了图像输入、图像处理和图像输出三大部分构成的现代分色制版体系的基本范式。在1980年—1999年广泛应用于彩色印刷工业的电子分色制版系统就是模数电子分色技术的范例。

（3）数字分色技术　数字分色是指采用数字颜色识别方式将彩色原稿信息分解成各个单色版数字信息的过程。数字分色技术是指通过图像源颜色空间和复制目标颜色空间的构建以及各个颜色空间之间的颜色数据变换或映射来实现原色或基色获取的方法。与（依赖于光学系统和滤色片的）模拟照相分色技术和模数电子分色技术不同，数字分色技术的核心是以 Grassman 色光混合定律为基础，根据各种传感体系所获得的图像光谱、多光谱或高谱来导出的彩色数字图像输出显色的数学模型，建立满足对 RGB、CMYK、HLS、$L^*a^*b^*$ 等多颜色空间和不同设备颜色输出与管理的分色机制及其分色图像信息，实现各种输入、输出设备基于分色图像信息在不同颜色空间的转换。在 2000 年后开始广泛应用于彩色印刷工业数字印前系统的色彩管理就是数字分色技术的范例。

三、加网原理

在颜色复制中，复制或复现颜色的二值或多值输出技术是无法直接再现颜色所具有的连续变化特性的。技术上只能采用将连续调转变为网目半色调的加网技术，才能够根据空间视觉混合原理，通过网点来再现丰富的颜色阶调与细腻的层次效果，如图 1-9 所示。

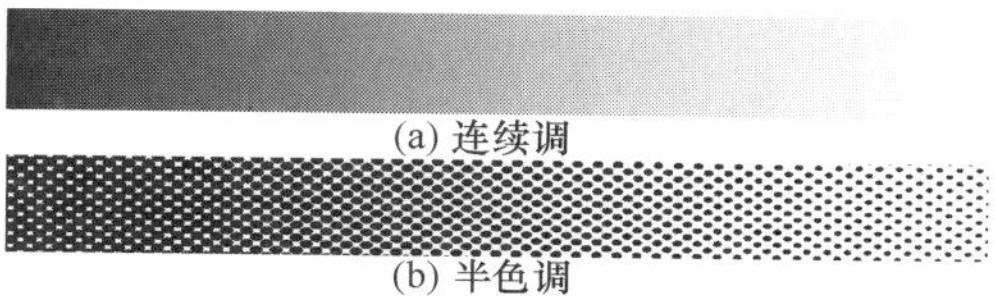

阶调复制原理

（a）连续调

（b）半色调

图 1-9　连续调与半色调的比较

1. 网点及其构成

网点是颜色复制中表达颜色连续变化的基本单元。网点通过网点状态（大小和形状）及其传递特征的变化来再现颜色变化的浓淡效果。目前，网点的构成主要有调幅加网、调频加网和混合加网三种方式，其构成要素分述如下。

（1）调幅加网　调幅加网是一种采用点聚集态网点技术的加网方式，也是最经典的网点构成方法，其构成要素包括：

① 网点形状　网点形状是指网目半色调图像中 50%处网点的外观形状。常见的网点

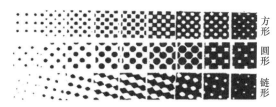

方
形

圆
形

链
形

图 1-10　网点形状

形状有圆形网点、方形网点和链形网点。网点形状不同对阶调层次细节再现的效果会有所差异，网点扩大规律也不相同，如图 1-10 所示。

② 加网角度　加网角度是指网点排列方向中心点的连线与图像水平边缘或垂直边缘的夹角，如图 1-11 所示。常用的四色加网角度是 0°、15°、45°、75°。45°网角的对视觉干扰最小，视觉效果最好。在多色印刷时，各色版之间的加网角度必须大于 22.5°，才能避免如图 1-12 所示的龟纹产生。

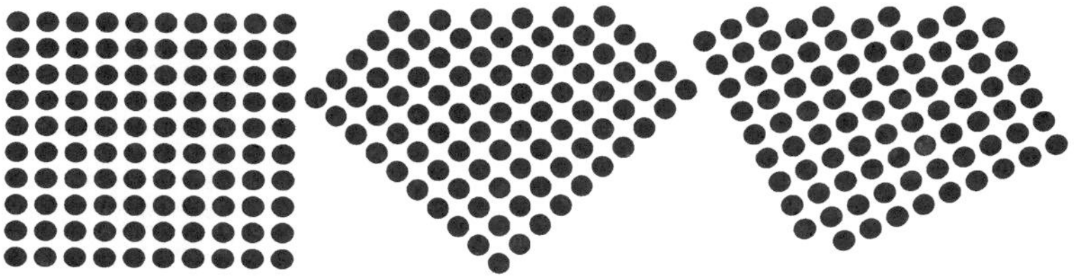

图 1-11　加网角度（0°、45°、15°）

③ 加网线数　加网线数是指单位长度内线的对数或半色调图像中单位长度内黑白网点的对数。常用线/厘米或线/英寸来表示。加网线数表示了网点基本单元的精细程度，加网线数越高，网点越精细，能够表示的细节更多，层次的表现越丰富，反之层次就差，如图 1-13 所示。

图 1-12　龟纹

图 1-13　不同加网线数的图像层次比较

④ 网点百分比　网点百分比是指加网单位面积内网点面积所占的百分比。在调幅加网中，由于所有相邻网点间的距离相同，而网点大小不同，网点百分比直接表示了加网图像层次的深浅，网点百分比越大，图像层次越深，网点百分比 100% 就是印刷中的"实地"，网点百分比 0% 就是印刷中的"绝网"。

（2）调频加网　调频加网是一种采用点离散态网点技术的加网方式，是由直径相同的网点，以随机分布的频率来表示不同的网点百分比或灰度，即通过单位面积内网点的数量来表现层次细节，如图 1-14 所示。其构成要素包括：网点形状、网点百分比以及网点直径。其中，网点直径是反映加网精细度的重要指标，网点直径越小，加网质量越高。

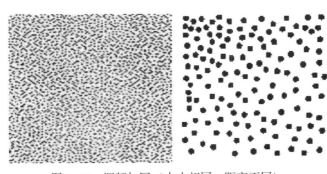

图 1-14　调频加网（大小相同、距离不同）

调频加网的最突出优点是消除了加网角度对图文质量及其细节表达的影响，特别是龟纹、玫瑰斑等诸多制约印刷品质的因素。

（3）混合加网　混合加网是一种结合调幅加网和调频加网两种技术优势的新型加网技术，如图 1-15 所示。这种新型加网既有效解决了调幅加网存在的龟纹、玫瑰斑等难题，又解决了调频加网对印版分辨率、版面清洁度、水墨平衡等对印刷过程的苛刻要求以及印刷的不确定性，还有效控制了网点扩大对印刷品质的影响。

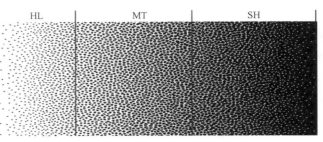

图 1-15　混合加网

2. 加网技术

加网是指将图像离散化为不同疏密或面积的网点的过程。加网技术（半色调技术 halftoning）则是指通过二值或多值信息所构成的网点来模拟表达图像浓淡色调变化的方法。加网技术主要采用点聚集态技术、点离散态技术和点连续态技术来实现对连续调彩色图文的模拟。目前，主流加网技术有调幅加网技术、调频加网技术以及混合加网技术。

（1）调幅加网技术　调幅加网技术是指利用一定的技术手段来实现调幅加网的网点形状、网点角度、加网线数和网点百分比等构成要素的方法，所构成的网点具有单个网点等距离分布，但直径不同（或面积不同，由网点形状决定）的特点。调幅加网历经了玻璃网屏加网、接触网屏加网、激光电子加网和数字加网等四个阶段。目前，调幅加网主要采用数字加网算法的 RIP（栅格图像处理器）来实现，其主要算法包括有理正切加网、无理正切加网、超细胞结构等，目标都是使加网角度更接近 0°、15°、45°、75°，而且算法效率最高。结果是超细胞结构优于无理正切加网，无理正切加网优于有理正切加网。

① 有理正切加网　通常，数字加网的基本网目调单元是由 $n×n$ 个记录栅格组成。若基本网目调单元的四个角点和记录栅格的角点重合，则相同网点百分比的网点轮廓形状完全相同，并包含相同数量的曝光点数，加网角度的正切则为两个整数之比（如图 1-16 所示），即有理数。因此，将采用加网角度正切值为有理数的加网技术称之为有理正切加网。

有理正切加网是数字加网的网点技术基础，具有每个基本网目调单元角点与栅格输出设备格网（记录网格）角点重合，每个基本网目调单元的形状和大小相同（同样网点形状在记录网格上可复制），所获得网点角度正切值为有理数（两个整数的比值）等三个典型特征。由于网点排列角度的正切值为两个整数之比，有理正切加网会存在无法获得传统加网的 15° 和 75° 网角，以近似的 ±18.4°（tan18.4°=1/3）来替代的不足。

② 无理正切加网　为了更好地获得传统加网的 15° 和 75° 网角，则需要让基本网目调单元的四个角点和记录栅格的角点不完全重合，即让基本网目调单元只有一个角点（左下角）与记录栅格的角点重合（如图 1-17 所示），其他三个角点都不能与记录栅格的角点重合，则加网角度的正切值不是两个整数之比，而是一个无理数。因此，将采用加网角度正切值为无理数的加网技术称之为无理正切加网。

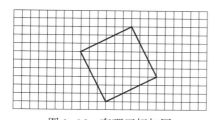

图 1-16　有理正切加网

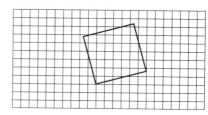

图 1-17　无理正切加网

③ 超细胞结构　超细胞结构是指在有理正切加网技术的基础上，通过将基本网目调单元作为一个细胞点，将多个细胞点组合成一个超细胞结构（如图 1-18 所示），则可使得 arctan1/3 = 18.4° 逐步扩展为 arctan3/11 = 15.255°、arctan9/34 = 14.826°、arctan15/56 = 14.995°、直至 arctan41/153 = 15.001°，与理想 15° 网角一致。

在实际应用中，为了保证算法效率和精度的合理平衡，多采用由 3×3（9 个基本网目

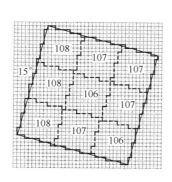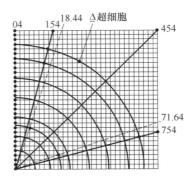

图 1-18　超细胞结构

调单元）的超细胞结构，这也是基于 PostScript 数字加网技术设计的最经典方法。但需要注意的是采用超细胞结构数字加网的各个网角的加网线数会略有差异，这种加网线数的差异对防止龟纹产生具有很好的效果。通常加网角度 0°、18.4° 和 45° 的加网线数之比为 $f_0 : f_{\pm18.4} : f_{45} = \sqrt{9} : \sqrt{10} : \sqrt{8}$，如图 1-19 所示。

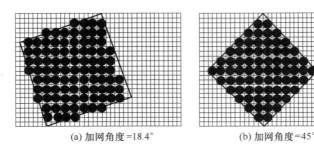

(a) 加网角度 =18.4°　　　　　　(b) 加网角度 =45°

图 1-19　加网角度与加网线数的关系

（2）调频加网技术　调频加网技术是指采用具有相同直径的单个网点以及随机分布的网点排列来获得图像颜色和阶调变化的加网技术（如图 1-20 所示）。调频加网通过单位面积内排列相同大小网点的数量来模拟表达图像浓淡色调变化，由于每个网点是随机分布的，不同色版相互叠印时不会产生龟纹。调频加网是采用点离散态网点技术来实现的，其网点的随机分布主要采用模式抖动加网算法模型和误差扩散抖动加网算法模型。

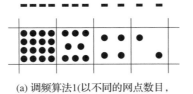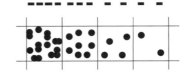

(a) 调频算法1(以不同的网点数目，　　　(b) 调频算法2(以随机加网来再现连续调)
　　　相同的网点大小来再现连续调)

图 1-20　调频加网技术（FM）

（3）混合加网技术　混合加网技术是指将调频调幅加网技术集成在同一个加网过程中的加网技术，如图 1-21 所示。混合加网技术主要有以下两种加网方法：

① 规则分布的单元网格中网点由数目随机、大小随机、位置随机的子网点组成，即

子网点在一定范围内随机产生。

② 在不同的阶调层次区域采用不同的加网方法，但所有网点的位置是随机的。比如在高光、暗调区域采用调频加网，在中间调区域采用调幅加网。

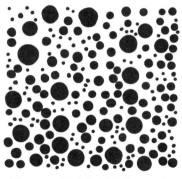

图 1-21 混合加网技术（网点大小和网点距离都不同）

四、颜色的合成

任何颜色复制都是源于光的可叠加性与可分解性所决定颜色感觉的可叠加性和可分解性，即由颜色刺激的"分解"和"合成"来通过不同的设备与手段进行颜色的复制。其中前述的分色技术就是颜色的"分解"，而将颜色"分解"获得的三原色或多基色，通过一定的方式叠加起来，形成面向各种目的的颜色复制的颜色刺激就是颜色合成。在印刷工业中，颜色合成是在选择的照明光下，将叠印在承印物上的油墨网点来形成颜色刺激，实现颜色混合，还原出万千色彩。

1. 网点呈色机理

颜色合成都是通过原色或基色网点的叠印来形成各种复杂的网点组合关系，从而形成所需要的各种颜色与色调。从网点空间拓扑关系来看，网点呈色是通过网点叠合与网点并列两种基本方式来实现。

（1）网点叠合 网点叠合是指在空间拓扑关系上，不同网点之间呈现出相交、重合或包含的状态，如图 1-22 所示。若一个黄色网点与一个品红色网点叠合，在白光照射下，黄色网点所反射出红光与绿光中的绿光会被品红网点吸收，而只反射出红光，即人眼所看到的颜色。

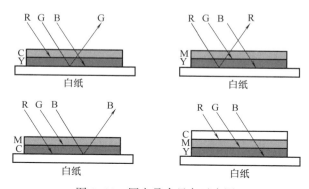

图 1-22 网点叠合呈色示意图

（2）网点并列 网点并列是指在空间拓扑关系上，不同网点之间呈现出相离或相切的状态，如图 1-23 所示。若一个黄色网点与一个品红色网点并列，在白光照射下，黄色网点反射出红光与绿光，而品红网点反射出蓝光和红光，由于等量的红光、绿光和蓝光混合出白色，且网点之间距离很小，人眼最终看到的颜色就是混合后的红光，即红色。

2. 印刷呈色原理

印刷颜色复制都是经过分色、加网、制版和印刷来完成的，简言之就是将原稿的颜色信息转换为在承印物上可以还原出原稿颜色的印刷油墨网点值。印刷颜色合成的呈色过程如图 1-24 所示。

事实上印刷呈色过程非常复杂。在二值印刷墨层厚度不变的状态下，光线穿过的墨层厚度相同，吸收和反射的光量相同，墨层对光的吸收只能产生吸收和不吸收两种状态。因此，在网点对照明光吸收的减色过程中，共产生了一次色的纸张白色（W）；黄（Y）、品

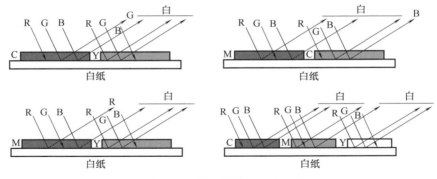

图 1-23　网点并列呈色示意图

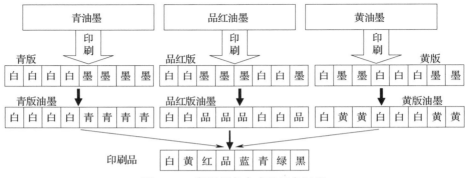

图 1-24　印刷颜色合成的呈色过程

红（M）、青（C），二次色的红（R）、绿（G）、蓝（B）以及三次色的黑色（K）等 8 种（2^3 种）颜色，如图 1-25 所示。

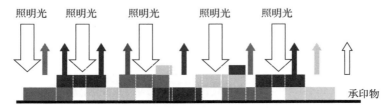

图 1-25　油墨网点形成的 8 种减色法颜色刺激

在照明光作用下，油墨网点形成的这 8 种颜色色斑的基本颜色刺激，在正常视距下小于眼睛可分辨的能力，致使这些色斑形成的颜色刺激在眼睛中进行混色，形成了各种各样的颜色感觉。因此，印刷的最终颜色感觉是由油墨网点的减色混色和加色混色共同完成的。对于使用 n 种基色油墨的二值印刷来说，它们可以在承印物上组合出 2^n 种不同的色斑，即纽介堡基色。通过这 2^n 种纽介堡基色的加色混色就可形成印刷的千变万化的颜色。

3. 彩色印刷的实现

彩色印刷的实现主要有多色套印、改变墨层厚度和网目半色调印刷等三种方式。

（1）多色套印　多色套印是指采用专色来实现彩色印刷的方法。各颜色油墨不发生叠印，只印在相互分离或相切的各自特定区域。但这种方法存在着有多少种颜色，就需要多少块印版和多少种油墨印刷的不足，常用于地图印刷、标签印刷以及木刻水印中。

（2）改变墨层厚度　改变墨层厚度是指在印刷承印物上通过油墨厚度的变化来实现颜色的连续变化，印刷颜色数量取决于油墨墨层厚度变化的等级，如珂罗版印刷。

（3）网目半色调印刷　网目半色调印刷是指印刷墨层厚度不变，通过油墨网点百分比的变化控制印刷到承印物上的各基色油墨的比例、实现图像阶调变化和颜色混合的印刷方法，如胶印。

五、色彩管理

色彩管理是彩色复制技术以"所见即所得"为目标而创建的一种开放式、数字化的颜色复制与过程控制方法。其目标是解决图像处理和彩色印刷中相同数据在不同设备上无法获得相同颜色再现，软硬拷贝之间颜色复现的一致性以及数字化控制与管理印刷过程中颜色传递的一致性等瓶颈问题。

1. 色彩管理的基本原理

随着数字化彩色图像采集、处理、显示与输出设备在印刷工业的广泛应用，传统与设备相关的一对一直接进行颜色转换的封闭式色彩转换方案已无法完成 RGB 与 RGB、RGB 与 CMYK、CMYK 与 CMYK 之间的颜色转换。若要建立 m 个设备与 n 个设备的颜色转换关系，就需要建立 $m×n$ 个转换关系，如图 1-26 所示，显然任何设备制造商、软件开发商和印刷企业都无法实现这个目标。

为了满足开放式色彩转换需求，1993 年 Adobe、AGFA、Apple、Kodak、Microsoft、SGI、Sun、Taligent 以及 FOGRA 共同建立了国际色彩联盟 International Color Consortium（ICC），提出了以与设备无关色彩空间为标准颜色空间，以各种色彩输出设备的色彩特征描述为标准格式，以色差为精度控制参数的色域映射或颜色空间匹配为不同色彩空间色彩转换方案的开放式 ICC 色彩管理框架，如图 1-27 所示。

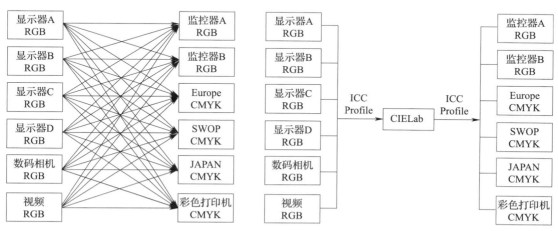

图 1-26　与设备相关色彩转换方案　　　　图 1-27　开放式 ICC 色彩管理框架

2. 色彩管理的实现方法

色彩管理的主要目标是实现不同输入设备（扫描仪、数字照相机、Photo CD 等）、不同显示设备（CRT、LED 等）以及不同输出设备（彩色打印机、数字印刷机、传统印刷机等）之间的颜色匹配，实现彩色图像从输入到输出的高质量颜色复制和颜色的一致性匹配，达到"所见即所得"的颜色复制目标。

色彩管理的实现步骤：印刷颜色复制所涉及的彩色设备有输入设备、显示设备和输出设备，色彩管理实现的步骤分为设备校准（Calibration）、色彩特征化（Characterization）、色彩转换（Conversion）以及色彩评测（Color Check）等四个步骤，简称为4C。

① 设备校准　设备校准是指通过对印刷复制系统所有设备的调校，使之达到标准显色效果，包括最佳颜色再现范围、最佳阶调再现范围和状态稳定性。

设备校准既要单独调校各单台设备，使之达到颜色表达的标准效果，又要综合调校相关设备，使各设备之间的显色效果一致。

② 色彩特征化　色彩特征是指各个图像输入、显示、输出设备以及彩色显色材料所具有的色彩再现范围或色彩表达能力。

色彩特征化是指以数字方式来表达图像设备或显色材料的颜色表达范围和特征，目标是创建色彩特征文件，即 ICC Profile。色彩特征文件的建立需要先向色彩特征化的设备发送一组可以重构颜色空间的标准颜色值（图1-28），并通过分光光度计从设备上或设备输出的样张上测量出设备由输入标准颜色值所产生的颜色复现值，从而建立设备值与 CIE 颜色测量值之间的对应关系，即建立设备颜色与 PCS 颜色之间的转换关系，并将这个转换关系记录在特性文件中。因此，色彩特征文件记录的是所测量设备再现标准颜色值的状态，只有在使用过程中保持这个状态不变，才能确保设备间色彩转换的一致。

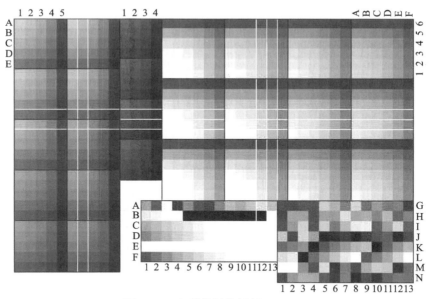

图1-28　色彩特征化标版 IT8.7/3

③ 色彩转换　色彩转换是指通过色彩特征文件来建立不同设备之间色彩的匹配或对应关系，包括从源设备颜色空间向 PCS 的转换以及从 PCS 颜色空间到目标设备颜色空间转换两个步骤。

色彩转换的实施主要由计算机操作系统或应用软件来完成，在色彩转换之前必须由操作者指定转换方式及其设置，即指定源色彩特征文件和目标色彩特征文件，选择色彩再现意图及其相关设置，以使不同设备或输出软硬拷贝的色彩差异最小，如图 1-29 所示。

④ 色彩评测　色彩评测是指采用数字化的定量方法对色彩管理前后，色彩复制或复现的质量进行测试与评价。色彩评测的内容包括中性灰评测、色差评测、色域评测以及标准原稿复制评测等内容。

色彩管理评测的内容常常与印刷质量认证或印刷色彩复制认证相结合，通过对印刷过程的定量描述来评测色彩管理的结果。

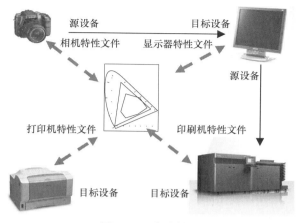

图 1-29　色彩转换

3. 色彩管理的发展

随着跨媒体颜色应用的普及，色彩管理正在从基于 ICC 的管理系统向基于色貌模型的色彩管理系统发展，如图 1-30 所示的 Microsoft 的 WCS 系统。

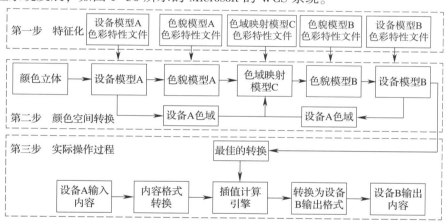

图 1-30　WCS 色彩管理的基本框架

WCS 色彩管理基于以色貌模型作为 PCS 颜色空间的跨媒体管理平台，通过 CIEC-AM02 色貌模型为 PCS 连接空间，既兼容 ICC 色彩管理系统，又满足 XML 为特征文件的格式要求，易于特征文件的编辑、检验、理解和第三方扩展。

第三节　油墨转移原理

油墨转移原理

一、油墨转移方程

油墨转移方程是对油墨转移过程进行定量分析的解析表达式，它建立了转移墨量与印版墨量之间的数量关系，并且通过方程中的参数，将墨量转移与纸张、油墨的印刷适性及印刷条件联系起来。很多年来，许多学者致力于油墨转移方程的研究，建立的油墨转移方程有十几种形式，其中，应用较为广泛、受到普遍认可的是美国人沃尔克（W·C·Walke）和费茨科（J·W·Fetsko）于1955年提出的油墨转移方程，叫 W·F 油墨转移方程。

以纸张作为承印材料，由于纸张表面的凹凸不平，致使油墨转移过程中，纸张表面不可能与油墨完全接触。在印刷压力的作用下，纸张与印版表面的油墨相接处，一部分油墨填充到纸张凹陷处，剩余大部分油墨（称为自由墨量）以一定的比例转移到承印物表面，成为转移墨量的一部分，另一部分则残留在印版上。设印版上供墨量为 x，转移到纸张的墨量为 y，则印刷一次转移到纸张上的墨量为

$$y = (1-e^{-kx})\{b(1-e^{-x/b}) + f[x-b(1-e^{-x/b})]\}$$

方程中 b 为极限容墨量，f 为自由墨量的分裂率，表示自由墨量转移到纸张上的比例，k 为印刷平滑度，表示在印刷压力作用下纸与油墨接触的平滑程度。这三个参数需要在特定的印刷条件下赋值。

W·F 油墨转移方程表明，在供墨量 x 一定时，油墨转移量 y 将随着参数 b、k、f 的增加而增加，而 b、k、f 的大小又受到纸张、油墨的印刷适性的影响。

b 值主要与纸张的平滑度、油墨的塑性黏度以及印刷压力、印刷速度有关，一般规律是：纸张平滑度越低，油墨塑性黏度越小，印刷压力越大，印刷速度越低，b 值越大。

k 值的大小主要与纸张的平滑度和可压缩性有关，纸张平滑度越高，可压缩性越大，k 值越大。

f 值的大小与油墨的屈服值、塑性黏度、拉丝短度以及油墨连结料的黏度有关，当上述各量减小时，f 值将增大。

由此可见，在一定印刷条件下，为了提高油墨转移量，必须改善和提高承印物、油墨及其他材料的印刷适性。

二、印刷过程中的润湿

表面上的一种流体被另一种流体取代的过程即为润湿。印刷复制时，油墨转移到墨辊上，通过墨辊转移到印版上，再从印版转移到橡皮布上或直接转移到承印物上。润湿液转移到水辊上，通过水辊转移到印版上，这个过程就是润湿过程。

一般生产实践中，润湿是指固体表面上的气体被液体所取代的过程。固体的表面被液体润湿后，便形成了"气-液""气-固""液-固"三个界面，通常把有气相组成的界面叫做表面，把"气-液"界面叫做液体表面，"气-固"界面叫做固体表面。

印刷中，油墨或润湿液必须取代各个印刷面上的空气，将固体表面转变为稳定的液-固界面。改善油墨和印刷面的润湿性能，优化油墨传输，增强润湿液对印版空白部分的润湿性，防止版面沾脏。润湿是固体表面结构与性质、固-液两相分子间相互作用等微观特性的宏观表现。润湿作用是油墨传输和转移的理论基础，是提高印刷材料的印刷适性、进行印刷新材料、新工艺研究的理论依据。

1. 表面张力与表面过剩自由能

表面张力与表面过剩自由能是描述物体表面状态的物理量。

液体表面或固体表面的分子与其内部分子的受力情况是不相同的，因而所具有的能量也是不同的。如图1-31所示，液体内部分子被同类分子包围，分子的引力是对称的，合力为零。液体表面分子受内部分子引力和外部气相分子引力，因为液相的分子引力远大于

气相的分子引力，合力不为零，且指向液相的内侧。

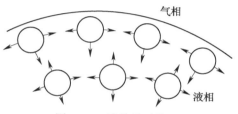

图 1-31　液体分子能量

液体表面分子受到的拉力形成了液体的表面张力。相对于液体内部所多余的能量，就是液体的表面过剩自由能。由于表面张力或表面过剩自由能的存在，没有外力作用时，液体具有自动收缩其表面成为球形的趋势。

表面张力的量纲是（力/长度），常用的单位是 N/m（牛/米）。对于某一种液体，在一定的温度和压力下，有一定的表面张力。随着温度的升高，液体分子间的引力减少，共存的气相蒸汽密度加大，所以表面张力总是随着温度的升高而降低。所以，测定表面张力时，必须固定温度，否则会造成较大的测量误差。

在恒温恒湿条件下，增加单位表面积表面所引起的体系自由能的增量就是单位表面积上的分子比相同数量的内部分子过剩的自由能，因此，也称为比表面过剩自由能，常简称为比表面能，单位是 J/m^2（焦/米^2）。因为 $1J = 1N \cdot m$，所以，一种物质的比表面能与表面张力数值上完全一样，量纲也一样，但物理意义有所不同，所用的单位也不同。

固体表面与其内部分子之间的关系和液体的完全相似，只是固体表面的形状是一定的，其表面不能收缩，因此固体没有表面张力而只有表面自由能。

常用液体的表面张力和固体的表面自由能如表 1-1 和表 1-2 所示。

表 1-1　　　　　　　　　　　　　　　常用液体的表面张力

液体名称	表面张力 $\times 10^{-3} J/m^2$	液体名称	表面张力 $\times 10^{-3} J/m^2$
乙醚	16.9	聚醋酸乙烯乳液	38
乙醇	22.8	蓖麻油	39
硝化纤维素胶	26	乙二醇	48.2
甲苯	28.4	甘油	64.5
液体石蜡	30.7	水	72.8
油酸	32.5	酸固化酚醛胶	78
棉籽油	35.4		

表 1-2　　　　　　　　　　　　　　　固体的表面自由能

商品中文名称	表面自由能 $\times 10^{-3} J/m^2$	商品中文名称	表面自由能 $\times 10^{-3} J/m^2$
聚四氟乙烯	18.4	聚苯乙烯	42
聚丙烯	31.4	玻璃纸（赛璐玢）	45
聚乙烯	33.1	聚对苯二甲酸乙二醇酯	46
聚甲基丙烯酸甲酯	39	印刷用纸	72
聚氯乙烯	41.1		

当油墨的表面张力小于承印物的表面能时，油墨能够润湿承印物，为印刷创造了必要的条件；反之，在低表面能的表面印刷，例如塑料，油墨不容易润湿承印物，这时需要对承印物表面进行处理或改性后才能够正常印刷。

2. 液体在固体表面的润湿条件

当液-固两相接触后，体系自由能的降低即为润湿，也就是指液体分子被吸引向固体表面的现象。液体完全润湿固体必须满足一定的热力学条件，如果在一个水平的固体表面上放一滴液体，除了重力之外，还有表面张力的作用。1805 年 T·Young 提出了润湿方程：

$$\gamma_S - \gamma_{SL} = \gamma_L \cdot \cos\theta$$

式中，γ_S、γ_{SL}、γ_L 分别表示固体表面、固-液界面、液体表面的表面张力。在液滴接触物体表面处画出液滴表面的切线，这条线和物体表面所成的角叫做接触角，用 θ 表示，如图 1-32 所示。

任何物体表面对于液体的润湿情况都可以用接触角进行衡量。由上式导出式

$$\cos\theta = \frac{\gamma_S - \gamma_{SL}}{\gamma_L}$$

若 $\theta = 0$，即 $\cos\theta = 1$，则 $\gamma_S + \gamma_L = \gamma_{SL}$，则液体能在固体表面铺展。通常我们将 $\theta = 90°$ 作为润湿与否的界限，当 $\theta > 90°$ 时，叫做不润湿；当 $\theta < 90°$ 时，叫做润湿，θ 角越小，润湿性能越好；当 $\theta = 0$ 时，固体被完全润湿。

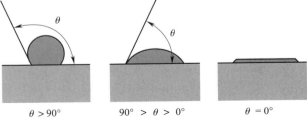

$\theta > 90°$ $90° > \theta > 0°$ $\theta = 0°$

图 1-32   液体在固体表面的润湿

三、承印材料对油墨转移的影响

承印物是能够接受油墨或吸附色料并呈现图文的各种物质的总称。印刷中使用的承印物包括纸张、塑料薄膜、纤维织物、金属、陶瓷、玻璃等。用量最大的是纸张和塑料薄膜。

1. 纸张的印刷适性

纸张的印刷适性是指纸张与印刷条件相匹配，适合于印刷作业的性能。主要包括纸张的丝缕、表面强度、含水量、吸墨性、酸碱性等。

（1）纸张的丝缕   指纸张大多数纤维排列的方向。一般把纤维排列方向与平板纸（全张纸）长边平行的称为纵丝缕纸，把纤维排列方向与平板纸垂直的称为横丝缕纸，如图 1-33 所示。纸张是一种对水分很敏感的物质，由于温、湿度的变化，纸张朝着与丝缕成直角方向的伸缩率要比平行方向的伸缩率大的多。因此，印刷或印后加工中，应考虑纸张丝缕对印刷品质量的影响，如图 1-34 所示。

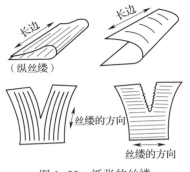

图 1-33   纸张的丝缕

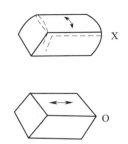

图 1-34   适合包装的丝缕

（2）纸张的表面强度   纸张的表面强度指在印刷过程中，纸张受到油墨剥离张力作用，具有的抗掉粉、掉毛、起泡以及撕裂的性能，用拉毛速度表示，单位是 m/s 或 cm/s。

高速印刷机印刷或高黏度油墨印刷时，要选用表面强度大的纸张，否则容易发生纸张掉毛、掉粉的故障，从纸面上脱落的细小纤维、填料、涂料粒子，易堵塞印版上图像的网纹或堆积在橡皮布上，引起堵版，使印版耐印率下降。

（3）纸张的含水量　纸张的含水量指纸样在规定的烘干温度下，烘至恒重时，所减少的质量与原纸样质量之比，用百分数表示。一般纸的含水量在 6%～8%。纸张中含水量的大小直接影响印刷产品的质量，同时也给印刷工艺操作带来较大的难度。纸张含水量的变化会引起纸张的变形，造成纸张的"纸病"，如"荷叶边""紧边""卷曲"等形式。荷叶边是纸张吸湿造成的，紧边是纸张脱湿造成的，卷曲是纸张正反面的含水量不同造成的。纸张的变形如图 1-35 所示。

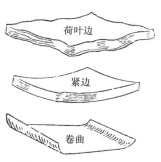

纸张的这些伸缩变形造成印刷过程中套印不准等问题，从而影响印刷质量。纸张中含水量过高时，纸张的抗张能力、表面强度就会降低，塑性增强，印迹干燥速度变慢。纸张的含水量过低时，纸张脆硬，在印刷过程中，会发生静电吸附现象，导致输纸困难、印刷品背面蹭脏等故障。

（4）纸张的吸墨性　指纸张对油墨的吸收能力。纸张吸墨性的强弱，主要取决于纸张纤维的种类、配比和纤维间的间隙。此外，与印刷过程中印刷压力的大小、压印时间的长短、油墨的黏着性和渗透性有着密切的关系。纸张吸墨过

图 1-35　纸张的变形

快，会使印迹无光泽，印迹粉化，印刷网点增大，造成透印等故障。纸张吸墨过慢，使油墨的干燥速度变慢，引起印刷品背面蹭脏，严重时发生印张粘连。

（5）纸张的酸碱性　纸张在制浆和造纸过程中，由于处理不当，可能使纸张呈现酸性或碱性。例如，在造纸过程中进行施胶时，浆料存在着残氯与有机酸，如处理不当，造出的纸张呈酸性；又如，造纸时用的碱性填料和色料，浆料中存在残碱液等，造出的纸呈碱性。纸张的酸碱性一般用 pH 来表示。

胶印过程中，纸张酸碱性直接影响印迹氧化结膜的干燥速度。纸张呈酸性使油墨干燥速度变慢；纸张呈碱性，则加快油墨氧化结膜干燥速度。纸张的酸碱性还影响油墨的乳化，造成印版表面空白部分浮脏。此外，纸张中含有游离酸，印刷品存放过程中，由于空气中湿度的影响，长年累月就会造成纸张被侵蚀，降低印刷品的耐久性。

2. 软塑包装材料

目前应用较为广泛的软塑包装材料主要有：塑料薄膜、玻璃纸、铝箔、真空镀铝膜和复合薄膜等。

（1）塑料薄膜　塑料薄膜是以合成树脂为基本成分的高分子有机化合物，塑料薄膜是除纸张以外用量最大的一类承印物。常用的塑料薄膜有聚乙烯（PE）、聚丙烯（PP）、聚氯乙烯（PVC）、聚苯乙烯（PS）、聚乙烯醇（PVA）、聚碳酸酯（PC）、聚对苯二甲酸乙二醇酯（PET）、醋酸纤维素（CA）、尼龙（PA）薄膜等。塑料薄膜的特点是：

① 塑料薄膜属非极性高分子化合物，印刷油墨的黏附力差，为了使塑料薄膜表面具有良好的油墨附着能力，增强印品的牢固性，必须在印刷前进行表面活化处理。

② 受张力伸长。印刷薄膜时，在强度允许的范围内，伸长率随张力的加大而升高，给彩色印刷套印的准确性带来困难。

③ 表面光滑，无毛细孔存在。油墨层不易固着或固着不牢固。第一色印完后，容易被下一色叠印的油墨粘掉，使图文不完整。

④ 表面油层渗出。掺入添加剂制成的薄膜，在印刷过程中添加剂部分极易渗出，在薄膜表面形成一层油质层。油墨层、涂料或其他黏合剂不易在这类薄膜表面牢固地黏结。

⑤ 由于塑料薄膜属非吸收性材料，没有毛细孔存在，油墨不易干燥。

这些特点都不利于印刷，所以必须在印制前对塑料薄膜进行表面处理。

（2）玻璃纸（又称赛璐玢，PT） 玻璃纸的特点是：

① 透明度高、光泽度强，印刷图文后色泽格外鲜艳，这是塑料薄膜所不能达到的。

② 印刷适性好，印刷前不需要经过任何处理。

③ 具有抗静电性能，不易吸附灰尘，避免了图文上脏等印刷故障的发生。

④ 防潮性差，薄膜受温湿度的影响易变形，导致印刷时图文不易套准。

（3）铝箔（Al） 铝箔的特点是：

① 质轻，具有金属光泽，遮光性好，对热和光有较高的反射能力。金属光泽和反射能力可以提高印刷色彩的亮度。

② 隔绝性好，保护性强。不透气体和水汽，防止内装物吸潮、氧化。不易受细菌、霉菌和昆虫的侵害。

③ 形状稳定性好，不受温度变化的影响。

④ 易于加工，可对铝箔进行印刷、着色、压花、表面涂布、上胶、上漆等。

⑤ 不能受力，无封缄性，有针孔和易起皱，故一般不单独使用。通常与纸、塑料薄膜加工成复合材料，克服了无封缄性的缺点，其隔绝性等优点也得到了充分的发挥。

铝箔在食品和医药等包装领域中应用很广。铝箔与塑料薄膜复合，有效地利用了耐高温蒸煮和完全遮光的特性，制成蒸煮袋，可包装烹调过的食品。多层复合薄膜也用于饼干、点心、巧克力、奶制品、调味料、饮料等小食品包装。

（4）真空镀铝膜（VMAl） 真空镀膜的主要作用是代替铝箔复合，使软塑包装同样具有银白色的美丽光泽，提高软塑包装膜袋的阻隔性、遮光性，从而降低成本。

真空镀铝的被镀基材膜是熔点比较高的聚丙烯膜［包括未拉伸聚丙烯膜（CPP）、吹胀聚丙烯膜（IPP）、双向拉伸聚丙烯膜（BOPP）］、聚对苯二甲酸乙二醇酯膜、尼龙膜，预处理或后调湿处理后的纸张也可直接真空镀铝，聚乙烯膜、玻璃纸可以采用间接镀铝工艺。为了提高镀铝的牢度，国外需要在被镀基材膜上涂布底层。而国内普遍采用无底涂，仅对涂面进行电晕处理。

薄膜的真空镀铝方式有两种，可以在薄膜的面膜上进行反向印刷（里印），然后真空镀铝，再同底膜复合；也可以在面膜上反向印刷，再同已真空镀铝的底膜进行复合。后者的底膜一般是耐热性较好且可以热封的 CPP 或 IPP。

应当指出的是，在印刷后的面膜上进行真空镀铝时，虽然是"里印"，但是不必使用里印油墨，只需使用耐热性优良的油墨即可。如果油墨的耐热性差，会导致真空镀铝后印刷品发暗，失去光泽。在印刷面上进行真空镀铝，由于油墨中的黏结性树脂是一个良好的底涂层，镀铝层的牢度比较好，尤其是印刷满版实地时，镀铝层的牢度更好。

真空镀铝膜与铝箔相比，大大节约了用铝量，前者仅为后者的 1/200～1/100，却具有与铝箔相差不多的性能，同样具有金属的光泽性和隔绝性。由于真空镀铝层的厚度比较薄，仅为 0.4~0.6μm，不能用于代替需要高阻隔性的铝箔复合膜，例如抽真空包装和高温蒸煮袋。由于真空镀铝膜成本比铝箔低，在食品、商标等领域将得到广泛应用。真空镀铝纸的出现，在香烟、冷餐纸盒、口香糖等包装方面正在逐渐取代铝箔。

（5）复合薄膜　复合薄膜既可保持单层薄膜的优良特性，又可克服各自的不足，复合后具有新的特性，以满足商品对薄膜的不同要求，如食品包装要求薄膜具有防潮、防气、防光、耐热、耐油、耐高温、热封性等优良性质，同时还要具有良好的印刷适性和装饰艺术效果。这些性能和要求，单一薄膜难以达到。复合薄膜的种类很多，常见的有玻璃纸与塑料薄膜的复合，塑料薄膜与塑料薄膜的复合，铝箔与塑料薄膜的复合，铝箔、玻璃纸与塑料薄膜的复合，各种纸张及其印刷品与各种塑料薄膜的复合，等等，有 30~40 种之多。复合层数一般为 3~5 层。常用的复合方式主要有干式复合、湿式复合和无溶剂复合等。

各种复合薄膜的基本结构，是以玻璃纸、BOPP、尼龙、聚对苯二甲酸乙二醇酯等非热塑性或高熔点薄膜为外层，以聚丙烯、聚乙烯为内层进行综合应用。

表 1-3 列举了常见商品使用的复合薄膜，在选择复合薄膜的同时，还要考虑到印刷性能，以获得精美的商标图案，引起顾客的购买欲望。

表 1-3　　　　　　　　　　　　　常见商品使用的复合薄膜

商品名称	结　　构
膨化食品	双向拉伸聚丙烯/聚乙烯（BOPP/PE）；双向拉伸聚丙烯/聚偏二氯乙烯/未拉伸聚丙烯（BOPP/PVDC/CPP）
方便面	改性聚对苯二甲酸乙二醇酯/聚乙烯（PET/PE）
草莓酱	双向拉伸尼龙/未拉伸聚丙烯（BOPA/CPP）
橘子汁	聚酯/双向拉伸尼龙/铝箔/未拉伸聚丙烯（PET/BOPA/Al Foil/CPP）
榨菜	聚对苯二甲酸乙二醇酯/铝箔/未拉伸聚丙烯（PET/Al Foil/CPP）
巧克力、药品包装	铝箔/聚乙烯（Al Foil/PE）
茶叶	玻璃纸/聚乙烯/铝箔/纸/聚乙烯（PT/PE/Al Foil/Paper/PE）
蒸煮食品	聚对苯二甲酸乙二醇酯/铝箔/聚烯烃（PET/Al Foil/聚烯烃）
粉末食品	玻璃纸/聚乙烯/铝箔/聚乙烯（PT/PE/Al Foil/PE）

软塑包装与纸制品包装相比有许多优点，特别是软塑包装的防潮性和阻气性是纸质印刷品所不能比拟的，但在印刷塑料薄膜时，由于油墨的干燥速度和承印材料本身变形等原因，其印迹附着力远不如纸张，容易出现墨层脱落、粘连、套印不准等问题。

① 印迹（油墨）附着性差的问题　塑料表面处理常用的方法有火焰处理、化学处理、溶剂处理和电晕处理等，其中电晕处理适合于塑料薄膜，已被广泛应用。塑料薄膜经电晕处理后，其处理面的表面张力显著提高，但很不稳定，随着存放时间的增长而逐渐下降，下降速度逐渐减慢。图 1-36 为 PP膜处理面-面张力随时间下降的曲线。

电晕处理工艺路线有三种。第一种是在薄膜生产中进行处理；第二种是在印刷、复

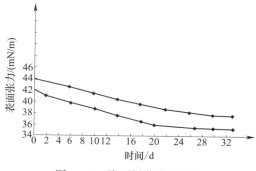

图 1-36　聚丙烯薄膜处理面
表面张力随时间变化图

合中进行处理；第三种是在薄膜生产中进行第一次处理，再在印刷、复合中进行第二次处理。对后两种工艺路线，由于是处理后立即印刷、复合，不存在处理后放置过久、效果不稳定、表面张力下降的问题。但对第一种工艺路线，可能会相隔较长时间才印刷、复合，由于处理效果变差，会出现印刷、复合质量问题。所以要求电晕处理与印刷的间隔时间应尽量短，最好是薄膜生产、电晕处理和印刷操作联线加工。原则上从吹塑到印刷时间不超过 15 天。否则，随着时间的延长，处理面的表面张力逐渐下降，不能达到应有的效果。另外处理后的表面也易吸尘而污染。对于不能马上印刷、复合的薄膜，在电晕处理时，就必须加大处理强度。

② 印迹（油墨）干燥问题　由于塑料薄膜表面结构紧密，油墨转移到塑料薄膜表面，其吸收能力差，油墨层依靠溶剂的挥发，使色料层黏着固化。由于印刷速度快，在极短的时间内，色料中的溶剂挥发不足，即使溶剂全部挥发掉，色料本身尚未全部干燥。因此，套印叠色时，往往后色将前色还没有全部干固的墨层粘掉一部分，使后者的墨层不能彻底地转移到薄膜表面，造成复制的图文不柔和、色调不一致，因此，应通过热风干燥法或红外线干燥法催干。

无论采用哪种干燥方式，油墨层都要经过中间干燥和最终干燥。各个印刷机组之间的干燥，称为中间干燥。如印完一色，尚未印第二色之前，使油墨层表面的溶剂挥发。在印刷过程中，中间干燥的时间很短，因此，油墨层不可能完全干燥。图文所有的颜色全部套印完毕的油墨层，其综合性的干燥过程称为最终干燥。最终干燥的时间比中间干燥的时间充足，经过的路程也较长，因此，可以通过干燥装置使油墨层的溶剂充分挥发掉。

若中间干燥或最终干燥不够完全，则会产生薄膜反面沾脏的现象。因此，必须通过调整油墨的配比解决油墨干燥问题，通常的做法是向油墨中加入适量的溶剂，以调节油墨的干燥速度。

③ 承印材料本身的变形问题　塑料薄膜在展开、导料、压印过程中，由于张力的作用而伸长。在强度允许的范围内，张力越大，伸长率越高，因此，会影响图文套印的准确性。特别指出的是玻璃纸，这种薄膜的吸湿能力强，受周围环境的温度和相对湿度影响而产生伸缩变形。含增塑剂的薄膜质软、伸缩率更大。承印材料幅面的收缩和膨胀同样影响图文的套印准确，给印刷加工带来很大困难。因此，需要通过制成复合薄膜来减少环境对图文套印准确性的影响。

3. 金属箔（板）

金属箔（板）是平滑度很高的承印材料，油墨的附着只能依靠分子间的二次结合力。但是，金属表面是高能表面，比表面能比油墨的表面张力高得多，油墨附着时能大大降低金属的表面自由能，使油墨的附着效果较好。

金属与其他印刷材料相比，其突出的特点是表面光滑、质地坚硬，因此印铁油墨必须是快干性的或紫外线固化的光敏油墨；同时，由于印刷后的金属承印物需经过机械加工处理，又要求干透了的涂膜及油墨膜有足够强度；若要制成食品罐头，则尤其要注意杀菌时的高温及其他因素的影响。由于金属材料的非吸湿性，漆底、印刷及上光后均为湿润状态，所以必须进行干燥处理；而且不能进行湿压湿多色印刷，只能对重叠较少的画面进行双色印刷。若采用 UV 固化油墨，可使用四色铁皮印刷机进行多色印刷。铁皮胶印中，应采用硬性橡皮布及硬性衬垫，否则会使网点再现不良。

由于金属承印材料表面不易渗透，容易产生网点增大现象。与纸张印刷油墨相比，印刷金属材料时应使用高黏度油墨。金属表面属于非吸收性表面，版面上的润湿水过多容易产生油墨的乳化，因此，应通过控制版面上的水膜厚度和着墨量来达到版面上的水、墨平衡。

金属印刷中，为提高印后加工的适应性，并使印件表面具有一定的光泽度，在印刷油墨未完全干燥之前应进行上光处理（印后涂布），以形成均匀、平滑的涂膜，避免产生渗色现象。同时，金属印刷油墨应具有一定的硬度和韧性，在反复加热时不能改变其性质，底色涂层和上光油应具有良好的附着性。

第四节　数字拼版及制版

一、数字拼大版

数字拼大版是指通过专用拼大版软件将小版文件按照印刷工艺要求及其印刷设备、印后加工设备的特性集成为大版文件的过程。数字拼大版能够通过软件及其数字指令高精度、高效率和高可靠地实现与印刷机幅面、印刷方式、折页方式、装订方式以及其他成型加工方式的最佳匹配，还能自动完成或添加印刷控制标记和作业控制标记。目前，数字拼大版分为 RIP 前拼大版和 RIP 拼大版。

RIP 前拼大版是指在 RIP 前将单个小版文件组合成大版，对大版文件实施 RIP 作业。RIP 前拼大版适合印刷标准化水平较高的企业，在欧美比较流行。其优点是拼大版作业数据量小，传输快捷，但不适合文件反复修改的非标准印刷作业环境。

RIP 拼大版方式是指先将单个小版文件分别进行 RIP，再将单个小版文件组合成大版的作业。此方法在亚太地区和国内比较流行。其优点是可以重复修改单个文件，适合包装、标签类修改频繁的作业任务，但 RIP 后的数据量巨大，不适合远程传输。

拼大版软件是指以实现在不同印后加工要求和规定印刷幅面以及印刷工艺环境下，将多个单页小版页面正确配置成以印刷大版页面为目的的专用计算机软件。拼大版软件能够定义印刷方式（正反版、自翻版、滚翻版）、页数、印张页数、留边大小、裁切标记、十字线、控制条、装订方式、爬移等全部大版参数。目前，主流拼大版软件有：海德堡的 SignaStation、Ultimate 的 Impostrip 及 Impress、方正文合以及崭新印通等。

拼大版软件无论是 RIP 前拼大版，还是 RIP 后拼大版都能够支持主流 PDF、PS、CFF2 等数据格式，也能够支持 1bite TIFF 输出，数据之间的兼容性较高，还能够支持 CIP3/4 的输出。其作业的主要控制参数如图 1-37 所示。

二、数字打样

1. 打样的作用

打样是印刷生产流程中联系制版与印刷的关键环节，是印刷生产流程中进行质量控制和管理的一种重要手段，对控制印刷质量、减少印刷风险与成本极其重要。打样既作为制版的后工序来对制版效果进行检验，又作为印刷前工序来模拟印刷进行试生产，为印刷寻求最佳匹配条件和提供墨色的标准。

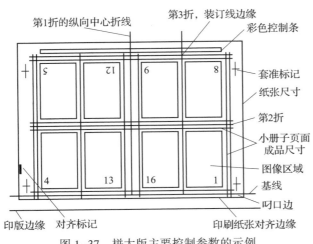

图1-37 拼大版主要控制参数的示例

在实际印刷生产中，在印刷前与客户达成印刷成品最终效果的验收标准，对避免内容的印刷错误、减小印刷的风险与成本、保证印刷质量意义重大。打样的作用可归纳为：

（1）产品及其验收的标准 样张是一个专业制版公司的成品，客户签样则标志着整个制版环节的完成。样张也是一个印刷企业与印刷客户进行产品验收的样品，客户签样则标志着印刷企业付印标准的确定以及最终产品质量判别的标准。

（2）印刷生产作业的依据 印刷行业中，"只有客户签样后，才可以上机印刷"是作业法规。样张不仅为印刷提供了基本控制数据和标准彩色样张，以确保印刷内容和质量的准确，还作为区分双方责任的原则，也是印刷作业人员对印刷环境进行调整的依据，一般客户作为验收印品的判定标准。

（3）检查错误 通过样张能够全面检查从原稿到胶片/印版各工艺环节的质量，发现已存在或可能在印刷中出现的错误，以便对出现的错误进行校正，降低生产的风险。

因此，打样具有为用户和承印单位发现制版作业中的错误、指导印刷作业以及作为印刷前同客户达成合约的依据等功能。

2. 打样方法

目前，印刷工业所采用的打样分为硬打样和软打样两类。

（1）硬打样 硬打样是指采用打样设备或打样系统在承印材料上制作的印刷样张。主要有机械打样和数字打样两类。

① 机械打样 机械打样又称模拟打样，是指采用专用机械打样机或印刷机，在与印刷条件基本相似的环境下，采用与实际印刷相同的纸张和油墨来印制小批量样张的方法。机械打样采用模拟印刷的方式，能够准确再现印版与印刷过程中的特征，样张与印刷品一致性好。

② 数字打样 数字打样是指采用数码打样系统，通过数字打印设备或数字印刷机来模拟实际印刷结果的样张制作方法。数码打样采用数字化方式进行打样，无须制版，具有速度快、成本低的优势。数字打样的主要设备有喷墨打印机、热升华打印机、热蜡转移打印机、静电数字印刷机和激光打印机。

（2）软打样 软打样是指采用数码打样系统，通过专业显示器来模拟显示印刷样张图文效果的打样。软打样通过色彩管理技术，采用数字和显示器来进行打样，无须制版和输出介质，具有速度快、成本低、传输速度快、可远程控制以及可重复修改的优势。软打样的主要设备是专业显示器，主要用于中高质量的报纸、书刊和商业印刷中。

打样是检查设计、制作、制版等过程中可能出现的错误，为印刷提供生产依据，作为用户验收标准的关键环节，有校样、版式样和合同样三种。

三、制　　版

制版是指将印前处理的图文信息，通过 RIP 加网后制作出满足印刷要求印版的过程。制版主要采用 CTF 制版和 CTP 制版两种方式，如图 1-38 所示，本部分主要介绍 CTP 制版。

CTP 制版是指将数字页面经 RIP 后的加网信息，通过计算机直接制版机在 CTP 印版上直接输出网点来制作印版的工艺技术流程。CTP（computer-to-plate）制版设备主要包括计算机直接制版机以及冲洗设备，具有制版速度快、不需要胶片、网点清晰度和印刷质量高的特点。

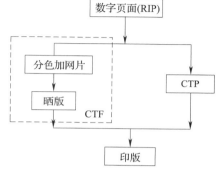

图 1-38　制版流程

1. 计算机直接制版机

计算机直接制版机与激光照排机类似，从结构上分为外鼓式、内鼓式和平台式三种，如图 1-39 所示。从版材特性上主要有热敏型 CTP 和光敏型 CTP 两类。

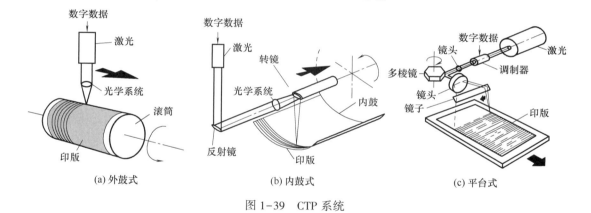

(a) 外鼓式　　　　　　(b) 内鼓式　　　　　　(c) 平台式

图 1-39　CTP 系统

（1）外鼓式直接制版机　外鼓式直接制版机是指版材安装在圆柱滚筒的外侧，曝光时滚筒转动，激光头横向移动，单束或多束的激光束垂直于圆柱滚筒轴线在圆柱滚筒外面的版材上曝光成像的设备。

（2）内鼓式直接制版机　内鼓式直接制版机是指在转鼓内部安装 CTP 印版，通过安装在沿鼓轴线方向运动的旋转反射镜，将扫描激光束以 90° 角反射到真空吸附于转鼓内壁的 CTP 版材上的设备。激光束的光点大小可根据成像版材的分辨率来改变，具有版材表面与转镜之间的距离保持恒定不变、光点大小和聚焦在成像版材的各部位相同、无须复杂的光学系统的特点。

（3）平台式直接制版机　平台式直接制版机是指将版材装在平台之上，通过曝光时平台板向前水平移动以及激光头与平台保持垂直方向水平移动来完成曝光成像的设备。

2. CTP 版材

CTP 版材是一种通过计算机直接制版机的激光，以点曝光的扫描方式在印版上直接记录影像的预涂型印版。

（1）CTP 版材的要求　目前，CTP 板材主要有光敏型和热敏型两大类。CTP 版材不仅要满足激光扫描记录信息要求，还要具备传统 PS 版材的制版适性和印刷适性，即具有高感光度、高耐印率、制版后处理简单的特点。版材的总体要求如下。

① 感光度高　CTP 版材是通过点曝光的扫描方式来完成制版成像，不仅曝光速度比常规 PS 版高万倍，曝光能量多在 $100\mu J/cm^2$ 以下。因此，要求感光波长位于特定的波长范围，而且必须满足激光在短时间内曝光的过程控制要求，同时，激光器还要经济耐用。

② 分辨率与网点再现性　CTP 制版机的输出分辨率都大于 2000dpi，图像阶调再现范围在 1%~99%，主要用于加网线数 175lpi 以上的高质量彩色印刷。因此，版材要求感光度高、反差高、分辨率好、网点再现能力强以及耐印刷率高。

（2）CTP 版材的分类

① 光敏型 CTP 版　光敏型 CTP 版是指带有光敏涂层，采用低功率紫外光及可见光谱激光进行曝光的版材。根据所用光敏材料的不同，还可细分为银盐扩散型、复合型、感光树脂型等。

银盐 CTP 版是利用银盐扩散转移原理，其版材基本结构是在经粗化与阳极氧化处理的铝基板上依次涂布物理显影核层和感光卤化银乳剂层。曝光后版材上曝光部分的卤化银产生光化学反应，经过显影还原为银而留在乳剂层中，形成致密的银影像，再经固版液亲油化处理后便可上机印刷。具有感光度好、曝光速度快、反差适中等特点，可使用强度低、耗能少的激光。

光聚合 CTP 版与传统的 PS 版接近，其基本结构是在粗化后的铝版上涂有染料的光敏树脂层，并用 PVA 作为保护层以防止氧气保护曝光区。激光使曝光部位感光树脂的亲水性分子发生聚合，形成不溶于水的聚合物，再经热处理形成固化的聚合物，即不溶于碱性显影液，留在版面上形成亲油墨的图文。

② 热敏型 CTP 版　热敏型 CTP 版是指不具有光敏层，利用热而不是光成像的版材。热敏版材正在向无须化学处理的方向发展。根据成像机理，热敏型 CTP 版可以分为热交联型、热烧蚀型、热熔融型、热致极性转化型及热升华型等。具有可不经过化学处理、无环境污染问题、耐印力高、网点再现性好、可明室操作等优点。

目前，主要的热敏 CTP 技术包括感热固化技术、感热分解技术和免处理热敏技术等。其中，感热固化技术是采用热交联感应型印版，激光扫描的热能使印版聚合物中的酸性引发剂聚合形成潜影，再在高温处理室烘烤后潜影部分充分聚合，形成固化在铝基版上的不溶于碱显影的交联体，即曝光部分的图文。感热分解技术是在亲水的版基上涂覆不溶于碱溶液且具有亲油性能的感热物质，红外激光的曝光热能使印版上感热物质因受热而发生物理或化学变化，变成可溶于碱液的物质，即亲水的非图文部分，而未曝光部分的感热物质保留在印版上，形成亲油的图文部分。免处理热敏技术是在印版版基上涂布亲水性涂层，经扫描曝光后，曝光区的涂层发生物理或化学变化而变成亲油的图文部分，印版也无须再进行显影处理。

（3）CTP 版材质量要求　CTP 版是一种成熟的商品化版材，可直接用来制版，制版前需要对印版质量进行检查，主要内容有 CTP 版材平整度、感光涂层的均匀度、版材四边厚度和厚度误差、感光度和显影性能、网点分辨力和再现能力以及生产日期和保存期。

CTP 制版对印版版材的要求主要包括外观平整、干净、无划伤、无折痕、无氧化斑点以及无污脏，厚度在 0.15~0.30mm、厚薄均匀、同一版材上的厚度误差小于 0.03mm、砂目深度为 0.05~1.0μm、砂目深度误差小于 0.2μm 以及网点再现范围为 0.5%~99.5%、耐印力高，着墨性能好，感光范围稳定。

3. CTP 制版流程

CTP 制版流程是将原版胶片输出和晒版两个工艺合二为一，只有数据检查、曝光模板选择、曝光成像、印版冲洗及印版质量检查等简单步骤。基本制版流程如图 1-40 所示。

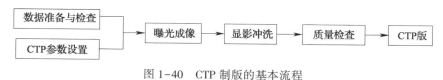

图 1-40　CTP 制版的基本流程

（1）数据准备与检查　CTP 制版采用计算机直接曝光，数据内容与控制要素以及曝光数据的正确与否极其重要。做好数据的准备与检查，是保证输出数据质量的关键。

（2）CTP 参数设置　CTP 制版中，必须正确设置 CTP 设备包括曝光条件、加网方式、版式模板等各项参数。

（3）曝光成像　CTP 中曝光系统对 CTP 版曝光，使感光版诸如溶解性、黏着性、亲和性及颜色等性能发生变化，并利用这种性能变化在 CTP 版上形成成像的图文信息和未成像的非图文信息，以及可见或不可见的影像。

（4）显影冲洗　采用湿式化学处理或干式处理等方式对版面上曝光形成的图文部位和非图文部位进行表面性能处理，建立亲油性图文基础和亲水性空白基础，即显影除去版面上空白部位的感光膜露出版基原有亲水层，保留图文部位的亲油性感光膜，使版面达到满足印刷要求的稳定二相结构表面。

（5）质量检查　根据对印版的质量要求，仔细检查 CTP 印版的质量，对存在的脏点、污点或白点进行修补处理。

第五节　印刷品质量评价

一、印刷品质量的定义及内涵

1. 印刷品质量的定义

印刷品质量是印刷品各种外观特性的综合效果。从印刷技术的角度考虑，印刷品的外观特性又是一个比较广义的概念，对于不同类型的印刷产品具有不同的内涵。

对于线条或实地印刷品，应该要求墨色厚实、均匀、光泽好、文字不花、清晰度高、套印精度好，没有透印和背凸过重，没有背面蹭脏等。

对于彩色网点印刷品，应该要求阶调和色彩再现忠实于原稿，墨色均匀、光泽好、网点不变形、套印准确，没有重影、透印、各种杠子、背面沾脏及机械痕迹。

上述外观特性的综合效果反映了印刷品的综合质量，在印刷质量评判中，各种外观特性可以作为综合质量评价的依据，也可以作为印刷品质量管理的根本内容和要求。

2. 印刷品质量的内涵

印刷品质量的内涵包括以下几个方面：①印刷品接近原稿的程度；②印张对付印样的接近程度；③同批印刷品的合格率和同批印刷品之间的一致程度。前两项和印刷品的绝对质量有关，后一项和印刷品的相对质量有关。

二、印刷品质量的评价方法

根据影响印刷品质量的三个因素，可以将印刷品质量评价方法分为主观评价法（主要针对印刷品的美学因素）、客观评价法（主要针对印刷品的技术因素）和综合评价法（即综合印刷品主观评价和客观评价的特点，对印刷品质量进行评估）。

1. 主观评价

主观评价是以复制品的原稿为基础，对照样张，根据评价者的心理感受做出评价，其评价结果随着评价者的身份、性别、爱好的不同而有很大的差别。因此，主观评价方法常受评价者心理状态的支配，评价结果可能对印刷品某一部分质量达到统一，而对综合性的全面质量却很难求得统一意见。此外，影响主观评价的因素还有照明条件、观察条件和环境、背景色等。

印刷画面的表观质量是印刷品主观评价所依据的指标，这些指标虽然不是主要的印刷复制再现质量指标，但直接影响印刷品的外观，决定印刷品质量的合格与否。其主要包括以下内容：①印张外观整洁，无褶皱、油迹、脏痕和指印等；②印张背面清洁，无脏痕；③文字清晰、完整，不缺笔断画；④套印准确；⑤网点光洁、清晰、无毛刺；⑥色调层次清晰，暗调部分不并级，亮调部分不损失；⑦墨色鲜艳，还原色彩不偏色；⑧裁切尺寸符合规格要求。

2. 客观评价

客观评价是利用某些检测方法，对印刷品的各个质量特性进行检测，用数值表示，其本质是用恰当的物理量（质量特性参数）对图像质量进行量化描述，为有效控制和管理印刷质量提供依据。印刷品质量评价的主要内容包括阶调（层次）再现、色彩再现、清晰度等，可使用密度计、分光光度计、控制条、图像处理手段等。

① 阶调再现是指对图像明暗阶调变化影响的传递特性，用阶调复制曲线表示。印刷品的阶调与层次分布在表现图像形象和明暗方面发挥着主导作用。在制版和印刷阶段，常常会失掉高光部分和暗调部分的反差，使印刷品的阶调再现性受到影响。

② 色彩再现通常采用油墨实地密度值、CIELAB值及色差评价印刷品的颜色再现，这种测量结果只能作为评价的大致标准。要对印刷色彩还原做全面评价，必须从印刷品对原稿或原景物色彩接近程度上，通过色度测量结果加以比较，并掺入人们对色彩视觉心理要求，即心理上的再现程度，这样才能对印刷品色彩再现做出综合而全面的评价。

③ 清晰度是印刷图像细节边缘密度变化的速度，是图像细节对比和视觉与心理作用的综合反映。彩色印刷品的清晰度是图像复制再现的一个重要质量指标，除表现影像的特殊意境外，每个画面应有一部分层次（主体或背景）是清晰的。对印刷画面清晰度的评价也有三个方面的相关内容：图像层次轮廓的实度；图像两相邻层次明暗对比变化的明晰度，即细微反差；原稿或印刷画面层次的分辨力，也就是其细微层次的微细程度，是表现

客观景物组成物质本质面貌的，即所谓质感。

3. 综合评价

综合评价是以客观评价的数值为基础，与主观评价的各种因素相对照，以得到共同的评价标准。

习　　题

1. 平版、凹版、凸版、孔版等印版有何表面特征？
2. 印刷方式和包装印刷常用的分类形式有哪些？
3. 何谓绿色包装？绿色包装印刷有何特征？
4. 举例说明常用的纸包装和塑料软包装印刷方式。
5. 简述标签的分类形式和常用的标签印刷方式。
6. 包装印刷研究的主要对象和主要内容是什么？
7. 何为色彩的三个基本属性？
8. 颜色的复制原理是什么？
9. 数字分色技术与模拟照相分色、模数电子分色有何不同？
10. 调幅加网、调频加网和混合加网的主要特点是什么？
11. 试述色彩管理的实现方法。
12. 写出 W·F 油墨转移方程，并说明油墨转移量与油墨转移系数的关系。
13. 什么叫润湿？印刷中的润湿过程表现在哪几个方面？
14. 描述液体在固体表面的润湿情况有几种？
15. 纸张的印刷适性有哪些？
16. 纸张的荷叶边和紧边产生的主要原因是什么？
17. 软塑包装材料的种类主要有哪几种？
18. 真空镀铝薄膜的印刷适性如何？
19. 怎样提高塑料薄膜对油墨的附着性？通常采用什么方法？
20. 软塑包装与纸包装相比有何优缺点？如何解决印迹（油墨）附着性差和干燥问题？
21. 何谓数字拼大版，其作用是什么？
22. 数字打样的作用是什么？
23. 简述 CTP 版材的分类及制版对印版版材的要求。
24. CTP 制版的基本流程有哪些？
25. 印刷品质量主观评价和客观评价的优缺点有哪些？

第二章 平版印刷

本章学习目标及要求：

1. 了解平版印刷的原理及特点，理解平版印刷的制版工艺、印刷工艺过程及质量控制的工艺参数。

2. 理解胶印机的主要组成及其工作过程，分析印刷设备的主要控制因素。

3. 对比、归纳胶印与无水胶印的原理及特点。

第一节 概　述

平版印刷是用图文部分与空白部分几乎处于同一个平面的印版进行印刷的工艺技术，是一种间接的印刷方式。平版印刷具有制版工艺简便、装版迅速、套色准确、印刷质量高、成本低等特点，而且印品墨层薄、复制层次丰富，既可以满足以文字为主的出版物、书报刊等大批量的印刷，也适合高档精美画册、折叠包装纸盒等色调丰富的印刷，因此占据了我国印刷工业的主导地位。

一、平版印刷及其发展过程

1. 平版印刷原理

平版印刷起源于德国人赛纳菲尔德于 1798 年发明的石版印刷，主要包括石版印刷、珂罗版印刷和橡皮版印刷（也称胶版印刷）三种印刷方式。其中，石版印刷和珂罗版印刷，印刷时版面与承印物直接接触，从而将印版上的图文信息直接转印到承印物上，属于直接印刷；胶版印刷是先将印版上的图文信息转印到橡皮布上形成橡皮版，再由橡皮版与承印物接触，进而将印版上的图文信息间接转印到承印物上，属于间接印刷。胶版间接印刷的发明是平版印刷术的一项重大改革，对平版印刷的进一步发展乃至整个印刷事业的发展具有重要意义。

平版印刷印版的图文部分和空白部分几乎处于同一平面，利用油墨与水不相混溶的原理在同一平面共存。由于印版结构的特殊性，其工艺及印刷过程比其他印刷方式复杂。平版印版上的图文部分在晒版时通过光化学反应直接或间接地在版材上形成亲墨层，空白部分的形成有的直接利用版材本身的亲水性。在同一版材的表面上建立牢固的亲油和亲水基础，首先要对版材本身进行粗化处理，即用机械法或电化学法对版材进行表面糙化，生成无数微孔——砂目，以增加比表面积，使版材表面吸附能力增强，既能牢固吸附亲油基础和油墨层，又能较好地吸附亲水基础和水分。

平版印刷运用油水相斥原理，以先上水后上墨的原则进行印刷。平版印刷在印刷过程中，先对印版进行充分湿润，再使图文部分吸附油墨。空白部分则有水的保护而排斥油墨保持清洁，从而在同一版面达到水墨共存。通过橡皮滚筒的中间传递，将油墨（图文部分）转移到承印物上，从而使水墨不断循环作用于同一版面，达到了平面印刷的目的。

胶版间接印刷的发明是平版印刷术的一项重大改革，对平版印刷的进一步发展乃至整个印刷事业的发展具有跨时代的意义。胶印印刷作为平版印刷的一种，在胶版印刷过程中，采用的橡皮布滚筒起到了相当重要的作用，它不仅可以很好地弥补承印物表面的不平整，使油墨充分转移，还可以改善印版上的水向承印物上的传递的情况，相对稳定而且可以有效提高印刷质量。

胶印过程中除了印版滚筒、压印滚筒之外，还有中间载体——橡皮滚筒。橡皮滚筒是将印版图文的油墨转移到承印物上的转移滚筒，其表面包裹橡皮布。在橡皮布与滚筒之间还衬有毡呢及适量的纸张，来达到印刷所需要的压力。橡皮布亲油性较好，能将印版上的油墨完好地传递到承印物上，获得清晰的层次和完整的网点。橡皮布具有高弹性，在印刷过程中承受一定的压力，利用本身的弹性，使图文传递达到完整转移。由于橡皮布的弹性较强，印刷时可减轻压力，具有印刷速度快、机器损耗少、印版磨损小、耐印力高等优点。同时，纸张不直接与印版表面接触，减少了因吸收水分而引起的纸张伸缩，保证了套印准确。

由于具备印刷速度快、印刷质量相对稳定、整个印刷周期短等多种优点，国内书刊、报纸以及相当一部分商业印刷都采用胶印。

2. 平版印刷发展历史

平版印刷的发展大致可分为石版印刷阶段、直接印刷阶段和间接印刷阶段三个阶段。

（1）石版印刷阶段 1798 年，德国人赛纳菲尔德发明石印技术。该技术利用大理石作为版材，如图 2-1 所示，经过研磨平整，用转写墨将图文直接描绘在石面上，用稀释的腐蚀液润湿版面，趁版面未干上墨印刷，这是平版印刷技术最早的发明和应用阶段。但是石版印刷的版材笨重，印刷速度慢，图文易磨损，耐印力低，且印刷时纸张与印版接触，使纸张易吸收水分膨胀，造成套印不准，于是很快便被淘汰掉。

（2）直接印刷阶段 约 1817 年，赛纳菲尔德又发明了金属锌版，取代了石版。金属锌具有轻、薄、有韧性、易弯曲等特点，使印刷形式从圆压平向圆压圆两滚筒印刷发展，属于直接印刷阶段，如图 2-2 所示。两滚筒印刷形式如图 2-3 所示，取代了圆压平的笨重方法，使印刷速度得到提高。但由于纸张直接与印版接触，存在吸湿膨胀、套印不准、版面图文易磨损、耐印力不高等不足。20 世纪后，随着感光材料、照相技术以及其他科学技术的不断进步，平印版材出现了腐蚀平凹版、多层金属版、预涂感光版（PS 版）等。

图 2-1 石版印刷

图 2-2 直接印刷

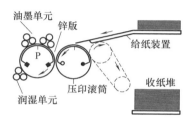

图 2-3 两滚筒印刷

（3）间接印刷阶段 约 1904 年，美国人威廉·库伯尔发现了橡皮布在印刷中的作用。为了在粗糙的纸张上得到完整的图文印迹，他在压印滚筒上包覆了一张橡皮布，在印刷过程中偶尔一次未续进纸张，使得印版上的图文印到了橡皮布上，后一张纸继续压印时，不仅在纸张的正面获得印迹，在纸张反面也获得了反向的图文，相比之下，通过橡皮布间接印得的图文比直接从锌版上获得的印迹要厚实、清晰。因此间接印刷逐渐被应用推广，"胶版"印刷也由此得名。

1906 年，德国的卡斯帕尔·赫尔曼在德国制造了第一台胶印机，平版印刷进入了三滚筒间接印刷阶段（图 2-4），这也是平版印刷技术的一次重大变革。20 世纪 70 年代，美国 3M 公司发明了不使用润湿液的无水胶印，经过多年探索，无水胶印性能已经有了很大改善，现在也在逐步推广使用，这也是平版印刷技术的一次重大改革。

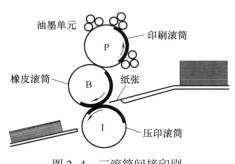

图 2-4　三滚筒间接印刷

二、胶印技术的发展趋势

从 20 世纪 60 年代至今，胶印技术一直占据印刷技术的主导地位。近年来，随着数字技术在印刷工业的广泛应用和普及，新技术、新模式在印刷行业快速推陈出新，更加稳固了胶印技术主导地位。

胶印技术包括胶印印前技术和胶印印刷技术。在各种印刷方式的印前技术中，胶印印前技术是发展最好、智能化水平最高、普及面最广的技术。其典型代表是计算机直接制版系统，目前我国胶印计算机直接制版系统已经接近和达到世界先进水平，并且已经实现批量出口。

1. 自动化、智能化程度提高

随着数字技术、计算机技术和互联网技术的发展，新的数字印刷技术诞生了，数字印刷技术的发展促进了印刷技术之间的竞争，也使得胶印印刷技术得到了更快、更好的发展。胶印印刷技术不断发展和完善，目前胶印机的自动化、智能化已经取得了重要进展。

（1）胶印机自动化的新进展　胶印机自动化新进展主要包括：纸张更换、纸张运行过程以及纸张翻转的自动控制；半自动、自动换版；墨色预置、遥控系统；水墨平衡自动控制系统；滚筒和墨辊压力遥控调整；套准遥控系统；墨路自动清洗系统，橡皮滚筒、压印滚筒自动清洗系统。胶印机自动化程度的提高，很好地适应了印刷领域小批量、短周期、操作者经验不足的新形势，满足印刷厂家的自动化、省力、预设定的新需求。

（2）胶印机智能化新进展　胶印机智能化包括硬件和软件的智能化，先进胶印机的智能化水平主要表现在：车间的物流智能供给系统；印刷品质量的智能检测和控制系统；印刷机自身的智能控制、自我检测、自我修复的智能控制系统；智能排放系统；智能生产管理系统。胶印机智能化能很好地实现印刷质量、效率和成本的优化。

2. 规格不断优化和扩展

为了适应现代包装市场发展的要求，近年来单张纸胶印机的色组、承印纸张的厚度、印刷速度和印刷幅面也在不断提高。如海德堡、曼罗兰、高宝等单张纸胶印机的配置都可达到 10 色以上，同时还可以联机上光（包括水性上光和 UV 上光）。曼罗兰和高宝胶印机的承印厚度已达到 1.2mm，不仅可以印刷纸和纸板，还可以印刷 1.2mm 厚度的精细瓦楞纸板。在印刷幅面方面，最近曼罗兰公司推出了 1850mm 的超大幅面单张纸胶印机，高宝公司把单张纸胶印机的印刷幅面提高到 2050mm×1500mm，成为有史以来印刷面积最大的单张纸胶印机。现在先进的单张纸胶印机，对开幅面的印刷速度已超过了每小时 16000 印，使包装生产的工作效率大幅度提高。总之，胶版印刷在包装中的应用体现了"多、快、好、省"的优势，在现代包装的发展进程中，几十年来青春常在，长盛不衰。

此外，卷筒纸胶印机的规格也在不断优化和扩展。目前卷筒纸胶印机的印刷幅宽覆盖了从半幅到 3 幅宽的范围（单幅宽为 787mm 或 880mm、890mm）。纸张在滚筒上的排列方式，既有竖 A4 方式也有横 A4 方式（但国内产品只有竖 A4 方式）。发展变化最多的是裁切尺寸，如印刷大开本印刷品的卷筒纸胶印机的裁切尺寸有 630，625，624，620，615，610mm 等。

3. 印刷速度不断提高和优选

提高印刷速度是提升印刷效率的重要手段，因此，各印刷机制造商都在努力提高印刷速度。中等幅面单张纸胶印机的最高印刷速度已经达到 20000r/h。科尼希 & 鲍尔（高宝）股份公司作为印刷行业的领军者，最新的 KBA 递纸机构采用的是两次加速机构，递纸牙首先将纸张速度加到最大速度的 60% 左右到传纸滚筒，然后再通过传纸滚筒二次加速到最高速度传给压印滚筒，因而其机器最高速度可达到 20000r/h，是速度最高的印刷机之一。

4. 节能降耗新进展

随着胶印机功能的不断发展，其能耗也在不断增加，节能降耗亦成为发展绿色胶印机之必需。如胶印采用 UV 上光后，通过 LED-UV 固化比通过传统 UV 固化可节省能耗 70%~80%。但 LED-UV 固化技术需要配备专用的 UV 油墨和 LED-UV 固化灯，二者价格不菲。为了降低该系统成本，日本小森公司对灯具进行了改进，生产出 H-UV 固化系统。2013 年底，SunChemical 和 FlintGroup 生产出了高活性 UV 油墨，与之配套的固化技术被称为高活性 UV 固化技术。高宝的胶印机、海德堡胶印机以及曼罗兰胶印机三大巨头也分别配套了 HR-UV 固化技术、LE-UV 固化技术和 LEC-UV 固化技术。这些固化技术都能达到很好的节能效果。由此可见，在发展绿色胶印机、节约能耗保护资源上，整个行业都在为此奋斗。

第二节　平版制版

平版制版是将原稿制作成平版印版的工艺过程，这也是实现平版印刷至关重要的一步。本节主要从各制版工艺方法和制版过程来介绍平版制版工艺的基础知识、基本原理、工艺技术、操作技能等内容，所涉及的知识面积广，包括光学、机械、电子、化学、美术及计算机等各方面综合性的知识。

一、平版制版工艺的发展过程

平版制版工艺是赛纳菲尔德发明石版印刷后发展起来的一种制版工艺方法，随着科学技术的不断发展，到现在已经历了多个发展阶段。

① 手工描绘制版工艺阶段　先将石版表面研磨平整，然后人工用转写墨直接将图文描绘在石版面上，经过上墨等处理即成为平版印刷用印版。

② 照相制版工艺阶段　用制版照相机对图像进行拍摄，制作成软片，然后晒版即成印版。这种制版工艺根据使用材料和工艺方法的不同，有多种不同的制版工艺方法。

③ 玻璃湿版工艺阶段　照相用感光版为玻璃即涂感光液形成湿版，在未干状态下进行拍摄，经冲洗处理后揭膜加网拷贝即获软片版，根据加网方式又分为间接加网制版工艺和直接加网制版工艺。

④ 电子分色扫描制版工艺　电子分色机对原稿进行扫描采集光信号，转换为电信号，经彩色计算机进行层次处理、颜色校正、清晰度强调、黑版计算和底色去除后，再转换为光信号在感光片上进行记录，可得连续调或网点阶调、阴图或阳图等软片版。电子分色机的发明应用是平版制版工艺的一次变革，是光、机、电有机结合的例证，对彩色复制技术水平有很大的提高。

⑤ 彩色桌面出版系统制版工艺　20 世纪 80 年代中期，彩色桌面出版系统（DTP 系统）制版工艺兴起，DTP 系统是随计算机的发展以计算机为主而形成的一种快速有效的制版设备。彩色桌面系统由扫描仪、计算机、照排机三大部分组成。扫描仪负责对原稿扫描采集光信号，并转换为数字信号；计算机对扫描的原稿信号进行图像处理，包括层次校正、颜色校正、清晰度强调、底色去除、非彩色结构工艺、分色、拼版等；照排机负责将经计算机处理后的分色加网信号输出为软片版。

随着数字化和计算机技术的发展，计算机直接制版（computer-to-plate，CTP）技术已成为印前工业的必然发展趋势。最早由照相直接制版发展而来，所有采用计算机控制的激光扫描成像，然后通过显影、定影等工序印版。这一技术免去了胶片这一中间媒介，使文字、图像直接转变成数字，减少了中间过程的质量损耗和材料消耗。近几年，国内的 CTP 技术日趋成熟完善，国内企业科雷机电工业有限公司制造的 H 系列胶印 CTP 数字化胶印制版设备，集全自动供版、多精度大版盒、在线打孔、最高 128 路激光成像等优势于一身，满足商业印刷、包装印刷、报业印刷、书刊印刷、合版快印与小快印标签印刷等多种需求。

二、平版印版的制作流程

常用的平版印版有 CTP 版、PS 版（预涂感光版）、平凹版、蛋白版（平凸版）、多层金属版等，印版的表面均由亲油疏水的图文部分和亲水疏油的空白部分组成。

1. 预涂感光版

PS 版是预涂感光版（pre-sensitized plate）的缩写。PS 版制版工艺如图 2-5 所示。PS 版按照感光层的感光原理和制版工艺分为阳图型 PS 版和阴图型 PS 版。其中，阳图型 PS 版的制版工艺过程为：

① 曝光　将阳图底片有乳剂层的一面与 PS 版的感光胶层面相对贴在一起，放置在专用的晒版机内，真空抽气后，打开晒版机的光源，对印版进行曝光，非图文部分的感光层在光的照射下发生光分解反应。常用的晒版光源是碘镓灯。

② 显影　用稀碱溶液对曝光后的 PS 版进行显影处理，使见光发生光分解反应生成的化合物溶解，版面上便留下了未见光的感光层，形成亲油的图文部分。显影一般在专用的

图 2-5 PS 版制版工艺

显影机中进行。

③ 除脏 利用除脏液，把版面上多余的规矩线、胶粘纸、阳图底片粘贴边缘留下的痕迹、尘埃污物等清除干净。

④ 修补 修补是将经过显影后的 PS 版，因种种原因需要补加图文或对版面进行修补。常用的修补方法有两种，一种方法是在版面上再次涂上感光液，补晒需要补加的图文，另一种方法是利用修补液补笔。

⑤ 烤版 将经过曝光、显影、除脏、修补后的印版，表面涂布保护液，放入烤版机中，在 230~250℃ 的恒定温度下烘烤 5~8min，取出印版，待自然冷却后，用显影液再次显影，清除版面残存的保护液，用热风吹干。经烤版处理后的 PS 版，耐印力可以提高到15 万印以上。

⑥ 涂显影墨 将显影墨涂布在印版的图文，可以增加图文对油墨的吸附性，同时也便于检查晒版质量。

⑦ 上胶 是 PS 版制版的最后一道工序，即在印版表面涂布一层阿拉伯胶，使非图文的空白部分的亲水性更加稳定，并保护版面免被脏污。

PS 版的砂目细密，图像分辨率高，形成的网点光洁完整，具有良好的阶调、色彩再现性。在印刷中用过的 PS 版，清除版面上残存的油墨和感光层，在原来的铝版基上重新涂布感光液，形成新的感光层，便可重新制成供打样或正式印刷版。这种利用用过的 PS 版的铝版基重新制作 PS 版的方法叫做 PS 版的再生，它使铝版基可重复使用，因此 PS 版是平版印刷中使用最多的印版。

2. 其他平版制版工艺

多层金属版按照图文凹下或凸起的形态分为平凹版和平凸版，使用较多的是平凹版。铜金属板版基上镀铬制成二层平凹版，铁金属板（也可以是铝或者锌金属板）上镀铜再镀铬便制成了三层平凹版。金属板版基选用亲油性良好的金属铜和亲水性良好的金属，印版上形成稳定的图文部分和空白部分，耐印力很高。但是，制版周期长、成本高，适合印刷数量很大的钞券底纹和包装材料等印刷品。

平凹版是用阳图底片晒制的印版，制版过程如图 2-6 所示。把经过磨版和前腐蚀的锌板或铝板表面涂布感光胶，经烘干与阳图底片一起放晒版机内，真空抽气后进行曝光。印版上空白部分的感光胶膜受到光线照射发生光化学反应而硬化，图文部分未感光的胶膜经显影被除掉，露出金属面，再用腐蚀液对金属略加腐蚀，然后涂上亲油的基漆（蜡光），亲油疏水的图文部分便形成了。平凹版的图文部分形成以后，除去版面硬化的感光膜并用磷酸液加以处理，再涂布亲水的阿拉伯胶，亲水疏油的空白部分也形成了。平凹版为即涂版，使用的感光胶由聚乙烯醇、重铬酸铵等物质组成，印版的制版工艺繁杂，质量不易控制，阶调、色彩再现性也不如 PS 版好。

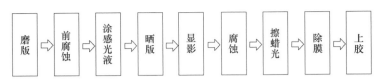

图 2-6　平凹版制版工艺

蛋白版是在经过研磨已有砂目的金属锌板上，涂布一层由蛋白、重铬酸铵和氨水配置而成的感光液，烘干后和阴图底片一起放入晒版机内进行曝光。由于是阴图晒版，图文部分透光、受到光线照射的感光层硬化，便形成了亲油的图文。再经过擦显影墨，用水冲去未见光的空白部分的胶膜和腐蚀等处理，使空白部分具有亲水性，最后涂布阿拉伯胶。蛋白版成本低，操作简单，但因硬化的感光层耐酸、耐碱性较差，又高出版面，图文的印力低，一般只能印一万多张，适合印刷数量少的零印产品，因此，这种印版的使用范围受到限制。

氧化锌纸基版是将氧化锌光敏半导体材料直接涂布在纸基（或塑料片基）上制成的一种光敏版，版材幅面为八开。机器的一般操作程序为：开机预热—放置原稿—放置光敏版—充电—曝光—显影—修版—固版—亲水处理。

3. CTP 版制版工艺

CTP 制版工艺如图 1-40 所示。CTP 直接制版机由精确而复杂的光学系统、电路系统及机械系统三大部分构成。由激光器产生的单束原始激光，经多路光学纤维或复杂的高速旋转光学裂束系统分裂成多束（通常是 200～500 束）极细的激光束，每束光分别经声光调制器按计算机中图像信息的亮暗等特征，对激光束的亮暗变化加以调制后，变成受控光束。再经聚焦后，几百束微激光直接射到印版表面进行刻版工作，通过扫描刻版后，在印版上形成图像的潜影，经显影后，计算机屏幕上的图像信息就还原在印版上，供胶印机直接印刷。印版上形成图像潜影的清晰度及分辨率，决定于每束微激光束的直径及光束的光强分布形状。微激光束的光斑越小，光束的光强分布越接近矩形（理想情况），则潜像的清晰度越高。

三、平版胶印版制版设备

1. 晒版设备

晒版是平版制版的一道重要工序，它是将经过照相或电子分色、修版、拼版等加工后的原版（软片）的全部层次完整地复制到印版上，或是将经过照相排字的文字原版（或图文拼合原版）完整地复制到印版上，再通过打样、印刷，还原在纸上。因此，晒版质量的好坏直接影响到印刷产品的质量。

晒版的原理是当原版与涂有感光胶的印版表面紧密接触（贴合），晒版光源通过原版射到印版感光胶表面，经过光化学作用，使感光胶发生光化学变化，经冲洗显影后，使图文部分亲油墨，非图文部分亲水，而得到满足平版印刷质量要求的印版。

国内使用的晒版机有普通真空晒版机、计算机控制卧式真空晒版机、台式真空晒版机、回转式双面晒版机等。这些晒版机的机械结构都比较简单，操作方便，常用的晒版机有四开、对开、全张等几种。

2. 自动冲洗设备

自动冲洗设备是与制版照相机、电子分色等设备配套使用的设备。应用这种设备，能使单张或成卷的感过光的胶片或照相纸，自动完成显影、定影、水洗、干燥等全过程。目前使用的自动显影冲洗机均为连续式显影冲洗机，软片经传输装置带动，以一定的速度经过显影装置、定影装置、水洗装置和烘干装置即可完成显影冲洗过程，得到符合质量要求的分色软片。自动显影冲洗机软片传输装置有传送带式、辊式和滚筒式三种。

3. 拷贝机

拷贝是照相制版过程中的一道重要工序，采用拷贝工序可将尺寸较小的图文软片拼拷成大版多图以供一次晒版、制作 1：1 的分色片、拷制蓝图纸样、将原版拷贝成多副分版同时供几个印刷厂使用等，当照相中出现因使用的湿版、明胶干版、感光软片性能不良致使拍摄的底片网点的点型不实，四周有不同程度的虚晕的情况下，也可以通过拷贝使点型变得结实光滑，还可以适当地拷深拷淡，以满足制版要求。

4. 胶印打样设备

经过晒版工序所制成的印版在上机正式印刷之前，要进行试印，以校验胶印印版网点的正确性、清晰性和套印的墨色、套色等情况。这种试印工作称为打样，完成这项工作的机器称为打样机。打样是对印版质量的检查，通过试印样张与原稿校对，可修正原版，改进晒版工艺等。当试印样张的质量符合原稿要求，印版才能正式上机印刷。再将合格样张送往印刷车间，作为印刷过程中校对成品色彩层次的标准。

胶印打样分为印刷打样和非印刷打样两种。印刷打样又叫完全打样，即传统的模拟打样，也叫机械打样。这种打样方法是在和印刷条件基本相同的条件下，把晒好的印版安装在打样机上，每种颜色的印版试印一张，并作双色、三色、四色的套印，将得到的样张同原稿对照进行校对，直至其色彩、层次、文字、规格等都准确无误为止。校对后的合格样张（一、二、三、四色）送往车间作为校样。平版印刷中使用的打样机又叫胶印打样机，有往复式半自动打样机和往复回转式、自动上墨上水的自动胶印打样机，其规格有对开和全张两种。

四、平版胶印版质量控制

在胶版印刷中，制版技术始终是印刷质量的保证，它在印前和印刷中起着承上启下的作用。只有保证了印版制版质量，才能确保印刷品的质量，平版胶印版的质量控制尤为重要。CTP 工艺流程中，直接把图文信息复制在印版上，不需要输出胶片，与传统制版工艺相比，减少了在胶片输出中的网点变化，提高了套印精度和制版质量。控制 CTP 制版质量的关键是对网点正确复制，印版质量问题多表现在网点上，主要有网点丢失（主要在图像高光区）、网点增大、网点变形、网点发虚、不饱满等。

在 CTP 制版中，影响制版质量的主要因素有：

① 版材质量　不同类型版材的成像质量是不同的，对于一个企业来说最好选用固定厂商和固定型号的 CTP 版材，这样可提高制版质量的稳定性。

② 设备性能　不同设备其曝光性能不同，单位面积光源照度和均匀度会对网点的均匀性产生影响。

③ 显影条件　包括显影液的化学成分、温度、浓度等，这些都是影响制版质量的关

键因素。另外，一定数量的版材显影后，在显影液中的部分树脂层会形成许多絮状物，附着在成品版材上，若不加以处理会造成印刷时带脏。

④ 工艺控制　包括各种工艺参数的设置，如曝光时间、显影时间。另外，同一套版最好一次性处理完，这样能保证套印精度。

⑤ 环境条件　主要是制版房的温度、湿度、光照条件等。

⑥ 后工艺处理　如烤版。

质量控制应该设定在版材所要求的范围，一般对制版质量好坏的判断大致可分为主观目测、视觉评判和客观测量。

第三节　单张纸胶印机

胶印是按照间接印刷原理，将印版上的图文通过胶皮布转印滚筒将图文转印到承印物上进行印刷的一种印刷方式。无论哪种类型的胶印机，均由传动、给纸、规矩、递纸、印刷、给水、给墨、传纸、收纸及控制装置等几大部分组成，单张纸单色胶印机的典型结构如图2-7所示。当然，多色机的印刷部分要复杂一些，主要表现在压印部件及其色组联系有所区别。

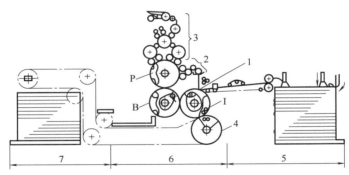

1—规矩装置；2—润湿装置；3—给墨装置；4—收纸链轮；5—输纸装置；6—印刷装置；7—收纸装置。

图2-7　单张纸自动胶印机的结构简图

一、给纸装置

单张纸胶印机的输纸部分由带自动升降机构的输纸台、纸张分离机构、纸张输送机构、纸张定位机构及检测控制机构组成。纸张分离机构有摩擦式和气动式，目前常用的是气动式纸张分离机构，如图2-8所示，一般包括松纸吹嘴机构、分纸吸嘴机构、压纸吹嘴机构和递纸吸嘴机构等。图2-9为单张纸胶印机的输纸部分的示意图。

当气动式输纸机工作时，由松纸吹嘴将纸堆上部的纸张吹松，分纸吸嘴从吹松的纸张中分离出最上面的一张纸，压纸吹嘴一边在分离开的纸张下面吹风，一边用压纸脚压住未被分离的纸张，递纸吸嘴把分离出来纸张送到输纸板上，纸张经输纸板到达前规和侧规处进行横向和纵向定位，以保证双面印刷套印准确。定位完成后，纸张进入印刷部分开始印刷。在输纸板上配备有双张、空张、纸张歪斜检测装置，若出现故障，输纸机构会自动停止输纸。

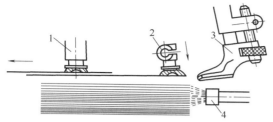

1—递纸吸嘴；2—分纸吸嘴；3—压纸吹嘴；
4—松纸吹嘴。

图 2-8　气动式纸张分离机构

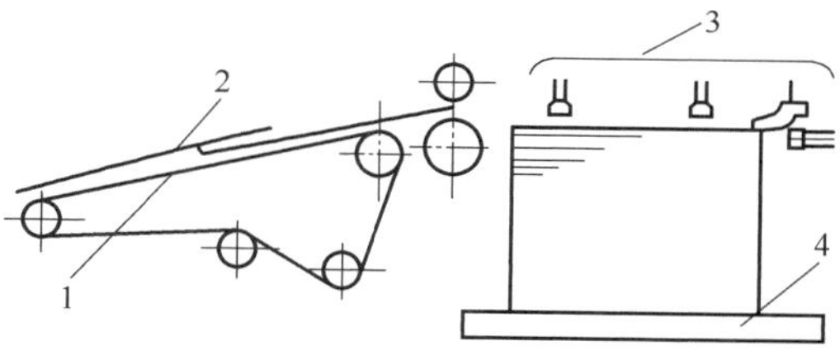

1—纸张输送机构；2—纸张；
3—纸张分离机构；4—输纸台。

图 2-9　单张纸胶印机的输纸部分示意图

二、定位与传递装置

定位部件也称规矩部件，是单张纸印刷机实现图文位置调定以及套印控制的功能部件。分散传送的单张纸通过其定位，可以达到待印图文位置的相对固定。用于对纸张进行纵向定位的装置称前规矩机构，而对纸张进行横向定位的装置称侧规矩机构。多色印刷的套印控制，由于版组之间需要进行相对调节，一般通过专设的调版机构来实现。纸张定位是保证张与张之间、色与色之间套印准确的重要影响因素。

1. 纸张定位

一般空间物体在笛卡尔坐标系中有六个自由度，除输纸板外，纸张依靠互相垂直的两个方向三个定位点即能保证纸张获得准确的定位位置。为此，需要在机器上设置相应的三个定位约束点，如图 2-10 所示。

为准确地对幅面为 $B×L$ 的纸张进行定位，也就是使它的位置唯一确定，首先必须让其贴合在输纸板上，失去三个自由度；然后使其前口贴紧在前规的两个定位规矩板 2 上，获得前进方向，即"上下"方向的准确位置；最后沿前规横向移动纸张，使其侧边靠上侧规板 3，得左右方向，即"来去"方向的正确位置。纸张的定位过程是需要动力的。前规定位时，依

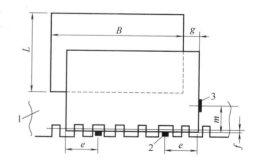

1—递纸牙台；2—前规定位板；3—侧规定位板。

图 2-10　纸张定位原理图

靠输纸装置向前的输送力作用实现前口边与前规矩的贴合；侧边定位则凭借侧规矩本身的"推纸"或"拉纸"功能实现。

为了在印刷反面时纸张侧边的定位基准不变，在单张纸胶印机上两侧各有一个侧规。一般，印正面时使用操纵面侧规，印反面时使用传动面侧规。为了获得良好定位效果，定位部件的几何参数如下：

侧规 3 至前规 2 的距离	$m = (0.2 \sim 0.3)L$
定位后纸边至前规 2 的距离	$e = (0.2 \sim 0.25)B$
侧规拉纸距离	$g = 5 \sim 12mm$
递纸牙叼纸宽度	$f = 6 \sim 8mm$

2. 规矩定位

规矩机构的作用是在纸张被递进印刷装置印刷前，对其进行纵向和横向两个方向的定位，使其相对于印版有固定的正确位置，印刷后在印张上得到固定位置的图文。无论是张与张之间，还是色与色之间，这个位置都是同一的，从而保证印张与印张、色与色之间在"上下"和"来去"两个方向位置相同，套印准确。"上下"方向的位置由前规来保证，"来去"方向的位置由侧规来保证。

前规矩装置是对纸张进行上下方向（前进方向）定位的，前规机构一般由规矩板（定位板）、挡纸板、压纸舌、传动装置等几部分组成。定位时，定位板和压纸舌需要首先运动到工作位置，凭借输纸板的输纸运动或者由专门的纸张加速装置（超越式续纸方式中）将纸张传送到前规定位板上；而定位完成后，定位板和压纸舌又需要适时让纸。因此，前规一般有定位运动和让纸运动两种运动。

为了很好地控制纸张，对其进行准确定位和检测（空张检测一般设置在前规处，保证工作稳定可靠，前规矩机构一般需要由相应部件完成如下功能。

① 定位　规矩板作为定位基准完成定位。

② 限位　压纸舌控制纸边平服，保证定位精度。

③ 调节　调节装置用于根据叼口大小调节规矩板前后位置，根据纸张厚薄调节压纸舌高低。

④ 运动　一般由凸轮连杆机构驱动规矩机构，实现定位运动和让纸运动。

⑤ 控制　出现走纸故障时，连锁控制装置工作，前规不抬。

在印刷中，纸张先送到前规处稳定、定位，完成纵向定位后再由侧规对其进行横向定位。由于侧规对纸张的定位方向与纸张运行方向垂直，故侧规结构除了有作为定位基准的定位板和控制纸张平服、保证定位精度的压纸舌外，还要有使纸张产生横向移动，使其紧贴定位板的拉纸。同时为了使下一张纸顺利到达前规，侧规定位后还必须使定位板、压纸舌和拉纸装置上抬一定高度让纸。因此，侧规要按一定周期做上下摆动运动。

侧规形式多样，但都必须满足下述工艺要求：

① 拉（推）纸可靠，定位准确　能根据不同的纸张，调节拉纸力和压纸舌的高低，拉纸时不损伤纸面，并能根据需要调节定位时间。

② 配合协调　其拉（推）纸定位时间应按一定规律进行，与前规、递纸机构动作协调，配合紧凑。

③ 印刷适性强　能按印刷幅面、版面进行横向大距离调节和精确的套印微量调节。

④ 适应单机正反面套印　为了正反面印刷不改变纸张定位基准边，每台机器需要在两侧对称设有两套侧规矩，结构相同，工作方向相反。

⑤ 操作维护简单，调节方便。

3. 交接定位

除了早期的低速机外，定位后的纸张一般并不直接进入印刷部件，需要中间环节递送，在部件与部件之间、色组与色组之间总是存在很多纸张交接过程。定位好的纸张必须通过递纸、传纸机构准确地传入各色压印滚筒，否则，套印准确的要求同样得不到保证。

为保证交接准确，各运动部件的基准首先必须保持精确稳定，这就要求配合表面加工制造精确，运动副配合间隙小；其次应该使运动部件的相互运动关系精密恒定；最后还应该通过调整，在交接区间内，使交接部件之间满足严格的交接运动条件，即相互交接的两排交接牙的牙垫应该具有相同的运动状态：空间一致，速度相同，线加速度无差异。如果此条件遭到破坏或得不到保证，交接时就会使纸张失控，或者撕坏纸张，从而使套印精度得不到保证，或者根本无法正常印刷。因此，交接定位要求对印刷机的设计制造以及使用维修提出了严格的限制。

此外，规矩部件和传纸部件还有密切的协调关系，当发生纸张歪斜、空张、破页等故障时，机器的自动监测控制系统将对规矩部件和递纸部件进行控制，避免歪斜、破页纸张进入印刷装置，造成废品而浪费。

三、印刷装置

1. 滚筒排列

印刷机是一个集成化的有机系统，其中印刷装置是胶印机的主要部件。因此，印刷工艺系统的设计安排一般总是和系统中各部件的组成与排列布置密切相关。印刷装置主要包括滚筒部件、离合压、调压机构、套准调节机构以及纸张翻转机构等组成部分。根据印刷滚筒的组合方式，胶印机有两滚筒、三滚筒和多滚筒等多种类型，常见的有如下几类。

（1）单面双滚筒胶印机　单面双滚筒胶印机的印版滚筒和压印滚筒（图2-11）合并为一个大滚筒，另一个为橡皮滚筒。图2-11（a）为单色，图2-11（b）为双色。单色机的大滚筒直径为橡皮滚筒直径的2倍，双色机的大滚筒直径为橡皮滚筒直径的3倍，依此类推。每完成一张产品，需大滚筒旋转一周，而橡皮滚筒却要转二或三周。这类胶印机的印刷方式缺点比较多，一是滚筒笨重，机体庞大；二是机器的工作效率低；

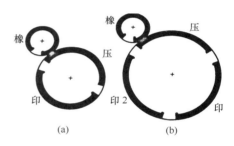

图2-11　单面双滚筒胶印机滚筒排列

三是水辊经过压印面、墨辊经过压印和不同色的印刷面必须离让，这样频繁的水、墨辊离合运动，增加了印版表面的磨损，控制也很烦琐；四是各色都经一个橡皮滚筒同时转印，有严重混色现象。目前这类胶印机已被淘汰。

（2）单面三滚筒胶印机　单面三滚筒排列的胶印机（图2-12）是现今采用的最普遍方式，如J2108、J2102、J2101型等胶印机都是这样排列的。还有很多机型是以这种排列形式为基础，把几个单色机组通过中间传纸滚筒连接起来，构成机组式多色胶印机。三滚筒组成的单色机组有如下的优点：①容易标准化、多色化，便于制造；②三滚筒直径相等，每转完成一次印刷，生产率高；③对各种印刷品有较高的适应性，产品质量较好；④以三滚筒单色组构成的多色机，不存在两滚筒多色机的混色弊病。

三滚筒单张纸胶印机印刷部件除了如图2-12所示的五点钟排列形式之外，实用中又有多种变形，如图2-13所示，分别为垂直排列、水平排列、直角排列、七点钟排列。考虑印版橡皮布、衬垫的更换与调整，滚筒的离合压，润湿和输墨装置的使用和维修以及占地面积，受力的均匀性和工作的稳定性等因素，垂直排列和水平排列现已

图2-12　单面三滚筒胶印机滚筒排列

不采用。五点钟排列也正趋于淘汰，因为其纸尾尚在印刷而纸头已进入交接，带来印刷质量隐患。直角排列形式占地面积较小，且易于更换印版、橡皮布及衬垫，便于清洗和调压。七点钟排列形式除具有直角排列的一些优点外，还有利于布置前规定位部件，既能保证操作方便又占有较小空间，因而被广泛采用。

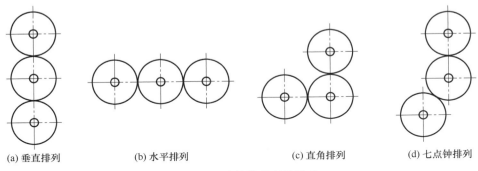

|(a) 垂直排列|(b) 水平排列|(c) 直角排列|(d) 七点钟排列|

图 2-13 三滚筒排列变异形式

三滚筒单色胶印机结构比较简单，印刷速度高。近年来发展起来的采用倍径压印滚筒的三滚筒胶印机，继承了其优点，同时有利于印刷厚纸张。

（3）单面多色胶印机 在单色机上进行多色印刷，理论上是可行的。但是，由于某些印刷品套色要求较高，而单色机印刷过程中存在色与色之间的时间间隔，容易发生纸张伸缩变形。另外大的印刷品，出于经济效果和印刷速度方面的考虑，单色机不能满足要求。这些情况下，多色机显出了它的优越性。单面多色胶印机的滚筒排列方式主要有机组型、卫星型及卫星机组混合型。

① 三滚筒机组型（图 2-14） 三滚筒机组型由几组独立的滚筒连接而成，纸张经第一色压印后，需经过传纸滚筒送入第二色压印滚筒压印，依此类推，可实现多色印刷。根据不同的印刷需求，可以任意增加色组，当然也就需要更多的传纸滚筒。

② 卫星型（图 2-15） 这类胶印机都有一个公共的压印滚筒，纸张在一个压印面上完成数色转印，套印准确性提高。图 2-15（a）和图 2-15（b）是五滚筒双色机组，共用的压印滚筒和印版、橡皮滚筒直径相等。要在压印滚筒四周上分布更多的色组（特别是四色以上），受空间限制，因此，单面卫星型多色机往往把共用压印滚筒放大 1~3 倍，如图 2-15（c）所示，压印滚筒上设置 2~4 排叼纸牙。卫星型胶印机仍具有三滚筒机组的优点。缺点是体积庞大，纸张在较短的时间内压印多色，必然对油墨的质量和干燥速度等

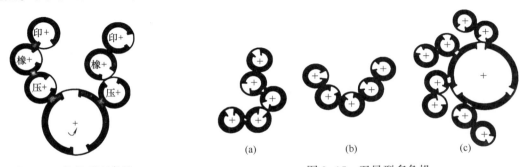

图 2-14 机组型双色机　　　　　　图 2-15 卫星型多色机

要求比单色机更高。

③ 卫星机组混合型 这类胶印机由多机组组成，而同时每个机组又由服从卫星式分布的多滚筒排列而成。

（4）可变单双面胶印机 为适应更广泛的用户需求，近年来发展了可进行单面印刷也可进行双面印刷的单张纸胶印机，它是在机组型单面多色胶印机的基础上将某组传纸滚筒改变为翻转滚筒而成。如图 2-16 所示，A 为一面印刷时的走纸路线；当印刷双面时，可调节机组使翻转滚筒 I 的叼牙越过交接点，而使纸的尾端与滚筒 II 交接，使纸翻过来，通过 B 走纸路线，在下一组印刷另一面。这种可变单双面的方式在两个双色卫星组成的四色机上也能实现，但只能在二、三色之间翻转，不如三滚筒多色机组灵活。

（5）橡皮对橡皮的双面胶印机 这种型式是两个橡皮滚筒互为压印滚筒，简称 B-B 型，如图 2-17 所示，滚筒之间通过一次完成双面单色印刷，效率较高。为适应不同的市场需求，以及出于不同开发商的个性化考虑。

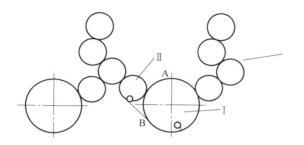

图 2-16 可变单双面胶印机

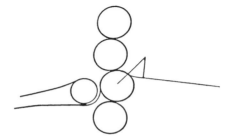

图 2-17 B-B 型双面胶印机

2. 滚筒部件

单张纸胶印机的滚筒部件主要有印版滚筒、橡皮滚筒和压印滚筒。各滚筒的结构基本相同，即由轴颈、滚枕和滚筒体构成，如图 2-18 所示。

① 轴颈 轴颈 1 是滚筒的支承部分，对保证滚筒匀速运转及印刷品质量起重要作用。

② 滚枕（也称肩铁）滚枕 2 是滚筒两端用以确定

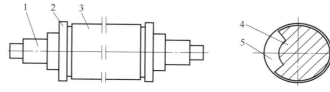

1—轴颈；2—滚枕；3—滚筒体；4—印刷区域；5—空档部分。

图 2-18 滚筒体结构

滚筒间隙的凸起铁环，也是调节滚筒中心距和确定包衬厚度的依据。现代平版胶印机滚筒两端都有十分精确的滚枕，可分接触滚枕和不接触滚枕两种类型。

a. 接触滚枕方式 滚枕作为印刷基准，即在滚筒合压印刷中，印版滚筒与橡皮滚筒两端滚枕在接触状态下进行印刷。因此，可以减小振动，保证滚筒运转的平稳性，有利于提高印刷质量。另外，滚枕以轻压力接触，滚筒齿轮在标准中心距的啮合位置，有利于滚筒齿轮工作。接触滚枕要求滚筒的中心距固定不变，一般只在印版滚筒和橡皮滚筒间采用。

b. 不接触滚枕方式 滚枕作为安装和调试基准，滚筒在合压印刷中两滚筒的滚枕不相接触。通过测量滚筒两端滚枕的间隙可推算两滚筒的中心距和齿侧间隙。滚枕间隙同时也是测量滚筒中心线是否平行及确定滚筒包衬尺寸的重要依据。一般来说，印版滚筒和橡皮滚筒滚枕之间可以接触也可以不接触。但是橡皮滚筒和压印滚筒滚枕之间都不接触。这是由于当增加纸张厚度时，为保证印刷压力一致，需从橡皮滚筒上拆下部分包衬衬垫加到印版下面，而在橡皮滚筒和压印滚筒间只能调节它们的中心距。因此，橡皮滚筒和压印滚筒滚枕间留有间隙，以便改变纸张厚度时加以调整。

③ 滚筒体　滚筒的筒体外包有衬垫，它是直接转印印刷图文印的工作部位。筒体由有效印刷面积和空档（缺口）二部分组成，有效面积用以进行印刷或转印图文，空档（缺口）部分主要用以安装咬纸牙、橡皮布张紧机构、印版装夹及调节机构。有效印刷面积通常用滚筒利用系数 K 来表示，即

$$K=\frac{360°-\alpha}{360°}$$

式中　K——滚筒利用系数；

　　　α——滚筒空档角。

滚筒筒体与滚枕外圆间有一距离 h，称为滚筒的下凹量，三种滚筒的下凹量是不一致的。利用下凹量可以计算出滚筒的包衬厚度。

（1）印版滚筒　印版滚筒的作用是安装印版，主要包括印版的装夹机构和印版位置的调整装置。印版滚筒筒体的下凹量一般取 0.5mm 左右。滚筒齿轮上设有长孔，用于调节印版滚筒与橡皮滚筒在圆周方向的相对位置。

印版滚筒的筒体直径介于压印滚筒和橡皮滚筒筒体直径之间。固定在滚筒筒体表面的印版，在每转一周的工作循环时间内，使印版空白部分先获得水分后，再与墨辊接触，图文部分接受油墨，最后又与橡皮滚筒接触，将印版上的墨迹转印到橡皮布表面上。印版滚筒的缺口部分设有印版装夹和版位调节机构。

（2）橡皮滚筒　橡皮滚筒的作用是利用橡皮布将印版上的图文信息转印到压印滚筒上的承印材料上。为了安装橡皮布与衬垫，橡皮滚筒的筒体下凹量一般取 2～3.5mm。在滚筒齿轮上也设有长孔，用以调节橡皮滚筒与印版滚筒和压印滚筒在圆周方向的相对位置。橡皮滚筒的空档部分装有橡皮布的装夹和张紧机构。

对于双面胶印机，橡皮滚筒的空档部分除装夹、张紧机构外，在靠近滚筒咬口的空档部位还装有一套咬牙机构。

（3）压印滚筒　压印滚筒是带纸印刷装置，主要包括叼纸牙、开闭牙咬牙压力调节装置。压印滚筒不仅是其他滚筒的调节基准，还是各运动部件运动关系的调节基准。因此，压印滚筒的筒体表面精度要求高，筒体表面应具有良好的耐磨性和耐腐蚀性，而且滚筒齿轮及轴套配合的精度也要求很高。

（4）传纸滚筒　在印刷过程中起传送、交接纸张作用的滚筒，传纸滚筒和压印滚筒的结构基本相似，咬纸牙的结构及调节方法和压印滚筒的咬纸牙相同。在多色印刷中，压印滚筒和传纸滚筒的直径往往大于印版滚筒和橡皮滚筒的直径。如海德堡 Speedmaster CD 型四色胶印机和三菱 DAIYA3F-4 四色胶印机的压印滚筒和传纸滚筒的直径是印版滚筒和橡皮滚筒直径的 2 倍，其转速为印版滚筒转速的 1/2。因此，倍径滚筒转速低，有利于纸张的平稳传递，当印刷后下一个滚筒再叼纸时，纸张所承受的冲击可达到最低限度，适合

于高速运转和厚纸印刷。

3. 离合压与调压

根据印刷工艺过程及印刷机机构操作控制程序要求，凡是依靠压力实现图像转移的压印装置均有合压和离压两个状态。在正常印刷时，纸张进入压印装置，压印体与印版应处于合压状态，以完成图像转移；而当出现输纸等工艺和机构故障或进行调机空运转时，压印体与印版应处于离压状态。同时，停机后也应撤除印刷压力，防止滚筒长久接触造成印版损坏和橡皮布的永久变形。印刷装置从无压状态变成有压状态的过程称为合压，从有压状态变成无压状态的过程称为离压，离合压是离压和合压的总称。

实现离合压的方法有多种形式，但都是通过改变印刷滚筒中心距来实现印刷装置的离合压的。常用的离合压机构有偏心套、偏心轴承、三点支承（悬浮）式等机构。

印刷压力调节机构简称调压机构，其工作原理如图 2-19 所示，上面一组为印版滚筒的调压器，下面一组为橡皮滚筒的调压器，结构基本相同。调节时，转动轴1 经螺杆 2 使斜齿轮 3 转动，并带动扇形齿轮 4 转动。扇形齿轮 4 与偏心轴承 5 固定在一起转动，从而达到了调节滚筒中心距（即调节压力）的作用。为提高调节的精确度，必须尽可能地减少啮合齿轮的齿隙。锁紧螺钉 6 在调节前应松开，调节后应锁紧。调节刻度指示盘上（-）方向表示中心距增大，（+）方向则表示中心距减小。

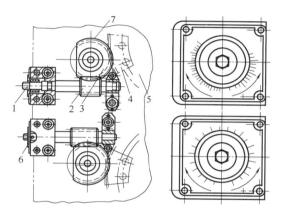

1—调节轴；2—螺杆；3—斜齿轮；
4—扇形齿轮；5—偏心轴承；
6—锁紧螺钉；7—偏心轴。
（a）调压机构　　（b）调压指示
图 2-19　齿轮传动式调压器

需要强调的是，滚筒合压的位置必须在印版滚筒和橡皮滚筒的咬口即将接触之前，而离压位置必须使橡皮滚筒上的印迹能全部转印到包在压印滚筒表面的纸张上，同时不让印版上的墨迹又开始转印到橡皮滚筒上。换句话说，橡皮滚筒与印版滚筒、橡皮滚筒与压印滚筒离压、合压都应在滚筒空档位置进行。

单张纸胶印机的离合压机构一般由控制装置、传动机构、执行机构和互锁机构等部分组成。常用的传动机构有机械传动和气动传动两种形式。

四、套准调节及纸张翻转装置

彩色印刷中，影响印品质量的原因除墨色外，很重要的一个因素就是套印精度。对于多色胶印机，通常以第一色印版为基准来调节其余印版或印版滚筒的周向和轴向位置，以保证套印准确。

1. 套准装置

（1）印版位置的调节（拉版方法）　印版滚筒装夹印版的装置有用螺钉固定的版夹装置和用偏心轴装夹的快速装版装置。在现代高速胶印机上多数采用快速并有定位销的装夹装置。印版滚筒的空档部分装有两副版夹，印版被夹在版夹中，并用螺钉对印版的位置进行调节和紧固。若需调节印版在圆周上的位置时，可将一个版夹的拉紧螺钉松开，然后将另一版夹的螺钉拧紧。若需调节印版在滚筒轴向的位置时，可通过调节版夹两端头的螺钉来实现。印版位置的调节量可在"前后"刻度和"左右"刻度上读出。

为了缩短校版时间，提高印版定位精度，许多单张纸胶印机上设有印版定位装置。事先按规定尺寸用打孔机在印版上打出两个定位孔，作为晒版和装版时的定位基准。装版时先将滚筒咬口边版夹的中线调到印版滚筒中线位置，周向位置调到版夹侧面与定位垫片相接触，然后将印版插入版夹，并使工具定位销插入印版与版夹的定位孔中，印版即能准确定位，夹紧印版后把定位销拔出。

（2）印版滚筒周向位置的调节 印版滚筒周向位置的调节俗称借滚筒，它是通过调整印版滚筒体及其上面的印版相对于其传动齿轮圆周方向上的装配位置，调整印版滚筒及其印版相对于橡皮滚筒、压印滚筒的周向位置，实现图文上、下方向的等量调节。这种调节适合于以下情况：①由于制版误差，造成图文在印版上位置上、下偏移过大，或者印版装夹偏上、偏下的值较大（即咬口边过大或过小），用拉版方法已无法调节时；②虽然印张两边规矩线的上下位置已经一致，但还需要改变印版图文与纸张的相对位置，即需要平行调节图文在印张上的位置且量值过大时。

在调节印版滚筒的周向位置之前，必须弄清咬口尺寸大小与印版滚筒运动方向的关系。如果要使咬口尺寸增大，则松开印版滚筒齿轮固定螺钉，使齿轮顺着印刷时的转向转动，而印版连同印版滚筒不动，橡皮滚筒相对于印版滚筒向前移动了一段距离，印版相对于橡皮滚筒向后移动相应距离，同理纸上的图文印迹也向后移动了同样距离；反之，如果使齿轮逆印刷转向移动一段距离，纸上的图文必然向咬口方向移动，使咬口尺寸减小。

（3）印版滚筒的周向、轴向微调机构 双色及多色胶印机的各个印版滚筒上均设有周向和轴向位置微调机构。校版时，如果发现第一色规矩线与第二色规矩线在上下方向或左右方向套印不准，且印张两边规矩线的误差一致，这个误差又在该机印版滚筒微调机构允许可调范围内，则可以通过微调机构分别调节印版滚筒的周向和轴向位置，保证各色套印准确。

（4）滚筒咬纸牙的时间调节 对于机组式多色胶印机，其滚筒咬纸牙交接时间的正确调节是保证套印准确的关键。为保证套印准确，要求纸张在交接瞬间不能处于失控状态。因此，纸张在交接时，从理论上讲最好是交纸滚筒（如压印滚筒）咬纸牙与接纸滚筒（如传纸滚筒）咬纸牙同时开闭，但实际操作上是不可能的。为此，在两个滚筒的圆周上要有 3~5mm 长度的交接时间，在此交接时间内，两个滚筒的咬纸牙同时咬住纸张。

2. 纸张翻转机构

现代多色单张纸胶印机带有纸张翻转机构，可使原来只能单面印刷的多色机进行单、双面印刷。海德堡 Speedmaster 系列胶印机采用钳形咬纸牙翻转机构，工作原理如图 2-20 所示。图 2-20（a）为单面印刷时的传纸过程：传纸滚筒Ⅰ的咬纸牙从前一机组的压印滚筒上接过纸张，传给两倍径传纸滚筒Ⅱ，然后由滚筒Ⅱ把印张交给传纸滚筒Ⅲ的钳形咬纸牙，再由钳形咬纸牙将印张传给下一机组的压印滚筒，进行下一色印刷。图 2-20（b）为双面印刷时的传纸过程：从前一色组压印滚筒到两倍径传纸滚筒的传纸过程与单面印刷相同，但当滚筒Ⅱ的咬纸牙旋转到与传纸滚筒Ⅲ的切点位置时，咬纸牙与钳形咬纸牙并不

进行交接，而要待滚筒Ⅱ转
到印张后边沿（拖梢边）处
于切点位置，才将印张交给
钳形咬纸牙。所以单、双面
印刷时传纸不同点在于：单
面印刷时所有滚筒咬纸牙都
咬在印张的咬口边。变成双
面印刷时，纸张翻转之前咬
在咬口边，但从翻转印张的

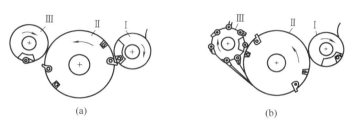

图 2-20 钳形咬纸牙翻转机构

传纸滚筒开始，各咬纸牙均咬在印张的拖梢边。

传纸滚筒Ⅲ上的钳形咬纸牙是翻转纸张的机构。它在翻转过程中应使印张与滚筒Ⅱ平稳地分离，即钳形咬纸牙牙尖部位的速度和加速度应与印张拖梢边的速度和加速度相对应，因此，钳形咬纸牙的运动是由随传纸滚筒Ⅲ转动和自身翻转180°两方面合成的一种比较复杂的运动。

为了使翻转滚筒的钳形咬纸牙能咬准纸张，保证正反面套印准确，必须使印张在交接前处于绷紧状态，平整地附在滚筒表面，在两倍径滚筒Ⅱ上对应印张拖梢边的部位，配有一套能转动的吸嘴且分成两部分朝不同方向转动，以便在周向和轴向展平纸张。

由单面印刷变成双面印刷时，两倍径传纸滚筒Ⅱ与传纸滚筒Ⅲ的周向配合位置要求不同，两者之间相差一张纸长度的弧长。因此，需要改变滚筒Ⅱ传动齿轮与滚筒Ⅲ传动齿轮的周向相对位置，才能实现由单面印刷转到双面印刷。

五、润 湿 装 置

油墨是印刷图文传递与转印的媒介，必须借助输墨装置涂布在印版上，而水是印版上图文网点间的隔离剂，因此，涂布水分的润湿装置成为胶印机结构上区别于其他印刷机的显著标志。实际印刷中，在给印版涂墨之前必须先涂布水，保证水墨平衡，从而实现图文的正确转移，这是平版胶印的主要特点之一，水墨平衡的实现是平版胶印的技术关键。

根据向印版涂布润湿液的方式，润湿方法和装置可分为接触式和非接触式；根据供给润湿液的方式，可分为连续式供水和周期性间歇式供水；根据润湿液成分不同，有水润湿和酒精润湿之分；根据印版获得润湿液膜的方式，可分为机械式、静电式、冷凝式和气动机械式等形式。

不同的润湿方法需要不同的润湿装置来实现，目前较成熟的有以下几种。

（1）传水辊式润湿装置 传水辊润湿装置的常见形式如图2-21所示，这种润湿方式属于间歇式给水润湿，其装置结构简单，易于操作，且能够满足印刷要求。由于传水辊的往返运动会产生惯性，导致与串水辊和水斗辊接触传水不匀。同时水斗辊大多由棘轮、棘爪机构驱动，不易进行细微的水量控制。水斗辊包有新绒套时有脱毛和压力过紧现象，用久后直径变小造成输水不匀，特别是随着印刷机高速和多色的迅速发展，这种润湿装置难以满足现代印刷技术的要求。

（2）计量辊润湿装置 图2-22所示为计量辊式润湿装置。水斗辊1由直流调速电机驱动。计量辊2调节水膜厚度，着水辊4和串水辊3的表面速度与印版滚筒表面速度相等。而水斗辊 1 和串水辊 3 在切点处速度方向相反，有较大速度差，使水膜拉薄。匀水辊 5 起匀水作用。这种润湿装置的水斗辊不用水胶绒套，而通过改变水斗辊转速和调节计量辊 2 与水斗辊 1 的间隙来控制水量。其特点是调节水量迅速方便，控制版面水量精确，结构简单、紧凑、使用效果较好。

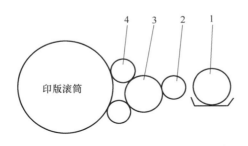

1—水斗辊；2—传水辊；3—串水辊；4—着水辊。

图 2-21　传水辊式润湿装置

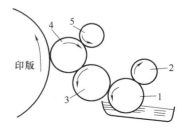

1—水斗辊；2—计量辊；3—串水辊；
4—着水辊；5—匀水辊。

图 2-22　计量辊式润湿装置

（3）刷辊式润湿装置　图 2-23 所示是刷辊式润湿装置。毛刷辊 1 由直流调速电机传动，借助刮板 2 将毛刷上沾有的水分弹到匀水辊 3，经串水辊 4 和两根着水辊 5 和着水辊 6 向印版给水。给水量的大小由调节刮板 2 的位置及毛刷辊的转速得到精确控制。由于匀水辊 3 不与毛刷辊 1 接触，毛及乳化油墨等不会进入水斗而脏污润湿液。

（4）达格伦润湿装置　图 2-24 所示为达格伦润湿装置，其显著特点是水墨齐下。水斗辊 1 直接与第一着墨辊 3 接触，由着墨辊 3 在着墨的同时向印版涂润版液。镀铬水斗辊 1 由专用电机无级调速装置单独传动，它的表面速度小于着墨辊的表面速度，利用速度差造成水斗辊 1 与水量控制辊 2 和着墨辊 3 的相对滑动，形成均匀润湿液膜。水量控制辊 2 可改变水斗辊 1 向着墨辊 3 的给水量，着墨辊 3 上的多余水量又经水斗辊回至水斗。

达格伦润湿装置结构简单、操作方便；着水量小、印品干燥快，利于套准，使初印时的废品率减少；水辊与印版不接触，减少了对印版的磨损。

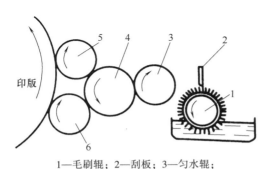

1—毛刷辊；2—刮板；3—匀水辊；
4—串水辊；5、6—着水辊。

图 2-23　刷辊式润湿装置

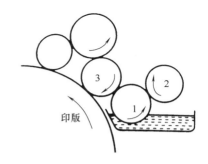

1—水斗辊；2—水量控制辊；3—着墨辊。

图 2-24　达格伦润湿装置

（5）空气调节润湿装置　图 2-25 所示为空气调节润湿装置。镀铬水辊 1 连续旋转，与印版滚筒的表面有间隙量，间隙量为 0.1～0.5mm。利用水的附着原理将水传给印版表面，由吹风口 2 喷射出来的气流将版面上多余的润湿液吹掉，经下面的吸气口 3 和斜板 4 再返回液槽。版面上给水量的大小通过改变空气的压力和间隙量来调节。这种装置的给水量较少，有利于保证印刷质量，但是，配备空气压缩机装置，噪声较大。

（6）酒精润湿装置　由于酒精可减小表面张力，含有一定量酒精的润版液比纯水润版液的效果要好得多，为了适应高速印刷，降低胶印纸张的含水量，减小印张的变形和提高套印质量，采用酒精润版液进行润湿的装置，就称为酒精润湿装置。

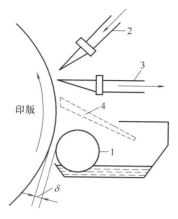

1—水辊；2—吹风口；
3—吸气口；4—斜板。

图 2-25　空气调节润湿装置

为了降低胶印的润水量以适应高速印刷，减少印张的变形，提高套准质量以及适于印刷吸收性差的印刷材料，可以采用 20%～25% 的酒精水溶液进行润湿。含有一定量酒精的润湿液比纯水与印版的接触面积要大得多。在水中加入酒精能减小表面张力，可消除或减少普通润版液易在版面上呈现的水珠状态，只有一层很薄、可快速干燥的润湿膜，使润水量可大大减少。采用酒精润湿印版上的水分可减少 50% 左右。

图 2-26 所示为海德堡自动控制连续型酒精润湿装置，其形式和效果均类似于达格伦润湿方法。水斗辊 1 直接由电机驱动，通过齿轮传动计量辊 2 和水斗辊 1 同速转动。两者之间的润湿膜厚度由无级调速来控制。串水辊 4 和着水辊 3 由印版滚筒带动而旋转。由于着水辊 3 的转速比计量辊 2 快，两者接触时使润湿膜拉长而变薄，并能渗入到着水辊上的油墨内，然后给印版着水。

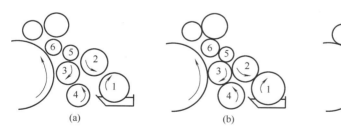

1—水斗辊；2—计量辊；3—着水辊；4—串水辊；5—中间辊；6—着墨辊。

图 2-26　海德堡自动控制连续型酒精润湿装置

该装置为非工作位置［图 2-26（a）］时，计量辊 2 和着水辊 3 脱开，水与墨都与印版脱离；当为预润湿位置［图 2-26（b）］时，计量辊 2 与着水辊 3 接触传水，中间辊 5 与着墨辊 6 接触，并开始预润湿印版和着墨辊，使润湿薄膜通过着水辊 3 进入印版，并经中间辊 5 使水在着墨辊上达到平衡。正式印刷［图 2-26（c）］时，着水辊 3 和着墨辊 6 给印版输水、输墨。由于经过预润湿阶段，水、墨在印版上很快达到了平衡状态，墨辊上的吹风杆会使过量的润湿液挥发掉。

酒精润湿装置目前在国外应用比较广泛，其印版上水分少，容易达到水墨平衡，从而获得光亮而鲜艳的墨色。因为水分少，纸张吸水量少，加上酒精挥发快，因此，减少了纸张的伸缩变形。

六、供墨装置

输墨装置的组成及形态各异，但按其功能都由供墨装置、匀墨装置和着墨装置三部分组成。输墨装置的墨辊基本布局形式如图 2-27 所示。

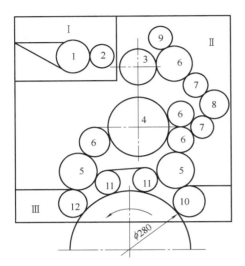

1—墨斗辊；2—传墨辊；3、4、5—串墨辊；
6、7、8—匀墨辊；9—重辊；10、11、12—着墨辊。
图 2-27 输墨装置墨辊布局

（1）供墨装置（Ⅰ） 如图 2-27 所示第Ⅰ部分为供墨装置，它由墨斗、墨斗辊 1 和传墨辊 2 组成，其主要作用是储存油墨并定时定量均匀地将油墨传给匀墨部分。

（2）匀墨装置（Ⅱ） 第Ⅱ部分匀墨装置是由做轴向串动和周向转动的串墨辊 3、4、5，匀墨辊 6、7、8 以及重辊 9 三种辊组成。其主要作用是油墨在向印版涂布之前，将供墨部分传出的油墨通过对滚碾压拉薄、打匀，以达到工艺所要求的墨层厚度，并沿着一定的传输路线把油墨传给着墨部分。

（3）着墨装置（Ⅲ） 如图 2-27 第Ⅲ部分所示，着墨部分由着墨辊 10、11、12 和起落机构及调压机构组成。着墨辊仅靠摩擦移动，其作用是从匀墨部分最后的串墨辊 5 接过均匀适量的油墨，并涂布到印版图文部分。

墨斗输出的油墨，从传墨辊开始到着墨辊所经过的最短传递路线，称为墨路。在确保输墨装置各性能指标的条件下，一定数量的墨辊采用不同的排列形式，直接影响到油墨的墨路和着墨率的大小，关系到向印版着墨的均匀程度和印品质量。

墨辊的排列形式有对称排列、不对称排列、长短墨路、着墨"前重后轻"等不同方案。在印刷过程中，墨路过长，传墨辊至着墨辊之间墨辊上的墨层厚度差大，下墨较慢，并使过多的墨量聚积在上部墨辊上。当输纸发生故障或其他原因需要滚筒离压时，着墨辊脱离印版空转，墨辊墨层厚度差减小而趋向均匀，着墨辊墨层厚度比正常印刷时增加；当再次合压印刷时，印版图文部分受墨过多，会造成糊版或墨色过深现象。墨路过短，下墨速度快，串墨辊不能及时将油墨轴向串匀，必然使传递到图文上的墨色不匀。但下墨速度快，能减少因油墨滞留时间长而引起的不良现象。彩色印刷品对墨层均匀性要求高，墨路应适当长些，以文字、线条为主的书刊印刷，需墨量大，墨路可短些。供墨组的墨路较短，收墨组的墨路较长。

近年来，胶印机供墨系统有了无墨键短墨路供墨系统的创新技术，其使供墨系统的墨辊数量大为减少，结构简化，缩短了油墨的传递路线及调墨时间，开机废品率也大大降低。结构上，无墨键供墨系统可以按照不同的形式进行分类，常见的三种类型分别是网纹出墨辊和刮墨刀供墨系统、带吸墨辊和刮墨刀的供墨系统以及带振摆刮墨刀的供墨系统。

图 2-28 是海德堡公司在 IPEX2006 上展出的 Anicolor 供墨系统。该系统是无墨键短墨路系统，主要由刮墨刀以及两个与印版滚筒直径一样大的网纹辊和着墨辊组成。网纹辊直

接带动由墨嘴流出的油墨，迅速、均匀、及时地向印版供墨。因其具有有效的温控系统（工作温度在 20~45℃ 调整），可以很精细地调整墨量，即使墨量较小，也能实现精确的油墨供给。

除海德堡外，高宝公司 74Karat 和 Rapida 74G 无水胶印机也采用了 Gravuflow™ 无墨键短墨路供墨系统（图 2-29），整个供墨装置由一根靠版墨辊、一根网纹辊和一个带自动供墨装置的刮刀墨斗组成，印刷中必须保证供墨系统的温度恒定，才能得到稳定的印刷质量。该供墨系统的温度可以调整，操作人员可以通过改变供墨系统的温度来改变油墨用量，这也是操作人员调整墨量的唯一方式。

图 2-28　Anicolor 供墨系统

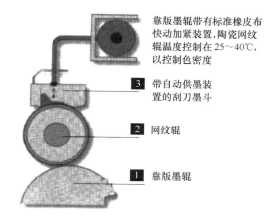

靠版墨辊带有标准橡皮布快动加紧装置，陶瓷网纹辊温度控制在 25~40℃，以控制色密度

3 带自动供墨装置的刮刀墨斗

2 网纹辊

1 靠版墨辊

图 2-29　Gravuflow™ 供墨系统

在印刷过程中，对油墨的控制是获得高质量印刷品不可缺少的一个环节。如果在印刷过程中墨盒里油墨过少将会导致断墨，势必会影响印品质量，重新开机进行的一系列准备工作也会带来时间、油墨和纸张等浪费，所以对墨斗中油墨最小量的监测是十分必要的。如果油墨过多会使油墨氧化结皮，油墨过少会影响印品质量，印刷机自动供墨系统能监测墨斗中的油墨量并实现自动供给油墨，保证墨斗中的油墨量在保证最佳印刷效果的前提下墨量最少，从而实现提高印品质量、节省油墨、降低劳动强度的目的。

随着印刷业的蓬勃发展，生产效率低、容易使油墨残留导致浪费以及会产生大量 VOCs 排放的人工加墨方法已经不能适应当代的印刷业。为了解决传统供墨的一系列问题，杭州科雷推出了各个印刷环节均符合 ISO 胶印国际标准的 EZC 智能供墨系统，采用高精度的数字供墨机构代替胶印机的电控墨斗，利用专家数据库智能计算印刷墨量和印刷机平衡墨量，供墨精度高达 99%，革命性地解决了几十年来传统印刷领域存在的难题，印刷色彩再无须人工干预或用烦琐的闭环控制，印品色彩精确还原，轻松达到国际标准。

EZC 系统包括了印前的图文信息采集、制版的管控、印刷过程中的色彩管理控制、EZC 专家数据库的建立以及印刷机的维护保养等各个方面。EZC 在印刷过程中严格按照 ISO 12647-2、ISO 3664、ISO 2846 等国际标准，其中包括了印刷环境与光源、网点大小、加网线数、阶调复制范围、胶印四色油墨的颜色和透明度，实现墨量的精准控制是使印刷品达到原稿质量的最主要手段，而印刷中油墨控制的精确度主要取决于印刷系统中供墨系统性能的好坏。供墨系统在印刷时应该达到纸张与油墨的平稳和匀速传递，以及计算合适的墨层厚度，才能使印刷时使用的油墨达到精确计算，精准供给，实现原稿与印刷成品一致。

EZC 智能供墨系统的核心技术之一是运用云端印刷专家数据库系统和精确的数字计算模型，完成印刷过程中的胶辊基础平衡墨和印刷工作墨精准计算；核心技术之二是采用精度高达千分之一的供墨单元，无传递误差直接精准供墨到胶辊，给印刷机组自动加载符合标准的墨量，一键即印，真正解决了传统胶印的数字化精准供墨难题，实现了更高标准：色彩更丰富、色差更小，供应精度达到千万之一个等级，真正实现传统胶印的数字化自动化印刷，开创未来印刷的全新标准。

七、收 纸 装 置

单张纸胶印机的收纸部分多采用链条传送器，由收纸链条、收纸台和计数器等组成。收纸链条上的呀纸牙排将印张从压印滚筒接出，通过链条传动传送到收纸台上。收纸台上有自动撞齐装置撞齐纸张，计数器自动计数，纸张堆积到一定数量即可更换收纸台。

（1）收纸方式　单张纸胶印机收纸装置有低台收纸和高台收纸两种形式。这两种形式的收纸堆容量、链排运行轨迹、纸张传送路线、几何位置设计等各不相同。

① 低台收纸　收纸台设置在压印滚筒下方，低于压印滚筒，其收纸堆高度一般不超过 600mm。低台收纸系统的占地面积小，机器结构简单，重量轻，省材料，造价低，但停机换纸台次数多，取样观看印品质量需蹲下操作，操作性差。

② 高台收纸　高台收纸系统中，收纸堆高度较高，一般可达 900mm 以上，操作方便，印刷精细产品时便于安放晾纸架，看样取样方便，但质量较大，占地面积大，成本高。

以上两种收纸形式各有其优缺点。

（2）收纸系统的构成　印刷完的单张印张由收纸系统输送收集，其间要进行减速、防污、理纸等处理，最后整齐地堆积在收纸台上。因此，单张纸胶印机的收纸系统一般由收纸滚筒、收纸传送装置、理纸装置、收纸台和纸台升降装置以及减速防污装置等几部分组成。收纸系统的基本构成以及各部分相互关系如图 2-30 所示。

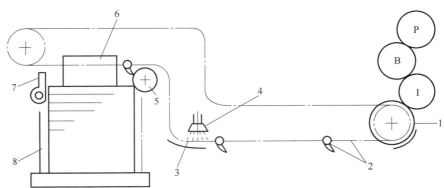

1—收纸滚筒；2—收纸链条及牙排；3—链条导轨；4—喷粉装置；5—制动辊；
6—齐纸板；7—挡纸板；8—纸台升降机构；P—印版滚筒；B—橡皮滚筒；I—压印滚筒。

图 2-30　收纸系统的基本构成示意图

第四节　胶印工艺

胶印

胶印是平版印刷的一种，简单地讲，胶印就是借助于胶皮（橡皮布）将印版上的图文传递到承印物上的印刷方式，也正是橡皮布的存在，使这种印刷方式得名。橡皮布在印刷中起到了不可替代的作用，它可以很好地弥补承印物表面的不平整，使油墨充分转移，可以减小印版上的水（水在印刷中的作用见后）向承印物上的传递，等等。以上也仅仅是一个笼统的概念，我们现在通常说的胶印可能范围更狭窄些，即有三个滚筒（印版、橡皮布、压印）的平版印刷方式，在我国南方把这种印刷方式称为柯式印刷。

在中国，胶印是一种有绝对统治地位的印刷方式，由于胶印具备印刷速度快、印刷质量相对稳定、整个印刷周期短等多种优点，书刊、报纸和相当一部分商业印刷都在采用胶印。

胶印工艺流程和其他印刷方式一样，在完成印刷品的生产过程中要经历三个阶段的工艺，即印前处理、印刷和印后加工。通常把原稿的设计、图文信息处理、制版统称为印前处理；把印版上的油墨向承印物上转移的过程叫做印刷；把后续的使印刷品获得所要求的形状和使用性能的生产工序称为印后加工。传统的印前处理主要包括设计、制作、排版、输出胶片、打样等；印刷主要指通过印刷机印刷出成品的过程；印后则包括了印刷后期的工作，如覆膜、UV上光、烫印、压凹凸、装裱、装订、裁切等。

传统的胶印生产工艺过程包括：印刷工艺单—明确印刷任务—设计印刷工艺—准备印刷材料—装版、墨斗辊上墨、上纸—印刷机检查与试运行—开机—输水输墨—停机擦版—开机—水辊上水—墨辊上墨—观察水墨平衡状态—输纸—前规—合压—校版纸送出—走纸—停机—取样—校版、套准、调墨（调色）—重复开机过程—签样—正式印刷—监控印品质量—印刷完毕—印后工艺。

如图2-31是三滚筒胶印机的工艺流程简图，其印刷复制工艺流程大致如下：

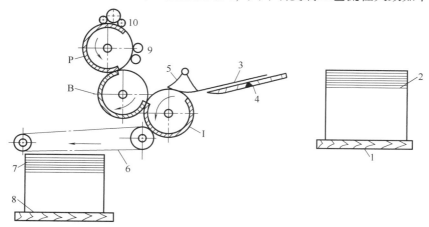

1—纸台；2、7—纸堆；3—纸张；4—输纸板；5—递纸机构；6—收纸链条；
8—收纸台；9—着水辊；10—着墨辊；P—印版滚筒；B—橡皮滚筒；I—压印滚筒。

图2-31　胶印原理与胶印机工艺流程示意图

① 印版滚筒上的印版在着墨前首先用着水辊 9 在版面上着水，使非图文部分被水润湿，呈现亲水斥油特性。而图文部分由于油脂的憎水性排斥水分，水自然涂不上去。

② 用着墨辊 10 在版面上图文部分上墨。由于空白部分被水润湿而憎油，图文部分亲油着墨，在同一印版表面上由于水的隔离而形成图文墨层。

③ 纸张 3 由输纸机从纸台 1 上的纸堆 2 上送到倾斜的输纸板 4 上，再由摆动递纸机构 5 把它传给压印滚筒 I。

④ 通过对滚筒施压，图文首先转印到橡皮滚筒 B 的橡皮布上。

⑤ 在压力作用下，纸张 3 在橡皮滚筒 B 和压印滚筒 I 之间通过时，图文从橡皮表面印刷到纸张上，实现印刷复制。

⑥ 最后印品用收纸链条 6 从压印滚筒输送到收纸台 8 并积成纸堆 7，然后用人工取走。

1. 印刷前准备工作

正式印刷前，根据客户要求结合产品性能及胶印工艺特征，必须充分做好各项印刷前的准备工作。包括阅读产品工艺单、准备各项生产及辅助材料、按所印产品的特点对机器各部件进行调节试印。

（1）印刷工艺单　根据印品原稿的特点，结合印刷工艺，将产品及原材料的规格和技术要求以及客户的意见制成的表格称为印刷工艺施工单。工艺单的内容有：产品设计的规格和技术要求；原材料加工成产品的工艺方法；原材料性质、质量及规格型号规定；对加工产品质量的要求等。

（2）印版的准备　印版质量的好坏直接决定产品的印刷质量。所以，印刷前认真对印版质量进行一系列的检查，对提高生产效率、保证印刷质量具有重要意义。

① PS 版的规格尺寸检查　按照产品规格要求，认真核对印版规格及印版图文的位置，避免盲目装版开机印刷。

② 印版版面清洁度和平整度检查　主要是对印版的正反面外观上的检查，观察有无不洁净的脏点、硬化膜和制版过程中残存的异物杂质。同时还应对印版厚薄的均匀程度进行测验，即印版的四边角的厚度误差不应超过 ±0.05mm，否则容易导致压力不均匀，造成印版破裂。此外，印版表面如有划伤痕迹、折痕、裂痕以及凹坑等无法补救的缺陷，必须重新制版。

③ 印版色标、色别、规矩线等检查　为了便于鉴别各色印品墨色与样稿是否一致，各色印版适当的位置上均应晒制一小块色标，且各色色标依次排列在印版靠身或朝外边的下方。印版色别检查方法：根据版面图文特征和色调深浅进行识别，因为不同画面，其图像结构与色调层次不尽相同。可对色调反差较大的部位进行对照识别。以风景画面为例，树木叶子层次较深而天空也有深浅层次的为青色版；叶子层次较深而天空较淡的是黄版。也可利用网点角度辨别色版，即根据工艺制定的网点角度进行鉴别。规矩线是印品套印和成品裁切的依据，位置的合适与否不可忽视。对印版规矩线的检查，主要看版面上的十字线、角线的位置是否放得准确。如有晒版控制条，应检查贴放位置是否准确。

④ 版面网点与色调层次检查　一般用高倍放大镜观察网点，其外形应光洁，圆方分明，且网点边缘无毛刺和缺损迹象。网点无变形现象，点心无白点。对印版层次色调的检查，选取高调、中间调和低调这三个不同层次部位。一般而言，印版上的网点比样张相对

区部位的网点略小，印刷后由于各种客观因素（如网点扩大等）的影响，对印刷品整体质量的影响较小。若发现亮调部分网点丢失，表明印版图文太淡；如果暗调部分版面上的小白点发糊，以及方网点 50%（圆网点 75%）的搭角过多，则说明印版图文颜色过深。

⑤ 版面文字和线条检查　文字检查主要看有无缺笔断画或漏字漏标点符号等情况，发现问题可及时修正或采取补救措施。对线条的检查，要看版面线条是否断续、残缺、多点及线条粗细与样稿是否一致。

安装印版时，将印版连同印版下的衬垫材料，按照印版的定位要求，安装并固定在印版滚筒上。同时，要校对版的位置是否正确，不能歪斜。

（3）纸张的准备　纸张是最常用的印刷承印物。按照工艺单要求，准备印刷所需纸张，要按照纸张品种、规格尺寸进行裁切，然后进行必要的调湿处理，使之具有良好的印刷适性，以保证印刷的顺利进行。

纸张的调湿平衡处理是吸水或脱水的物理过程。在常温、常压和一定的相对湿度条件下，使纸张含水量与车间的相对湿度相平衡的过程，称为纸张的调湿平衡处理。胶印用纸在印刷前进行适应性调湿处理的目的是：①使纸张与环境相对湿度平衡，确保多色套准精度；②使调湿平衡后的纸张对环境湿度及版面水分的敏感程度大大降低，减少纸张的伸缩形变。

纸张含水量的变化是造成纸张伸缩和加压变形以及产生静电等引起套印不准的主要原因。多色印品要保证套印准确，上机前的纸张含水量必须均匀，而且要与环境温湿度相适应。

（4）润湿液的准备　胶印过程中，润版液的作用是在印版表面的空白部分形成水膜阻止油墨的黏附和扩散，防止空白部分上墨起脏。胶印中印版空白部分的水膜要始终保持一定的厚度，既不可过薄也不能太厚，而且要十分均匀。水分过大，印品出现花白现象，实地部分产生所谓的"水迹"，使印迹发虚，墨色深淡不匀；水分过小，引起脏版、糊版等故障。润版液使用是否得当对网点的扩大及墨色深浅及产品质量都有直接的影响。除此之外，润版液可以降低墨辊之间、墨辊和印版辊之间高速运转所产生的高温，可以清洁印刷过程中产生的纸粉、纸毛，可以在印版空白部分发生磨损后与铝版反应生成新的亲水盐层保持空白部分良好的润湿性。

（5）油墨的准备　生产前领取并与施工单和付印样张核对，了解油墨中添加的辅助材料，避免重复添加。一般情况下，应在印刷前通过添加相应助剂调节油墨印刷适性，如需调节油墨黏度，可选择调墨油或者撤黏剂；如需调节油墨干燥性，可选择红燥油或白燥油，红燥油对油墨表面的催干效果较好，白燥油对油墨内部的催干效果较好。

（6）印刷色序的安排　印刷色序是指多色印刷中油墨叠印的次序。胶印的色序是个复杂的问题，应根据印刷机、油墨、纸张的性能以及印刷工艺的要求综合考虑。一般遵循以下原则：

① 三原色油墨的明度反映在实际三原色油墨的分光光度曲线上，反射率越高，油墨亮度越高。所以三原色油墨的明度是：黄>青>品红>黑。黄油墨反射率最高，色偏和灰度最小，青、品红次之。因此，色序安排为：暗色先印，亮色后印。

② 根据三原色油墨的透明度和遮盖力排列色序。油墨的透明度和遮盖力，取决于颜料和连结料的折射率差异。透明性好的油墨，两色相叠后，下面墨层的色光能够透过上面

的墨膜面，达到较好的混色效果，显示出正确的新色彩。遮盖性较强的油墨，对叠色后的色彩影响较大，达不到较好的混色效果。因此，一般色序排列为：透明性差的油墨先印，透明性强的后印。

③ 根据网点面积占有率排列色序。网点面积少的先印，网点面积多的后印。

④ 根据原稿特点排列色序。以暖调为主的先印黑、青，后印品红、黄；以冷调为主的先印品红，后印青色。

⑤ 根据机型排列色序。单色或双色印刷色序一般为：明暗色墨相互交替；四色印刷机印刷时，考虑灰色平衡，一般以墨色叠印关系来确定，暗色先印，亮色后印。

⑥ 根据油墨干燥性质排列色序。亮光油墨干燥方法是渗透与氧化结膜相结合。但又因纸张平滑度和吸收性而异。为了防止玻璃化，干性慢的油墨先印，干性快的油墨后印，以利迅速结膜干燥，具有光泽，不粘脏。

此外，印刷色序还应考虑墨层的厚度、油墨的黏度与黏性。

2. 印刷作业

（1）试印　由于油墨和润版液在试印阶段还没有完全处于平衡状态，输纸部分也尚未完全正常，印刷品的质量存在较大的问题，这个阶段必须频繁地抽取印张进行认真检验。对样张应该做以下几项检查。

① 印张颜色的检查　抽取印张，从印张的叼口开始向两旁并朝拖梢方向全面检查，观察是否存在墨色深浅不一、版面起脏等现象。观察时应涉及整个版面。

② 规格尺寸的检查　在观察完颜色后，应迅速观察印张图文套印情况，看纵、横向十字线是否符合工艺单要求，两边十字线是否套准。

③ 图文印迹的检查　印迹可能会出现着墨不良的现象，主要原因有橡皮布或印版有凹陷、晒版质量不好或润版液过多发生墨辊脱墨现象等。印迹还会出现图文扩大或模糊不清，主要原因有：水小墨大易产生图文模糊，水大墨小则使得图文颜色浅淡；印刷压力太大，印版衬垫厚，橡皮布包衬不合适，易造成网点的严重增大；水、墨辊压力不合适，使图文不清晰。

（2）正式印刷　正式印刷过程中，需要控制的参数因素很多，其中较为重要的是输墨量的控制和水墨平衡的控制。

① 输墨量的控制　输墨量的控制通过输墨装置完成。输墨装置的作用就是将墨斗出墨辊输出的条状油墨从周向和轴向两个方向把油墨迅速打匀，使传到印版上的油墨是全面均匀和适量的。其结构概括起来分为供墨、匀墨和着墨三个部分，运行过程中需要具备以下特点：a. 给印版上墨时稳定、均匀、适量；b. 整个输墨装置所需的动力要小；c. 结构简单，工作可靠，操作方便；d. 能灵敏地调整、改变给墨量，给墨能实现无级调整；e. 有手动或自动的独立操作按钮。在调试或开机过程中，输墨装置达到稳定所需时间最短。

墨量调节分为局部调节和整体调节。局部调节是通过改变墨斗片与墨斗间隙大小来控制；整体调节是通过改变墨斗辊转角或转速来控制。调节的方法包括手工调节和自动控制。现在多色机中大多装有油墨自动控制系统，可实现油墨的初始化快速预调及印刷过程中的自动控制。步进电机通过电脑控制，实现远距离遥控操作，取代手工调节。

② 水墨平衡的控制　胶印生产水墨平衡控制不好会产生一系列的印刷故障。其中印

版水量过大产生的危害主要有以下几个方面：a. 印品墨色暗淡、无光泽，饱和度下降，颜色浅淡。b. 油墨过度乳化，导致花版。c. 印迹干燥速度减慢，产生印品背面蹭脏现象。d. 由于水的阻滞作用，油墨不能正常传递、转移，导致供墨不良。e. 印张发软，收纸不齐，滚筒两边有水渍，长期下去会使机器局部生锈等。

印版水量过小则会有以下危害：a. 印品墨色变深供水，网点增大，易糊版。b. 印版和印张的空白部分起脏。

正常印刷条件下，印版图文部分的墨层厚度为 $2 \sim 3 \mu m$ 时，空白部分水膜厚度为 $0.5 \sim 1 \mu m$，油墨中所含润版液的体积百分比为 15% ~ 26%（最好为 21%，最大不超过 30%），可基本实现水墨平衡。但在实际印刷中，由于操作人员没有足够的时间用仪器去进行测定，而且影响水墨平衡的因素复杂，且不断变化，所以在实际工作中，操作人员主要是凭经验进行水墨平衡的判断和控制。

传统输水装置的水量控制原理与油墨量控制原理相同，即通过水斗辊的转角或转速大小实现整体水量调节。鉴别及控制水量大小的方法主要有如下几种：

a. 单张纸印刷机可根据版面反光强弱来初步估计水量大小。在观看版面时，操作人员可借助于自然光或灯光观察印版表面的水分。水墨平衡正确时，版面有微弱亮度，感觉像毛玻璃的反光。若印版表面呈暗黑色，没有反光的感觉，说明印版表面水分过小；如果版面反光十分明亮，有水汪汪的感觉，则说明印版表面水分过大。

判断水量是否合适还可观察样张。如果样张墨色浅淡，且加墨后墨色仍浅，则水大；样张柔软，抖动声音不脆，则水大；样张浮脏，停机较久版面仍不干，则水大；若印品无光泽、花版，或出现印张卷曲、收纸不齐等现象，说明版面水分可能过大。此外墨辊上、墨槽内有水珠出现，也是水大的特征。

b. 印刷中轻微水干的判断及控制。判断水干最有效的办法是用放大镜观察印刷品上墨量大的图文区有无糊版。糊版严重时，用肉眼就很容易看到；糊版轻微，则需借助放大镜，看图案边缘是否光滑，网点是否清晰。

印刷中要勤抽样张进行观察，根据观察情况进行水墨平衡控制，而且不能急于求成。检测系统及仪器，加减水、墨量要做到心中有数，对调节效果要有一定的预见性，以免反复调节。

c. 印刷速度对水墨平衡的影响。印刷速度快，油墨转移率下降，墨色变浅，同时因版面温度有所升高，水分挥发快，对水的需求量会加大，这一点高速轮转机表现得尤为明显。

3. 印刷结束后的工作

（1）印张的保管　针对不同的印刷机，保管主要包括成品的保管和半成品的保管。

（2）清洗工作　印刷机的各装置必须进行很好的清洁，对附有油墨的墨斗、墨辊、橡皮布、压印滚筒和水辊等部件应进行良好的维护和保养。

4. 印后加工

纸包装的印后加工主要包括表面整饰与成型、期刊装订等。表面整饰与成型是指在纸或纸板表面所进行的各种加工，主要包括：覆膜、上光、烫印、压凹凸、模切压痕等；期刊装订是指把单张装订成册的工艺，主要有平装、精装等，工序为折页、配页、订书、上封面和裁切。

第五节　胶印质量控制及常见故障

印刷工艺的每个环节都会直接或间接地影响印刷品的最终质量，影响胶印质量的因素较多，下面从印刷工艺、印刷设备、印刷材料和印刷测控条等角度分析如何准确控制胶印质量。

一、印刷工艺过程控制

印前处理包括印前图像处理、印前拼版、晒版等工艺。图像处理首先检查设计文稿中的图像是否符合印刷分辨率，再转换图像模式、调整层次。层次是评价印刷品的一个重要指标，层次分明、细节丰富是获得良好印刷效果的基础。拼版时，要考虑到印刷设备的最大、最小印刷尺寸，考虑单个产品的摆放位置，还要考虑出血线、裁切线的设计以及纸张丝缕方向。晒版操作人员对软片要仔细检查，规范操作，因为某些质量缺陷会在印版上呈现，如多余的色点等。但是现在大多采用计算机直接制版（CTP），原先出软片及传统晒版中的质量问题无形中都被消除了。

印刷控制是指在接到工艺单后，印刷生产部门必须根据工艺单的内容和要求作业。印刷过程中，纸张、油墨、润版液以及印刷色序、车间温湿度等都与印刷质量息息相关，稍有不慎，就会造成印刷弊病。

（1）温湿度　车间温湿度对纸张、油墨的影响最大。温湿度控制不佳，纸张会出现荷叶边、紧边，影响表面性能，容易出现套印不准，墨量大时易出现剥皮现象。车间温湿度变化会影响油墨黏度，温度高了，则油墨黏度变小，流动性变大，易出现墨、墨色不饱和、层次缺少等问题；温度低了，则油墨黏度变大，流动性变小，易出现下墨不畅、墨色不均等问题。因此，印刷车间应相对封闭，配备必要的加湿器、除尘器、空调、标准光源等基础设施，确保印刷质量。

（2）水墨平衡　水墨平衡控制作为重中之重，水少墨少为最佳，水大墨大最忌讳，这会极大影响印品质量。印刷过程中，若供水少，会导致版面上脏、字迹模糊、图文暗调部分起脏；若供水过多，油墨过度乳化，会导致印迹不饱满、字迹发虚、图像无光泽、层次缺少。判断水墨平衡的方法，首先视印版的图文初步设置水墨量，再预打墨后上水上墨，于机器一侧观察版面是否起脏，版面反光现象是否明显，根据观察做出相应的调整。

（3）印刷色序　印刷色序及 UV 干燥也是非常重要的一环，现在印刷机的色组越来越多，从四色到 9 色、10 色甚至更多，而多色胶印机的色组主要由传统四色色组加上专色印刷色组组成。在多色胶印中，选择正确的印刷色序对色彩还原至关重要。印刷色序与油墨的黏度、透明度，印刷品的色调、色版的图文面积和网点情况，以及纸张都有关。例如：黏度大的油墨先印、透明度好的油墨后印，暖色调的红色先印、冷色调的青色后印，纸张平滑度不好的黄色先印等。

① 四色印刷　四色印刷（four-color printing）是用减色法三原色颜色（黄、品红、青）及黑色进行印刷。如果采用黄、品红、青、黑墨四色墨以外的其他色油墨来复制原稿颜色的印刷工艺，不应将其称"四色印刷"而应称作"专色印刷"或"点色印刷"。

四色印刷是印刷的种类之一。它是用黄（Y）、品红（M）、青（C）和黑（BK）四种颜色来进行彩色印刷的一种方法。理论上，四色印刷可以获得成千上万种颜色，以 Y，M，C 和 BK 四种色组合，而不重复。但实际上，由于印刷工艺过程中"网点"的形变误差以及视觉辨认阈限的限制，四色印刷所能够获得的彩色比理论上要少得多。而专色印刷的出现便很好地解决了这个问题。

② 专色印刷 专色印刷是指采用黄、品红、青、黑墨四色墨以外的其他色油墨来复制原稿颜色的印刷工艺。包装印刷中经常采用专色印刷工艺印刷大面积底色。专色印刷是单一色，没有渐变，图案是实地的，用放大镜看不到网点。一般来说，专色印刷成本略高。专色油墨是指一种预先混合好的特定彩色油墨，如荧光黄色、珍珠蓝色、金属金银色油墨等，它不是靠 CMYK 四色叠印出来的，套色意味着准确的颜色。它有着准确性、实地性、表现色域宽的特点。每一种套色都有其本身固定的色相，所以它能够保证印刷中颜色的准确性，从而在很大程度上解决了颜色传递准确性的问题；专色一般用实地色定义颜色，无论这种颜色有多浅。当然，也可以给专色加网，以呈现专色的任意深浅色调；套色色库中的颜色色域很宽，超过了 RGB 的表现色域，所以，有很大一部分颜色是用 CMYK 四色印刷油墨无法呈现的。

二、印刷材料控制

合理选用印刷材料，掌握印刷材料性能，对提高胶印质量有着重要的作用，常用的印刷材料有纸张、油墨、润版液等，都有较高要求。

1. 纸张

纸张是最常用的承印物，了解纸张性能对准确把握印刷工艺适性，保证印刷产品质量具有十分重要的意义。而纸张平滑度、表面强度、pH、光泽度等对纸张的印刷适性有着较大影响。

纸张平滑度的高低表现为纸张表面空隙的大小。在压印瞬间，纸张表面与橡皮布滚筒接触，油墨转移至纸张表面。平滑度高的纸张，橡皮布上的图文可以很好地再现于纸张上；平滑度低的纸张，由于需要达到一样的墨层厚度，操作者就会加大墨量印刷，造成网点增大或者透印。使用平滑度低的纸张印刷时，可以适当加大印刷压力来提高印刷品质量。

胶印中由于纸张的表面强度过低而发生拉毛、掉粉和剥皮等现象，不仅会使图文部分受到不同程度的损伤，形成堆墨，造成糊版、图文残缺，还会降低印刷的工作效率。可以适当降低油墨黏度、印刷速度和用最少的水量印刷，并经常清洗橡皮布加以解决。

纸张的 pH 主要影响油墨的干燥和纸张的耐久性。pH 高对油墨干燥有促进作用，过低则抑制干燥；pH 低，纸张颜色衰退变快，耐久性变低。有些产品应使用中性纸，纸张的 pH 过高或过低，印刷品保存一段时间后图文将会褪色。

纸张光泽度对印刷品质量影响很大，因为纸张光泽度与纸张的着墨效率有直接联系。相同墨膜厚度，光泽度高的纸张能获得更高的印刷密度，而且印刷品的光泽度随着纸张光泽度的提高而提高。书刊印刷应使用适当光泽度的纸张，因为光泽度过高会导致人眼阅读疲劳；为达到宣传视觉效果，广告宣传类的一般使用光泽度高的纸张。

2. 油墨

油墨是印刷过程中用于形成图文信息的物质，因此油墨在印刷中作用非同小可，它直接决定印刷品上图像的阶调、色彩、清晰度等。在印刷中我们需要了解胶印油墨的组成、性能以及应用。

颜料与连结料是组成油墨的两类主要原料，颜料是油墨中的固体成分，为油墨的显色物质，一般是不溶于水的色素，此外，为了改善油墨本身的性能而附加的一些材料被称为附加料。油墨颜色的饱和度、着色力、透明度等性能和颜料的性能有着密切的关系。连结料是油墨的液体成分，颜料是载体。油墨应具有鲜艳的颜色、良好的印刷适应性、合适的干燥速度。此外，还应具有一定的耐溶剂、酸、碱、水、光、热等方面的应用指标。随着印刷、纸张以及其他要求等越来越高，对油墨要求的技术条件也有所提高。

印刷操作工挑选油墨时，一般都把颜色看作是第一要求，油墨的颜色（色相）是最直观的指标之一，实际上，它很大程度上是反映印品质量的一个主要指标。油墨的颜色性能也就是纯度，会影响印刷图文的再现，油墨的流动性能影响油墨在印刷机上的传递转移及网点还原性，油墨的干燥性能会影响印刷品的干燥性和印后加工性能等。油墨纯度表现为油墨的着色力。油墨的色浓度大，在印刷时可以以较薄的墨层厚度达到理想的色相。薄的墨层厚度，在叠印时颜色不会被覆盖而得到很好地显色，表现的色域就大。印刷时可以根据产品特点选择印刷油墨。

金、银印刷油墨同其他油墨一样，主要也是由颜料和连结料两大部分构成。金、银墨中所采用的连结料是一种特殊的调墨油，一般称为调金油或调银油，主要成分是油、树脂、有机溶剂辅助材料，在金属中加入少量的亮光浆或透明黄，可增强金墨的亲墨性和传递性。简单地说，金墨是由金粉和调金油调配而成的，银墨是由铝粉和调银油调配而成。金墨中的颜料是金粉，它实际上是由铜、锌合金制成的粉末，银粉实际上就是铝粉，是由65%的片状铝粉与35%的挥发性碳氢类溶剂组成。

考虑到成本和后工工艺，如果成品的背景色采用同一颜色，在后工工艺上就会用到其他大面积的专色来调配，采用专色印刷，这样在印刷的工序中就会省掉一道工序，从而降低了印刷成本。专色油墨调配颜色更准确。在调色的理论上，采用三原色加上黑色，通过叠印的方式能够调配出任何颜色，最终呈现出不同的色彩。但是影响印刷品最终颜色的因素有很多种，比如：水墨平衡、叠印效果、套印精度、操作师傅的技术等。而且色彩的准确性、鲜艳程度、墨色等，很多专色通过叠印是很难实现的，所以采用专色油墨进行调配。

在中国市场上推出的环保油墨按照时间顺序可以依次分为以下几种：溶剂型油墨、水性油墨、UV 油墨。

① 溶剂型油墨　普通的溶剂油墨中一般含有芳香烃溶剂（甲苯、二甲苯）。一些国际油墨公司最先在中国市场推出非芳香烃溶剂油墨，以醇、酯、醚、酮、汽油为溶剂，消除了芳香烃溶剂可能造成的危害。目前用于柔性版印刷的溶剂型油墨，基本上是无芳香烃的，但是挥发性有机溶剂仍然很多，主要会影响印刷车间的空气质量。残留气味在印刷品中已经很少了，可能在复合印刷品中会有少量异味存在，但表面印刷品中基本无法发现。

② 水性油墨　水性油墨与溶剂型油墨相比，其环保性能更进了一步。它不仅不含芳香烃溶剂，VOCs 也大大减少了，但依然无法做到零含量，它对环境影响较小，主要是污染车间空气。

③ UV 油墨　UV（紫外光固化）油墨是指在紫外线照射下，利用不同波长和能量的

紫外光使油墨连结料中的单体聚合成聚合物，使油墨成膜和干燥的油墨。UV 油墨也属于油墨，作为油墨，它们必须具备艳丽的颜色（特殊情况除外），良好的印刷适性，适宜的固化干燥速率，同时有良好的附着力，并具备耐磨、耐蚀、耐候等特性。UV 印刷很重要的一点就是，控制油墨的流平性。流平性不好则印刷样上表现为有晶粒。在油墨中添加流平剂，主要是为了降低油墨与承印物之间的表面张力，使油墨与承印物具有最佳的润湿性。流平剂能促使油墨在干燥成膜过程中形成平整、光滑、均匀的墨层。

UV 胶印油墨不含挥发性有机化合物，从这一点来看进了一大步，比水性油墨更安全。可是它的干燥是通过紫外线来实现的。紫外线有诱发皮肤癌的可能，能使氧气变成臭氧，所以应将印刷机的干燥装置安装排风设备，把臭氧排出室外。水性 UV 油墨与水性油墨一样，会有少量挥发性有机溶剂，相对于普通 UV 胶印油墨，其环保性能还要差一些。

3. 润版液

胶印润版液的作用是在印版的空白部分形成均匀的水膜，防止脏版；在空白部分形成新的亲水层，从而维持印版空白部分的亲水性；控制印版表面的温度。这就要求印刷润版液要有较高的表面活性，有一定的酸性并严格控制温度。

润版液一般为弱酸性，过低会使印版腐蚀，还会延缓油墨干燥，在印刷时还易起脏，加大水量又造成水大墨大。润版液合理 pH 应控制在 4~6。水中一般含有大量的钙、镁离子，导致水的硬度变大。高硬度的水不适合印刷，这是因为：①钙、镁离子会经过反应沉淀于墨辊上，从而影响墨辊寿命和传墨性能；②这些化合物沉淀于印版上，使空白部分上墨，影响图文部分上墨。因此，软水适合印刷。

三、印刷测控条

印刷控制条由实地块、不同的网点块及为了进行视觉检测用的信号数值组成，种类非常之多。在欧洲，Brunner 系统和 FOGRA 系统应用最广，我国也制订了印刷控制条系统。

为了根据测量数据控制四色、五色、六色印刷，德国海德堡公司出售 FOGRA OMS 和 Brunner 系统 CPC 印刷控制条。这些控制条与 CPC 系统的特殊要求相适应，专门应用于海德堡印刷机中的分割墨区。表 2-1 列出了一个基于密度测量原理的多色印刷控制条可以检测的内容。随着印刷色数的增加，可检测的项目在减少，这是因为除了测量主要的评判参数外，附加的颜色在控制条上也要占一定的位置。因此，所用的控制条必须跟要印刷的色数正确对应。

1973 年，瑞士的费利克斯·布鲁纳尔发明了布鲁纳尔测控条，并始终致力于研究和改善他发明的彩色控制系统。多年来，他和他的同事研究了欧洲和美国数千种印刷机，他们建立了一个庞大的数据库，用这个数据库比较印刷条件并得出有用的结论。布鲁纳尔认为：色彩控制的内容应包括色彩再现的精度、层次和清晰度的控制，印刷品对原稿的复制的色彩存在一个允许的偏差范围，偏差部分取决于纸张等材料的特性变化，部分取决于整个印刷工艺流程状态的变化。色彩的色相、明度和饱和度都可能发生变化，亮度或暗度可能因叠印色相和黑墨量的改变而改变；色相则因黄、品红、青油墨量的变化而变化。理论上，当这三种原色油墨增大相同的量时，印品颜色复制结果可能在肉眼区分上是在允许范围之内的。若三者之间在网点增大的量上存在±2%的差别，在视觉上就容易觉察出来。如果这个差别达到4%，那么就达到了色相允许偏差的极限。

表 2-1　　　　　　　　　　　　　　常用印刷控制条

系统名称		CPC/FOGRA			CPC/Brunner		
色数		4	5	6	4	5	6
印版曝光	视觉检测	○	○	—	○	○*	○*
高光控制	视觉检测	○	○	○*	○	○	—
实地密度	测量	○	○	○	○	○	○
中调网点增大	测量	○	○	○	○	○	○
3/4 调网点增大	测量	○	○	○	○	○	○
粗、细网比较	测量	—	—	—	○	○	○
3/4 调相对反差	测量	○	○	○	○	○	○
重影及滑版	测量	○	—	—	○	○	○
重影及滑版	视觉	○	○	—	○	○	○
灰平衡	视觉	○	○	○	○	○	○
叠印率	测量	○	—	—	○	○	○

*只适合于 Y、M、C、BK 四色

布鲁纳尔印刷控制条由许多色块组成，但用于控制和显示网点增大的微线标是该系统的主要基础。超微测量元素是布鲁纳尔系统的核心（图 2-32），该元素与一个 150 线的网点块（50%）等效。它由覆盖率为 0.5% 到 99.5% 的圆网点、50% 的方网点、50% 的水平细线和垂直细线、细小的正负十字线组成。该元素中的每对网点的平均网点覆盖率和每个部位的网点覆盖率都为 50%；因为滑版是一种有方向性的网点增大，所以平行线是滑版的检测标志。

在超微测量元素旁边是一块 25 线/英寸、50% 的粗网目线（图 2-33），采用旧式密度计测量其网点覆盖率是困难的，但有了这个粗网块使得用任何的反射密度计测量网点覆盖率都变得十分方便，粗网点的网点增大率是很小的，而 150 线的网点块有很大的网点增大。通过用补色滤色片测量粗细两网点块的密度，即可得到密度差值，此差值再加上 0.05，即可得到近似的网点增大值。这种测量控制方法只能指示 150 线网点的增大量，对其他线数的网点是不适用的，网点光学增大是网线越细，光学增大越大，因为单位面积内有更多的网点，网点数越多周边越长、网点增大量就越大，布鲁纳尔称之为边区理论，光学增大是网点周长的函数。超微测量元素还可以用来评价印版的分辨力，用专用 25 倍布

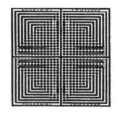

图 2-32　超微测量

图 2-33　Brunner 系

鲁纳尔刻度放大镜观察正负十字线，若它们具有相等的尺寸，则说明印版曝光是合适的。

　　利用微线块（图 2-34）可以判断印版曝光的正确性。与多年使用的梯尺相比，微线块可以精确指示印版和软片的曝光情况，但布鲁纳尔提示说，这不适用于分辨力低的印版。当采用微线块的时候，一个曝光正确的阴图片版反应呈现 $11\mu m$ 的细线块，失去 $8\mu m$ 的细线块。根据 FOGRA 的研究，若采用微线块比较法，人眼能识别出 $3\mu m$ 的变化。

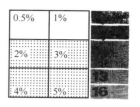

图 2-34　印版检测

　　为了得到一个中间调的中性灰，布鲁纳尔系统包括一个由 50%的青、41%的品红和 41%的黄构成的灰平衡块，还有一个 50%的黑网点块紧靠在灰平衡块的旁边，当用不同性质的油墨印刷时，应对网点覆盖率稍加调整。

　　布鲁纳尔系统还包括红、绿、蓝实地叠印块，用以检查油墨叠印情况。布鲁纳尔系统试验印版是一个全张纸大小的试验印版（原版软片），用来评价任何一个印刷机的印刷特性，印版上除了印刷控制条外，还有灰平衡表、胶印信息指南、公差范围和视觉比较用的信号条。布鲁纳尔为具有自动控制系统的印刷机设计了专门的印刷机控制条，例如海德堡 CPC 和罗兰 CCI。

　　现代印刷机都可以对试验印版优化，购买印刷机时可用实验印版对印刷机进行检验验收。这都是通过实验版的印刷样本对比分析得出的结论。

　　测量布鲁纳尔系统使用的密度计是窄带密度计，规定光圈为直径 4mm，MacBeth 手动密度计和 MacBeth 扫描密度计都可用于对布鲁纳尔系统进行测量。密度计外设的荧光屏可以显示时间、日期、标准值、实地密度、网点增大和叠印。可用于印刷机控制的系统有多种，但只有布鲁纳尔系统备受称赞，他指出了与网点增大有关的最重要的控制变量。

四、常见胶印故障及其排除

　　印刷故障指的是在印刷过程中影响生产正常进行或造成印刷品质量缺陷的现象之总称。胶印机操作者和管理人员必须掌握印刷故障发生的规律和排除故障的方法，才能使生产顺利进行。在印刷工艺的操作过程中，故障可能随时发生在印刷过程中，印刷机零部件的繁多和工艺中的配合关系的复杂性决定了印刷故障的综合性。表 2-2 展示了几种常见的胶印故障及其排除方法。

表 2-2　　　　　　　　　　　　常见的胶印故障及其排除方法

故障	现象		原因	处理方法
起脏	浮脏	在非图文区产生淡色污脏，因不是从印版染上，所以容易擦掉	1. 主要是油墨比较软，受润版液作用后有部分油墨因乳化而进入润版液中，形成水中油型乳液； 2. 纸张中的化学物质和润湿剂助长油墨乳化； 3. 润版液中含有皂类或洗涤剂类引起油墨乳化	1. 换用黏度高、较稠厚的难乳化油墨，或者在原油墨中加入高黏度调墨油； 2. 换用纸张； 3. 调节润版液组分和 pH； 4. 调整水量和墨量

续表

故障	现象		原因	处理方法
起脏	油脏	印版的非图文区变成感脂性，油墨附着在它的上面，污脏了印刷品	1. 油墨过软稀； 2. 给墨量过大； 3. 油墨中存在游离性脂肪酸、树脂酸及表面活性剂等物质； 4. 颜料中处理剂的影响； 5. 着墨辊润版辊以及橡皮布的压力大，损坏印版表面结构； 6. 从纸张涂料中溶出感脂物质	1. 更换油墨或在原墨中加入高黏度树脂油（或0号调墨油），使油墨具有黏性和弹性； 2. 调整供墨量； 3. 调整润版液适当用量； 4. 使用表面张力较低的润版液； 5. 将压力调适当； 6. 更换纸张
套印不良		湿对湿套印时后面印刷的油墨不能顺利地附着在先印刷的油墨上	1. 与先印的油墨相比后印的油墨黏性过高； 2. 先印的油墨固着慢且墨量大； 3. 四色油墨的颜色强度平衡不适当	1. 采用黏性高的油墨先印刷，黏性低的油墨后印刷； 2. 采用固着快的油墨印，且浓度高印得薄一些，图案面积小先印，方便后面印； 3. 任何一套多色套印油墨它们的颜色强度是平衡的，套印时可以采用等量给墨，如果采用不是同一套油墨一起印刷时，使用时就要妥善处理
晶化		在经过干燥的底墨上进行套印时，有可能使后印的油墨叠印不上去，即使勉强印上，也能轻易地被擦去	这是由于先印的油墨可能含干燥剂过多，油墨干燥过快，也可能油墨中所含蜡成分过多，印后间隔时间过长，墨膜表面形成光滑硬膜所致，使下一色油墨着墨困难	1. 合理掌握套印的间隔时间，在先印刷的油墨未彻底干燥之前就印下一色油墨； 2. 减少油墨中干燥剂用量，减慢油墨干燥速度； 3. 如果已发生晶化可采用加印一次树脂连结料的办法加以补救
粘脏		刚印下来的印刷品堆叠时正面的油墨粘脏重叠其上的印刷品背面	1. 油墨的固着和干燥慢； 2. 墨量过大； 3. 纸张表面比较紧密和光滑，吸收性差。油墨不能在纸面迅速渗透和固着	1. 油墨中加入防粘脏剂； 2. 采取表面喷粉办法； 3. 换用快固着型油墨； 4. 换用高浓度油墨采取薄层印刷
堆墨		油墨堆积在橡皮布、印版和墨辊上，油墨传递转移性不良，使印件墨色模糊	1. 油墨缺乏流动性； 2. 油墨和连结料黏度低，与润版液发生乳化； 3. 纸粉剥落混入油墨中使油墨转移性变差	1. 加入能使油墨流动性变好的树脂连结料； 2. 尽量减少润版液用量，如无效可换用抗水性好的油墨； 3. 适当加些去黏剂降黏。如无效更换纸张
飞墨		印刷机运转时油墨在印刷机墨辊之间分裂，油墨形成长的细丝，这些细丝断裂成细滴呈雾状飞散，分布在印刷车间的空气中	1. 给墨量太多，墨辊上墨层太厚； 2. 墨辊安装不适当或损伤； 3. 油墨偏软或偏稀； 4. 印刷速度过快	1. 检查墨辊，并将墨斗开小些，调节棘轮使转动快些； 2. 加入适量蜡类助剂，使油墨变短并降低黏性； 3. 降低印刷速度； 4. 换用颜色浓度高油墨，减少给墨量

续表

故障	现象	原因	处理方法
油墨不落槽	印刷中油墨缺乏流动性,不能从墨斗转移到墨辊上	1. 油墨的屈服值过大,油墨墨丝短流动性差; 2. 油墨触变性大	1. 加入可使墨丝变长的调墨油或改善油墨流动性的高黏度树脂油; 2. 经常搅动油墨或在墨斗中安装搅拌器; 3. 换用流动性好的油墨
纸张掉毛或掉粉	印刷时从纸张表面掉下纤维或填料颗粒,堆在橡皮布的图文上,使印品质量下降	1. 纸张质量差; 2. 油墨黏性大,或因油墨中溶剂挥发使黏性增高; 3. 印刷速度太快。印刷压力太大,造成纸张与橡皮布之间的摩擦力过大	1. 换用纸张; 2. 加入调墨油或去黏剂降低油墨初始黏性; 3. 调整印刷压力,降低印刷速度
过度乳化	在平版印刷中油墨和润版液进行高速挤压接触,油墨与润版液发生乳化,形成油中水型的乳液。使油墨的流动性和黏性发生变化,印刷适性变差	1. 油墨中存在极性物质和界面活性剂; 2. 使用了低黏度的油; 3. 润版液量大,润版液 pH 控制不稳定; 4. 图文面积小,耗墨量少,印刷机上油墨长时间与水接触产生乳化	1. 在平版印刷中,严格控制润版液 pH 及润版液量(水量),油墨与润版液要形成适度的油中水型乳液,才能使印刷顺利进行; 2. 如果乳化成为印刷故障时,要分情况,采取各种对策加以解决
环状白斑	印刷图文中出现环状白色的斑点	1. 纸粉、灰尘等其他异物混入油墨; 2. 油墨干燥皮膜混入油墨中附着在印版橡皮布上	1. 更换用纸; 2. 仔细清洗墨斗、墨辊、橡皮布和印版; 3. 在罐中取出油墨时不要将油墨干燥皮膜混入油墨中

第六节 无水胶印技术

近年来,环境问题已经进入大众的视野,各领域各行业应趋势逐步向"绿色环保"靠近,而环境问题已由最初的区域性有害问题及某些特定行为所引发的现象转换为涉及整个生态的问题。在这种情势下,印刷业要继续从事行业活动,必须要与"绿色环保"来联系起来,必须认真考虑环境问题,逐步走向"绿色印刷"。润版液污染是印刷行业难以忽视的一个问题,而无水胶印采用硅胶拒油的原理,在不需要润版液的条件下也能达到高质量复制原稿的目的,减少了润版液对环境的污染。除此之外,无水胶印几乎不使用挥发性有机化合物,同样在很大程度上减少了对空气的污染。因此,要想走向"绿色印刷",对无水胶印的研究就不可避免。

一、无水胶印原理及其特点

无水胶印(waterless offset printing)就是在平版上用斥墨的硅橡胶层作为印版空白部分,不需要润版,用特制油墨印刷的一种平印方式。无水胶印使用了在印刷版上涂上硅涂层为非印刷区，去除水墨平衡控制，亦免除了使用水作为媒介。从印刷质量上来看，不使用水来印刷使印刷网点更锐利，表现力更好。无水胶印有能力达到更高线数和反差。

无水胶印利用直接制版机技术以及硅橡胶印版来减少水与化学原料的使用，许多无水印刷机同时也使用直接喷墨技术与植物制墨水来减少资源浪费、污染与挥发性有机化合物的生成。而且无水胶印的品质优良，并减少大量用纸，节约资源。无水胶印使用独特的预先感光印版，不需要润版液就可在印刷机上印刷。印版的空白部分被拒墨的硅胶层覆盖，而图文部分呈现轻微的凹陷并形成一个可接受油墨的聚合物表层。

未使用过的印版在曝光之前，感光层与硅碉胶层紧紧黏附在一起，感光后，印版的空白部分发生光聚交反应，使上层的硅碉胶层固定。印刷时非图文部分的硅胶层拒墨，油墨填充在轻微凹陷的图文部分，然后油墨在印版压力的作用下转移到承印物上，使得原稿真实再现。无水胶印由于使用拒墨印版，在图文部分除去涂层就可以吸墨，实现图文转印，不需要润版液来实现水墨平衡。

印刷时润版液覆盖整个版，但因亲油性的图文部分疏水，润版液只保持在空白部分。接下去在涂布油墨时，空白部分因水对油性油墨形成排斥，只有亲油性的图文部分着墨，在版上形成图文。形成的图文先转移至橡皮布，再转印到纸张上。

二、无水胶印系统

无水胶印系统由无水印版（图2-35）、无水印刷油墨和带有温度控制系统的印刷设备3个部分组成。无水印版的结构是多层叠压型的，其中最底层是铝基板，中间层涂布了一层光敏聚合材料，最上层是2个微米的硅树脂橡胶层。

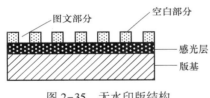

图 2-35　无水印版结构

无水胶印版的空白部分被拒墨的硅胶层覆盖，而图文部分呈现轻微的凹陷并形成一个可接受油墨的聚合物表层。未使用过的印版在曝光之前，感光层与硅碉胶层紧紧黏附在一起，感光后，印版的空白部分发生光聚交反应，使上层的硅碉胶层固定。印刷时非图文部分的硅胶层拒墨，油墨填充在轻微凹陷的图文部分，然后油墨在印版压力的作用下转移到承印物上，使得原稿真实再现。

无水胶印一般使用的油墨是大豆油油墨和不含芳烃的油墨，这两种油墨没有 VOCs 产生，不会对人体和环境产生影响，一般为低黏度油墨。此外，印刷品也不再是厚墨膜印刷，而是与传统胶印一样的薄膜印刷。单张纸印刷时无水胶印通常使用 "Dry-O-ColorArtis" 油墨，这种油墨能保持产品原有光泽，在抗起脏的基础上改进了油墨的着墨性、转移性、固着性以及加工适性等，更能适应高速、多张单色纸无水胶印机的要求。而卷筒纸印刷通常使用的是高速轮转胶印机用热固型油墨。卷筒纸轮转胶印与单张纸印刷相比，印刷速度提高了约 2 倍，要求油墨具有更高的流动性，更低的黏性。而轮转热固型油墨同样能够采用与 "Dry-O-ColorArtis" 相同的树脂设计方式，即在不降低糊版发生指数的条件下，采用改善油墨流动性的连结料，使油墨在高速印刷时获得更好的转移性。

无水胶印对胶印机的精度要求比较高。因此无水胶印拥有更稳定的网点、更高的网目线数，且色彩稳定性好。无水胶印承印材料广泛，纸张、金属以及塑料皆可作为承印材料，但需要注意的是，无水胶印对承印材料表面性能要求较高。

三、无水胶印的应用与发展

在平版印刷中，油墨和润版液的平衡好坏直接影响印刷质量和生产效率，调节好两者之间的平衡需要相当熟练的技术。消除油墨和润版液不平衡引起的故障一直是印刷界长期面临的问题。在此背景下，20世纪70年代初期，美国的3M公司率先推出了名为"Orography"的无水胶印版。已有数家公司推出了无水胶印版材。其中，日本的TORAY株式会社1976年在继阳图型版之后又开发了阴图型版，市场上销售的几乎都是TORAY的无水胶印版。

TORAY无水胶印版由铝基、感光性树脂层、疏油的硅胶层构成。其空白部分由斥墨的硅胶构成，图文部分由亲油性的感光性树脂构成，是图文部分比空白部分低$2\mu m$的平凹版构造。无水胶印版自推出以后，版材厂家对印版进行了反复改良。此外，油墨、印刷设备等方面也为适应这个新型版材作了不断的改进和研究，加上印刷技术的进步，最终使无水胶印成为受关注的一种印刷方式。

与传统胶印相比，采用无水胶印，印刷校版纸的使用大幅减少，减少了约30%，而印刷效率有大幅度提高。除此之外，无水胶印由于不使用润版液，其印刷过程中产生的$VOCs$和CO_2排放量相较于传统胶印方式可减少约90%，对环境极其友好，在环境保护方面效果显著，符合绿色印刷要求，所以无水胶印被应用到了更多领域。

无水胶印也可应用于标签行业。凸印标签的色差控制是众所周知的难题，印刷过程中墨斗辊下墨量的调整需要操作人员不断观察印刷图文的墨量。而且，凸版印刷机的印刷速度比较慢，当遇到急单印刷需要提高印刷速度时，油墨的墨量供给不及时，这样会使同一批次的印品出现色差。采用无水胶印，这些问题便迎刃而解。而且无水印刷的设备调试简单，完全可以应付凸版的短版活件。

无水胶印还可应用于部分网版印刷。网印的特点是墨层厚实，印刷立体感强，但是网印的印刷色彩不细腻，印刷速度超过2000张/h，使用的基本是溶剂型油墨，要想让$20\mu m$厚的墨层一次实现固化比较困难。而无水胶印采用特殊凹版板材，载墨量比普通胶印板材大，可实现胶印高浓度印刷时色彩细腻，其印刷速度在5000~10000张/h调整。无水胶印既可以避免网印生产效率慢的问题，又可以达到高浓度、立体感强的要求，所以采用无水胶印代替部分网印也有很大研究和应用空间。

相较于传统胶印，无水胶印的印品有着更大的印刷反差，更丰富的层次和色彩。由于无水胶印产生的网点扩大更小，其印品也有着更加丰富的细节和整体清晰度。除此之外，无水胶印的维护成本更低，对环境更友好，符合绿色印刷的要求，所以无水胶印有着越来越广泛的应用。但是由于无水胶印存在坏版的几率大，印刷套准仍有难度以及大墨位容易起墨皮等问题，无水胶印的应用还不是非常广泛。

但是印刷行业要向"绿色印刷"转型，无水胶印俨然是一个重点研究方向。许多印刷企业都认为无水胶印的成本比常规胶印更高，但事实不尽如此。虽然无水胶印设备成本更高，但在化学制品和废物管理方面的成本更低，而且在印刷准备时所浪费的纸张也会更少，花在培训和维护上的费用也更低，无水胶印的成本整体上也会降低。成本的降低和印品质量的提升能吸引更多企业的目光，无水胶印在各企业的应用会越来越多。

习　题

1. 简述胶印的特点和工艺流程。

2. 无水胶印印版有何特点？

3. 单张纸胶印机滚筒排列方式有哪几种？

4. 简述气动式自动给纸机纸张的分离和输送过程。

5. 常用的套准装置有哪些？为何要设置两个侧规？

6. 如何调节印版滚筒的位置？

7. 常用的润湿装置有哪些？

8. 单张纸胶印机输墨装置的组成有哪些？

9. 气垫式收纸滚筒有何特点？收纸部位为何要设置喷粉装置？

10. 举例说明供墨装置的特点和墨量控制方法？

11. 胶印对纸张、油墨、润版液有什么要求？

12. 常见的胶印故障有哪些？如何排除？

13. 平版胶印质量控制的方法有哪些？

第三章　凹版印刷技术

本章学习目标及要求：

1. 了解凹版印刷的原理及特点，理解凹版的制版工艺、印刷工艺过程及质量控制的工艺参数。

2. 理解凹版印刷机的主要组成及其工作过程，分析印刷设备的主要控制因素。

3. 能够分析纸包装、塑料包装的凹印工艺参数及常见故障。

第一节　概　　述

凹版印刷概述

凹版印刷具有墨层厚实、层次清晰、工艺稳定、耐印力高、适用范围广等特点，在包装印刷业、有价证券和装饰材料等领域得到了广泛应用，在包装印刷领域有着其他印刷方式不可替代的独特优势，在我国包装印刷领域占据相当重要的地位。

凹版印刷在国外的主要应用领域有包装印刷业、出版印刷业、有价证券和装饰材料等。德国 GFK 市场研究机构的研究表明：由于凹印具有较高的印刷质量稳定性和油墨光泽度，大约 80% 的名牌商品都选择了凹印工艺，凹印在名牌商品包装印刷领域占据主导地位。

随着市场经济的不断发展，特别是随着食品、饮料、卷烟、医药、保健品、化妆品、洗涤用品以及服装等工业的迅猛发展，对凹版印刷品的需求越来越多。特别是近年来，随着雕刻制版技术、CTP 技术、独立驱动技术、环保型凹印油墨和控制技术的应用、印后联线加工多样化以及制版成本的降低，凹版印刷在包装印刷中具备了更强的竞争力。在我国印刷总产值中，凹版印刷是仅次于平版胶印的第二大印刷方式，是中国目前最为流行的软包装印刷方式。

一、凹版印刷原理与特点

1. 凹版印刷的原理

印版的图文部分低于非图文部分的印刷方式，称为凹版印刷，即印版上图文部分凹下，空白部分凸起并在同一平面或同一半径的弧面上，涂有油墨的印版表面，经刮墨刀刮掉空白部分油墨后，在压力作用下将存留在图文部分"孔穴"的油墨转移到承印物表面。凹版印刷原理如图 1-2 所示。

2. 凹版印刷的特点

（1）色彩复制质量优异　凹印可复制色调的范围宽，整批产品的色彩一致性好。印版滚筒与承印材料的直接接触保证了油墨更牢固地附着，从而具有更好的色彩再现。

（2）灵活性大、适用范围广　凹版印刷灵活性大，可适用于不同的承印材料，不仅可以广泛使用溶剂性油墨，也可以使用水性油墨和各种涂料。

（3）生产效率高　目前世界上凹印机的最大幅宽已达 4m 多，最高速度已达到 1000m/min。

（4）耐印力高，相对成本低　凹版滚筒使用寿命长，可适合长版活印刷，平均耐印力在重新镀铬之前可达到 100 万~300 万印。对于许多大批量活件，凹印的相对成本较低。

由于凹版印刷工艺技术比较复杂、工序相对较多、整条生产线的投资也比较大，适合作为较长期的投资。

二、凹版印刷技术的发展

1. 凹版印刷的发展历史

凹版印刷大约产生于 15 世纪中叶，1446 年已有采用凹版印刷工艺完成的印刷品，现存于德国柏林。1460 年，意大利的金匠 Finiguerra 发明了金属雕刻凹版印刷法。1513 年，德国的 W. Craf 发明了腐蚀凹版印刷。18~19 世纪，多项技术的发明和应用给凹版制版工艺的巨大变革奠定了坚实的基础。如 1838 年俄国的 Taevlui 和英国的 Tandan 完成了电铸凹版的复制制版，1890 年奥地利的 Klietsch 发明了照相凹版。

照相凹版法采用照相法制作胶片，利用碳素纸作为中间体，彻底代替了手工雕刻，极大地提高了制版的质量和速度，但由于工艺特点的限制，当时的凹版印刷仍然只能印刷较低档次的印件，随后出现的布美兰制版法也未能从根本上提高凹印的质量。直到出现电子雕刻凹版工艺，从而使凹版上不再单纯依靠一维变化来反映浓淡深浅的层次（照相凹版法是依靠网穴深度的变化，布美兰制版法是依靠网穴表面积的变化），电子雕刻凹版依靠网穴的表面积和深度同时变化来反映图像浓淡深浅的层次，使得用凹印工艺复制以层次为主的高档活件变为可能。

1917 年，照相凹版印品传入我国。1923 年，上海商务印书馆请德国照相凹版技师海尼格来我国传授凹印技术。1924 年，上海英美烟草公司印刷厂派照相师奥斯丁等 3 人赴荷兰学习彩色版照相凹版技术，并购买了所需要的凹印设备；1925 年，奥斯丁等人回到上海后，因上海英美烟草公司营业衰退，没有力量建立彩色照相凹版车间，将带回的照相凹印设备转卖给了上海商务印书馆总厂。20 世纪 50~60 年代，凹版印刷主要用于《人民画报》等印刷品出版，其中，黑白图片采用传统照相凹版（当时称为影写版），到 20 世纪 50 年代末开始印制一部分彩色图片。

改革开放后，凹版印刷在包装、有价证券和装饰材料领域得到广泛应用。随着市场经济的迅速发展，我国凹版印刷行业从小到大，技术迅速提高。软包装材料的印刷是以卷筒料凹印方式发展起来的，主要用于纸袋、瓦楞纸板、聚乙烯复合纸印刷等，后来出现了玻璃纸印刷材料。20 世纪 60 年代，玻璃纸凹印技术得到了很大发展，之后，尼龙薄膜、聚酯膜、未拉伸聚丙烯和双向拉伸聚酯得到了应用和普及。同时，聚酰胺、聚酯、聚丙烯等合成树脂的应用促进了凹印油墨制造技术的进步，照相凹版印刷机的不断改进和完善也为软包装材料印刷技术的发展创造了条件。1981 年，我国大陆从意大利引进第一台机组式凹版印刷机，后来又先后从瑞士、意大利、法国、德国、日本、韩国、澳大利亚、美国等国家和中国台湾地区引进了数百条凹版印刷生产线。

20 世纪 70 年代初期，我国开始研制和生产软包装凹印机，当时的机型只限于低速卫星式和一回转机型。20世纪80年代以来，我国凹版印刷行业取得了长足的发展，国产凹印机制造业迅速崛起，从无到有，从满足内需到扩大出口，凹印机的功能不断完整，自动化程度不断提高，使得国产设备性能价格比较高，竞争优势日益明显，新技术和系统的采用明显缩短了与发达国家之间的差距。1997年，陕西北人推出的ＡＺＪ601050H型国产首台机组式凹印机填补了国内中高档机组式凹印设备生产的空白。2003年，陕西北人、中山松德先后推出了速度为300m/min的电子轴传动高速凹印机，2003年以来，安全、环保、节能、人性化等功能性技术取得突破，独立驱动传动技术得到广泛应用，实现了国产机的全面升级换代，标志着我国印刷设备融入了国际凹印技术新潮流。陕西北人、中山松德、西安航天华阳、宁波欣达等国产凹印机制造龙头企业十分重视技术创新和新产品的开发，如陕西北人通过与加铝集团等国际知名企业的技术交流与合作，其产品在设计思路、制造理念、性能特点、安全环保等方面加快了与国际先进技术接轨的步伐。在新产品研发方面，推出了印刷速度为400m/min、幅宽为2200mm的高速宽幅凹印机（出口美国），300m/min纵横向自动套色薄膜印刷机等新产品，不仅进一步调整了产品结构，更为企业快速发展、抵抗市场风险提供了有力的技术支持和保障。所开发的生产管理、LEL控制装置及系统、刚性刮刀三方位显示等得到用户广泛认可。目前，我国包装印刷行业已投入市场的各类国产凹印机有数千台。

凹版制版技术也经历了多个发展阶段，从最早出现的手工雕刻凹版、照相凹版制版、照相直接加网凹版发展到电子雕刻凹版、激光直接雕刻凹版、激光刻膜腐蚀凹版等多种制版技术。计算机技术被广泛采用以后，凹版印刷技术得到了快速发展。凹版制作率先实现了无软片制版，CTP就是最先在凹印领域采用的，已经成功地得到普及。其次是成功地运用了数码打样技术，如今数码打样技术已经被凹印领域所广泛接受，并在生产中发挥着不可或缺的作用。计算机的应用已经将凹版印刷机控制和管理提高到了前所未有的水平，网络技术正成为凹版印刷企业、凹版制版企业和最终用户之间交流的新平台。

凹印设备、凹版制版、油墨、承印材料等供应链日趋完善，新材料、新工艺层出不穷，并朝着高档次、绿色环保方向发展，凹印产品质量越来越高。随着人们环保意识的增强和《食品安全法》的实施，软包装印刷厂已认识到环保、食品安全和卫生健康的重要性，大部分凹印企业已经按照食品公司的要求，开始使用无苯油墨，部分凹印龙头企业已开始使用环保性凹印油墨和无溶剂复合工艺。因此，大力推广应用环保性凹印油墨和无溶剂复合工艺是提高凹印市场占有率、满足食品和药品包装印刷要求的必需之路。

随着激光雕刻技术、CTP技术、独立驱动技术、环保型凹印油墨和控制技术的应用、无溶剂复合工艺的推广应用，使凹版印刷在包装印刷中具备了更强的竞争力。

2. 凹印在包装领域的应用

在纸包装领域，凹印主要应用于折叠纸盒、软包装、标签、包装纸以及复合罐的印刷。

（1）折叠纸盒　在折叠纸盒印刷方式中，胶印和凸印所占的比例在减少，而凹印和柔性版印刷的应用领域在增加。凹印在不同国家和地区折叠纸盒印刷中使用的比例不尽相同。在我国，目前使用比例最大的是烟包印刷。

（2）软包装　软包装材料是指纸张、塑料薄膜、铝箔复合材料以及用这些材料复合成的非刚性材料。软包装具有成本低、便于携带、产品直观等优点。在软包装印刷领域，主要采用凹印和柔性版印刷方式，在我国，目前软包装印刷中凹印占主导地位。

（3）包装纸和标签　除卷筒纸和单张纸标签外，还有不干胶标签，大多数采用纸张印刷，也有采用复合材料和铝箔印刷的。

3. 凹印技术的发展趋势

（1）超精细雕刻与直接制版是保障高质量凹印品的前提　数字化、远程化是凹印制版技术的发展趋势，制版过程、设计制作生产与客户之间的链接和管理是实现数字化凹印制版的关键，印前制版设备是实现制版过程数字化的前提。HELL 公司推出的超精细雕刻技术对文字和图像使用不同的分辨率，不仅可实现超高分辨率的文字和线条的雕刻效果，而且其速度最高可达 16000Hz/s。激光直接制版技术使凹印制版可以制造出高清晰度的边缘效果（尤其针对细小的文字）和任意的深度，同时又不需要化学腐蚀等不易人工控制的工艺过程。超高速电子雕刻技术的雕刻速度可达 12800Hz/s，是传统雕刻速度的 3 倍，大大缩短了电雕制版的周期，使凹印印刷更具有竞争力。

（2）独立驱动技术是衡量凹印机水平的重要标志　独立驱动技术在凹印机牵引、涂布、复合和横切等单元上已经使用多年，从最近两届 Drupa 展览和欧洲印刷工业的发展来看，独立驱动凹印机的应用已相当普遍，即每个印刷单元中都采用一个独立电机驱动。由电机直接带动印版滚筒，在压印过程中实现纵向套准，并依靠一个步进电机移动来控制横向套准。独立驱动凹印机最主要的优点是机械零部件减少（不需要机械传动轴和套准补偿辊机构等），料带长度缩短，有利于提高印刷质量和印刷速度。

凹印机以独立驱动、电子轴传动等技术为平台实现了全面升级换代，各种用途的凹印机都将采用电子轴传动。目前电子轴传动和套准系统主要来自欧洲和日本，但它们只能使用在少量国产凹印机上。因此，开发国产系统将是国产凹印机全面升级换代的关键。陕西北人推出的 AZJ 系列（FR300 型）无轴传动机组式凹版印刷机采用全伺服无轴传动系统和独特的双张力控制系统，最高印刷速度 300m/min；收料和放料采用独立双工位圆盘大齿轮回转式结构，可实现高速自动裁切、不停机换料。

（3）环境保护与食品包装安全是软包装行业发展的必然之路　随着人们生活水平的不断提高和环保意识的增强，国内市场开始关注环保和健康问题。对于包装行业，要实现低碳经济，就要通过技术创新等多种手段，减少温室气体排放，达到经济社会发展与生态环境保护双赢。

① 食品包装安全型聚乙烯和聚丙烯软包装材料　小分子化学物质残留（或溶剂残留）严重危害消费者的身体健康，引起世界各国食品安全管理机构的重视，开发无小分子化学物质的迁移的食品包装材料成为各国学者研究的热点。GB/T 10004—2008《包装用塑料复合膜、袋干法复合、挤出复合》规定总溶剂残留量 $\leqslant 5mg/m^2$，其中苯类不得检出；对于小分子化学污染物的迁移，国家标准 GB 5009.60—2003《食品包装用聚乙烯、聚苯乙烯、聚丙烯成型品卫生标准的分析方法》规定了聚乙烯、聚丙烯软包装材料浸渍液的蒸发残渣标准，给食品软包装企业设置了一个很高的门槛。目前新标准无法顺利实施的主要原因是目前使用的软包装用原材料薄膜对溶剂的吸附性较高，即使严格控制生产工艺仍不可避免出现溶剂残留偏高问题，因此，溶剂残留问题已经成为制约我国软包装行业发展的

瓶颈之一。

② 水性、UV、EB 环保型凹印油墨　出于环保与卫生方面的原因，食品、药品、烟酒等行业越来越注重包装材料和印刷工艺的环保性，凹印企业更加关注印刷车间的环境条件。

脂溶性或醇溶性油墨已取代了苯溶性油墨，环保型凹印油墨、光油能明显减少挥发性有机化合物（VOCs）向大气中的排放量，从而减轻大气污染，改善印刷作业环境。因此，EB 油墨、UV 油墨、水溶性油墨将会成为食品软包装印刷材料的发展趋势。封闭式刮墨刀系统和快速更换装置会得到大力的推广使用，适应水性油墨印刷的凹印机将被更广泛地采用。

EB（电子束）固化技术具有明显特点：a. 无须光引发剂、穿透力强；b. 固化速度快、涂层与基材紧密结合、外表美观、色泽艳丽；c. 节能、环保，EB 固化能耗为 UV 固化的 5%，为传统热固化的 1%；d. 固化温度低，适用于热敏基材，尤其适用于食品包装印刷；e. 可控性强、精确性高，适用范围广泛。

③ 无溶剂复合技术　无溶剂复合技术是典型的"三无"（全过程无污染、产品无溶剂残留、生产过程无安全隐患）工艺，完全符合 EHS（环保、健康、安全）的发展要求，目前在国外已经得到了普遍应用。我国从 20 世纪 90 年代开始引进无溶剂复合技术，但推广速度十分缓慢。近年来，随着政府部门对食品安全监管力度的明显加大，人们环保、安全、健康意识的不断加强，绿色包装材料和无溶剂复合工艺备受青睐。

（4）实施节能减排是凹版印刷行业发展的重点

① 排放系统的升级　部分国产凹印机的排放系统能耗约占整机能耗的 60% 以上（还没有包括 VOCs 处理系统），设备烘干系统效率偏低，热风没有充分利用，导致废气排风总量增大，电机功率消耗过大，而且增大了 VOCs 处理量。

② 减少 VOCs 排放　一方面，要提高烘箱的效能，使用尽量低的烘箱温度、最小的排风量来实现溶剂挥发、油墨干燥。另一方面，要降低印刷或复合材料的溶剂残留值，使烘箱内的溶剂爆炸浓度接近允许的最低爆炸浓度极限，以获得最少的 VOCs 排放量。

VOCs 的处理方法主要有溶剂回收（冷凝法、吸收法、吸附法）、燃烧/热氧化法（直接燃烧、催化燃烧、RTO 蓄热式热氧化）等。

（5）联线加工是凹印设备的未来发展方向　复合、涂布、上光、模切等工序一次完成，是凹印工艺的发展方向。与凹印设备相应的管理系统、远距离技术支持系统将被越来越多地采用。同时，为满足个性化的需要，放卷、印刷、联线加工、收卷等各部分都将被模块化，先进的凹印生产线将采用智能化控制方式，具有远程诊断服务功能。

（6）人性化设计与辅助设备　人性化设计方面，如烘箱设计，通过改善导辊的安装方法和烘箱门开闭设计，方便安装、清洁保养；更人性化的刮刀系统的设计，提高刮墨系统的刚性设计，减少刮墨刀振动和压力对版辊的影响，以较低的压辊压力达到油墨转移，减少版辊在相位调整时对承印物张力造成的冲击；采用袖套式橡胶压辊，实现快速和自动定位。

使用全封闭的油墨小车、自动控制凹印油墨黏度。全封闭的油墨小车不仅使用方便，而且有利于保洁印刷车间的环境。油墨黏度是油墨阻碍自身流动的一种属性，直接影响印刷质量和印刷成本。自动控制凹印油墨黏度，可以提高印刷质量，有效避免手动黏度控制导致的色彩不稳定问题、降低油墨消耗。

第二节　凹版制版

凹版印刷的
印版制作

一、凹版制版概述

1. 凹版制版工艺的发展

在 15 世纪中叶，凹印版的制作首先是用手工的方式完成的。手工用刻刀在铜版或钢板上挖割。17 世纪初，化学腐蚀法被用于凹印版的制作。具体做法是：先在铜层表面涂一层耐酸性的防腐蚀蜡层，然后用锐利的钢针在蜡层面上描绘，经描绘的线条的蜡层被破坏，使得下面的铜面外露，并在下一步的腐蚀过程中与酸性溶液接触，从而形成下凹的痕迹。18~19 世纪期间多项技术的发明和应用给凹版制版工艺的巨大变革奠定了坚实的基础。其中包括：1782 年发现重铬酸钾具有感光性；1839 年照相技术的发明；1839 年发现重铬酸钾曝光前后物理性能的不同；1864 年碳素纸转移法等；1878 年照相凹版技术诞生，并于 1890 年在维也纳正式投入生产。照相凹版法采用照相技术制作胶片，利用碳素纸作为中间体，从而彻底代替了手工雕刻，极大地提高了制版的质量和速度，但由于工艺特点的限制，当时的凹版印刷仍然只能印刷较低档次的印件，而随后出现的布美兰制版法也未能从根本上提高凹印的质量。

直到出现了电子雕刻凹版工艺，凹印版不再单纯依靠一维变化来反映浓淡深浅的层次（照相凹版法是依靠网穴的深度变化，布美兰制版法是依靠网穴表面积的变化），电子雕刻凹版依靠网穴的表面积和深度同时变化来反映浓淡深浅的层次，这就使得用凹印工艺复制以层次为主的高档活件变为了可能。

特别是计算机技术在凹印领域被广泛采用以后，凹印制版及印刷技术更是如虎添翼。凹印制版率先实现了无软件技术，在胶印工艺仍在大力宣传推广 CTP 技术的今天，凹印领域的 CTP 已经成功运转了近 10 年；其次是成功运用了数码打样技术，如今数码打样技术术已经被凹印领域广泛接受，并在生产中发挥着不可或缺的作用。

2. 凹版的分类

凹印版按图文形成的方式不同，可分为雕刻凹版和腐蚀凹版两大类。

（1）雕刻凹版　利用手工、机械或电子控制雕刻刀在铜版或钢版上把图文部分挖掉，为了表现图像的层次，挖去的深度和宽度各不同。深处附着的油墨多，印出的色调浓厚；浅处油墨少，印出的色调淡薄。雕刻凹版有手工雕刻凹版、机械雕刻凹版、电子雕刻凹版。

① 手工雕刻凹版　手工雕刻凹版是采用手工刻制和半机械加工相结合的方法，按照尺寸要求，把原稿刻制在印版上。

② 机械雕刻凹版　机械雕刻凹版是采用雕刻机直接雕刻或蚀刻的方法制成的雕刻凹版。

③ 电子雕刻凹版　应用电子雕刻机来代替手工和机械雕刻所制成的凹版。它是在电子雕刻机上利用光电原理，根据原稿中不同层次的图文对光源反射不同的光量（若用透射原稿则透过不同光量），通过光电转换产生相对应的电量，控制进行雕刻刀具升降距离，对预先处理好的金属版面进行雕刻，获得需要的图文。印版版面的深度根据原稿层次

的浓淡变化进行控制。电子雕刻凹版是目前应用最多的印版。

（2）腐蚀凹版 腐蚀凹版是应用照相和化学腐蚀方法，在所需复制的图文部分进行腐蚀制作的凹版。腐蚀凹版有照相凹版、照相网点凹版。

① 照相凹版 又称影写版，这是目前常用的一种凹印版。它的制作方法是把原稿制成阳图片，然后覆盖在碳素纸上进行曝光，使碳素纸上的明胶感光。受光充足部分明胶感光充分，硬化透彻。反之，未受光部分的明胶则不发生硬化。而硬化部分相当于阳图片上的明亮部分，图像部分的明胶则感光不充分或未感光，将经过曝光的碳素纸仔细地包贴在镀铜后经过研磨的滚筒表面上，使硬化的感光胶膜转移至滚筒表面形成防蚀层，经显影、腐蚀而得到凹印版。由于粘贴在滚筒表面上的感光胶膜厚薄不同，腐蚀后凹下去的深度也不同，这些不同的深度就相对应地表现图像的层次。图像最暗部分，印版凹陷深度最大，印刷品的油墨层最厚；图像最明亮部分的油墨层最薄或无墨层，介于二者之间部分的油墨的厚度依次也相应变化。这样就较完整地再现图像的细微层次，增强复制品的真实感。这种印版用来印刷照片之类的原稿最为适宜。

② 照相网点凹版 这种凹版是直接在印版滚筒表面涂布感光液，然后附网点阳图片晒版，在光的作用下，空白部分的胶膜感光硬化，在腐蚀过程中，这些硬化了的胶膜保护滚筒表面不被腐蚀，形成非图文部分，而图文部分则被腐蚀形成深度相同而面积大小不同的网点，构成了所需要的凹印印版。它的特点是不用碳素纸转移图像，采用网点的阳图片进行晒版。

二、凹版滚筒结构和加工

1. 凹版滚筒结构

由于凹版印刷机均为圆压圆式的轮转印刷机，凹版印版必须呈圆筒形，才能上机印刷，这种圆筒形的印版称为凹版滚筒。凹版印版是以空心的铸铁或刚质的圆柱体的表面为基础，经镀铜作为版基，经过晒版、腐蚀等一系列的制版过程而制成的。印版滚筒分为整体结构和组合结构两种形式。图3-1为整体式凹版滚筒结构示意图，它的特点是版体和旋转轴颈连成一体，一次铸造成型。这种结构机械加工较简单，加工精度易于保证，但铸造工艺较复杂。

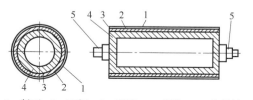

1—版面；2—面铜；3—底铜；4—版体；5—旋转轴。

图3-1 整体式凹版滚筒结构

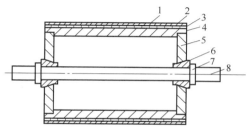

1—版面；2—面铜；3—底层铜；4—版体；
5—端盖；6—锥套；7—螺母；8—旋转锥。

图3-2 组合结构凹版滚筒结构

图3-2为组合结构凹版滚筒结构示意图。版体4一般为相应尺寸的无缝钢管，两端紧密地装上端盖5，端盖5中间加工有与版体外圆同心的锥孔。锥套6与锥孔紧密配合，旋转轴8与锥套内孔无间隙配合并由锁紧螺母与其紧固在一起，保证旋转轴8与版体外圆同心。这种结构的凹版滚筒重量轻，易于更换，加工性能好，但是加工件多，精度要求高。目前在包装行业中应用得很

广泛。

上述两种滚筒虽然在结构上有所差异，但是它们版体组成却是一样的，现分述如下。

（1）版体　版体为圆筒形，由铸铁或钢管做成，是滚筒的基体，其表面经过精细机械加工，要求平直无缺陷（如砂眼、凹坑等）。

（2）镀镍层　由于在钢或铁上直接镀铜结合力差，不牢固，一般在镀铜前应先进行镀镍处理，在凹版滚筒表面上先镀上一层薄薄的金属镍，以便在镍上镀铜，保证镀铜质量。

（3）底铜层　其厚度为 2~3mm，可供多次使用。底层电镀好后，要在专门的机床、磨床上进行车削或磨削加工，使其外圆尺寸和几何精度都达到规定要求，并且使铜层表面结构更细密，保证镀面层的质量。

（4）银处理层　为了使面铜层便于与底铜层分离，在电镀面铜前对底铜表面进行银化处理，即用浸过银化溶液或硫化铵溶液的刷子将底铜表面均匀地刷上一层银化液或硫化铵液，然后电镀面铜。

（5）面铜层　面铜层的厚度约为 0.13~0.15mm，只供一次使用。每次制作新的印版时，均需将旧的面铜去掉，重新镀上新的一层面铜。面铜电镀完后也要进行磨削、研磨和抛光等精细和超精细加工，保证面铜的表面质量（几何精度和粗糙度）。

（6）镀铬层　为了提高印版表面的硬度和耐磨性，在印版制完后，在其表面镀一层铬。

为了保证印品的质量，对凹印印版滚筒的表面质量要求非常高。加工后的印版表面应呈镜面，不能有凹坑、加工痕迹，几何精度和光洁度均有非常严格的要求：①旋转轴外圆面与版滚筒外圆表面应严格同心，允差 ≤0.03mm。②版滚筒外圆表面的不圆度允差 0.01mm。③版滚筒外圆面的圆柱允差 0.02mm。④版滚筒外圆面的粗糙度在 0.02μm 以上。

2. 凹版滚筒的加工过程

（1）新凹版滚筒的加工过程　由于凹版工艺的需要，对凹版滚筒的制作提出严格的精度要求。凹版加工过程较复杂，难度较大，许多工序还采用特殊的方法在专门的加工设备上进行加工，图 3-3 为新凹版滚筒加工过程示意图。

图 3-3　新凹版滚筒加工示意

① 滚筒材料　现在一般凹版的版体材料为无缝钢管，因这种材料在市场上均有出售，不需要专门制作，一般价格便宜，货源较充足，并且钢的加工性能也比较好。

② 金工加工　滚筒的加工一般在普通车床和磨床上进行，均要进行粗、半精和精加工，保证尺寸精度达到要求，表面粗糙度为 0.8 左右。

③ 脱脂　用弱碱或有机溶剂将加工过的滚筒表面的油脂污物去掉，使滚筒表面洁净，便于镀镍。

④ 镀镍　镀镍是在凹版滚筒镀铜前必须进行的一项重要的工作。由于在钢管上直接镀铜结合力差，一般先进行镀镍处理，在凹版滚筒上镀上薄薄一层金属镍，以便在镍层上

镀铜。

凹版镀镍在以硫酸镍为主的溶液中进行，在脉动直流电的作用下，阳极镍板放出电子，$Ni-2e \rightarrow Ni^{2+}$，阴极凹版滚筒获得电版滚筒表面沉积，即 $Ni^{2+}+2e \rightarrow Ni$，这样凹版钢即可滚镀上金属镍。

⑤ 镀底铜　镀铜是凹版加工的一道关键工艺，其质量的好坏，直接影响印版的加工质量。凹版滚筒镀铜采用硫酸铜电镀液的镀铜工艺，在直流电的作用下，阴阳极都发生电极反应，阳极的纯铜块放出电子，产生二价铜离子，$Cu-2e \rightarrow Cu^{2+}$，阴极凹版滚筒获得电子发生沉积反应，使铜离子在滚筒表面还原为铜原子，$Cu^{2+}+2e \rightarrow Cu$，经过无数次的电极反应，在凹版滚筒表面镀上一层铜。

⑥ 车磨加工　底铜镀成后，表面精度和尺寸精度均达不到规定要求，必须进行车磨加工。车削和磨削可在通用车床和磨床上进行，也可在专用的车磨联合机床上进行。应特别注意：在车、磨时，必须采用同一加工定位基准，才能保证各加工面的相互位置精度。加工后的底铜层的厚度约为 2~3mm。

⑦ 脱脂　原理同③。

⑧ 银处理　又称"银化"处理，或称浇铸隔离溶液。一般常用的处理液的主要成分有：硫化铵 $[(NH_4)_2S]$、氢氧化钠。也有硝酸银和氰化钾配制的"银化液"，但因氰化钾有毒，故很少使用。处理时将滚筒慢慢转动，把处理液均匀地浇铸在滚筒表面，形成薄薄的一层隔离层。要求能牢固地沾住铜皮，在印刷过程中不能脱开，而在印刷结束后能较顺利地将铜皮（面铜）从滚筒上剥离下来。

⑨ 镀面铜　镀面铜是一道十分重要的工序，要求面铜层结晶细密，表面光亮平整，厚度均匀，因此在镀面铜时，对电镀液中硫酸铜的含量、硫酸的浓度、电镀液的温度、电流密度和电解液的 pH 等应严格控制在允许值内。精心操作，保证面铅的质量。面铜厚度为 0.13~0.15mm。

⑩ 车磨　镀面铜后，滚筒表面还要进行精细加工。一般在车磨联合机床上进行，采用金刚石刀头和金刚石砂轮进行车削和磨削，将滚筒表面铜层切削至所需直径尺寸和表面精度要求。车削和磨削必须在一次安装中完成。

滚筒磨好后，再用羽布抛光轮，也可用特殊的软木炭对滚筒表面进行超精加工，使滚筒表面光洁度达到镜面状，表面粗糙度为 $Ra0.05\mu m$ 以上。

（2）旧凹版滚筒的加工过程　旧凹版滚筒的加工过程如图 3-4 所示。各工序要求同前，若滚筒的尺寸不变，将面铜剥离，重进行银处理、镀面铜层、车磨、抛光即可，无须进行银处理前的各道工序。

退铬 ➡ 车磨 ➡ 脱脂 ➡ 镀铜 ➡ 车磨 ➡ 脱脂 ➡ 银处理 ➡ 镀面铜 ➡ 车磨 ➡ 抛光 ➡ 电雕

图 3-4　旧凹版滚筒加工过程图

三、凹版制版方法

凹版是凹版印刷的基础，在现代凹版印刷中，凹版的制版方法有照相凹版制版、照相网点凹版制版和雕刻凹版制版。雕刻凹版制版有手工或机械雕刻制版、电子雕刻制版、电子束雕刻制版、激光雕刻制版。

1. 雕刻凹版制版法

雕刻凹版制版法，是一种集机、光、电、电子计算机于一体的现代化制版方法，可迅速、准确、高质量地制作出所需要的凹版。

（1）电子雕刻制版法　电子雕刻制版法是发展较快的一种高速全自动凹版网孔形成的方法。它改变了以往通过腐蚀形成凹孔的方法，由钻石雕刻刀直接对凹版铜面进行雕刻而成。其工艺是先将原稿电分为网点片或连续调片，通过扫描头上的物镜对网点片或连续调图像进行扫描，将扫描密度的光信号大小转换成电信号大小后输入电子计算机，经过一系列的计算机处理后，传递变化的电流和数字信号控制和驱动电雕钻石刻刀在镜面铜滚筒表面上雕刻形成大小和深浅都不同的凹版网孔，其形成过程如图 3-5 所示。

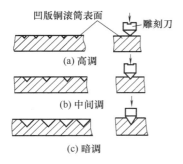

图 3-5　雕刻网孔阶调过程图

现以 K304 电子雕刻机的工作过程为例，说明机械电子雕刻的工艺流程，图 3-6 所示为其工艺流程。

图 3-6　电子雕刻凹版工艺流程

① 软片制作　根据电子雕刻机转换头的不同（分为 O/C 转换头与 O/T 转换头两种），可分别采用连续调和扫描网点软片。若采用 O/C 转换头，软片应采用伸缩性小的白色不透明聚酯感光片拍摄而成的连续调图软片；若采用 O/T 转换头，软片应采用扫描加网软片。软片可用阳图，也可用阴图，主要根据加工件复杂程度和要求而定。

② 滚筒安装　凹印机滚筒可分为有轴滚筒和无轴滚筒两种。无轴滚筒安装时须用两顶尖顶住凹版滚筒两端锥孔；有轴滚筒必须在两端轴套上安装后，用联轴器与电雕机连接。滚筒安装好后，应用 1∶500 的汽油机油混合液将滚筒表面的灰尘、油污、氧化物清除干净，使滚筒表面洁净无污。

③ 软片粘贴　粘贴前，用干净的纱布加适量无水酒精将软片与扫描滚筒表面揩干净。粘贴时，软片中线应与扫描移动方向垂直，并与扫描滚筒表面完全紧密贴合，否则因扫描焦距不准、成像发虚影响雕刻的阶调层次和清晰度。

④ 程序编制　程序编制是指为控制电雕机工作而给电子计算机输入的相应数据和工作指令，程序编制必须熟悉产品规格尺寸、客户要求、版面排版，并根据图案内容、规格尺寸选用网线、网角和层次曲线。版面尺寸较大的层次图案宜用较粗线数如 60 线/cm，并按黄、品红、青、黑使用相应的网角和层次曲线。若复制规格尺寸较小、层次又丰富的图案，宜用较细线数如 70 线/cm，才能反映细微层次。而文字线条图案则宜采用较硬的层次曲线。

⑤ 试刻　通过调节控制箱电流值的大小，得到合适的暗调（全色调）、高光（5%）网点和通沟大小。电子雕刻的网点可分为四种形状，以 0#、2#、3#、1# 来表示，称为网角形状，如图 3-7 所示。不同的网角形状是通过改变电雕刻时转速进给速度和雕刻频率而

获得的。

如较高速度将点形拉长呈◇形；较低速度时点形压扁呈口形。试刻是一项十分重要的工作，直接关系到印刷品的阶调层次。因此，试刻时应根据不同的网屏线数、网点形状、承印材料选用相应的暗调、高光网点，可用网点测试仪测定网点的对角线和通沟尺寸来确定。

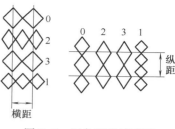

图 3-7 网角形状示意图

⑥ 扫描校准 扫描时，以扫描滚筒的白色表面作为基面，软片上呈黑色密度的图文与白色基面有明显的反差。扫描滚筒的白基面与软片空白部分间也需要形成足够的差异，这就保证了雕刻粘贴以及底色部分所形成的边缘不会对雕刻或印刷过程产生影响。保证这个差异，才能让凹印时第一色调印刷不出问题。扫描头在滚筒白基面和胶片间的差异可以通过下述方法保证：将光学头移至 5% 加网密度区域，这个密度的数字输入值校准在 768，第一个着墨孔的对角线（试刻高光网点）也处于这个值，低于 5% 的数字输入在 768~1023 的数值即可。

⑦ 雕刻 上述工作完毕后，电雕机则正式进入雕刻。扫描头对软片进行扫描时，与扫描同步的雕刻头根据扫描信号进行雕刻。雕刻头的动作由石英振荡器驱动，雕刻头的最高雕刻速度可达 4000 粒/s。

（2）激光雕刻法 激光雕刻法是由英国克劳斯菲尔德公司试制成功的，该公司于 1977 年首次展出了激光凹版雕刻机。开始时，该公司向经腐蚀铜滚筒的网格内填注环氧树脂，并使其硬化，然后在磨床上进行研磨，使其表面磨光。在雕刻时采用一能量可变的二氧化碳激光束照射滚筒，因铜表面能反射激光束，所以原来的铜网墙被保留下来，而环氧树脂从网格中被去掉，去除量多少与激光束大小有关。激光雕刻法存在的主要不足之处在于，铜与环氧树脂材料性能差异很大，很难在技术上得到一个光滑的非印刷表面，使非

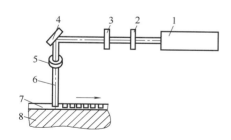

1—二氧化碳激光器；2—调制器；3—光能量调节器；4—反射器；5—光轴；6—可变激光束；7—环氧树脂；8—凹版铜滚筒。

图 3-8 激光雕刻法工作原理示意

印刷区域有污点，此外制版还需要电镀及腐蚀设备。此后，该公司改用表面喷涂环氧树脂，然后在滚筒表面经处理再进行激光雕刻的方法。印刷区域由不同深度呈螺旋形排列的细槽纹构成，代替网格充墨区呈"连续槽纹"。1982 年该公司又将激光雕刻控制系统改型，使以前连续槽纹断开，这样形成了类同网格的凹坑。图 3-8 所示为激光雕刻法工作原理示意，其工作过程是从二氧化碳激光器发出的激光束，按照凹版原稿的信息要求，通过电子计算机控制调制器和光能量调节器，变成一束所需要的激光，再通过反射镜，聚光镜（透镜）照射到凹版铜滚筒表面上，熔化蒸发环氧树脂形成一个所需

要的凹坑，这些凹坑组成与原稿相对应的印版。图 3-9 所示为激光雕刻工艺过程，简要

图 3-9 激光雕刻工艺过程

说明如下。

①　腐蚀滚筒　按照传统的腐蚀方法，将经过精细加工的凹版滚筒表面腐蚀成所需要的网格状，供喷涂用。

②　喷涂环氧树脂　采用静电喷射法喷射特别配制的环氧树脂粉末料，使滚筒表面涂布环氧树脂，再将滚筒移到红外炉中，从180℃起开始熔化并慢慢旋转滚筒，整个过程由计算机控制。为使滚筒达到足够的涂层厚度，可进行第二次喷涂。硬化过程结束时温度达200℃。整个过程约需1.5h，最后将滚筒冷却，为使滚筒表面光洁度达到一定要求，必须进行车光、磨光，使滚筒便于激光雕刻。

③　激光雕刻　采用CO_2气体激光器（功率150W），激光束触及处的环氧树脂表面则被蒸发掉。滚筒转速1000r/min。雕刻速度根据滚筒周长而定，一般每分钟雕刻75mm。激光雕刻滚筒最大尺寸为长2600mm，周长1600mm。

激光雕刻机可以采用联机操作和非联机操作两种输入方式。联机操作即激光雕刻机与一台电分机连接。装在电分机上的原稿可以是彩色片，也可以是黑白稿或反射稿，最大尺寸是580~610mm。当联机时，扫描信号直接输入与电分机同步运转的激光雕刻机，使激光束刻出网格中填充树脂的深度与图文对应的部位的调值相适应。不联机操作时，来自电分机的信息储存在磁盘上，随后在需要时再输入激光雕刻机进行雕刻。

④　镀铬　雕刻好的凹版滚筒进行清洗检查合格后，在传统的镀铬机上镀一层铬以提高耐磨性，保证经久耐用。

印刷完成后，可将滚筒上的镀层剥去，再用环氧树脂填充网格，以备下次雕刻用。一只滚筒可以重复使用十次以上。激光雕刻的优点：质量好，图像清晰，适用20~70线/cm；复制准确，不需要修正滚筒，生产能力高（雕刻长2600mm，周长1200mm滚筒，仅用35min）；可自动重复连雕，尤其适用包装印刷。

（3）电子束雕刻法　从事电子束雕刻凹版滚筒生产的有德国海尔公司一家，第一台电子雕刻机于1980年初制成。电子雕刻机的基本结构是机架与同长度的真空箱构成一个滚筒加工室。该室中有两个轴承座，它们通过丝杠由步进电机驱动，相互独立地顺着机器的长度方向运动。轴承座有两个辅助装置，在机器装上滚筒后自动夹紧。轴承座有一台大功率的电机驱动滚筒，滚筒速度根据滚筒直径大小而定，一般在1200~1800r/min。

当滚筒雕刻时，电子束枪固定不动，而滚筒在电子束枪前作左右移动。电子束枪装在机器中间的加工室后部，穿过真空箱罩。电子束枪与滚筒远近的距离由一个步进电机驱动。电子束雕刻机还有控制电子束枪和机器的电子柜、高压发生器和真空泵等部分。

雕刻过程为：将雕刻的凹版滚筒装到打开盖的定心装置上，将滚筒轴定心到轴承座的轴线上。其他步骤由多个微型计算机控制自动进行，其操作顺序如下：①关闭真空室的箱盖；②夹紧滚筒；③真空泵抽气使电子束枪加工室内产生真空；④使滚筒转动，在滚筒的起始端进行雕刻的起始定位；⑤接通并调定电子束；⑥开始调刻。

控制和调节过程的大部分时间是并行的，到雕刻起始需要6min。一个长度为2400mm，周长为780mm的滚筒，雕刻时间为15min。另一个长度相同，而周长为1540mm的滚筒雕刻时间为22min。雕刻时只有雕刻滚筒转动及横移，电子束枪固定不动。雕刻完毕，电子束自动切断，滚筒被刹住，加工室充气，最后滚筒被松开。雕刻一只滚筒，整个准备时间不到15min，由此可见，每小时可雕刻2只滚筒。

在用电子束进行雕刻时，高能量的电子束深入铜层约 5μm，并在原子场内被刹住。它把所有的运动能传递给了铜，于是产生了过热铜熔液。在电子束中生成的等离子体压力，将铜熔液从侧面挤出熔融区。每秒 20~30m 的滚筒圆周速度将熔液以滴状的形式沿切线抛出旋转的滚筒。微小的铜滴在真空中飞行，只稍冷却一点，仍以熔融状态碰撞到调换的反射板上，变成了铜渣。电子束冲击后，网穴里的熔化区在熔铜表面张力的作用下重结晶，形成一个光滑面，网穴形状呈半球面形，如图 3-10 所示。

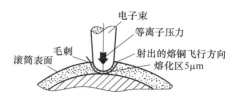

图 3-10　凹印网穴的产生原理示意

电子束雕刻技术具有如下优点：①电子束雕刻速度高（10 万~15 万个网格/s），易于调制和偏转。②电子束在射击间与快速旋转的滚筒同步运动，即在射击网穴时电子束始终在滚筒的同一位置上。③电子束能雕刻任意线数和网线角度。④采用特殊的电子束雕刻网点装置，使轮廓的再现有了明显的改善，这对文字和线条的复制非常重要。⑤生产效率与电子雕刻相比提高 1~2 倍。⑥电子束雕刻所产生的网格形状为半球形，当高热的铜熔化后，汽化筒被等离子压挤出网格，再结晶的表面厚度不到 5μm。因此，网格内壁光滑、网墙无缺陷，利于在高速印刷情况下实现非常好的油墨转移。

2. 照相凹版制版法

照相凹版制版法又称为碳素纸过版法或碳素纸腐蚀法，这是一种传统的凹版制版方法，其工艺是将原稿通过照相或者电分制成连续调阳图，然后在敏化的碳素纸上先晒制凹网（又称为网格），再晒制连续调阳图片，经过曝光的碳素纸已具有凹网和阳图图案文字，过版在脱脂的滚筒上，并通过显影，在过版的碳素纸上形成了密度不同的网格。经填版后，用不同浓度的三氯化铁腐蚀液进行腐蚀，就形成了大小相同和深浅不同的凹版网孔。

照相凹版制版工艺流程如图 3-11 所示，其主要过程说明如下。

（1）照相　对任何性质的原稿如画稿、彩色照片、黑白照片等，都必须用照相方法先翻拍成与原稿反向的连续调阳图片。原稿若是彩色图像，应先依次拍成黄、品红、青、黑四张分色阳图片，经修正后再翻晒成四色阳图。文字稿采用照相排字方法拍摄成所需规格的版式。

（2）拼版　经照相制成的阳图片或文字，若需要合并进行印刷，应按版面要求和技术参数拼成印刷版面。

（3）碳素纸敏化　碳素纸由纸基、白明

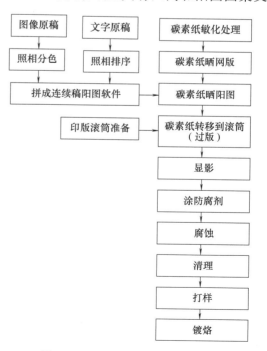

图 3-11　照相凹版制版工艺流程

胶和碳色素组成，它本身无感光性能。只有经过敏化处理，使其明胶层吸收重铬酸钾（$K_2Cr_2O_7$），才具有感光性能。敏化处理一般在晒碳素纸之前24h进行为好。敏化液由重铬酸钾和水组成。在室温为22℃左右，空气相对湿度为65%的环境条件下，将碳素纸放入浓度为2.5%~5%的重铬酸钾溶液（温度为15~18℃）内，浸泡3~4min，取出晒干，装入密闭铁筒内，避光防潮待用。

（4）碳素纸晒网线 照相凹版晒网线用的网屏有两种网目形状，一种是方块状网目，另一种是不规则状网目。它的特点是在曝光时，小黑方块不透光，只有白线条是透光的，通过曝光使碳素纸胶层有网目潜影，经过腐蚀后形成深浅不一的网目墙。在印刷时，凹版着墨部分面积较大，用刮刀刮墨时，刮刀不仅刮掉了空白部分的油墨，同时也要刮走一部分图文部分的油墨，影响图文质量。为了防止这种状况发生，在不影响图像层次转移的情况下，晒制网墙，使其在印刷时作为刮墨刀的支承体，保证图文部分的油墨不受刮墨刀的侵袭，保证印品的质量。

（5）晒制碳素纸 将拼好的阳图片安置在晒版机的框架内，覆盖在碳素纸感光面上，并抽真空使之紧密结合，然后用紫外光源进行晒版。

（6）碳素纸过版 将阳图片在碳素纸上晒得的图案移到印版滚筒表面上的过程，称为碳素纸过版。过版方法有干式转移和湿式转移两种。

① 干式转移法 首先用碳酸镁、盐酸清洗滚筒。然后将碳素纸涂有胶层的表面对着印版滚筒表面，在碳素纸与版面之间用24℃的蒸馏水喷洒，当滚筒以一定的速度转动时，在上面的橡胶辊的压力作用下，碳素纸紧贴在印版滚筒表面上。这一工作在专用过版机上进行。

② 湿式转移法 将晒制好的碳素纸放入水槽内浸润，然后贴在印版滚筒表面上，由于水的作用，碳素纸的胶膜发生膨胀，其结果会使图像变形而影响质量。现一般不采用此法。

（7）显影 将贴着碳素纸的滚筒置于32~45℃的热水槽中，轻轻旋转，进行显影处理，使胶膜大量吸收水分，未感光的胶膜全被溶解，只留下硬化的感光胶层。显影处理一般约为15min，滚筒表面形成了厚薄不同的抗蚀膜。显影完毕后，降低滚筒温度，然后喷洒酒精，用热风使其干燥。

（8）涂防蚀剂 在印版滚筒不需要腐蚀的部分，用耐腐蚀的沥青漆涂抹好，以保护起来而不被腐蚀。

（9）腐蚀 腐蚀是保证印版质量的关键工序，习称烂版。其过程是让氯化铁溶液透过硬化的抗蚀胶膜使铜外层溶解。腐蚀中，铜和氯化铁的化学反应为

$$2FeCl_3+Cu =\!=\!= 2FeCl_2+CuCl_2$$

腐蚀过程可分为三步进行：胶膜膨胀—氯化铁渗透—化学腐蚀。腐蚀开始时，胶膜在氯化铁溶液的影响下膨胀，然后氯化铁溶液透过胶膜层而深入印版铜表面，与铜层发生化学反应。胶膜层厚，透过的氯化铁溶液相对少，对铜层腐蚀深度浅；胶膜层薄，透过的氯化铁溶液相对多，对铜层腐蚀深度深。从而形成与胶膜厚度相对应的深浅不等的凹坑，表现出图像连续调的层次。除此之外，氯化铁溶液的浓度、腐蚀液的温度和胶膜层的温度等，都会影响腐蚀的速度，在腐蚀中应严格控制。因此腐蚀过程中，被腐蚀滚筒放置在腐蚀机的架子上，一边缓缓转动，一边向滚筒上的胶膜浇泼腐蚀液，直至达到要求为止。

（10）清理　腐蚀完成后，立即用清水清洗滚筒，再用汽油或苯拭去滚筒表面的防腐漆，然后用3%～4%的稀盐酸溶液冲洗干净，涂抹碳酸镁，检查印版有无疵痕。若有疵痕，可用刀补刻修正，检查合格后，再用水冲洗干净，晾干后用毛毡保护版面。

（11）打样　在打样车间用新制印版滚筒进行试印。将试印样张与原稿对照检查，看有无差错。经打样检查合格的印版滚筒方可上机印刷。

（12）镀铬　为了进一步提高凹版滚筒的耐印力，经打样合格后的滚筒表面，要进行镀铬以增强版面硬度。

照相凹版制版法是一种传统制版方法，工艺成熟，印品层次丰富，美术效果好。但是制作印版滚筒的周期长，生产速度慢，印版的腐蚀结果难以掌握和预测，对操作工人技术等级要求高等都影响这一制版方法的推广。

3. 照相网点凹版制版法

照相网点凹版制版法是继碳素纸腐蚀法后发展起来的一种方法。它革除了碳素纸，直接把原稿进行照相加网或电分加网，将光敏抗蚀胶涂在脱脂的铜滚筒上，干燥后进行晒版、显影、填版，然后用三氯化铁腐蚀液进行腐蚀，就形成了凹版网孔。

曝光时，空白部分的胶膜见光被硬化，图像部分的胶膜未受光，所以不硬化。显影时未硬化部分的胶膜被水冲走露出铜面，硬化部分胶层不溶于温水，以微微凸起的浮雕形式存留于滚筒表面。在腐蚀过程中，这些硬化了的胶膜保护滚筒表面不被腐蚀，而露铜部分的表面铜逐渐失去两个电子变成二价铜离子不断进入电解液，从而形成了大小不同的腐蚀凹坑，这种腐蚀俗称网格。其深度相同，而表面积不同。

照相网点凹版制版过程如图3-12所示，其主要过程如下：

（1）照相　照相过程与照相凹版的照相过程相同。无论是天然色正片原稿，还是反射原稿，都必须先将原稿翻成阴图，再将阴图接触加网翻制成阳图。

（2）脱脂去污处理　其目的是清洁印版滚筒的表面，以除去滚筒上的油污及氧化膜。除油采用混合溶剂（50%二甲苯+50%醋酸乙酯）或碳酸钙粉末糊。除氧化膜采用混合酸（2%盐酸+4%氯化钠+5%醋酸）或砂膏。

（3）感光液涂布　将感光液涂布于滚筒表面，有喷射和环状涂布两种方式，如图3-13所示。前者使用喷射枪向转动的滚筒喷射感光液，它根据滚筒的周长调节喷射量来控制感光液的胶膜厚度。后者在镶上橡皮环的存储器里装满感光液，将存储器从滚筒上端垂直地缓慢滑向滚筒下端进行涂布。它必须根据滚筒直径的大小改变环状存储器的滑移速度来控制胶膜的厚度。

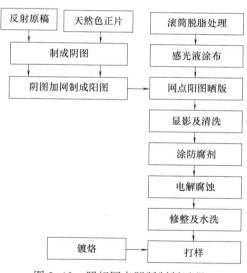

图3-12　照相网点凹版制版过程

常用的感光液有三种：聚乙烯硅酸酯感光液、光致抗蚀剂组成的感光液和常用的以聚乙烯醇为主体的重铬酸盐感光液。

（4）晒版方式　大致可分成三种。

① 普西尔方式　将加网阳图包裹在滚筒上，用两根辊子压住加网阳图。

② 梅特恩海默方式　拉紧加网阳图两端，将它紧密附着于滚筒上。

③ 阿契格拉夫方式　用透明的张力膜使加网阳图紧密附着在滚筒上。

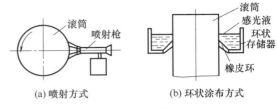

图 3-13　照相网点凹版制版过程

晒版光源可采用氟弧灯、高压水银灯。晒版是把加网阳图包裹在滚筒上，一面转动滚筒，一面用贯穿整个滚筒长度的细长光窗狭缝中透出的光亮对滚筒进行曝光。曝光过程中始终用沾有挥发性溶剂的麂皮揩加网阳图，以消除沉积在阳图和滚筒之间的灰尘。曝光后，加网阳图的透光部分硬化，没有见光部分未硬化。曝光光源是 6kW 水冷氙灯，曝光速度由工作性质决定，用柯达连续调有级（14 级）灰梯尺检测，以曝光后第 6 级出影为准。为了使加网阳图与滚筒表面紧密贴合，要拉紧聚酯薄膜。

（5）显影及清洗　根据感光液的性能不同，可采用有机混合物或水作为显影液，显影方法采用浸渍法、冲洗法均可。

（6）涂防腐剂　涂防腐剂又叫填版。在腐蚀之前，把滚筒表面图像和文字以外不需要腐蚀的地方用沥青覆盖起来。填版时要十分细心。万一沥青滴入图像，可用脱脂棉蘸一点煤油轻轻揩去，切不可用二甲苯擦。

（7）电解腐蚀　凹版滚筒腐蚀可用氯化铁溶液或电解溶液腐蚀，腐蚀方式一般采用喷射式、辊式或浸渍式。氯化铁溶液腐蚀的原理和过程同照相凹版。电解溶液腐蚀是在电解腐蚀液中凹版滚筒作阳极，不锈钢板作阴极。接通电流即可进行腐蚀。阳极失去两个电子，变成二价铜离子而进入电解液，二价铜离子在阴极上得到两个电子，在不锈钢板上析出铜。这种工艺方法与氯化铁腐蚀法相比较，简单稳定、易控制。电解溶液耗尽后排放物易中和，价格便宜，以后工序过程及要求与照相凹版相同。

四、凹版制版机

1. 碳素纸过版机

碳素纸过版机是将晒过版的碳素纸按一定的规格通过压力贴附在印版辊上的一个过程，具体操作原理如图 3-14 所示，经过精细抛光的凹版滚筒 4 按箭头方向等速旋转，在洁净的滚筒表面上适量地用水 3 润湿，随后将晒过版的碳素纸 2 按规定贴在滚筒上，橡胶制的压力辊 1 以 392.266～588.399kPa 的压力将碳素纸 2 严实地贴附在凹版滚筒表面上。在过版中，除了注意滚筒表面的洁净外，还应特别注意过版压力大小应适当。压力过小有可能使碳素纸贴附不实；压力过大会使碳素纸变形伸长，从而使印刷品尺寸发生变化。尤其是彩色版的过版，黄、品红、青、黑各版都要保持同样的压力，否则就会套印不准。

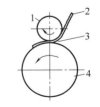

1—压力辊；2—碳素纸；3—水；4—经过精细抛光的凹版滚筒。

图 3-14　碳素纸过版原理

2. 腐蚀机

凹版滚筒的腐蚀是保证制版质量的关键工序，使用的腐蚀设备有自动调温、控制腐蚀液浓度的自动腐蚀机（一般应在恒温条件下工作）和腐蚀槽两种。国内多用腐蚀槽，图3-15所示为常用凹版滚筒腐蚀槽外形，其结构简单，由腐蚀槽1、左右轴承座3、塑料斗等组成。

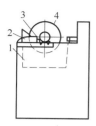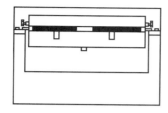

1—腐蚀；2—挡板；3—轴承座；4—凹版滚筒。

图3-15　常用凹版滚筒腐蚀槽外形

3. 镀铬退铬机

凹版滚筒经腐蚀清洗后，要在凹版滚筒印刷机上进行打样，符合质量要求的凹版滚筒才能上机印刷。为了提高耐印力，在上机印刷前均在镀铬机上将印版表面镀一层铬。图3-16所示为镀铬机工作原理，锡铅合金为阳极2插入铬酸溶液1中，并与整流器阳极连接，凹版滚筒4一部分浸在铬酸液中，并与整流器的阴极连接。图3-17所示为镀铬机的结构，镀铬机由传动装置、电解槽、电器系统、排气设备等部分组成。

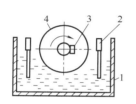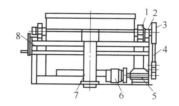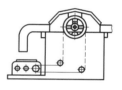

1—铬酸溶液；2—阳极；3—阴极；
4—凹版滚筒。

图3-16　镀铬机工作原理

1—轴承；2—电机；3—皮带轮；4—平皮带；5—减
速器；6—电机；7—排气管；8—手轮。

图3-17　镀铬机结构

电解槽浸入加热水槽内，热水槽有三组加热器，可分批使用以调节溶液的温度。工作时，凹版滚筒由吊车放在轴承1上，用手轮8摇动后，轴承1可以升降。滚筒一端的轴套上附有皮带轮3，电机6通过减速器5、平皮带4、皮带轮3带动凹版滚筒旋转。

镀铬时在两极部位有极细的铬蒸气气泡逸出，这种气体有害于人体健康，因此，整个镀铬槽要封闭起来，并由排气管7不断地抽气，以保障操作者的健康。退铬机的工作原理与镀铬机相反，但是机器结构原理基本相同。

4. 电子雕刻机

凹版电子雕刻机是一种现代化的制作凹版设备，采用了电子、光学与机械等方面的高新技术，利用电子与光学原理，通过机械等物理方法进行制版，将原稿、阳图片或平印用网目阳图片经由全自动的电子扫描、阶调控制及雕刻系统，直接在印版滚筒上雕刻出与原稿相对应的网孔来。现代凹版电子雕刻机的雕刻系统有机械式（金刚石雕刻）、激光式（二氧化碳激光）和电子束雕刻等三种。这三种方式的电子雕刻机，前端处理没有多大的区别，仅是雕刻的执行机构不同。目前市场上应用较多的是机械式电子雕刻机，我国目前使用的主要是德国和美国产品。

（1）电子雕刻机　电子雕刻机是机械电子雕刻机，雕刻头采用电机转换作为动力驱动金刚石刀头运动而实现雕刻工作。雕刻机扫描头中的光源通过透镜照射到原稿的扫描滚筒上，其不同的反射光量通过光电倍增管转换为电信号和虚光蒙版信号，经混合与机器的标准信号比较后输出，再经过信号参数转换进入图像处理和信号输出放大后驱动电子雕刻头，对凹版滚筒进行雕刻，形成与原稿相对应的凹印版面。

（2）无软片电子雕刻系统　无软片电子雕刻系统又称无软片雕刻及整页拼版系统，是一种印前图像处理技术与电雕刻相结合的高新技术，将电子雕刻技术向前推进了一大步。据报道，目前拥有这种技术的有德国连诺-海尔公司、美国俄亥俄电子雕刻机公司和中国清华紫光集团三家公司。这种系统的工作原理是：将原稿扫描输入计算机，利用计算机完成修版、排字、拼版等工作，经过软打样或彩色数字打样后，最终生成电雕机的分色图像文件，然后直接送到电雕机控制雕刻系统进行雕刻。无软片雕刻系统的基本组成如图3-18所示，该系统具有以下特点。

图3-18　无软片雕刻系统的组成

① 前端输入　该系统的前端输入可直接从图像处理系统、计算机排版系统、电分机、扫描仪等系统中输入图文信息，因此电子雕刻机可以直接利用上述系统的成熟技术，为其所用，创造佳绩。

② 印版拼组工作站　印版拼组工作站是无软片雕刻系统的核心，其作用是将前端输入的各种信号源（如电子分色机、整页拼版系统、计算机排版系统等）组合在一起，形成能够控制电子雕刻机雕刻动作的信号。印版拼组站上运行的处理软件可以完成包括电子拼版、双页码电子分色、单码和双码的拼合、沿边缘的渐晕处理、自动选择阶调、低色偏加网角度、裁剪、处理软件上数据存储介质的状态信息、从磁盘拷贝到磁带或从磁带拷贝到磁盘等功能。通过这些功能把从各信息源得到的图文信息拼组成凹印版滚筒特有的印版格式，也能拼加专色（带检查控制标记）。

这个工作站本身是一台计算机，拼组过程均在显示屏上显示，不仅有放大缩小功能，还有许多供测量的功能协助工作，而由工作站输出的信息则可控制电雕机雕刻凹印印版滚筒。

③ 打样　为了校正印版拼组工作站的组版效果，印版拼组工作站可接绘图机，由绘图输出版式图供检查校对、修改，也可接数字彩色打样系统（如喷墨打样、热敏打样系统等）进行彩色打样，供检查、校对、修改和用户签样。工作站也可显示拼版结果，这种软打样形式简单、成本低廉，这种数字式整页打样（digital pageproofing）可替代印版滚筒打样，其工艺流程如图3-19所示。过去在印版滚筒制作完成后

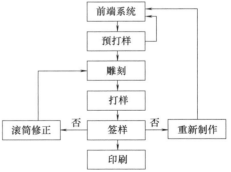

图3-19　印版滚筒打样工艺流程图

拿印版滚筒打样，在印版滚筒打样后如发现偏差，需对印版滚筒做必要的修正，严重的还需重新制作印版滚筒，造成浪费。

可先在工作站计算机屏幕上看样，如需要校正只需修改数据即可，然后可将图文信号

输入数字彩色打样系统，打出单色和彩色样张，供用户签样，其工艺流程如图 3-20 所示。从图中可以看出，新的工艺流程可以避免对印版滚筒进行修正或重制作印版，因此可以减少工时及材料等的浪费。

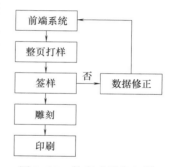

图 3-20　数字式彩色打样系统工艺流程图

　　与传统的凹印制工艺相比，无软片电子雕刻系统具有如下优点。

　　① 提高产品质量　计算机替代了手工的修拼版工作，操作准确、精细。计算机直接控制将分色数据送入电雕机，不用分色软片，减少了工艺环节以及出软片和电雕机再扫描造成的信息损失，使雕刻质量提高。

　　② 提高制版效率　使用计算机替代的人工修拼版工作，并省去了旧工艺的照排、剪贴、翻晒、显影等手工劳动，制版周期大大缩短。

　　③ 降低成本和费用　由于无须分色软片，胶片、显影、冲洗、照相等材料已不再需要。对一台电雕机而言，每年可节约几十万元的相关材料与设备费用。

　　④ 减少了设备投资　由于不用分色软片，用户可以使用一台价格低廉的高档扫描仪来替代价格昂贵的电分机，这对原先无电分机的厂家来说尤为重要。

　　⑤ 提高了设计制作能力　计算机整页拼版系统突破了手工制作和修版的局限性，它可充分发挥创作人员的想象力与创造力，做各种复杂的美术创意。同时，无软片雕刻使雕刻方式更加灵活多样，可实现传统雕刻难以完成的工作。

　　⑥ 易于操作和掌握　计算机操作进行图像修拼版，所见即所得，特别是整个操作采用菜单方式，中文提示，直观易学。计算机系统的使用，使得操作人员需要掌握的重点是技术，而不仅仅是经验。

第三节　凹版印刷机

一、凹版印刷机的种类

　　凹版印刷机的种类较多，其分类方法也不尽相同，主要有以下几种：①按承印材料形式，可分为单张纸凹版印刷机和卷筒纸凹版印刷机。②按应用领域和范围，可分为出版凹印机、包装凹印机、装饰凹印机和特殊凹印机等，在实际应用中，按产品可分为更多的种类，常用的如软包装凹印机、折叠纸盒凹印机、标签凹印机、木纹纸凹印机、壁纸凹印机、纺织品凹印机、纸箱预印凹印机等。③按印刷单元分布形式分类，可分为卫星型凹版印刷机和机组型凹版印刷机。④按色组数量，可分为单色凹印机、多色凹印机等。⑤按承印材料宽度，常将凹印机分为窄幅、宽幅和特宽幅凹印机。⑥按最高印刷速度不同，常分为低速、中速、高速、超高速凹印机。但不同厂家、不同时期对速度档次的界定有很大差异。目前实际生产中使用的凹印机速度在 30~1000m/min。⑦按传动方式，可分为机械传动凹印机和电子轴传动凹印机，有时也分别称为有轴传动凹印机和无轴传动凹印机。⑧按收卷放卷结构，可分为单放单收凹印机、双放双收凹印机等，其中双放双收凹印机在国外常叫"串联式凹印机"。⑨按联线配置方式，可分为卷-卷凹印机、卷-横切凹印机、卷-模切凹印机等。

二、凹印机的组成

1. 单张纸凹版印刷机

（1）基本组成　单张纸凹印机一般由输纸、定位、印刷、输墨、传纸、干燥、收纸等部分组成。

①输纸部分　与单张纸胶印机的输纸部分基本相同，其输纸装置采用连续式气动自动输纸。

②印刷单元　由印版滚筒、压印滚筒、刮墨刀和供墨装置（包括墨槽和上墨辊）等组成。单张纸凹印机可采用滚筒式印版或平板式印版，压印滚筒上留有空档，对应印版滚筒的圆周不可能全部当版面。因此，可采用滚筒体可装拆的活动式印版滚筒。

③供墨装置　印版滚筒直接浸在墨槽内，由刮墨刀将滚筒上多余的油墨刮净。

④干燥装置　干燥装置较为简单，依干燥热源不同而异。最常见的是利用进风机将热空气吹向输纸路径中，再通过排风机把混有溶剂的空气带走，以完成油墨的挥发性干燥。如今，还常将 IR、UV 等干燥装置单独或组合使用以完成干燥过程。

⑤静电辅助移墨装置（ESA）　用以减少网点细微层次的丢失，便于精细印刷。

⑥收纸装置　与单张纸胶印机相同，有收纸台、齐纸机构和收纸台自动升降机构等。

（2）特点及应用　单张纸凹印机的特点：墨层厚实，简单灵活，适合用于小批量印刷、套印精度较高，质量易保证，但网点印刷效果不如卷筒纸凹印机，印刷速度比卷筒纸凹印机慢，制版费用比胶印用 PS 版高。

2. 卷筒式凹版印刷机

卷筒式凹印机主要有机组型凹版印刷机和卫星型凹版印刷机两种机型。

（1）机组型凹版印刷机　机组型凹版印刷机的印刷单元按平行顺序排列，如图 3-21 所示。与卫星型凹印机相比，通用化程度好；机组间的空间位置较大，有利于安装干燥装置和自动控制装置，可实现高速、多色印刷。为提高套印精度，对张力控制装置的要求较高，其应用范围十分广泛。

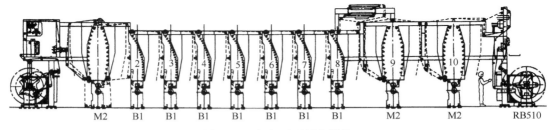

图 3-21　机组型凹版印刷机

机组式凹版印刷机主要由放卷单元、预处理部分、进料单元、料带导向装置、印刷部分、出料单元、张力控制系统、套准控制系统、干燥和热风循环系统、在线检测系统、联线加工部分、收卷单元、传动系统以及印刷机管理系统等组成。

（2）卫星型凹版印刷机　卫星型凹版印刷机的印刷单元在共用压印滚筒 I 周围按顺序排列，如图 3-22 所示。为扩大使用范围，特设置第一压印滚筒 I_1。第一压印滚筒有两个工作位置，当处于图示实线位置时，可进行 6 色印刷；当处于图示虚线位置时，可进行正面 5 色、背面 1 色印刷。

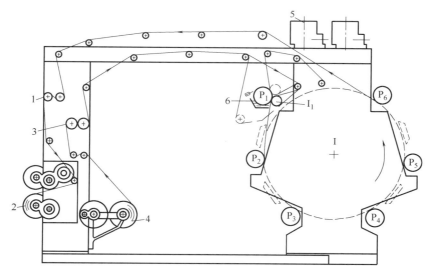

1—给料放卷部；2—收料复卷部；3—制动压辊；4—牵引压辊；5—干燥部；6—输墨部。

图 3-22　卫星型凹版印刷机

卫星型凹印机有利于进行多色套印，有较高的套印精度，适用于印刷大批量、高质量的包装印刷制品，但机器结构庞大，价格较高，操作维修不够方便。

三、凹印机的基本结构

（一）放收卷与进出料装置

1. 放卷单元和收卷单元

凹印机的放卷和收卷单元与其他卷筒纸印刷机的放卷和收卷单元基本相同。

（1）放卷单元　在卷筒纸凹印机中，料带必须以一定的速度和张力连续进入印刷部分，才能保证料带正常输送。在实际印刷中，料卷直径不断变化以及料卷自身缺陷（如偏心、质量分布不匀）等原因都会使料带运动状态改变，从而导致其张力不断变化，套准无法准确地进行。因此，必须将料带张力的波动控制在合理的范围内。为此，在料带从料卷架到第一印刷单元之前必须有速度、张力、横向位置和交接纸等的控制装置。

① 放卷单元的结构　放卷单元由料卷固定机构、料卷支架、料卷横向调节机构、放卷张力控制单元、料带交接系统、机座和料带导向装置等部分组成。图 3-23 所示为双料卷放卷装置。

a. 料卷固定机构　料卷固定或安装方式有两种，即芯轴式和无轴式。芯轴式有固定式和气胀轴等两种方式。芯轴式已基本被淘汰。而气胀轴安装和拆卸方便，适用于各种直径的料卷，是目前最常用的安装方式。气胀轴在料卷架上都有安全锁紧装置。无芯轴式安装是使用两个位于同一中心线上的锥头来固定料卷。其中一个锥头可微调料卷的轴向位置，另一个可大幅度伸缩，锥头伸出后可以自锁，通过手轮夹紧料卷。采用这种方式，料

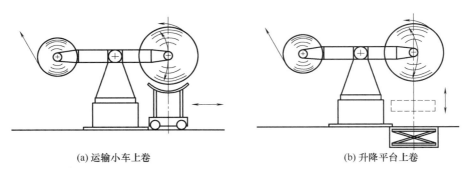

(a) 运输小车上卷　　　　　　　　　　　(b) 升降平台上卷

图 3-23　双料卷放卷装置

卷安装调节方便，但易损坏料卷芯管。

b. 料卷支架　现代凹印机的料卷支架大都采用双料卷的转塔式结构，其中一个为工作料卷，另一个是备用新料卷。在有限的宽幅高速机上常采用 4 个料卷，以适应宽度大幅度改变的要求。

c. 料卷横向调整机构　为保证新料卷与旧料带合适的相对位置（边缘或中心线），对料卷需要进行横向位置调整（一般通过手轮调整），调整范围一般为±（15~20）mm。

d. 放卷张力控制单元　现代凹印机张力控制系统都采用闭环控制方式，主要组成包括浮动辊（带有张力检测计）、气动张力设定系统、料带制动和牵引装置等。

e. 料带交接系统　其作用是将新旧料带粘接在一起，以保证凹印机生产的连续进行。料带交接方式有很多，不停机不减速交接是凹印机最常见的方式。

f. 料带导向装置　其作用是对料带的行进路线进行控制，保证其边缘或中心线始终在正确的位置上。料带导向装置采用自动控制系统。

② 不停机自动换卷装置　在高速凹印机上，一个料卷在很短时间内就可印完，料卷更换相当频繁。为提高生产效率，降低废品率，现代凹印机应设置不停机自动换卷装置。自动换卷过程如图 3-24 所示。

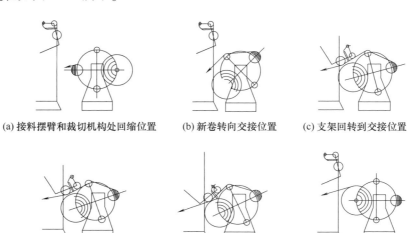

(a) 接料摆臂和裁切机构处回缩位置　　(b) 新卷转向交接位置　　(c) 支架回转到交接位置

(d) 裁切机构进入预备位置　　(e) 粘贴和裁断　　(f) 新卷进入工作位置

图 3-24　自动交接料过程

不停机接料已经成为现代卷筒纸凹印机的一种基本接料方式，具体结构多种多样。这里特别介绍搭接和对接方式。

a. 搭接 搭接是指新旧料带的接头处有一定宽度的重叠，两者之间靠双面胶带粘接。它是目前最常见的一种料带粘接方式，适用于所有薄膜、铝箔、薄纸和厚度不大的复合材料。当材料达到一定厚度时（如 $200g/m^2$），搭接厚度会明显影响到印刷副的压力，使机器产生强烈振动，而且影响联线加工时材料的正常输送。这时必须采用对接方式。

b. 对接 对接是指新旧料带的接头完全不重叠的接料方式。在实际应用中，根据料带速度不同又有两种形式：高速对接和"零速"对接。高速对接是指新旧料带在高速运行中完成对接。"零速"对接是指新旧料带在零速状态下完成对接。"零速"对接必须采用储纸器。储纸器上设置一组相互平行的导向辊，可存储一定长度的料带，使新旧料带在静止中对接。储纸器在折叠纸盒凹印机上经常使用。

（2）收卷单元 收卷单元的作用是将印刷料带复卷成松紧适度、外形规则的卷材，以便于后续加工或包装。收卷单元与放卷单元基本组成相同，包括料卷固定机构、料卷支架、料卷横向调节机构、收卷张力控制单元、料带交接系统、机座和料带导向装置等。

无论哪种机型，其收卷单元的作用相同，即牵引料带、调节张力、料带卷取等。与放卷轴不同，收卷轴在动力作用下主动旋转，旋转速度的改变可调节卷材印刷时的张力。同样，收卷张力控制单元也是整机张力控制系统中的重要组成部分。

收卷可以采用中心卷取式或表面卷取式。前者是卷取力矩施加在芯轴上，而后者是卷取力矩施加在料卷圆周上。中心卷取式通常用于小直径料卷的收卷，而表面卷取式通常用于较大直径料卷的收卷，它可以获得松紧适度的整齐料卷，且可降低功率消耗。

2. 料带预处理单元

在料带从放卷单元经进料单元到达印刷部分之前，常采用多种方法来对不同材料进行处理，即预处理。预处理的目的是为印刷部分提供最平整的料带，或预先处理料带以防止其在通过整个印刷机时出现张力控制不良现象。预处理方法有很多，如机械方法、加热方法。材料不同，采用的预处理方法也有所不同。

（1）纸张预处理

① 纸带展平 纸带展平是消除卷筒纸板的弯曲使之平直的过程，主要用于厚度较大的纸板。纸带展平装置有辊式展平和杆式展平两种，都是在张力条件下通过使用弯曲力来实现的。

② 纸面清洁 纸面清洁也称为纸带除尘。任何对纸张表面的机械损伤都可产生松纸灰，纸灰可能来源于微小纤维的松动或涂层的脱落。当纸灰进入印刷区域时会迅速堆积并可能导致严重的印刷困难。纸面除尘装置有不同的形式，主要由毛刷组和大功率的排风装置（为真空除尘形式）组成，均是按设备的具体要求进行设计制造的。

③ 纸张预加热 纸张内总会含一定量的水分。同一纸卷内部、不同纸卷之间水分往往是不均匀的，很可能会带来纸带变形或因干燥热风作用产生不均匀的收缩，从而影响其平整度和正常套印。因此，需要对纸带进行预加热，使其水分含量均匀。一般情况下，预加热温度应该正好达到或超过后续的干燥温度。

常见的预加热装置形式有预加热滚筒、单边预加热箱、双边预加热箱。所安装的冷却滚筒是牵引系统的一个关键部件，由独立电机传动。

（2）薄膜预处理　薄膜预处理主要包括加热处理和电晕处理。

① 加热处理　薄膜预加热采用的是滚筒结构，与前述预加热滚筒相似。不过，需对加热温度进行精确控制。

② 电晕处理　电晕处理是通过不同方式使薄膜表面极化，从而提高薄膜材料对油墨或涂料的附着力。电晕处理装置有多种形式，可以选择单面处理、正反面分别处理或正反面同时处理等。

3. 进料和出料单元

进料单元和出料单元组成相同，都包含一个钢辊和橡胶压辊构成的牵引副，其中钢辊为主动辊，由单独电机驱动，过去多用 DC 电机驱动，现在则多采用变频伺服电机驱动，而橡胶压辊离合及压力调节由气动系统完成。牵引副又与浮动辊构成高灵敏度的张力闭环控制系统。在这个单元中，短行程、高灵敏度浮动辊将信号反馈给相应的传动控制系统，由中央计算机分析料带的行为相应地调节马达转速，从而实现对张力的自动控制。

浮动辊一般是通过精密调压阀由气动施压的，但在要求较高的印刷机上，常采用机械配重式结构，特别是在进料单元中，因为进料单元处的张力控制是整机上最关键的部位。

在放卷交接纸过程中，进料牵引副控制张力，在放卷和印刷之间起到了隔离器的作用，可大大减少张力变化的影响。同样，出料牵引副也可在收卷和印刷之间起隔离器的作用。

由于印版滚筒直径可随产品而改变，而牵引辊直径是固定的，因此，进出料牵引都采用独立传动，可自动进行速度调节。

进料单元和出料单元必须协调工作，以保证在两个点之间印刷部分正常生产所需要的张力。相对而言，出料单元负荷较大。张力的大小选择随承印材料不同而异。

（二）凹印机的给墨装置

1. 基本组成与功能

凹版印刷机一般采用流动性较强的颜料油墨，给墨装置主要有滚筒浸泡式、墨斗辊式、喷墨式等三种形式，如图 3-25 所示。

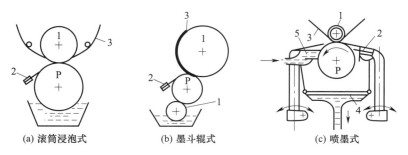

(a) 滚筒浸泡式　　(b) 墨斗辊式　　(c) 喷墨式

1—着墨辊；2—刮墨刀；3—承印物；4—喷墨装置；5—辅助墨槽。

图 3-25　输墨装置类型

墨斗由不锈钢材料制成，并保证有足够容积。刮墨刀一般由弹簧钢片经精密加工而成，保证刃口必须平直、光滑。刮墨刀的位置与角度应能在一定范围内进行调整，同时，设有轴向往复移动装置，以提高刮墨效果。

2. 结构原理与特点

（1）着墨方式

① 滚筒浸泡式给墨装置 印版滚筒的下部分直接浸在墨槽的油墨中，当印版滚筒转动时，油墨充满墨穴并覆盖整个滚筒表面。滚筒表面多余的油墨被刮墨刀刮掉。滚筒浸泡式为直接着墨方式，使用广泛。

② 墨斗辊式给墨装置 采用着墨辊先在墨槽中着墨，再将油墨转移到印版滚筒上，是一种间接着墨方式。着墨辊位于印版滚筒下方，但偏移其垂直中心线，与印版滚筒图文表面接触。该辊将油墨从墨槽中吸起，挤压到滚筒墨穴中。着墨辊转动有主动和从动两种方式。

③ 喷墨式给墨装置 通过细小窄缝和毛刷等工具，使油墨在进入墨槽前先直接喷淋到印版滚筒表面。浸泡式结构较简单，但高速印刷时易产生油墨飞溅。因此，在中低速凹印机上多采用浸泡式给墨结构，而在高速机（250～300m/min）上宜采用墨斗辊式或喷墨式。

（2）供墨方式 凹印机的供墨方式有手动供墨和自动循环供墨两种。现代凹印机都采用自动供墨方式和油墨循环系统。自动供墨的原理是：墨泵将储墨箱中的油墨抽出，通过管道和上墨器将油墨喷射入墨槽中或喷淋到滚筒上，使印版滚筒着墨，当墨槽中的油墨超过一定高度（墨位）时，通过回流管路返回到储墨箱。如此反复，循环进行。

自动供墨系统主要由储墨箱、墨泵、墨槽、上墨器、上墨和回流管件、防溅装置等组成。为了防止循环过程中灰尘和其他脏物对油墨、滚筒或刮墨刀的影响，有的凹印厂家在油墨循环系统中还安装了过滤装置。

为了使凹印机适用于水基油墨，所有与油墨接触的部件都应该使用不锈钢材料制作。一些高性能设备还配备了油墨黏度自动控制仪，可随时对油墨黏度进行测试和控制。

3. 使用与调节

（1）刮墨刀组件 刮墨刀组件是从印版表面未雕刻部分刮净油墨和从墨穴网墙部分去除多余油墨的装置。除要求有效地刮除所有多余的油墨外，还必须使其自身和印版滚筒的磨损最小，并能精确控制刮墨刀，使其振动最小。

① 刮墨刀技术规格 主要包括平直度、厚度、宽度、硬度和抗张强度等。

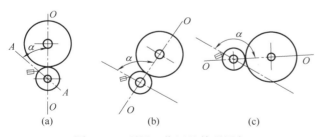

图3-26 刮墨刀位置及其刮墨角

② 最佳刮墨角 最佳刮墨角可最大限度减少磨损，保证最清洁的印刷效果和最高印刷速度的角度，如图3-26所示，最佳刮墨角通常取10°～40°。

③ 接触角 在印刷机开始运转时，当向刮墨刀施加压力时，刮墨刀会产生变形弯曲。这时需要一定的力来平衡刮墨刀上墨膜的压力，补偿刮墨刀和滚筒之间各种不可避免的磨损。接触角是由刮墨刀横断面和印版滚筒在接触点的切线构成的角度。当压力增加时，接触角减小或变平。接触角是在运行条件下施加到刮墨刀上所有力综合作用的结果。刮墨刀制造商通常推荐优选的接触角，一般为

60°，如图 3-27 所示。

④ 刮墨刀压力及控制　刮墨刀压力必须保持在适当范围内，既要刮墨干净，又要磨损最小。刮墨刀压力可以采用手动控制，但更常见的是气动控制。压力施加方式因各个印刷机结构不同而异。刮墨刀既可上下、前后移动，又能往复移动、相对摆动。

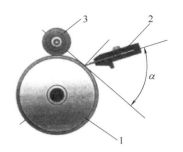

1—凹版滚筒；2—刮墨刀；
3—压印滚筒；α—接触角。
图 3-27　刮墨刀接触角

（2）AKE 组合式刮墨刀的应用　刮墨系统是影响凹版印刷质量的重要因素，而刮墨刀片是整个刮墨系统的关键。刮墨刀宽度及厚度、刀口类型及角度、刀架结构及应用角度是刮墨刀系统的技术要点，而刮墨刀材质及耐磨性是选择刮墨刀的重要因素。对于传统刮墨刀，其宽度一般为 20~90mm。AKE 组合式刮墨刀由特制刀片夹、刮墨刀片和衬刀（撑板）组成。应用这种组合式刮墨刀，不需要改变传统刀架，就可以取代凹版印刷中应用已久的传统刮墨刀。

AKE 组合式刮墨刀的最大特点是刀身即刀口，宽度仅为 10mm，刀片厚度均匀一致且两端光滑，利用整个刀身作为刀锋来刮墨。当刮墨刀刀片用完时，只需换 10mm 宽的刀片，而衬刀和刀片夹可以长期使用。刀片最薄只有 0.065mm，相当于传统刀锋的厚度，能够保证最佳的刮墨效果且不损伤滚筒表面。AKE 组合式刮墨刀均由瑞典高质量弹簧钢制造，衬刀和刀片夹采用不锈钢作为原材料。刮墨刀片作为耗材，使用时间较短，多选择碳钢刮墨刀片。对于有特殊要求的，可使用不锈钢刮墨刀片。

使用 AKE 组合式刮墨刀的最大优点是节约生产成本，只有 10mm 宽的组合刮墨刀，其价格要远远低于传统刮墨刀。

（三）凹印机的压印装置

1. 基本组成与功能

如图 3-28（a）所示为机组型凹印机印刷装置的基本构成，压印装置主要由印版滚筒和压印滚筒组成。

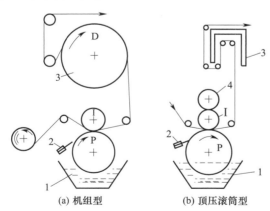

(a) 机组型　　(b) 顶压滚筒型

1—墨斗；2—刮墨刀；3—干燥装置；4—顶压滚筒。
图 3-28　印刷装置的构成

（1）印版滚筒　凹印机的印版滚筒有整体式印版滚筒、套筒式印版滚筒和卷绕式印版滚筒 3 种形式。

① 整体式印版滚筒　指芯轴与滚筒体为刚性整体的印版滚筒。凹版印刷所需要的印刷压力一般为 12~15MPa，为提高印版滚筒的刚性，多采用这种结构，主要特点是印刷准备时间较短，套准精度较高，应用较为广泛。

② 套筒式印版滚筒　指不与芯轴或轴头刚性联结的空心型印版滚筒。一般情况下，筒体与轴采用分离式结构，其制造成本较低，搬运与保管方便，但印刷时要将

轴插入滚筒内，会增加辅助时间。

③ 卷绕式印版滚筒　将平面形凹版卷绕在印版滚筒上，主要特点是制版、电镀设备小型化，印版也便于保存，但装版不够方便、刚性较弱，不适于大型、高速印刷。

（2）压印滚筒　压印滚筒是一个在金属筒体上覆盖了橡胶层，由摩擦力驱动、将承印材料压在已涂布好油墨的印版滚筒上以实现一定量油墨转移的滚筒。压印滚筒、承印材料和印版滚筒的接触区域称为印刷副。压印滚筒不与主机传动相连，而是通过印刷副的摩擦力由印版滚筒所驱动。因此，压印滚筒的直径不需要与印版滚筒保持一定的比例关系，但应有较高的正圆度和圆柱度要求。为增加印刷压力，可在压印滚筒上方增设顶压滚筒［图 3-28（b）］。

压印滚筒的主要功能有：实现适当的油墨转移；在印刷单元之间使料带产生所需要的张力；牵引料带通过印刷机组。

按照滚筒结构不同，压印滚筒可分为整体式和套筒式压印滚筒。按照滚筒用途分，压印滚筒可分为普通压印滚筒和 ESA（静电辅助移墨）压印滚筒。

2. 结构原理与特点

（1）印版滚筒

① 整体式印版滚筒　整体式印版滚筒的凹版滚筒体是空心套筒结构，而套筒与两端轴头是通过冷缩和焊接在一起的。冷缩是指将套筒筒体加热，再将轴头插入其中，在筒体冷却收缩时而使二者成为一体。直径较小的印版滚筒使用一个细长芯轴，而直径较大的印版滚筒使用两个短粗的芯轴轴头。整体式印版滚筒的主要优点是精度高而且稳定。由于印版滚筒在加工、电镀、雕刻和印刷中使用相同的基准，精度高，可用于任何宽度的印刷机；印版雕刻好后可直接安装到印刷机或小推车上，不需要版轴安装。但制造成本较高，较笨重，不便于储运，占用空间较大。

② 套筒式印版滚筒　根据滚筒的固定方式，套筒式印版滚筒有芯轴套筒式和无轴气顶套筒式两种。芯轴套筒式印版滚筒的刚性好，适合大压印力印刷。由于这种结构用一根芯轴可以配备多个印版滚筒，可减少芯轴制作量，从而降低制作成本，也便于运输和储存，可立式存放，储存占用空间较小。但印版滚筒雕刻好后需要先与芯轴（也称通轴）固接好才能安装到印刷机或小推车上，可能会出现精度不稳定的情况。由于滚筒制备、雕刻和印刷使用不同的支撑轴，加工和使用的基准不同，与整体式相比，装版速度较低。

无轴气顶套筒式在制作技术、储运方式等方面与有芯轴的套筒式印版滚筒相同。虽然装版速度快，但需要采用气动夹紧机构，印版滚筒的支撑结构会比较复杂。此外，滚筒端面孔内的清洁程度可能影响安装精度，因此，无轴气顶套筒式印版滚筒只能用来印刷一定宽度和厚度范围内（即压印力在一定范围内）的承印材料。

（2）压印滚筒　压印滚筒由空心管（芯管）、橡胶表层和轴头组成。空心管最常用的是钢管，但由于空心管重量随宽度增加，可能会对印刷和滚筒制造产生影响，因此，也采用较轻的材料，如铝和镁等的合金材料。

① 整体式压印滚筒　如图 3-29 所示，套筒

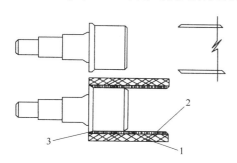

1—橡胶表层；2—钢质套筒；3—焊接部位。

图 3-29　整体式压印滚筒

辊体、两端轴头通过冷缩和焊接在一起。一般从刚性和重量综合考虑，直径较小的压印滚筒使用一个芯轴，直径较大的压印滚筒使用两个芯轴轴头。整体式压印滚筒的优点是滚筒刚性好且稳定，可用于任何宽度、任何厚度承印材料的印刷机；缺点是更换较复杂（如需要弄断料带），且储运不方便、占用空间较大。

② 套筒式压印滚筒　如图 3-30 所示，采用薄壁套管和芯轴组合的压印滚筒，由特殊的锥形芯轴和轻型的玻璃纤维套筒组成。套筒表面可覆盖一层橡胶。

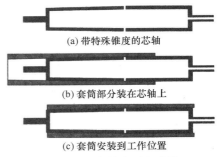

(a) 带特殊锥度的芯轴

(b) 套筒部分装在芯轴上

(c) 套筒安装到工作位置

图 3-30　套筒式压印滚筒

当需要更换新的压印滚筒时，将高压气体施加到芯轴之内，旧套筒受压膨胀便可轻松被取出。当选定好新套筒后，将其滑动套在芯轴上，释放气压，套筒和橡胶层就可固定在需要的位置，即可开始印刷。

套筒式压印滚筒在欧美国家已用于各种用途的凹版印刷机中，包括出版、包装和特殊用途凹印机上，也可用于静电辅助移墨（ESA）印刷中。

（3）使用与调节　压印滚筒表层可以是单一材料，也可以由几层不同材料组成。橡胶层的主要成分是合成橡胶，一般来说，外层橡胶肖氏硬度 70~80 适用于薄膜印刷，肖氏硬度 80~90 适用于纸张印刷，肖氏硬度 90 以上适用于卡纸印刷。不同硬度的压印滚筒所产生的压力分布情况也有所不同。

压印滚筒的两个主要直径尺寸是芯管直径和滚筒外径。芯管直径是指空心管的外径，而滚筒外径是芯管覆盖橡胶层并加工至印刷需要精度后的尺寸。芯管的壁厚由芯管直径、滚筒长度和预期载荷（总压印力）等决定，其厚度为 12~28mm；橡胶层的厚度一般为 10~20mm，在一些特殊用途可能更薄或更厚；包装凹印机的压印滚筒表层橡胶厚度为 10~50mm。

压印力是指施加到压印滚筒上的压力，用单位线性长度上的平均压力来表示，即 KLC（N/cm）。一般来说，印刷压印力为 50~300N/cm，印刷纸张时，印刷压印力为 100~200N/cm。

四、凹印机的辅助装置

现代凹版印刷机一般应设有料带导向装置、张力自动控制装置、干燥装置、自动套准装置、视频同步观察装置、油墨黏度自动调节装置等。国外一些先进凹印机还设有 LEL（溶剂浓度）自动控制系统、故障诊断信息系统、自动印品缺陷检测系统和全面质量自动控制系统。

1. 料带导向装置

料带导向装置的作用是使料带保持在所需要的横向位置上。

（1）料带导向方式　料带的导向方式有移动料卷架和移动料带两种。

① 移动料卷架　即将料卷架安装在低摩擦的导轨上，通过移动料卷架达到上述纠偏的目的。这种方式对小型印刷机过于复杂，而且有可能因料卷移动而影响本身工作的稳定性。

② 移动料带　将传感器安装在合适的位置，利用回转机构的转动来横向移动料带。纠偏机构的转动可能影响料带张力但不至于传递到进料单元之后。凹印机和加工设备上大多数都是这种方式。

（2）导向装置的组成　料带导向装置主要由传感器、控制单元和执行（纠偏）机构等组成，如图 3-31 所示。一般情况下，只使用一个传感器来检测料带边缘或边线，但有时也需要采用双传感器导向装置。料带导向装置的执行机构由安装回转支架上一组平行过渡辊组成。支架可在垂直或水平面内回转，一般由机电系统驱动，有时也采用液压驱动，主要取决于料带厚度或张力的大小。

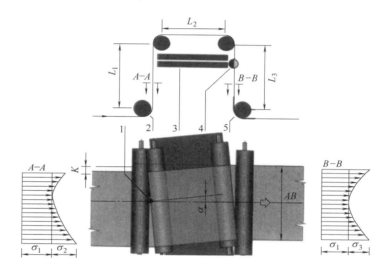

1—旋转支点；2—导引辊；3—导正平台；4—传感器；5—固定辊；L_1—导引路径；
L_2—传送路径；L_3—导出路径；AB—料带幅宽；$A-A$—料带在进导向辊的张力分布；
$B-B$—料带在出导向辊的张力分布；K—料带正确传送位置；α—校正角度±50；
σ_1—料带基本张力；σ_2—导正前的张力分布；σ_3—导正后的张力分布。

图 3-31　料带导向装置

2. 张力控制装置

张力自动控制装置是实现准确套印的前提。卷筒料凹印机的张力控制装置应考虑速度改变、料卷直径改变、宽度变化、材质改变、交接纸干扰、料带加热影响等因素。现代中高速凹版印刷机的张力自动控制装置由张力设定部分、张力检测部分、控制单元和执行机构等部分组成。其工作原理是根据承印材料等多方面因素选择和设定料带张力，利用张力检测装置测定料带的实际张力并将相应信号反馈到主控单元，主控单元根据反馈信号进行计算，比较实际值与设定值的差异，向执行机构发出指令，由执行机构对料带张力进行调节。不断重复上述过程，就可保持张力实际值与设定值的一致。

在折叠纸盒凹印机上，由于纸板在张力作用下伸长量小，在出料或收卷单元常采用张力检出器（即小位移张力传感器）来代替浮动辊机构。由于薄膜等承印材料易拉伸，对张力大小及波动很敏感，要求张力控制系统更灵敏。因此，软包装凹印机的张力控制系统更为重要。

3. 干燥装置

每个凹印色组上均设有干燥装置，称为色间干燥装置。色间干燥装置的作用是保证承印材料进入下一印刷色组前，前色油墨完全干燥，以免产生粘连，同时尽可能排除油墨中的溶剂。干燥装置由干燥箱、进风机、排风机、温度控制系统、冷却辊以及热源等部分组成。也有采用干燥滚筒方式进行干燥的。

（1）干燥箱　为满足不同材料、不同速度、不同工艺的要求，干燥箱的结构也有所不同。常用的干燥箱结构形式如图 3-32 所示。

按照干燥箱的布局，干燥箱可分为单边干燥箱和双边干燥箱两种，如图 3-32（a）、图 3-32（b）所示；按照干燥通道长度可分为普通干燥箱和加长干燥箱；按照独立温度控制区域的数量，可分为单温区干燥箱、双温区干燥箱、多温区干燥箱等。按照对材料是否进行双面干燥，还可分为单面（正面）干燥箱和双面（正面/背面）干燥箱，如图 3-32（c）、图 3-32（d）所示。

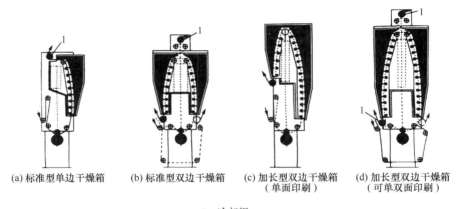

(a) 标准型单边干燥箱　(b) 标准型双边干燥箱　(c) 加长型双边干燥箱　(d) 加长型双边干燥箱
　　　　　　　　　　　　　　　　　　　　　　　（单面印刷）　　　（可单双面印刷）

1—冷却辊。

图 3-32　干燥箱的结构形式

热风喷嘴的形状有多排平行的窄缝、多排圆孔或二者的组合形式。窄缝宽度约为 3mm，喷嘴与料带距离约为 10mm。每排窄缝或风孔都与过渡辊相对应。热风向料带两端流经背面抽出，可以保证不影响料带的运行。

干燥箱的设计和制造必须保证能量的高效交换（包括动能和热能）。内部形状应使喷嘴和喷嘴之间形成高速涡流，以延长干燥热风和料带之间的接触时间。干燥箱的主要参数包括独立干燥室数量、料带路径最大长度、最大进风量、喷嘴处热风最高温度、喷嘴空气最高速度、喷嘴数量和冷却辊数量等。

凹印机的各干燥室均采用独立的温度控制，在每个干燥室出口处都安装了一个冷却辊，保证受热承印材料的温度恢复到常温水平，加速油墨固化，避免料带受热变形。冷却辊一般采用双层结构，冷却水从传动侧进出，在冷却辊内部循环，端面有旋转接头。建议尽可能采用闭环式冷却水循环控制系统，以节约能源，同时保证水温恒定。

如图 3-33 所示，由发热装置、通风装置和排气口组成热风干燥室，印张从干燥室内通过进行干燥，通过调节风量来控制干燥速度。这种干燥装置印张变形小，有利于保证印刷质量。

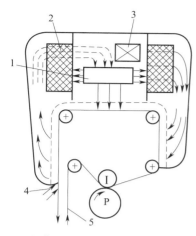

1—通风装置；2—发热装置；3—排气口；
4—进气口；5—印张。

图 3-33 热风干燥装置原理

（2）进风机和排风机　进风机的功能是将热风以高速形式通过喷嘴送到料带上，以便对油墨进行干燥。排风机的功能是将含有挥发性溶剂的热风以集中的方式排到指定的空间或容器中。一般是每个干燥室采用一台进风机，而整个凹印机采用一台或两台排风机。

（3）干燥热源　凹印常用的干燥热源有蒸汽、电、天然气、热油、气/油组合或焚烧炉的废热等，还有利用红外线灯进行干燥的装置。干燥时利用空气作为热传递媒介，将大量挥发气体带出。空气是最有效的传递媒介，可用于干燥各种油墨、涂料和液体。但有时由于干燥器长度和空气流量等条件的限制，促使越来越多地采用其他加热、干燥或固化方式。

热风循环比例调节有手动调节和自动调节两种。手动调节结构简单，但不能取得最佳的循环比例。如采用蒸汽加热或电加热方式使干燥滚筒表面辐射热能，印刷品直接与干燥滚筒表面接触使印迹固化。这种干燥装置干燥效果较好，应用较为广泛，但容易引起承印物变形。

4. 自动套准控制系统

套准误差的调整有两种方式：一种是改变各机组之间纸带通路的长度以调整印刷位置，另一种是通过改变印版滚筒的回转角度来实现套准误差的调整。

（1）调整辊套准调整装置　如图 3-34 所示，在机组之间设套准调整辊，借改变套准调整辊的位置来调节两机组之间纸带的长度。这种装置在印刷机中得到广泛应用。

（2）差动齿轮套准调整装置　如图 3-35 所示，在印版滚筒的传动齿轮与主动轴之间用差动齿轮箱连接起来，通过差动齿轮使印版滚筒转动一定角度，以达到调整套准误差的目的。

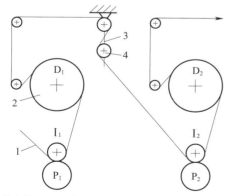

1—承印物；2—干燥滚筒；3—摆动轴；4—套准调整辊。

图 3-34 调整辊套准调整机构

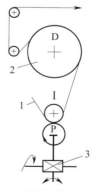

1—承印物；2—干燥滚筒；3—差动齿轮箱。

图 3-35 差动齿轮套准调整装置

（3）套准调整自动控制系统　在多色、高速凹版印刷机中应设套准调整自动控制系统，以保证在印刷过程中能及时、自动地调整套准误差，图 3-36 为其控制系统原理图。

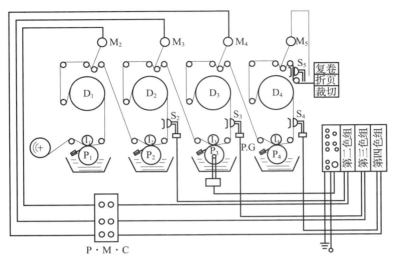

S—扫描头；P.G—脉冲发生器；M—调整电机；P·M·C—印刷机控制盒；D—干燥滚筒；P—印版滚筒；I—压印滚筒。

图 3-36　套准调整自动控制系统原理

① 套准检测标记　为了便于对套准误差进行及时检测，在各色版的空白处印有套准检测标记，如图 3-37 所示。

② 套准误差检测装置　本装置由扫描头、脉冲发生器及选择操纵板组成。

在第二色组以下各机组印刷后的纸带部位装有光电扫描头，以监视套准标记，并在某一色印版滚筒的轴端装有脉冲发生器，与印版滚筒同步转动。扫描头与脉冲发生器完成对套准误差的检测，然后由选择操纵板将检测出的套准误差脉冲信号送入电子控制系统主机。

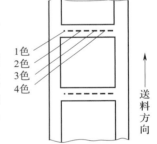

图 3-37　纵向套准检测标志

③ 电子控制系统主机　主要由输入电路、输出电路及电源电路等三部分组成。a. 输入电路可判断套准误差的有无、大小及方向，并将套准误差信号传给输出电路；b. 输出电路为无接点的开闭线路，根据输入电量仅把时间信号传出；c. 电源电路为各电路和驱动电机提供正确、稳定的恒压电源。

④ 套准调整电机　一般选用步进电机作为套准调整电机，由输出电路得到驱动指令，启动步进电机回转，完成套准误差的自动调整。

横向套准误差的调整通过改变印版滚筒的轴向位置来实现。

5. 视频同步观察装置

由摄像机、频闪光源、可变焦距透镜和横向调节机构等组成的图像观测仪是目前最常见的印品质量观测系统。这些图像可被连续地显示和观测，并可与一个参考图像进行比较，即可显示检测结果。

视频同步观察装置是为观察印刷过程中印品的色彩和套准的瞬间变化而设置的监测系统。其基本原理是利用与印刷滚筒同步运转的多面镜（装于镜鼓上），印刷工人可以从振动的镜面上看到由镜鼓反射的承印物上的静止图像，并可将图像放大，承印物上印刷的色彩及图文清晰可见。该装置的构成原理如图 3-38 所示。

图 3-38 视频同步观察装置构成

将数据译码器装于印刷机主传动轴上,并通过指数脉冲以 1:1 的比例显示印刷滚筒的转数,然后将印刷速度传给视频观察装置,控制镜鼓的转速,以达到同步观察的目的。

可将多面镜装在收料复卷部的前部位置,对印刷品进行观测,也可装在各机组印刷装置部位上观测各机组的印刷状况。

若采用集成电路扫描器,由微机进行控制,不论印刷速度如何变化,印刷工人都可连续地进行观测。

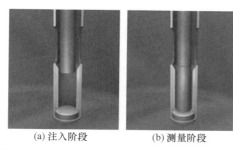

图 3-39 NORCROSS 黏度控制系统的工作原理

6. 油墨黏度自动控制系统

如图 3-39 所示为美国 NORCROSS 油墨黏度控制系统的工作原理,在注入阶段,如图 3-39(a)所示,活塞被气动提升设备周期地提起,被测油墨充满到活塞被提起后所形成的空间里;在测试阶段,如图 3-39(b)所示,停止气动提升动作,活塞和活塞杆随重力自由下落,将被测油墨由相同路径排出。活塞下落时间与黏度成正比。经比较可知,手动控制的精度为 18~25s,NORCROSS 油墨黏度自动控制的精度为 19~20s。使用油墨黏度控制系统不仅能有效提高印品质量,还可节省多达 30% 的油墨消耗量。

第四节 凹版印刷油墨

一、油 墨 原 料

同其他印刷油墨一样,凹印油墨主要组成部分为有色物质(颜料)和连结料。其中有色物质起显色作用,靠与承印物的颜色不同形成对比,在承印物上显出图像来。只有油墨各组分的比例调配好,才能达到油墨应有的印刷适性和使用性能,才能使印刷油墨与印版、印刷机、承印材料之间良好地配合,使印刷工艺顺利进行。

凹印油墨大多是挥发性溶剂型油墨,由颜料、连结料和助剂组成。

1. 颜料

凹印油墨的颜料成分大多数为有机颜料,这是由凹印的印刷特点及印品的质量要求所决定的。颜料对油墨印刷适性的影响主要是由颜料的性质所决定的,如分散度、着色力、遮盖力、视比容等。

① 分散度 分散度是指颜料颗粒的大小。油墨中的颜料颗粒必须完全浸没在墨膜内的连结料中,颜料颗粒的大小不能超过墨膜的厚度,一般为 5μm 左右,否则会影响印刷品的光泽,颗粒越小,即分散度越高,油墨的色调饱和度就越大。凹印为网穴转移式印刷,对颜料分散度要求较高。

② 着色力　着色力是指某种颜料在与其他颜料混合后对混合颜料颜色的影响能力。凡是与白色物质调和而容易变淡的颜料，其着色力就弱，配制油墨应选择着色力强的颜料，用来印刷可达到用墨量少、干燥快的效果。对对于油墨干燥性有较高要求的高速凹印来说，这一点至关重要。

③ 遮盖力　遮盖力是指颜料遮盖底色的能力。油墨是否具有遮盖力，取决于颜料的折射率与连结料的折射率之比。当这个比值为1时，颜料是透明的；这个比值大于1时，则颜料是不透明的，即具有遮盖力。不同的印品对颜料的遮盖力有不同的要求，如印铁油墨要求颜料有较强的遮盖力，防止底色外露；而四色叠印油墨要求颜料有较高的透明度，使叠合在一起的油墨达到较好的减色效果。

④ 视比容　视比容是指每克重颜料所占的体积，用立方厘米来表示。颗粒不同的相同颜料，视比容是不同的。颜料的视比容越大，其比重越小，在连结料中不易沉淀，油墨的稳定性好。

2. 连结料

连结料是油墨中的分散介质，是颜料粒子的载体。油墨的印刷适性与连结料的性质之间关系十分密切。连结料的成分比较复杂，主要有油型连结料、树脂型连结料、有机溶剂。

① 油型连结料　油型连结料是将干性植物油加热至某一温度，并在此温度下保温而制成的，干性植物油是不饱和脂肪酸甘油酯的混合物，加热时发生聚合反应，生成二聚体和三聚体，加热和保温时间越长，黏度越大。油型连结料中含有微量的游离脂肪酸，起着表面活性剂的作用，有利于颜料和连结料的混合；油性连结料有良好的附着力和一定的抗水性，能形成较光泽的墨膜，但固着速度慢，干燥时间长。

② 树脂型连结料　树脂型连结料是将人工合成树脂或改性树脂溶解在矿物油、植物油或挥发性溶剂中制成的，又可分为溶解型、分散型、胶质型和挥发型四种树脂连结料。常用的合成树脂有：季戊四醇松香脂、醇酸树脂、松香改性酚醛树脂、聚酰胺树脂、顺丁烯二酸酐树脂、沥青等。

③ 有机溶剂　有机溶剂也是油墨连结料中的主要成分。它使油墨具有一定的流动性，当油墨转移到纸张上后，挥发性大的溶剂迅速挥发，挥发性小的溶剂靠毛细管作用渗入纸张内部，这样就使得留在纸张表面的树脂连结料固着在纸张表面并干燥。常用的溶剂有醋酸乙酯、醋酸丁酯、异丙醇等。

3. 助剂

助剂也叫添加剂，是油墨的辅助成分，其作用是调整油墨的印刷适性，为了不同的目的，要在油墨的配制中添加不同种类和数量的助剂，以调整油墨的流动性、干燥性、色调等。主要有增塑剂、慢干剂、干燥剂等。

① 增塑剂　增塑剂是一种高沸点、低挥发的溶剂或低熔点的固体，用以增加高分子物质的塑性。在油墨中添加增塑剂能使原先发脆的墨层具有比较好的韧性，并使墨层与承印材料之间有比较好的黏合力。为使增塑剂能更好地完成这些功能，增塑剂的分子必须渗入到连结料的长分子之间，起到一定的类似润滑的作用，使连结料的长链的热运动比较自由，聚合物就变得柔软而富有弹性。

② 干燥剂　对于干性油，如有少量金属盐类存在则可大大加速其氧化反应，常用的

金属盐有钴、锰、铅的盐类，这就是干燥剂。干燥剂在油墨干燥过程中既能加速油墨的干燥，本身又不发生任何变化。

另外，为改善油墨的印刷适性和其他一些指标，油墨中还有其他一些助剂，如蜡、抗氧化剂、防蹭脏剂、表面活性剂、防腐剂、撤黏剂、消泡剂等。

二、凹印油墨的分类

（1）根据用途分类　可分为出版凹印油墨、包装凹印油墨和特种凹印油墨等。

① 出版凹印油墨　用于书刊、报纸等出版物的凹印油墨，一种以脂肪烃类为溶剂，并附加一些芳香烃类溶剂；另一种完全以芳香烃类为溶剂，加入季戊四醇酯胶、沥青、松脂酸的金属盐类、乙基纤维素等树脂。

② 包装凹印油墨　用于在流通过程中保护及识别、销售和方便使用产品的容器、材料及辅助物的凹版印刷，包括食品用凹印油墨、药品用凹印油墨、耐高温蒸煮油墨等。根据产品对包装材料的要求来确定油墨中树脂的种类、溶剂的配方等，如食品包装材料使用的凹印油墨可选用松香酯类、苹果酸松香等树脂，并配用异丙醇、丁醇等溶剂。

③ 特种凹印油墨　主要是指证券凹印油墨。证券是指在特定的防伪纸张上，经特定印刷方法印刷特殊纹路、图案与数字，而形成有价值或有面额的印刷品，该印刷品可在市面上流通，作为某种交易工具。证券印刷并非是单一印刷方式，而是几种印刷方式的综合使用。由于证券印刷所用凹版多为雕刻凹版，因此其油墨黏度较高，具有某些特定性能，如耐光性、耐磨性、耐热性、耐水性、耐醇性、耐化学剂和折光性等。根据证券的种类和应用范围不同，对油墨中颜料的要求也随之改变。同时油墨中的辅助剂所占含量较高，品种也很多，如高岭土、硫酸钡、碳酸钙、硫酸铅等。

（2）根据承印材料分类　可分为塑料薄膜凹印油墨、纸张凹印油墨和铝箔凹印油墨等。

① 塑料薄膜凹印油墨　主要分表印油墨和里印油墨（也称复合油墨）两大类。表印油墨以聚酰胺为主体树脂，其稀释溶剂是醇类、酯类、苯类这三类，一般不加入酮类及其他芳烃类的溶剂。里印油墨是以氯化聚丙烯系列树脂生产的，其稀释溶剂主要是酮类、酯类、苯类。

② 纸张凹印油墨　主要使用硝化纤维素系列树脂，以酯、醇为主要的混合溶剂。

③ 铝箔凹印油墨　采用氯乙烯醋酸乙烯共聚合树脂、丙烯酸树脂，以芳香烃、酮类、酯类为溶剂。

（3）根据连结料分类　可分为有机溶剂型凹印油墨和水基型凹印油墨。

① 有机溶剂型凹印油墨主要使用易挥发的低沸点有机溶剂，配以能溶解的树脂。

② 水基型凹印油墨采用的是丙烯酸类树脂，并配有水、氨水、乙醇等物质。

三、凹印油墨的印刷适性

凹印油墨的印刷适性应从油墨的黏度、细度、着色力、附着力、干燥性、流变性等方面加以考虑。

（1）油墨的黏度　黏度决定油墨的转移率，黏度越大，油墨转移率会有所下降。凹印油墨大多为挥发性溶剂，为了减少油墨对印版的亲和性，避免树脂大量析出，一般采用溶解力强、挥发快的溶剂。在印刷过程中，油墨中的溶剂不断挥发，将导致油墨黏度上升。因此，应随时注意油墨黏度的变化，并根据溶剂的损失情况适时补充溶剂，以保持黏度的稳定性。

照相凹印油墨的黏度通常在 0.02~0.3Pa·s；水性凹印油墨黏度一般控制在 0.05~0.105Pa·s（25℃，旋转黏度计）；雕刻凹印对油墨的要求与照相凹印油墨不同，雕刻凹印油墨的黏度为 500~800Pa·s。

（2）油墨的细度　如果油墨的颗粒太大（细度不够），有可能嵌在刮墨刀中或者损伤刮墨刀，从而造成刀线。因此，在选购油墨时要检测油墨的细度。油墨在使用中混入杂质，长期使用造成树脂因接触空气氧化交联形成较粗颗粒等。因此，对于长期使用的油墨，应定期过滤墨盘中的油墨或在油墨循环系统中插入金属丝网进行过滤。此外，可加入助溶剂并充分搅拌以使其颗粒分散均匀，如果条件允许，建议采用密闭式喷墨装置，可大大减少油墨与空气的接触。

（3）油墨的干燥性　如果使用的是溶剂型油墨，墨层干燥主要是靠溶剂挥发来完成的，因此，油墨干燥性主要依赖于溶剂的性能。油墨中树脂、色料对溶剂的挥发速率也有影响。单一溶剂的挥发速率是由其自身物理参数决定的。而混合溶剂的干燥性取决于各组分的百分比。此时，合理配制溶剂的混合比例是确定油墨干燥性能的关键。

（4）油墨的附着力　油墨附着力要适合承印材料的要求。对于薄膜印刷而言，油墨是先润湿后吸附。因此，油墨表面张力要小于承印材料表面张力，使油墨具有良好的润湿性。此外，油墨分子与薄膜分子之间的极性牵引力要尽可能大，使油墨具有良好的附着性。印刷后用胶带贴合，用钢辊以一定压力来回压贴数次，然后用手撕剥，印刷表面不应当有明显的油墨被胶带粘走现象。

（5）油墨的黏弹性　在动应力作用下，油墨会产生黏性和弹性反应，随着印刷速度的提高，弹性反应更加明显。油墨的黏弹性对于油墨的分离过程非常重要。

在油墨传递过程中，受周期性动应力作用，受压应力和拉应力的作用产生拉丝、伸长，直到墨丝断裂后消失，动应力消失后，油墨回弹形成网点。凹版印刷速度快，油墨要求应力松弛时间长，在印刷时不易拉丝，即墨丝短，在瞬间内发生断裂，无法呈现黏性流动，而是在油墨内聚力下，表现出良好的回弹性。

（6）油墨的流变性和流平性　凹印油墨要保证良好的流变性和流平性，要求油墨黏度低，触变性小，屈服值小。

为了保持好的流动性，颜料与连结料应具有良好的亲和力。连结料要有适当的黏度，对颜料要有适当的湿润性，并且使油墨尽量减少触变性和屈服值。油墨之所以具有触变性和屈服值，是由于油墨要有一定的颜色浓度，颜料含量不可能太低。

因此，配制凹印油墨时，要使油墨自由流畅，细腻均匀，并具有一定的内聚力。同时，介质对颜料浸润越好，触变性也越小。

测定油墨的流动性，除了用 4 号杯测定秒数外，还要看滞留杯壁上的油墨的多少与流出的毫升数的比例。在一定黏度下，滞留越少和流出量越大，则其流动性越好；反之则越差。

第五节　凹版印刷工艺及应用

生产工艺准备的目的是制定详细、合理的作业程序文件（产品生产工艺单）和质量标准。生产工艺文件中至少应该包括产品名称、主要材料（包括品种、规格、供应商等）、主要工艺过程、各工序的主要质量标准、生产量要求等。

一、印前准备

1. 印刷材料的准备

印刷材料的准备主要包括承印材料、油墨和溶剂、刮墨刀等的准备，主要指在印刷机外的准备。

（1）承印材料　根据产品生产工艺单的要求准备相应的承印材料。首先，要求品种、规格（如厚度或定量、宽度等）、生产商等应与规定相符；其次，要认真检查这些材料的质量，如承印材料是否有破损、受潮、芯管变形等。

对于塑料薄膜类材料，由于外观相似性较大，要特别注意区分，防止错用。其次，还需要进行表面特性检测。有些薄膜，如 PE、PP 等，印刷前需要确认是否要进行电晕预处理，因此，需要进行表面张力的测试。尽管所有薄膜在出厂前均进行了表面处理，但可能因为存放时间过长或处理水平不够而需要在印刷机上进行再次处理。对于双面印刷，薄膜的双面都应进行电晕处理。

（2）油墨和溶剂　首先，根据生产工艺单选用指定厂家和相应型号的油墨，也可根据工艺单要求配制油墨。凹印中专色墨使用非常频繁，因此，油墨的配制尤其重要。专色墨的配制应遵循以下原则：①尽可能选用与油墨厂生产的色相相同的定型油墨，以保证颜色调配所需的油墨饱和度；②若要用几种颜色油墨配制，应尽量选用接近定型油墨的颜色为主色；③尽量减少油墨的品种，因为油墨品种越多，消色比例越高，明度和饱和度则越低；④配制浅色墨时，应以白墨为主，少量加入原色油墨；⑤避免混合使用不同厂家、不同品种的油墨，以减少对油墨光泽度、纯度和干燥速度的影响；⑥用铜金粉、银粉和珠光粉配制时，其含量以不超过总量的 30% 为宜。

溶剂要根据所使用的油墨选用。油墨生产厂家一般都会提供其油墨的快干、中干、慢干等三种溶剂配比，印刷厂可根据车间温度、印刷速度等实际生产条件选用合适的溶剂配比。

（3）刮墨刀　凹印刮墨刀常用的宽度有 40，60mm 等几种，厚度有 0.1，0.15，0.2，0.25mm 等几种，在实际生产中一般采用 0.15mm。

刮墨刀购买前为成卷安放，要裁成合适的长度。刮墨刀应比印版滚筒两头分别长 2cm 左右，这是因为在印刷过程中，刮墨刀架需要沿印版滚筒轴向来回移动。

2. 印刷机的准备

（1）料卷和收卷轴的安装和穿料　①将气胀轴穿在待印的料卷芯轴内并充气胀紧，并将料卷固定在气胀轴的居中位置。②将料卷安放到放卷架上，并将气胀轴两端可靠地固定。适当调整料卷横向位置，使料卷尽量在机器的中心位置或与旧料卷边缘基本对齐。③在收卷架上安装好芯轴。④根据产品要求将料带从放卷架穿绕过凹印机到收卷或后加工单元。对于典型产品，制造商都提供了走料路径，穿料时应尽量参考。穿料应经过必要的印刷和加工单元，但最好不要绕过不必要的色组和滚筒，以缩短料带路径，减少料带张力的波动，保证料带运行的最大稳定性。薄膜张力的稳定性受滚筒数量影响比纸张更为明显，同时，要注意检查以避免错穿和漏穿。

为了保证图像监视器的正常工作，在穿料时要注意里印和表印应有所区别。

（2）滚筒安装　印刷前，根据产品版号清单仔细校对印版滚筒。①检查印版滚筒表面是否有碰伤、划伤、铬层脱落、露铜、锈斑等损坏。②检查相应的锥孔和键槽是否清洁，并与规定标准一致。③确保印版滚筒与相应的色序一致。

（3）刮墨刀安装　刮墨刀在安装前，必须清洁支撑刀片和刀槽，以防止因墨块而影响刮墨刀的安装精度，并杜绝油墨间的污染。一般情况下，安装刮墨刀时，支撑刀片伸出刀架的长度为15～25mm，刮墨刀比支撑刀片多伸出5～8mm（两边）。

刮墨刀必须正确夹紧。在安装时，要将其放在支撑刀片下面装入刀槽内，然后旋紧刀背螺丝，旋螺丝时应从中间逐渐往外，两边轮流旋紧，使刀片平整无翘扭现象。同时，根据印版滚筒周长，对照刀架调节表，查出刀架标准高度和刮墨刀前伸尺寸，以及刮墨刀的角度，并按标准调节。如果刮墨刀采用的是偏心夹紧方式，则很容易保证平整度，操作简单快捷。

（4）选配压印滚筒　①根据印刷材料种类选用对应硬度的压印滚筒。用于纸张印刷和薄膜印刷的压印滚筒其硬度是不同的。在使用ESA时，有相应的压印滚筒。②选用合适的滚筒长度，一般要求压印滚筒比印版滚筒长4～10cm，保证合压后，印版滚筒两边有2～5cm的余地来架挡墨的卡纸。③印刷前必须清洁压印滚筒，除去表面一切墨迹、碎膜、小胶带等杂物。有刮伤、洼道、变形的压印滚筒一律不可使用。

（5）供墨系统准备　所有墨槽在印刷前都要进行清洗。不管是什么样的墨槽，在倒入不同色相的油墨前，特别是深色改浅色时，应尽量把墨槽清洗干净，避免油墨污染带来不必要的损失。当然，印刷结束时也要仔细清洁。墨槽高度要调整到适当高度，以保证滚筒有合适的浸墨深度。

油墨黏度要进行手动检测和控制，满足印刷工艺的要求。采用油墨黏度自动控制仪时，要先检测控制仪是否能正常工作。保持墨泵和导墨管的清洁十分重要，防止油墨还未循环就堵塞墨泵和导墨管，也可防止油墨污染。

3. 凹印机调整

凹印机调整主要是进行印刷机功能选择和参数设定。功能选择包括：需要使用的印刷单元、电晕处理、翻转机构、单边干燥或双边干燥等，确定走纸路径并穿纸（穿膜）。参数设定包括：各段张力、各干燥室温度、冷却温度、压印力、材料直径、自动放卷直径、收卷张力锥度等。不同的产品有不同的参数。在印刷每个产品之前，根据每个产品的工艺要求，需要在印刷机上设定一系列的印刷参数。不同的凹印机设定参数种类和方式常常不同。不同传动方式（机械传动和独立传动的凹印机）设定也不同。

上述各项准备工作完成后，可按操作要求和步骤进行正常印刷。印刷生产结束时，还必须完成印刷作业存储、停机、卸料、清洗、保存印版滚筒、检验产品和包装等工作。

二、软包装凹版印刷

塑料软包装印刷与出版印刷、商业印刷相比有许多不同点，例如软包装印刷主要是在卷筒状的承印物表面进行印刷，有透明或不透明薄膜，有表面印刷和里面印刷之分，其中透明塑料膜的里印工艺是软包装印刷工艺的主要印刷方式。

1. 软包装与软包装材料

目前，我国软包装材料产量已达 600 万 t/年，产值占 GDP 的 2.67%，较发达国家的 7.5% 还有一定差距。我国软包装行业起步晚，基础薄弱，还存在溶剂残留量高、高阻隔原料膜生产技术落后、果蔬用功能保鲜材料短缺、熟食用功能保鲜材料种类少等问题，制约了包装行业发展。

（1）软包装的设计准则　软包装的设计准则主要有：阻隔性、挺度、摩擦因数、封口性能、折叠性和成型性、耐穿刺性能、印刷性能、光泽性、透光性、耐热性、机械性能、封口强度、耐腐蚀性、防静电性能、易撕性等。

（2）软包装材料的选择原则　软包装材料的选择原则主要有：采购的要求、产品的要求、包装机的要求、储运的要求、环保的要求等。

2. 透明塑料膜的里印工艺

"里印"是指运用反向图文的印版，将油墨转印到透明承印材料的内侧，从而在被印物的正面表现正像图文的一种特殊印刷方法。里印印刷品比表面印刷品光亮美观、色彩鲜艳、不褪色不掉色，且防潮耐磨、牢固实用、保存期长、不粘连、不破裂。由于油墨印在薄膜内侧（经复合后，墨层夹于两膜之间），不会污染包装物品，符合食品卫生要求，因此，国外塑料薄膜包装印刷大都采用这种工艺。

里印工艺的印刷色序与普通表面印刷相反，"表印"印刷色序一般为：白—黄—品红—青—黑，而"里印"色序则一般为黑—青—品红—黄—白。

近年来，随着里印工艺的不断发展，新推出的专用里印油墨已逐渐代替了一般表面印刷的凹印及柔性版印刷油墨。因为里印产品大多用于复合包装，专用里印油墨能够满足印刷后的墨层与被复合材料的良好黏结，即使是大面积的墨层色块，经复合加工的黏结也很牢固。

里印工艺是塑料复合包装印刷所独有的工艺，除此之外，软包装印刷已趋向多样化、多功能化和系列化，各种塑料包装印刷生产线已将吹塑、印刷、复合、分切、制袋等多道工序实现联动化生产。

3. 塑料软包装凹印机

（1）配置型式和组成　软包装凹印机采用的都是"卷—卷"形式，具体配置形式一般有以下三种。

① 放卷—印刷—收卷　即采用一个放卷架和一个收卷架，是最常见、最简单的配置型式。

② 放卷—印刷—涂布/复合—收卷　在"卷—卷"形式基础上增加了一个联线加工单元，联线加工为联线涂布或复合。联线涂布或复合既可在印刷色组之前，也可在印刷色组之后。此种配置有两个或多个放卷架（取决于需要复合的层数）和一个收卷架。

③ 双放卷—印刷—双收卷（串联式结构）　采用两个放卷架和两个收卷架，既可以当一台凹印机使用，也可以当两台凹印机使用，同时印刷两个色数之和不超过凹印机色组数量的产品，一般用于色组较多的凹印机。国外常称其为"串联式"凹印机，而国内惯称为"双放—双收"凹印机。

一般来讲，普通型软包装凹版印刷机的组成都包括放卷单元、预处理单元（包括单面或双面电晕处理器、预加热滚筒等）、纠偏机构、进料张力控制单元、多色组印刷单元、联线加工单元（如冷封涂布）、出料张力控制单元、收卷单元、印刷图像观测器、多色印刷纵向和横向自动套准设备、油墨黏度控制器、静电消除器、故障诊断信息系统、传动和控制设备、安全防护装置等。而一些较先进的印刷机还可以选择诸如地面排风系统、印版滚筒自动清洗系统和远距离技术支持系统等。

（2）主要性能指标 不论具体用途如何，软包装凹印机的性能指标主要包括承印材料范围、最大料带宽度或印刷宽度、最高机械速度或最高生产速度、印版滚筒周长或图文重复长度范围、印刷色组数量、适用油墨范围、最大料卷直径和芯管内径、全宽张力范围、联线加工方式、套印精度和加工精度、电器标准和安全标准以及最大噪声标准、溶剂残留量标准等。

① 承印材料范围 软包装凹印机承印材料的种类和规格很多，其范围取决于所需要印刷加工的产品，它决定了印刷机的基本性能要求。软包装常用材料范围为：PP/OPP/BOPP：$18\sim60\mu m$；PET：$10\sim30\mu m$；CPA：$20\sim60\mu m$；BOPA：$12\sim20\mu m$；铝箔：$7\sim40\mu m$；纸张：$40\sim120g/m^2$；复合材料：不超过$120g/m^2$。但实际使用时并不完全局限在上述范围。

② 最大料带宽度 一般为$1000\sim1500mm$。虽然部分国产低速和特殊材料凹印机宽度在1000mm以下，但数量较少。目前国外软包装凹印机宽度已达1700mm。在选择和设计凹印机时，一般是根据需要印刷产品的尺寸来确定最大印刷宽度，进而确定承印材料的宽度。最大承印材料宽度通常比最大印刷宽度大20mm。

③ 最高机械速度 国产软包装凹印机最高生产速度目前多在$120\sim300m/min$，国外设备多数为$250\sim400m/min$，最高已可达$500m/min$以上。

④ 印刷图文重复长度 即印版滚筒周长，一般印版滚筒直径为$130\sim300mm$，即图文重复长度为$408\sim940mm$，但各个具体机型多有不同。

⑤ 色组数量 软包装凹印机一般使用$6\sim12$个单元。由于包装印刷中使用专色越来越普遍，近年来凹印机色组数量有增加的趋势。市场上以$9\sim10$个色组最常见，但如果采用联线涂布和复合，单元可能更多。

⑥ 适用油墨范围 确定适用于溶剂性油墨还是水性油墨，如果使用水性油墨，一般在干燥系统要增强干燥能力，储墨箱、供墨系统要考虑采用防锈材料或进行必要处理。

⑦ 最大料卷直径 软包装凹印机最大料卷直径一般为$800\sim1000mm$，但在低速机上常用600mm，在联线复合凹印机中，收卷直径常采用1250mm。

⑧ 全宽张力范围 对一般宽度的凹印机，张力范围大多在$30\sim300N$，如同时印刷薄纸，最大张力可达400N或500N等。

⑨ 联线加工方式 最常用的联线加工是复合（包括干法、湿法和无溶剂复合）和涂布（包括普通涂布、热溶胶、冷封），还可采用其他联线加工方式。

⑩ 套印精度 对于一般软包装材料，"色-色"套印误差一般可达$\pm(0.1\sim0.2)mm$。而对于拉伸性很大的材料（如PE），一般只能达到$\pm(0.3\sim0.5)mm$。

⑪ 电器标准、安全标准和最大噪声标准 与其他凹印机一样，必须符合相关的行业标准、国家标准或国际标准。

⑫ 溶剂残留量标准 由于软包装经常用于接触食品和药品，必须满足越来越严格的卫生标准。其中最重要的衡量指标是溶剂残留量，各国甚至一些大公司都有自己的标准。

应该指出，复合软包装溶剂残留量的影响因素不仅包括凹印工序，还包括复合工序。

此外，软包装凹印机使用多种干燥热源，但在联线涂布和复合凹印机中，一般要求温度较高，因此，蒸汽使用较少，而电和热油使用较多。

设计软包装凹印机时，除上述指标外，还需要确定下列技术规格，如墨槽容量、单面或双面印刷色组数量及其布置和干燥主要参数（包括独立干燥室数量、料带路径最大长度、最大送风量、喷嘴处热风最高温度、喷嘴处热风最高速度、喷嘴数量、冷却辊数量）等。干燥箱的设计对于热敏性材料尤为重要。在没有特定限制条件时，干燥箱应尽量采用单边干燥室，以减少相邻两个压印点之间料带的长度。

（3）主要结构特点　由于承印材料不同，与折叠纸盒凹印机相比，软包装凹印机在结构上有一些自身的特点。

① 张力控制系统要求更高。由于大多数为拉伸性材料，因此，张力较小，张力控制的精度、灵敏度、稳定性都要求更高，特别是进料部分张力控制必须有很高的精度，以保证进入印刷单元料带的稳定性。此外，张力检测必须采用行程较大的浮动辊。

② 走料路径布局更严格。由于大多数承印物是拉伸性材料，走料路径的布置要更严格（包括两个压印点之间的距离、料带包角等），过渡辊直径较小。对于可能使用铝箔和镀铝膜的凹印机，通常采用光辊，并尽量缩短路径。

③ 由于部分软包装材料是热敏性材料，干燥和冷却系统应尽量减少温度变化。

④ 由于材料厚度较小，料带交接一般采用搭接方式，而不需要采用对接方式。

⑤ 由于薄膜材料着墨力不如纸张类材料，生产速度较低，材料表面处理就成为成功印刷的重要因素。所以，需要安装电晕处理器，以提高油墨和涂布胶的附着性能。尽管薄膜在出厂前一般都要进行电晕处理，在机处理的薄膜比例在逐渐减少，但对于处理不良或存放时间过长的薄膜，仍需要重新处理。

⑥ 由于压印力较小，使用套筒型印版滚筒的比例要多于折叠纸盒凹印机。

⑦ 由于大多数材料是透明薄膜，料带导向装置一般不采用光电传感器，而采用气动或超声波传感器；套准扫描头、图像观测仪系统等需要加装反射板。

⑧ 外形尺寸较小。由于材料厚度较小，料卷直径不大（有时可为600mm），有时放卷部分可与进料部分在一个单元上，而出料部分可与收卷部分在一个单元，因此，结构较紧凑。

⑨ 联线加工配置几乎完全不同，主要是涂布、复合等，不会采用联线横切、联线模切等纸张加工常用的单元。

⑩ 由于表面光滑，细微层次再现较好，因此，一般不使用静电辅助移墨（ESA）系统。有些软包装凹印机也安装此类装置，主要是针对特殊产品和满足可能进行纸张印刷的需要。

三、纸包装凹版印刷

随着电子和激光雕刻机的普及应用，凹版在纸包装印刷中会发挥更大的作用。现代凹版印刷技术为电子轴传动、印刷小车和套筒式滚筒。

1. 纸盒的印制工艺

应用凹印机（或凹印生产线）印制折叠纸盒的工艺主要有以下方式：

① 设计—制版—凹印—模切；

② 设计—制版—凹印—烫印—模切；

③ 设计—制版—凹印—烫印（UV）—模切；

④ 设计—制版—复合（纸塑）—凹印—烫印（UV）—模切；

⑤ 设计—制版—复合（纸塑）—剥离—凹印—UV上光—模切。

纸盒的印后加工是所有印刷产品中最复杂和最重要的工序。如利乐包的四层塑料从外层、复合层、内层1、内层2分别用不同厚度的聚乙烯或改性聚乙烯树脂为原料，经过四台挤出机挤出成型后的薄膜与纸张、铝箔黏合在一起。

2. 折叠纸盒凹印机

（1）配置形式和结构

① 放卷—印刷—收卷　适用于各种厚度的纸张和纸板印刷，是折叠纸盒印刷初期的基本形式，其后加工方式灵活性大，但生产周期长、工序分散而且控制难度大。由于联线加工的普及，这种形式现在使用比例较小。

② 放卷—印刷—联线横切　适用于各种厚度的纸张和纸板印刷，其后加工方式灵活性大，是目前使用比例最高的配置形式。

③ 放卷—印刷—联线平压平模切　适用于厚度较大的卡纸和纸板印刷，加工精度较高，但其产品要求批量较大。

④ 放卷—印刷—联线圆压圆模切　适用于厚度较大的卡纸和纸板印刷，加工精度较高，但其产品要求批量较大。相对而言，比配置③可获得的加工精度和效率更高，但产品批量和设备投资也要求更大。

⑤ 特殊凹印机　如联线复合（+剥离）、烫金、全息模压（定位或不定位）等。适合一些对防伪、环保要求较高的纸盒印刷加工，近年来其应用有迅速增加的趋势。

一台典型的带联线横切机的折叠折盒凹版印刷机的组成主要有：放卷单元、纸张预处理单元、纸张导向装置（纠偏机构）、纸带展平装置、纸面清洁装置、进料张力控制单元、色组凹印部分、出料张力控制单元、联线横切单元、收卷单元、纵向和横向自动套准系统、图像观测仪、油墨黏度控制器、静电辅助移墨器（ESA）、静电消除器和故障诊断系统。

此外，还可以选用诸如辅助排风系统、预清洗系统、印刷机监管系统和远距离技术支持系统等。

（2）主要技术规格和应用　折叠纸盒凹印机与软包装凹印机在原理上相同，但主要技术规格有所区别。

① 承印材料　各种厚度的纸板，最常见的纸张定量为$80\sim350g/m^2$，不同配置的机器适应纸张厚度范围不同。

② 最大料带宽度或印刷宽度　纸张宽度可采用从窄幅到宽幅的各种规格，主要有$22''$（558mm）、$26''$（660mm）、$32''$（812mm）、$40''$（1016mm）到$55''$（1397mm），其中$26''$（660mm）、$32''$（812mm）较为常用。

③ 最高机械速度或最高生产速度　一般折叠纸盒凹印机的印刷速度为$250\sim350m/min$，但"放卷—印刷—收卷"型的凹印机速度可达$500\sim600m/min$。

④ 印版滚筒周长或图文重复长度范围　常为$450\sim920mm$，因具体设备而异。

⑤ 印刷色组数量　折叠纸盒凹印机过去常采用 5~6 个印刷单元，近年来以 7~8 色为最常见。

⑥ 适用油墨范围　现代凹印机一般都可使用溶剂性油墨或水性油墨。

⑦ 最大料卷直径和芯管内径　最大放/收卷直径与待印纸张厚度范围有关，一般最大卷径为 1250mm、1500mm、1800mm、2000mm 等。芯管内径常为 76mm、152mm 和 304mm。

⑧ 全宽张力范围　一般为 50~500N/全宽、60~600N/全宽，最大为 100~1000N/全宽。

⑨ 联线加工方式　形式多样，以适合不同产品、不同规模的需要，不同工序联线组合有增加的趋势。

（3）主要结构特点　折叠纸盒凹印机与软包装凹印机相比，有如下特点：

① 放卷单元一般采用对接装置。由于纸张厚度较大，采用常见的搭接方式将会对压印机构产生较大的冲击，并难以在印后联线加工如联线圆压圆模切时正常输纸。因此，绝大部分折叠纸盒凹印机采用无间隙对接放卷装置，其中较多采用"零速"对接方式。

② 通常在放卷部分出口处安装纸张预处理装置，主要包括以下部分：

a. 预处理室　用于纸带的温度和湿度控制，自动温度控制，并在预处理箱出口处安装冷却辊。根据实际需要可采用单面或双面处理。

b. 展平装置　用于纸带弯曲的消除和平整，以便正常输送和印刷。

c. 纸面清洁装置　用来对纸张表面进行清洁处理并排除纸灰及松散纤维，以避免印刷时可能出现"露白"等弊病。根据实际需要可采用单面或双面处理。

③ 联线加工工艺　折叠纸盒凹印机通常提供了许多联线加工作业，如：横切（亦称切大张）、平压平模切、圆压圆模切、压痕/凹凸、涂布、复合、冲压/打孔、定位烫金。除涂布和复合外，其他加工方式不会在软包装凹印机中采用。

④ 广泛使用静电辅助移墨装置（ESA）。

⑤ 自动套准控制系统除用于多色印刷外，还广泛用于联线加工单元（横切、平压平模切、圆压圆模切）。

3. 折叠纸盒凹印机联机印后加工

除放卷单元、纸张预处理单元、纸张导向装置（纠偏机构）、纸带展平装置、纸面清洁装置、进料张力控制单元、多色凹印色组单元、出料张力控制单元、收卷单元、纵/横向自动套准系统、图像观测仪、油墨黏度控制器、静电辅助移墨器（ESA）、静电消除器和故障诊断系统外，折叠纸盒凹印生产线在印刷色组之后增加一个或多个联线加工单元，包括涂布、复合、横切、模切（包括平压平模切和圆压圆模切）、压凹凸、烫印、全息模压、冲压/打孔等单元。

第六节　凹印质量控制

一、自动套准控制系统

为了保证凹印质量，要求凹印机能实现纵向和横向的准确套印。对层次版印刷而言，国际上普遍接受的套印标准，色-色套印的最大允许误差大约为 0.1mm。如果不借助于自动套准系统，任何凹印机都无法稳定持续地达到这一标准。

由于现代生产效率的提高和料带控制难度的不断增加，自动套准控制系统已成为凹印机的关键配置。

由于料带在运行过程中，纵向（沿行进方向）和横向（沿印版滚筒轴向）受力和变形状态完全不同，因此，在这两个方向套准控制的方式和难度差异很大。一般来说，纵向套准更为复杂和困难。在实际生产中，考虑到成本和印品质量等因素，凹印机纵向套准控制都采用自动方式，而横向可能为手动、半自动或自动套准方式。

1. 纵向自动套准控制

（1）几个基本概念

① 套准色标（mark） 也常称为马克线、规线等，它是不同颜色的相对位置参考基准。单纯用于纵向套准的色标通常是一根直线（可采用1mm宽×7mm长），与料带行进的方向垂直。但线段长度可根据使用不同材料而有所不同。线段长度应该保证在料带横向摆动时控制系统仍能正常工作。

② 扫描头 检测色标相对位置误差的传感器。扫描头一般采用双点光源，可将两束聚焦良好的光线投射到料带的表面，跟踪两个待比较的色标。扫描头接受从料带反射过来的图像信号，与前一色组的信号进行比较。扫描头内的光学系统能够区分套准色标颜色与材料本色之间的反射率差异。如果套准正确，两个色标应该与其光线位置一致。扫描头安装在压印区域的后面，尽可能地靠近压印区域。扫描头一般是固定在横杆上，位置可以在机器全宽范围内横向调整。对于纸张等不透明材料来说，料带可由过渡辊支撑。但对于透明材料则需要在扫描区域支撑一个表面微凸的镀铬反光板。

③ 补偿辊 补偿辊是一个线型调节机构，如图3-40所示。控制装置驱动补偿辊由电机和滚珠丝杠来带动补偿辊上下移动，使得压印点之间的料带长度增加或减少，从而使套印色标相对位置向前或向后移动。补偿辊机构相当重要，必须无间隙运动，并与其他辊保持平行。执行电机必须对启动和停止指令极为灵敏。

④ 预套准 在机器低速时，通过按钮调整补偿辊位置，使所有补偿辊进入自动控制系统的工作范围内，再加速机器，补偿辊即转入自动工作模式。有些自动套准系统具有存储和调用补偿辊位置参数的功能，这样就可以缩短辅助时间，降低废品率。

⑤ 门 在自动套准控制系统中，扫描头在滚筒运转一周的大部分时间是不工作的，只在一段足够检测两个相关套准色标的短暂时间内处于激发状态，这一激活区间被称为"门"。当相关的套准色标处于"门"之内时，自动系统就可以进行控制，因此，"门"决定了自动套准系统的工作

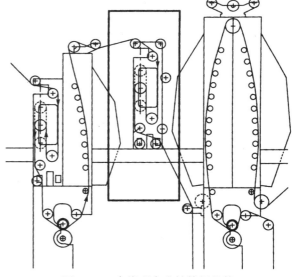

图3-40 直线型套准补偿辊机构

区间。

（2）纵向自动套准原理　图 3-41 所示为四色组凹印机典型纵向套准系统，扫描头一般安装在紧靠压印区域出口处。第 1 色组无扫描头，从第 2 色组开始之后各色组均有扫描头。该系统的工作原理是：第 2 色组上的扫描头 S/H1 检测第 1 和第 2 色组的套准色标时，利用补偿辊 C1 来改变第 1 和第 2 色组之间的料带长度，使色标 2 回到其目标位置上。依次地，用 S/H2、S/H3 分别检测第 2 和第 3、第 3 和第 4 色组的套准色标，通过 C2、C3 分别改变相应的料带长度，即可完成第 3 色和第 4 色套准控制。如果是在色组更多的凹印机，上述过程重复进行。

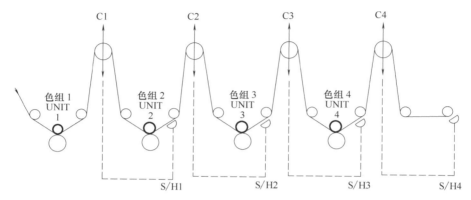

C1、C2、C3、C4—套准补偿辊；S/H1、S/H2、S/H3、S/H4—扫描头。

图 3-41　色-色套准控制原理

纵向套准误差的纠正方式有两种，即通过改变色组间料带长度或改变印版滚筒的相位来实现。电子轴传动凹印机，其纵向套准则不采用补偿辊机构，而是由独立驱动电机直接调节印版滚筒的圆周位置来修正误差。换言之，电子轴传动凹印机是通过改变印版滚筒相位来进行纵向套准的，印刷色组之间的料带长度是保持不变的。

2. 横向套准自动控制

横向套准自动控制的采用较晚，它的出现除了适应设备效率和印品质量提高的要求外，在一定程度上得益于扫描头性能的提高，使得纵向和横向可以组合套准。

用于横向和纵向套准的新色标已经取代了原来的直线色标。这种色标也可用于没有安装自动横向套准装置的旧式凹印机，仅用于纵向套准。

（1）楔形套准色标　新色标是楔形色标或梯形色标。常用规格：窄边为 1mm、宽边为 4mm、长边为 7mm，其前边与印版滚筒轴线平行。扫描头安装在色标的中间，当色标经过扫描头时，任何横向偏差都可以由光电扫描头检测到宽窄变化的干扰信号，这个信号输送到控制单元，由控制单元直接操作纠正机构。

（2）误差纠正方法　横向误差的纠正是通过马达驱动预加载螺杆移动滚筒轴承实现的。

（3）控制方式　与纵向套准一起，扫描头对两个相邻套准色标进行比较。第 1 色组色标在到达第 2 色组时才被扫描并与第 2 色标进行比较。利用横向套准电机将色标 1 相对于色标 2 进行套准。同样地，色标 3 相对于色标 2 套准，色标 4 相对于色标 3 套准。

与纵向套准不同，第 2 色组始终是基色。一旦第 2 色印版滚筒移动，其他色组都要随着移动。因此，在初期手动调整时，所有调节都应该相对于第 2 色组进行。在新近出现的套准控制系统中，大多采用第 1 色组色标作为横向套准基色。

3. 套准色标和套准控制模式

（1）套准色标及其应用　卷筒料凹印机上常见的套准色标有：①直线色标，仅用于纵向套准；②楔形色标（梯形色标）或三角形色标，适用于纵向和横向套准；③微型色标，适用于纵向和横向套准。

（2）套准控制模式　根据凹印色标布局方式不同，套准控制系统有两种工作模式，即顺序色套印和基色套印。顺序色套印是指所有色标依次顺序排列，扫描头通过相邻两色组色标的间距来检测套印误差（一般是后色相对于前色的误差），并依此来进行套准控制。这种模式的最大优点是套准误差修正迅速，因此，在实际生产中使用非常普遍。前述四色套准控制系统采用的就是这种模式。

基色套印是指所有其他色标都与基色色标相邻排列，扫描头通过各色组色标与基色色标之间的间距来检测套印误差（为各色相对于基色的误差），并依此来进行套准控制。这种模式正在推广使用中。一般情况下，基色为第 1 色。这种方式的最大优点是各色标检测基准相同，可以避免后一色相对于前一色带来的累积误差，因此，套准精度比前一种更高、更稳定。

在有些场合将这两种模式分别称为 A 模式和 B 模式。为了充分利用这两种模式的优点，有些自动套准控制系统可使用 A+B 组合模式：在升降速阶段采用 A 模式，而在稳速运行阶段采用 B 模式。

根据获取误差信号方式的不同，自动套准也有两种控制模式：

① "色标-色标" 套准控制。所谓 "色标-色标" 套准方式是扫描头总是比较两个色标来检测套准误差。绝大多数套印都是采用这种方式。

② "色标-脉冲" 套准控制。所谓 "色标-脉冲" 套准方式是将一个套准色标与一个滚筒周向位置或裁切位置（脉冲信号）相比较。印版滚筒每转动一周，在版周某个位置产生一个脉冲，将该脉冲与前一色组色标在扫描头处进行比较。这种方式套准的检测和纠正都只使用一个色标，套准精度不如 "色标-色标" 高，因此，它只使用在印刷机的特殊单元上（ "色标-脉冲" 本身精度就稍低，因为脉冲信号是利用机械方式产生的，而机械本身就有微小误差）。一个典型例子是在印刷图案中定位涂布透明黏合剂。这种方式使用在最后一个色组上，由于没有颜色，扫描头无法进行检测。这就需将前色组套准色标与涂胶滚筒位置进行比较。最后一个印刷单元用于涂布是常见的情况。由于涂布通常是在料带背面进行的，因此，该色组需要可正面或反面印刷，这就意味着扫描头的位置需要移到色组的另一侧。

二、在线检测系统

过去，印品质量的在线自动检测常采用频闪观测仪、摇摆观测镜和旋转观测器等三种方法来观测印品质量，这些装置虽然目前还在继续使用，但正在被新型观测和检测系统所取代。

现代印品质量观测和检测系统主要有 3 种，即图像观测仪、自动印品缺陷检测系统和全面质量自动控制系统。

（1）图像观测仪 图像观测仪是目前最常见的印品质量观测系统，由摄像机、频闪光源、可变焦距透镜和横向调节机构等组成，可提供高质量的图像。这些图像可被连续地显示和观测，并可与一个参考图像进行比较，即可显示检测结果。

（2）自动印品缺陷检测系统 自动印品缺陷检测系统是一个适时质量检测系统。其观测装置（数字摄像机）与计算机控制系统相连，不只是简单地进行观测，还可以将实际图像与参考图像进行比较，当套准和色彩出现较大偏差时，可以向操作者发出视听警示，并可在收卷时将相应的缺陷指示器（如小红旗）自动插入料卷的边缘。

这一系统可分辨的四种基本缺陷包括：刀丝、脏点、墨雾、结构缺陷等。当检测到某种缺陷超过其预先设定的标准时，该种缺陷及其警示信息（刀丝、套印不准、偏色、脏点、飞溅等）将显示在屏幕上。

一般情况下，印品缺陷自动检测系统的功能主要包括以下内容：①对不同的缺陷设定不同的阈限；②选择缺陷的不同显示模式（适时、累计或仅最后缺陷）；③检测缺陷警示信息并在屏幕上显示；④显示缺陷的排除处理方法；⑤与外部警示装置连接（视听警示）；⑥进行缺陷记录等。

（3）全面质量自动控制系统 上述自动印品缺陷检测系统通常是对印刷区域部分的检测，但全面质量自动控制系统不仅具有上述系统的全部功能，还可以100%地对印品质量进行检测、比较、标示、警示、管理等。其优点是：①对印品进行100%监测（宽度上100%、时间上100%）；②可以标注和分类所有的印品质量缺陷；③可以最大限度提高生产率、增加印刷机速度；④可以降低废品率，增加客户满意度；⑤使短版活印刷加工变得更容易，成本更低。

国外一些先进的凹印机已开始采用自动印品缺陷检测系统和全面质量自动控制系统。我国在印品质量自动检测方面研究起步虽然较晚，但在国家"做强做优做大实体经济"的政策号召下，近年来取得了显著的进步。2013年国家重大科学仪器设备开发专项重点支持了"微米级高速视觉质量检测仪"项目，该项目是由北京凌云光技术公司牵头，中国科学院长春光学精密机械与物理研究所、清华大学、国防科技大学、北京印刷学院等共同参与研制的可用于印刷品在线质量检测的自动化设备。该设备最大检测精度可达到 $50\mu m$，检测速度达到 $300m/min$，色差检测精度达到 $\Delta E < 2$ 的人眼极限水平，达到国际领先水平。

三、油墨黏度自动控制系统

黏度是油墨流动能力或流动度的度量指标，对于印刷适性、干燥速度、套色印刷、光泽度、固着力和油墨渗透性都有一定影响，因此，在印刷机上必须检测和保持油墨的黏度值，只有对黏度进行控制才能保证在整个印刷过程中得到稳定的印品质量。

在高品质印刷中，为了保持质量稳定，必须保持恒定的油墨黏度。黏度自动控制系统可进行连续的检测和调节，保持油墨黏度值维持在设定的水平上。

控制油墨黏度时，在电动机转轴的一端固定一块圆盘或一个圆柱体，将其浸入油墨后测量其扭矩。当油墨的黏滞性改变时，制动力将发生变化，从而引起电动机中电流大小的改变。传感器的测量脉冲不断地与控制单元的设定值进行比较，任何变动都可以被立即检测出来。电磁阀作为执行机构，控制向储墨箱添加适量的溶剂，从而使黏度维持在设定水平上。

黏度控制的电子控制器可以作为一个独立的单元，也可集成到凹印机的主控制台上。由于传感器和电磁阀都是在有爆炸危险的区域内使用，必须遵守相关的安全规定。

四、LEL 溶剂浓度自动控制系统

LEL 是英文 lower explosion limit 的简称，意为"溶剂浓度爆炸下限"。自动 LEL 控制系统即溶剂浓度自动控制系统。

在凹印过程中，当使用的挥发性溶剂在空气中的浓度达到一定水平时，就有可能发生爆炸，对操作人员和生产设施的安全构成严重危险。因此，溶剂浓度宜低不宜高。另一方面，由于现代高速凹印机干燥系统总是希望最大限度地进行热风循环，以降低能耗和成本，而热风循环比例越大，溶剂浓度增加就越迅速，必须在安全和节能之间找到最佳平衡点，即在确保安全的前提下，使热风循环比例最大。另外，由于不同溶剂的爆炸下限值不同，实际使用的也不总是单一溶剂，必须通过自动检测和调节才能实现目标。

LEL 自动控制系统已经广泛用于热风循环系统中溶剂浓度的自动控制和调节，其组成和功能主要包括浓度检测系统、浓度调节系统、安全防护系统。

五、故障诊断信息系统

故障诊断信息系统由各种传感器、程序逻辑控制器和显示装置等几部分组成。凹印设备上安装了数量很多的不同传感元件，如光电传感器、接近开关、电位器、限位开关、温度传感器等，一旦设备出现故障，就会通过这些器件将信号传输给可编程序控制器（PLC），同时，在设备上工作的除 PLC 以外的电子装置，如调速装置等也会将马达的各种故障信号（如过流、过压、过速及过载等）及张力控制过程中的各种故障信号传输给 PLC。

PLC 中有一套故障诊断程序，这套程序在接受了所有的故障信号后，会将其翻译成相应的一段文字，并通过通信电缆将这段文字显示在终端屏幕上，操作/维修人员可根据显示出来的文字信息（如"英文字母–数字"的组合方式），迅速准确地找到相应的故障所在。

六、凹印机集成管理系统

凹印机集成管理也称凹印机监管系统，是印刷机上采用的最先进的一种控制和管理系统，其目的是为用户提供在单一系统上集中监视、印刷机控制和生产监控的有效方法。

包装凹印机监管系统通常集成了故障诊断信息系统、速度和计数单元、集成化预设定装置、计算机主控制台和集成化干燥系统等功能。

普通的凹印机监管系统应具有如下功能。

（1）预设定　进行参数管理和印刷机预设定，一般控制点包括所有张力控制点、所有套准补偿辊和所有电子温度控制点。

（2）故障诊断显示　检测故障和印刷机停机原因，并以图形/文字方式进行显示，同时还可记录印刷机每个故障和停机时间。

（3）印刷机状态图 印刷机整体布局图，显示其在不同时刻的运行状态。

（4）印刷机管理 印刷机速度的数字和模拟显示，生产统计和分析，油墨、纸张的消耗数据和废品率的分析等。

其他非自动控制的参数值也可存储在预设定数据库内，用户可查寻存储数据，进行手动设定，当然也可进行日常打印。

七、凹印常见故障原因及其排除

凹印生产过程中，由于机器、材料、操作人员、操作方法、环境等各方面因素的影响，会出现各种故障。下面主要介绍最常见的故障现象、产生原因及解决办法。

1. 刀丝

刀丝现象，也称为刮墨刀痕，是指出现在印刷品中图案空白部分圆周方向的线状痕迹。

主要原因：来自刮墨刀、印版、油墨等方面。如刮墨刀平直度太低；刮墨刀刀口损伤；油墨黏度过高；油墨颗粒度太大；铬层光洁度不好；铬层硬度不高；滚筒加工与安装精度低。

解决办法：调整刮墨刀角度、高低位置；刮墨刀与印版的角度和压力；及时打磨或更换新刀；向油墨中加入适量溶剂，以降低黏度，增加流动性；采用油墨添加剂；过滤油墨或清洗过滤装置；打磨滚筒，或重新镀铬并抛光；控制好印版滚筒加工精度与安装精度。

2. 溶剂残留超标

现象：印刷品中有机溶剂残留量大，并伴有臭味发生。

主要原因：油墨成分选择不当；油墨涂膜的干燥条件或干燥机效果不良；薄膜树脂成分和性质缺陷。

解决办法：选用溶剂类型和比例适当的油墨；适当调整干燥温度和机器速度；选择不同种类的薄膜。因此，应从薄膜生产厂取得有关残留倾向的预备知识。

3. 网点丢失

现象：也称小网点不足，指在层次版印刷中出现的小网点缺失现象，常见于纸张印刷。

主要原因：印版滚筒网穴堵塞；压印滚筒表面不光洁或硬度不合适；油墨内聚力偏大；纸张表面比较粗糙。

解决办法：加大印刷压力；使用硬度较低的压印滚筒；降低油墨黏度，同时提高印刷速度；选择一些对印版亲和性较弱、对印刷基材亲和性较强的油墨；如有可能，可开启静电辅助移墨装置（ESA）；必要时，换掉表面粗糙度低的材料。

4. 脏污

现象一：油墨滴落或飞溅到承印物上。

主要原因：墨槽（滚筒）两端的密封不佳；印版滚筒的端面不光洁或倒角不合适，高速时甩出油墨；油墨流量过大。

解决办法：调整好密封装置挡墨片的位置；制作滚筒时要注意端面光洁，倒角适宜，或打磨印版滚筒端面；降低印刷速度；调整油墨流量。

现象二：印版非图文部分油墨未被刮净，转印到承印物上。

主要原因：刮墨刀未与印版滚筒紧密接触，油墨从刮墨刀与滚筒之间的间隙流出。

解决办法：提高印刷速度时，适当增加刮墨刀压力；保持刮墨刀压力均匀，如检查并调整刮墨刀的平直度和角度；横向局部出现脏污时，检查并排除刀口上的异物。

5. 纵向套印不准

现象：纵向套印无法稳定达到正常精度。

主要原因：料带张力变化。如印刷机参数设定不当，主要是张力、干燥和冷却温度、压印力等；料卷质量状况差，平整度、同心度和均匀性太低；预处理装置未使用或不能正常工作；交接纸干扰；加速和减速，特别是在宽幅机上印刷窄幅材料时更为严重；滚筒尺寸不正确，比如尺寸误差大、偏心、椭圆、锥形、不平衡等，滚筒递增量不合适；压印故障，比如橡胶硬度不正确或弹性改变；压印滚筒宽度不合适，导致端面变形，使印刷压印区接触不良；压印滚筒气压不稳定；油墨黏度和刮墨状态改变；其他各种滚筒如过渡辊、冷却辊精度下降。

解决办法：正确设定印刷机各种参数，并根据实际情况进行适当调整；检查并规范原材料质量，必要时更换材料；检查并正确使用预处理装置，特别是纸张温湿度和薄膜表面处理；选择合适接纸方式，并注意相关机构（裁切机构）的状况；选择合适的加速度变化率（尽量选用低值），并尽量选用较大的料带宽度；严格控制印版滚筒各参数，特别是递增量；选择合适的压印滚筒材料和尺寸，检查并调整压印气缸状况和压印力；及时调整油墨黏度，尽量采用自动控制系统，检查并调整刮墨刀的状况；保持各滚筒表面清洁，严格按要求进行润滑，检查并及时调整其精度。

6. 横向套印不准

现象：横向套印无法稳定达到正常精度。

主要原因：由机械缺陷、材料性能或动态效应等因素引起的问题，如张力控制系统错误或设定不正确；纸张通过高温表面处理或干燥箱后因水分损失而收缩。滚筒递增量不合适；料带不能精确导向；滚筒偏差或位置精度不良使料带不断产生横向漂移；印刷副之前的导引辊（偏转辊）调整不当；反面印刷翻转杆装置产生横向摆动；料带和滚筒之间失去附着力。

相应的解决办法有：正确设定张力，检查张力控制系统状况或缺陷；正确设定纸张干燥和冷却温度等参数；在每个干燥箱之后利用低压蒸汽重新润湿，或用更好的方法即在印刷之前蒸汽加热，均匀去除纸张水分；增加张力以克服滚筒缺陷，如必要时须更换滚筒；检查并调整纠偏机构，如清洁传感器；精确调整导引辊；检查所有过渡辊和其他滚筒相对于印版滚筒的恒定误差；翻转杆装置输出端使用马达对角杆进行微调或增加牵引副；采用表面材质合适、尺寸正确（螺旋角、沟槽宽度和深度）的螺旋滚筒以在料带通过时排除空气。

7. 色差

现象：印刷过程中，同样产品卷与卷、批次与批次之间出现颜色差异现象。

主要原因：油墨批次不同在配制时产生的色差；油墨浓度改变；印版滚筒着墨量变化，包括印版滚筒磨损或多套印版滚筒参数（如雕刻的网线数、网角、深度、表层硬度等）不一致；重复印刷时工艺参数未保持一致；承印材料本身存在色彩差异。

解决办法：保证每次配墨配比一致，颜色稳定；严格控制好油墨的黏度，尽量采用自动溶剂添加装置；及时更换印版滚筒，严格控制新制作滚筒的参数；防止层次版因堵版引起的色差；稳定印刷速度；调整刮墨刀角度；防止旧油墨使用不当引起色差。

8. 导向辊粘脏

现象：料带经过干燥后导向辊上沾染所印油墨的颜色，使后面产品被脏污。

主要原因：直接原因是印刷油墨的干燥不良，而造成油墨干燥不良的原因是多方面的，如油墨干燥性能不佳，干燥系统能力不强，印刷速度过快等。

相应的解决办法有：检查并确定所使用的溶剂类型是否合适，如有必要更换成快干性溶剂；适当提高烘干温度；适当降低印刷速度；与油墨供应商研究改进油墨的干燥性能，特别是印刷非吸收性材料时。

9. 飞墨

现象：印刷时，不时有墨点飞溅到料带上，污染印刷表面。

主要原因：刮墨刀压力太大；刮墨刀破损、有缺口；印版滚筒防溅装置未密封好。

解决办法：适当减小刮墨刀压力；打磨或更换刮墨刀；调整好防溅装置。

10. 堵版

现象：在印刷品特定部位（往往是高调部分）着墨量不足、图文不能完全复制再现。

原因：大多由油墨干结堵塞网穴引起。其原因主要在油墨方面，如油墨颗粒较粗、油墨中连结料再溶性差、黏度过高或干燥过快等。也可能与印版图文部分的网穴深度过浅有关。

解决方法：清洗印版；使用颗粒较细的油墨；适当降低干燥温度；控制印刷车间温湿度；尽量缩短刮墨刀与压印滚筒之间的距离；混合使用慢干溶剂，适当提高印刷速度；经常搅拌油墨，及时添加新油墨或更换新油墨；重新镀版或重新制版；及时清洗印版，或者把它们浸入墨槽中连续空转；避免溶剂误用，应使用正规的专用稀释溶剂。

11. 起皮

现象：墨槽中油墨表层部分干燥，形成一层皮膜。皮膜附着到滚筒上可造成凹凸不平、刀痕、污染等。

主要原因：油墨干燥过快，或流动性差；墨槽结构不好，油墨存在不流动的滞留部分；热风系统泄漏，加速了油墨表层干燥。

解决办法：降低油墨的干燥性，增加油墨的流动性；改进墨槽结构，使油墨能均匀流动；或采取临时性措施，如在墨槽中飘浮聚乙烯管；对干燥箱增大排风量或加强密封措施，也可改进或调整墨槽密封装置。

12. 干燥不彻底

现象：干燥太缓慢，导致析出、导辊污染、黏着、油墨过多地渗入纸张，或引起印品卷曲以及因残留溶剂量增加而发出臭味。

主要原因：溶剂干燥性不够；干燥系统能力不足；印刷速度太高；印版墨穴深度过大。

解决办法：使用专用溶剂或快干溶剂；调整印刷速度；调整干燥参数（如风量、风速或温度）；调整印版滚筒参数。

13. 静电障碍

现象：静电蓄积放电时在直线部位产生条状斑痕状图案，破坏了图像的形成，并可能引起火灾（冬季更易发生）。

主要原因：高阻值薄膜或其他材料与电位差不同的其他物质接触、剥离、摩擦而发生。

解决办法：对于薄膜，可采用防静电剂等方法来减轻障碍，但如使用种类、分量不当则会发生黏合和层压障碍；淋水和使用加湿机或向印刷车间中导入水蒸气等以提高湿度；使用静电消除器，在印刷机上所有与材料接触的牵引副（进给部分、所有印刷单元、出料单元等）都安装静电消除器。

习　　题

1. 试说明凹版印刷的特点和分类。

2. 凹版印刷层次的表现方式有哪些？

3. 简述凹版滚筒的制作方法。

4. 什么是照相凹版？其主要特点是什么？

5. 电子雕刻制版、激光雕刻制版和激光腐蚀制版有何区别？

6. 凹印打样有哪几种方法？

7. 凹印机的分类方法有哪些？

8. 凹版印刷机的基本组成有哪些？印刷单元、放卷单元和收卷单元有何特点？

9. 试说明不停机自动换卷的工艺过程。

10. 简述料带导向装置主要的组成与作用。

11. 试简要说明凹印机的自动纵向套准原理。

12. 举例说明折叠纸盒凹印机和软包装凹印机的组成和特点。

13. 水基型凹印油墨有何特点？如何选择和使用？

14. 简述凹印油墨的主要性能指标及测试方法。

15. 如何考虑凹印油墨的印刷适性？

16. 常见凹印的故障主要有哪些？如何排除？

17. 塑料薄膜为什么在印刷前要进行表面处理？

18. 软包装印刷主要采用什么印刷工艺？

19. 什么是塑料薄膜的里印工艺？与一般印刷有何不同之处？

20. 举例说明塑料包装容器的印刷方法。

21. 凹版印刷的印刷压力范围是多少？

22. 简述张力自动控制装置的工作原理。

23. 凹印设备的干燥方式有何特点？简述干燥箱的组成与作用。

24. 简述视频同步观察装置的组成。

25. 说明自动套准系统的基本构成及原理。

26. 黏度自动控制系统有何作用？

第四章　柔性版印刷

本章学习目标及要求:

1. 了解柔性版印刷的原理及特点,理解印刷工艺过程及质量控制的工艺参数。

2. 归纳、对比柔性版感光制版法、干法冲洗和平顶网点印版的过程及特点,分析印版对印刷质量的影响。

3. 结合纸包装、软包装柔印工艺分析其影响质量的主要因素及控制方法。

第一节　柔性版印刷概述

柔性版印刷及
柔性版制作

柔性版印刷(flexographic printing)是用弹性凸印版将油墨转移到承印物表面的印刷方式。柔性印版是由橡胶版、感光性树脂等材料制成的凸版,所以,柔性版印刷属于凸版印刷的范畴。

柔性版印刷原名叫"苯胺印刷",因使用苯胺染料制成的挥发性油墨印刷而得名,由于印刷油墨含有苯,应用范围受到限制。后来改用不易褪色、耐光性强的染料或颜料代替苯胺染料,因此,1952年10月第14届包装会议上将苯胺印刷改称为"Flexography",意为可挠曲性印版印刷,我国称为柔性版印刷。

由于柔性版印刷技术不断进步和发展,应用范围日益广泛,美国柔性版印刷协会(FTA)1980年对柔性版印刷做了如下定义:柔性版印刷是一种直接轮转印刷方法,使用具有弹性凸起的图像印版,印版可黏固在可变重复长度的印版滚筒上,印版由一根雕刻墨孔的金属墨辊施墨(网纹传墨辊),由另一根墨辊或刮墨刀控制输墨量,可将液体和脂状油墨转印到承印材料上。

一、柔性版印刷原理及特点

1. 柔性版印刷的发展

(1)柔性版印刷的发展过程　柔性版印刷起源于20世纪20年代,由美国人发明,约有100年历史。常用的柔性版印刷油墨主要有溶剂型油墨、水性油墨和UV油墨。柔性版印刷水性油墨绿色环保、无毒,其连结料主要由水和树脂组成,不含有机溶剂,可以最大限度地减少VOCs(挥发性有机化合物)的排放,防止大气污染,改善印刷作业环境,保障从业者的身体健康,避免印刷品表面残留过多的溶剂气味,特别适用于食品、饮料、药品等卫生条件要求严格的包装印刷产品,已获得美国食品药品协会认可。水性油墨柔性版印刷是目前最环保的印刷方式之一。另外,柔性版印刷UV油墨中也不含有机溶剂,油墨经过一定波长的紫外线固化后不会对环境造成污染,其安全性也获得美国环境保护局的认可。柔性版印刷墨层厚度薄,单位面积油墨消耗量远小于凹版印刷油墨的消耗。此外,柔性版印刷属于轻压力印刷,设备能耗低,柔性版制版过程对环境的危害小,超百万印次的柔性版耐印力减少了长版订单停机换版带来的材料损耗。由于柔性版印刷的环保特性，其在美国包装印刷市场中占比达到70%以上，在欧洲，特别是西欧，占比大约为50%。

（2）柔性版印刷在我国的发展现状　随着柔性版印刷新技术、新工艺、新材料的应用，以及印刷机精度和自动化程度的提高，柔性版印刷质量显著提升，开始步入高品质印刷工艺的行列，质量可与胶印、凹印相媲美。特别是随着柔性版水性油墨在薄膜类承印物上工艺逐步成熟、国家环保管控力度加强，将极大地推动柔性版印刷在软包装印刷领域的应用，从而进一步推动我国柔性版印刷市场整体的快速发展。

目前，我国柔性版印刷行业发展的现状及特点主要有以下几方面。

① 在各种有利条件的共同推动下，柔性版印刷呈现出快速发展的势头。国家相关政策和法律法规的相继出台，以及各种宣传和引导的不断深入，为绿色印刷发展起到了指导和推动作用，印刷行业绿色化发展已经成为业内共识，水性油墨柔性版印刷因其绿色环保越来越受到行业和消费者的青睐。

② 软包装印刷已经成为柔性版印刷最重要的领域之一。随着各种先进技术的不断发展与应用，柔性版印刷的质量水平有了很大提升，软包装表印和复合软包装是柔性版印刷最重要的应用领域，目前柔性版印刷软包装业务已经应用到日用化工、休闲食品、卫生用纸等包装领域，这得益于柔性版印刷健康卫生、绿色环保和高效率的特点，非常好地满足了软包装中透气膜市场的需求，使得柔性版印刷近几年在透气膜印刷领域快速增长。

③ 国产版材与柔性版印刷设备为行业发展提供了有力保障。近年来国产版材生产企业快速发展，国产柔性版材质量得到市场认可，产能有了很大提升。从海关统计数据看，柔性版版材进口量快速上升的势头有所减缓，出口量快速增长。同时，无论是机组式、卫星式还是层叠式柔性版印刷机，国产设备均占据很高比重。国产版材和设备的普及，为我国柔性版印刷企业降低成本、推动行业快速发展提供了有力保障。

④ 柔性版印刷朝着绿色化、数字化、智能化方向发展。柔性版印刷的绿色环保性进一步得到体现，主要表现在越来越多的使用其他传统印刷工艺的包装印刷企业和终端用户加快步伐选择柔性版水性油墨、UV油墨来进行生产和采购；油墨生产企业正在花大力气研发和生产更多的符合市场需求和环保标准的柔性版水性油墨、UV油墨品种供应市场；各种环保型洗版方式应用比例明显上升；废水处理、废弃处理和溶剂回收设备安装率普遍较高。

无轴传动与伺服控制技术、印品质量在线检测技术等也有较高比例应用，信息化的质量检测系统不仅为柔性版印刷企业提供质量检测设备，还提供了数字化管理服务，如将缺陷检测结果形成统计报表和质量报告融入客户本身的质量管理体系，为柔性版印刷企业收集产品质量数据打造信息化、智能化工厂提供了可行之路。

2. 柔性版印刷原理

柔性版印刷是使用柔性印版，通过网纹传墨辊传递油墨的印刷方式，其核心是简单而有效的供墨系统，如图4-1所示。墨斗中的油墨经墨斗辊传递给油墨定量辊（网纹辊），网纹辊上装有反向刮墨刀。网纹辊将适量油墨传递给印版滚筒上的印版，印版滚筒和压印滚筒进行压印，从而使油墨转移到承印材料上。可见，柔性版印刷的印版是直接通过网纹辊供墨的，因此墨路相对平版胶印短得多。

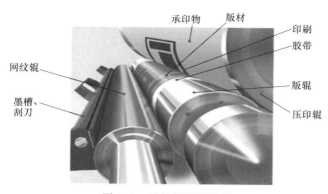

承印物　版材
印刷
胶带
网纹辊
版辊
墨槽、
刮刀
压印辊

图 4-1　柔性版印刷装置

3. 柔性版印刷的特点

① 柔性印版使用高分子树脂材料，具有柔软可弯曲、富于弹性等特点。柔性印版肖氏硬度一般在 25～60。印版耐印力高，一般在几百万印以上。柔性版印刷属于轻压力印刷，所以特别适用于瓦楞纸板等不能承受过大印刷压力的承印物的印刷。

② 承印材料广泛，几乎不受承印材料的限制，光滑或粗糙表面、吸收性和非吸收性材料、厚与薄的承印物均可实现印刷。可承印不同定量（28～450g/m²）的纸张和纸板、瓦楞纸板、塑料薄膜、铝箔、不干胶纸、玻璃纸、金属箔等。

③ 应用范围广泛，可用于包装装潢产品的印刷。柔性版印刷既可印刷各种复合软包装产品、折叠纸盒、烟包、商标及标签，又可以印刷报纸、书籍、杂志和信封等。

④ 使用无污染、干燥快的油墨。柔性版印刷生产线可使用水性或 UV 油墨，对环境无污染，对人体无危害。柔印水墨是目前所有油墨中唯一经美国食品药品协会认可的无毒油墨，因而，柔性版印刷被广泛用于食品和药品包装。每个印刷色组都设有红外线干燥系统，通过红外线热风干燥装置，墨层可在 0.2～0.4s 干燥，不会影响下一色组的套印。

⑤ 柔印机可与上光、烫印、压痕、模切等印后加工设备相连接，形成印后加工连续化生产线，综合加工能力强。因此，生产周期短、可节省后道工序的用工，避免了工序之间周转的浪费，可实现高速多色印刷。

4. 柔性版印刷的应用范围

近十几年来，柔性版印刷在世界范围内有较大发展，其印刷工艺也日趋成熟，使用范围越来越广泛，几乎可以应用于任何承印物的印刷。不仅在包装行业，在出版印刷领域也占有越来越大的比重。

（1）软包装印刷　柔性版印刷与传统的凹版印刷争夺市场。凹版印刷适合于印制大批量、层次丰富的产品，而柔性版印刷适合于印制中低档的产品，加之水性油墨柔印工艺无污染、无公害，生产周期短，价格相对低廉，随着经济的发展、人们环保意识的增强，柔印在软包装印刷中将会得到越来越广泛的应用。

（2）瓦楞纸箱印刷　柔印技术在瓦楞纸箱印刷行业占有绝对优势，印刷质量高于胶印和手工雕刻橡皮版印刷。随着人们经济能力和审美意识的增强、对包装质量要求的提高，瓦楞纸箱在销售包装的市场潜力将会逐步显露。

（3）不干胶标签印刷　窄幅联线柔印不干胶标签，印刷质量和生产效率远远优于凸印商标印刷机。

（4）折叠纸盒印刷　组合式联线柔印折叠纸盒，如食品、医药卫生用品等领域的折叠纸盒的印制。柔印机配备 UV 油墨干燥，印刷的纸盒无论其亮度、墨色厚度还是牢度都不亚于胶印，由于印后联线加工，优越性更加明显。目前，柔印折叠纸盒的产品质量已经基本上达到了大多数胶印相应产品的质量水平。

（5）建筑装饰材料印刷　柔性版印刷可实现无间断的建材印刷。

柔性版印刷是一种简捷而高效的印刷技术，柔印还可以和其他印刷或加工方式相结合，如与全息、烫印等防伪手段相结合，提高产品档次和防伪功能。

二、柔性版印刷新技术

随着新材料、新技术的进步和国内外对绿色环保印刷的需求，柔性版印刷有了迅速的发展，新技术、新工艺主要表现在以下几个方面。

（1）Bellissima 柔性版加网技术　2018 年 5 月，在美国柔印技术协会的年会上，来自英国 Hamillroad 公司的 Bellissima 加网技术获得技术创新奖，突破了传统调频网点的一些局限性，特别针对柔性版印刷表现出极其优异的印刷品质。可选配区域保护的加网技术以控制每个像素为基础来精准控制每个色版的网点，同时它的"随机玫瑰斑"在不同色版间交替来消除视觉噪声和摩尔纹。这种随机玫瑰斑最大限度地拓展了油墨和纸张接触的区域，减少了油墨叠油墨部分，扩展了色域，消除了由于套色误差导致的色偏。Bellissima 是一种数字化调制加网技术，加网数达到了 350~450lpi，超越了其他印刷方式，可以真正改变柔性版印刷。

Bellissima 不但能解决撞网和墨杠问题，还有很多其他优点：①更小的色差；②对套印不准有更大的容差；③更清晰的小阴字印刷；④仅需要微小或不需要进行 DGC 曲线修正；⑤从 PDF 文件到印刷自动工作流程的可行性；⑥没有网点过渡中的并网或脏版问题；⑦更干净的高光网点。

（2）高清网点柔性版技术　柔性版弹性模量小，容易变形，因此柔性版印刷的网点增大相对其他印刷方式更为严重，致使柔印对于从实地到绝网的渐变表现十分生硬，往往会出现人们所说的"硬口"现象。为了解决"硬口"问题，业内相关领域的研究人员提出了高清网点柔性版制版技术。该技术集成了 4000dpi 高精度的光学分辨率和更为稳定可靠的加网技术，可达到更为细腻和精确的成像效果。其核心技术主要有：

① 使用高分辨率的输出设备　配合数字式柔性印版制版，直接制版机的输出分辨率高达 4000dpi，类似于用超细的笔在纸张上写字，可以得到边缘更为光滑的网点，对于印品上细微层次和细节的再现有极大帮助，为实现更高加网线数的制版提供了技术基础。

采用 4000dpi 分辨率，高光区域最小色调值的精度可以比普通柔性版提高 30%，最小印刷网点可以达到 1%；高光点的耐印力也大大提高；中间调复制更准确，色调跳跃得到缓解；细小的文字更清晰，条形码等线条更准确。以 4000dpi 成像，加网线数可达 200lpi 以上，产生较宽的自然色调范围。如图 4-2 所示为 175lpi 加网线数时，2540dpi 与 4000dpi 分辨率下不同网点面积率和文字线条的印刷效果比较。可以看出，更高的分辨率使得一个

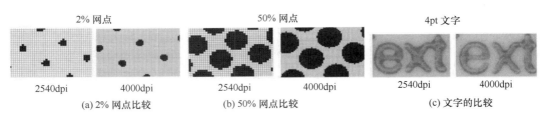

2% 网点		50% 网点		4pt 文字	
2540dpi	4000dpi	2540dpi	4000dpi	2540dpi	4000dpi
(a) 2% 网点比较		(b) 50% 网点比较		(c) 文字的比较	

图 4-2　2540dpi 与 4000dpi 柔印效果比较

网点单位面积内的像素更为丰富，从而形成更为清晰完美的网点。

②　使用调频和调幅混合加网技术　高清网点技术在图像高光区域的网点生成，采用以"大网点为主，较小网点环绕周围"的办法，小网点较大网点的高度略低一些，为大网点提供支撑，大网点则可以更多承载来自网纹辊和承印物的冲击，保护小网点不受重压，如图4-3所示。

与传统的数字柔性版相比，在亮调区域，高清网点生成的大网点和小网点混合分布能细微地扩展阶调范围，印刷效果得到显著提升，如图4-4所示。

(a) 传统数字柔印　　　　(b) 高清柔印

图4-3　200lpi下2%高清网点　　　　图4-4　传统数字柔印与高清柔印对比

最新版本的高清柔性版中，增加了MicroCell微网穴技术，该技术通过在印版表面制作一些凹坑来增加印版表面的粗糙度，这样可以转移更多的油墨，有利于提高印刷墨层的实地密度和均匀性，从而消除大量的印刷白点，如图4-5所示。MicroCell微网穴技术特别有利于Pantone色和白底色的印刷。

（3）平顶网点制版技术　柔性版直接制版技术是通过激光烧蚀柔性版版材表面的碳黑层，从而将图文转移到印版上的，烧蚀后的碳黑层相当于负片，所以在主曝光时无须进行抽真空处理。不过，碳黑层被烧蚀部分的版材树脂直接暴露在空气中，在整个主曝光过程中，其光引发剂会不断与空气中的游离氧产生反应，光引发剂的消耗导致部分缺少光引发剂的树脂无法产生固化交联反应，这种现象称为"抑氧反应"，如图4-6所示。

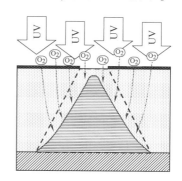

图4-5　微网穴技术　　　　图4-6　抑氧反应原理图

抑氧反应的缺点主要表现有：①网点大小不能1：1复制；②版材表面约有$10 \sim 15 \mu m$的树脂不能完成固化交联反应，在洗版时会被冲洗掉；③高光网点顶部呈圆形。

这些缺点带来的不良影响主要有：①激光直接制版的网点大小不能1：1复制，不符合印前校色人员的习惯，容易给印前校色人员的图像调整工作带来困扰；②采用柔性版印刷薄膜等非吸收性承印材料时，极易出现油墨覆盖不实、实地部分出现大量白点的现象，如图4-7所示。

(a) 抑氧反应的实地效果　　(b) 无抑氧反应的实地效果

图4-7　实地印刷效果对比

为了解决这个难题，艾司科公司开发了微网穴技术（图4-5）。但由于微网穴非常精细，如果印版表面受抑氧反应的影响，表面树脂不能完成固化交联反应而被冲洗掉，则印版表面就不能制作出微网穴，或制作出的微网穴效果不佳。

相对平顶网点而言，圆顶网点对印刷压力更加敏感，网点增大现象更加严重，且圆顶网点非常容易掉入网纹辊的网穴中。此外，在印版滚筒转动剪切力的作用下，圆顶网点顶部极易被网纹辊网壁切掉，造成印刷掉点故障。

目前，平顶网点制版技术可以分成两类：一类是通过物理手段来隔绝氧气对印版的影响，方法是在版材表面覆合阻隔胶片或用惰性气体来代替空气；另一类是富林特集团的 nyloflex® NExT 曝光技术，其通过使用一种先进的高能紫外线光源，加速图像区域的光聚合，使得来自氧气的聚合抑制竞争变得微不足道。

与其他工艺相比，nyloflex® NExT 曝光技术的主要优点是：①不会因使用惰性气体而带来风险；②无须增加任何额外的工艺步骤，如覆合阻隔胶片等；③可以很容易地集成到现有的柔性版直接制版工作流程中，唯一不同的是 nyloflex® NExT 曝光技术需要增加一种先进的高能紫外线光源，再结合常规的紫外灯管，实现图文从黑膜到印版的1:1复制，且网点顶部呈平面结构而非圆形，如图4-8所示。

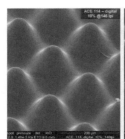 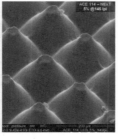

图4-8　圆形网点与平顶网点的对比

平顶网点改善了印刷压力的宽容度，并减少了印刷墨杠；印版表面微网穴技术的应用及更小网点的复制，扩大了印刷的色调范围，改善了实地密度和墨层的均匀性，使柔印产品的印刷品质达到了一个新的高度。

（4）无溶剂热敏干式洗版技术　无溶剂热敏干式洗版技术（Cyrel® FAST），由杜邦公司于21世纪初发明并向全球柔印行业推广。其工作原理是曝光后版材装在印版滚筒上，印版滚筒和显影滚筒加热，熔化未曝光单体，无纺布吸收熔化的单体，与无纺布接触的滚筒每转6~12周，可以产生1mm的浮雕高度，如图4-9所示。

技术特点：快速高效；更顺畅的工作流程；大大减少停机时间；免除对溶剂使用、储存和处理之苦，减少环境污染和健康危害；节省空间；印版尺寸稳定，厚度均一，不存在溶胀问题。

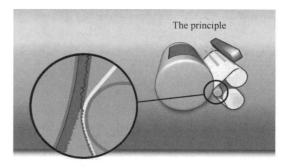

图4-9　Cyrel® FAST 无溶剂热敏
干式洗版工作原理示意图

（5）套筒技术　传统的带轴式版辊存在效率低、装卸版费时费工、安全性差、储存不便、灵活性差、非标准化等缺点，与现代柔印产业安全、快速、高效的发展模式不相适应。柔印套筒技术以其装卸简单、安全性高、质量易于储存以及利于标准化等优点，良好地克服了传统版辊的技术局限。

套筒技术的优势主要体现在四个方面：①套筒重量轻、装卸方便，手工就可以轻松完成套筒的更换，大大降低了操作人员的劳动强度。②通过使用不同厚度的套筒就可以改变所需要的印刷周长，也就是说，仅用一种规格外径的气撑辊，就可以在很大范围内满足不同印刷周长的需要。③套筒占地面积小，储存简单。④采用套筒系统可以降低生产和运输费用，控制成产成本。

（6）全自动伺服驱动技术　自动伺服驱动技术利用多电机独立驱动技术建立无机械轴传动模型，取代复杂的机械传动机构，在印刷机上各单元配备了一个或多个电机，每个电机由各自的驱动器独立驱动，每个驱动器再由中央控制板 CLC 集中控制，保证所有电机能协调一致，同步运行。

具体说来，全自动伺服驱动技术的优势体现在三个方面：①预套准时间短且易操作，降低了承印物浪费；②独特的再套印功能。如果同一承印物需要印刷两遍，可在已印刷好的产品上再进行带套准加印，从而使一台六色机也能印刷十二色或更多色的产品；③高精度的套准和张力控制。伺服驱动系统使用闭环反馈，可以保证动态套准精度。同时，伺服驱动消除了压印滚筒和印版滚筒之间齿轮啮合产生的谐振和表面速度误差。

第二节　柔性版制版

一、柔性版印刷工艺流程

柔性版印刷工艺流程，从广义上来说可分为印前设计与分色出片、制版与印刷、印后加工三大部分，其工艺流程为：印前设计—图文处理—分色出片—印版制作—贴版、打样—印刷—印后加工。

对于印刷品生产过程的工艺管理，主要包括：产品工艺分析和审查；工艺设计与方案制定；工艺方案评价、确定时间定额，编制工艺技术文件；检测原辅材料、半成品、成品质量。

二、柔性版制版

1. 柔性版材

柔性版材经历了从橡胶版到感光树脂版的发展过程。感光树脂柔性版由光敏树脂构成，经紫外线直接曝光，使树脂硬化，形成凸版形状。与橡胶版相比，感光树脂柔性版具有以下几个优点。

（1）尺寸稳定　感光树脂版收缩量小，固体版比橡胶版和液体版收缩量更小，制版时不会产生伸缩变形，可以制作尺寸精确的印版，且尺寸稳定性好。

（2）节省制版时间　采用阴图片直接曝光方式，不需要使用雕刻刀和电木模具，节省制版时间，提高生产效率。

（3）图像清晰　直接曝光可以得到更清晰的图文，对原稿的再现精度高。感光性树脂版的最高解像力已突破350lpi，赛丽版一次曝光能做出 2 点大的字、4μm 的线条、5μm 直径的点和 150 线/in 的 2%~95% 的网点层次，能复制很精细的高光层次。

（4）图文质量高　能印刷线条版及高质量的层次版。

（5）版材厚度均匀　版材平整度±0.013mm，压力均匀，可保证最佳的印刷质量，生产高品质印品。

（6）耐磨性好　赛丽版的耐印力是橡胶版的 3~5 倍，耐印力可达几百万次。

2. 版材的种类

柔性版印版分为橡胶版、感光树脂版和 CTP 版。最早使用手工雕刻橡胶版，然后是铸造橡胶版，因为应用日趋减少，本书仅简要叙述。感光树脂版代表了行业的巨大进步，应用最为广泛。

（1）手工雕刻橡胶版　手工雕刻的橡胶版，其版材采用天然或合成的橡胶版，目前已很少使用。制版过程中，不适用阴图片制版，而是对应每个印刷颜色先在描图纸上勾出图样，然后采用转移的方法把图样原图"擦拭"或转移到橡胶雕刻版表面，由技术熟练的工人进行雕刻成版。

（2）铸造橡胶版　铸造橡胶版柔软可弯曲、富有弹性，印刷图像部分是凸起的。铸造橡胶版通过模版或者母版铸压制成。母版可以由金属（如镁或铜）制成，通过照相制作阴图片，经过腐蚀晒制而成。母版可以制作出任意数量的印版。由于印版是用橡胶或橡胶与塑料合成材料制成的，印版是柔软的，具有非常好的油墨转移特性，不仅与各种油墨有很好的亲和力，而且对于许多承印物都具有很好的油墨传递性能。

（3）感光树脂版　直接制作感光树脂版是柔性版印刷的一次创新，可以将图像从阴图底片直接转移到印版表面，因此对原稿图像的再现具有很高的忠实性。用于柔性版印刷的感光树脂版与铸造橡胶版相似，都是柔软可弯曲且富有弹性的，同时具有很好的油墨转移性能。

感光树脂柔性版又分为固体感光树脂柔性版和液体感光树脂柔性版。液体树脂版具有不同的硬度、厚度和浮雕深度。固体树脂版发展很快，印版制作比较简单。无论是固体还是液体感光树脂版，都是通过使用紫外光对原稿的阴图底片曝光、晒制成柔性印版的。印版显影之后，形成了凸起的图像，如图 4-10 所示。

① 感光树脂版的结构　感光树脂版的结构像三明治一样，由聚酯支持膜、感光树脂层和保护层三部分组成，如图 4-11 所示。

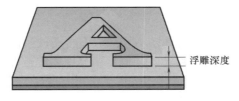

图 4-10　感光树脂版形成的图像

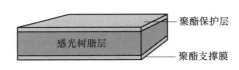

图 4-11　传统固体版材的结构

感光树脂层涂布在聚酯支撑膜上，感光树脂层的表面被一层可揭去的 Mylar 聚酯保护。聚酯支撑膜和聚酯保护层保护版材在搬运、裁切和背曝光过程中免受损伤。当聚酯保护层被撕下时，有一层很薄的膜非常严实地铺在感光树脂层的表面用来减少直接接触。

当感光树脂被紫外光曝光时，感光树脂中的固化物和化合物发生聚合反应。感光树脂的类型决定印刷应用的范围。感光树脂牢固地附着在聚酯支撑膜上保证尺寸的稳定性，因此可以获得非常稳定的印刷套准精度。

② 感光树脂版的组成

a. 固体感光树脂版的组成　虽然不同型号的产品使用的材料各有差异，但基本组成类似，有主体聚合物、反应聚合引发剂、丙烯酸酯类乙烯单体、热阻聚剂（稳定剂）和为改变橡胶硬度使用的添加剂等。

主体聚合物一般使用本身有弹性的合成橡胶体系的树脂。例如，聚丁二烯，聚异戊间二烯，异戊间二烯–苯乙烯共聚物，聚氨基甲酸酯，乙烯–醋酸乙烯共聚物等合成橡胶。

光聚合引发剂是光聚合反应中传递光能的媒介物。通常使用有机光聚合引发剂，主要是安息香（二苯甲醇酮）、二苯甲酮、蒽醌等。

乙烯基单体使用丙烯酸酯类。如季戊四醇四丙烯酸酯等。

热阻聚剂（稳定剂）是抑制暗反应发生的物质，它使感光树脂版的组分只在特定的光线照射下才发生光化学反应。常用的阻聚剂有对苯二酚和对苯二胺。如图4-12所示为固体感光树脂版。

图4-12　固体感光树脂柔性版

b. 液体感光树脂版的组成　液体感光柔性版如图4-13所示，以分子内含有的丙烯基低聚物作为主要原料，加入表现橡胶弹性的氨基甲酸酯橡胶、丁基橡胶、硅橡胶以及天然橡胶的聚合物（合称为SBR，苯乙烯·丁二烯橡胶）、EPM、EPDM的乙烯丙烯橡胶等。同时，为了适合印刷要求，使印版具有适当的硬度、抗张强度、尺寸稳定性、耐油性和耐印力等性质，必须适当加入表现出硬性质的硬性基团和软性质的柔软基团（称为硬段、软段）。硬性基团有氢键和π电子相互作用的极性基和苯环，如氨基甲酸乙酯镶嵌聚合的苯乙烯–丁二烯橡胶的聚苯乙烯部分等。软性基团是在预聚物中加进氨基甲酸酯、聚醚及聚乙二醇或聚丙二醇等。

（4）CTP版　柔性版直接制版版材由片基、感光树脂层、感光层上的黑色激光吸收层组成。感光树脂层和普通感光树脂版的感光树脂层是一样的，黑色激光吸收层能被激光所烧蚀，如图4-14所示是版材在激光烧蚀前后的对比。

柔性版CTP版材也称为数字式柔性版材。目前使用的柔性版CTP版材主要有光敏型

图4-13　液体感光树脂版

图4-14　激光烧蚀前后对比

和热敏型版材。光敏型版材又可分为银盐版材（包括复合型和扩散型）和非银盐版材（包括光聚合型和光分解型）；热敏型版材又可分为热熔解型、热交联型、热烧蚀型和相变化型版材。

在版材的外在形态上，柔性版版材有平面和无缝套筒两种形式。

3. 柔性版制版技术及设备

（1）传统感光树脂柔性版的制作工艺 传统的柔性版的制作工艺流程为：阴图片准备—裁版—背面曝光—正面曝光—冲洗（显影）—干燥—去黏—后曝光。

① 阴图片准备 检查阴图片质量，对阴图片做清洁处理。

② 裁版 根据阴图尺寸裁板，正面朝上、版边预留 12mm 夹持余量。

③ 背面曝光 如图 4-15（a）所示，从背面对印版进行均匀曝光，以保障印版的浮雕深度和加强聚酯支撑膜和感光树脂层的黏着力。光源采用长波（UV-A）。背面曝光时间的长短决定了版基的厚度，曝光时间越长，版基越厚，印版厚度越厚，曝光时间也应越长；所需印版硬度越大，曝光时间应越长。

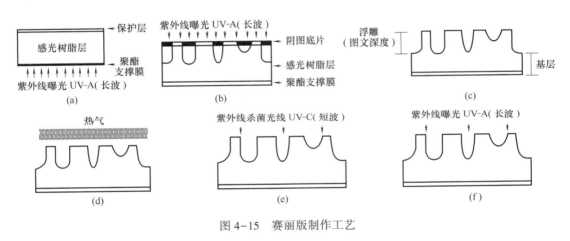

图 4-15 赛丽版制作工艺

④ 正面曝光（主曝光） 将阴图片（负片）上的图文信息转移到版材上的过程。如图 4-15（b）所示，感光性树脂版材在紫外光照射下，首先使引发剂分解产生游离基，游离基立即与不饱和单体的双键发生加成反应，引发聚合交联反应，从而使见光区域（图文部分）的高分子材料变为难溶甚至不溶性的物质，而未见光部位（非图文部分）仍保持原有的溶解性，可用相应的溶剂将非图文部分的感光树脂除去，使见光部位（图文部分）保留，形成浮雕图文。反应式为：

$$\text{R}\cdot + \text{CH}_2=\text{CH}-\text{X} \rightarrow \text{R}-\overset{\text{H}}{\underset{\text{X}}{\text{C}}}-\text{CH}_2\cdot \xrightarrow{+(\text{CH}_2=\text{CHX})_n} \text{R}(\text{CH}_2-\text{CHX})_n\text{CH}_2-\overset{\text{H}}{\underset{\text{X}}{\text{C}}}\cdot$$

（游离基）（含乙烯基的单体）（游离基与双键合成）（引发聚合）

柔性版制版应选用优质的紫外光源作为曝光光源。有机化合物的化学键具有一定能量，只有吸收了超过其键能的光能，才有可能打开化学键，生成游离基。常用的光源有紫外灯管（例如菲利浦黑光管）和高压水银灯。其优点是曝光效率高、时间短，能增加印版的层次，如要制作精细网线版，则需要采用 2~3kW 超高压水银灯，以保证有足够的层次再现。曝光时间主要取决于版材的型号和阴图片上图文的面积大小，一般与图文面积成正比。细线条和网点需要的曝光量比实地阴文需要的多。

⑤ 冲洗显影　版面经曝光后，见光部分硬化，未硬化的部位需要用溶剂除去，称为显影。如图 4-15（c）所示，显影的目的是除去未见光部分（非图文部分）的感光树脂，形成凸起的浮雕图文。未曝光的部位在溶剂的作用下用刷子除去，除去的深度就是图文浮雕的高度。

柔性版冲洗是在专用的冲版机内完成的。显影溶剂多以氯化烃系溶剂（三氯乙烷等）作为主剂，显影时间通常为数分钟到 20 分钟。如果显影时间过短，容易出现浮雕浅、被显影的底面不平、表面出现浮渣等毛病；如果显影时间过长，容易出现图文破损、表面鼓起和版面高低不平等问题。

⑥ 干燥　经冲洗后的印版吸收溶剂而膨胀，通过热风干燥排出所吸的溶剂，使印版恢复到原来的厚度。如图 4-15（d）所示，印版从冲版机中取出来后，通常是膨胀的、黏而软，原来的直线看起来像波浪线，文字也会是歪扭的，需要在烘箱内进行干燥，排出所吸收的溶剂恢复原先版的厚度。一般选用 50~70℃ 的温风将版干燥几分钟到 30 分钟。

⑦ 去黏处理　用光照或化学方法对版面进行去黏处理。目的是去掉版材表面的黏性，增强着墨能力。如图 4-15（e）所示，采用光照法去黏，通过一个独特的去黏单元的短波辐射（UV-C 光源）来完成。光谱输出波长为 254nm，对版面进行短时间照射。光照的时间以能达到去黏目的为宜。光照时间过长，易导致印版开裂变脆。光照去黏时间的长短，取决于显影时间和干燥时间。

⑧ 后曝光　对干燥好的印版进行全面的曝光。如图 4-15（f）所示，经后曝光使整个树脂版完全发生光聚合反应，版面树脂全面硬化，以达到所需的硬度，提高印版的耐印力，并提高印版的耐溶剂性。

柔性版制版全过程可在制版机上连续完成。在去黏和后曝光阶段，采用两种不同波长的紫外光，分次曝光。第一次曝光（UV-C 光源）用来消除印版的黏着性；第二次曝光（UV-A 光源）增加印版耐印率。

（2）柔性版计算机直接制版（CTP）技术　柔性版计算机直接制版方式有激光成像制作柔印版和直接激光雕刻印版。

① 激光成像制作柔印版　使用计算机直接制版系统，用数字信号指挥 YAG 激光，产生红外线，在涂有黑色合成膜的光聚版上，通过激光将黑膜进行烧蚀而成阴图，然后进行与传统制版方法相同的曝光、冲洗、干燥、后曝光等步骤，制成柔性版。典型机型如 Es-ko 公司的 CDI（Cyrel Digital Imager）计算机直接版系统。

CDI 数字制版工艺流程：装版—激光成像曝光—背曝光—主曝光—冲洗—烘干—去黏—后曝光。

CDI 系统采用的版材在普通感光树脂柔性版表面复合了一层具有完整折光性能的黑色材料——水溶性涂层。以代替传统工艺中的阴图片，将成像载体直接合成到版材之中。通过激光将黑膜进行烧蚀而成阴图之后，需要进行与传统制版工艺相同的曝光、冲洗、干燥、后曝光等加工步骤，制成柔性版。与传统柔性版材相比，其成像网点更细小，图像更清晰，印刷中的网点变形也小。

② 激光直接雕刻制版系统　以电子系统的图像信号控制激光直接在单张或套筒柔性版上进行雕刻，形成柔性印版。激光雕刻的柔性版制版是一种直接数字版（Direct-Digital-Form），制版过程全数字化。经雕刻完成的印版用温水清洗干净后就可上机印刷，体现了高精度简便快速制版过程的优势，具有良好的发展前景。

③ 无缝套筒印版制作技术　无缝套筒印版制作技术，简称 CTS（Computer To Sleeve）。在涂有光聚合物的无缝印版套筒上进行激光曝光，需要使用特殊的直接制版机。

使用连续无缝的套筒滚筒并采用无软片的涂膜工艺具有以下优势：a. 多联拼印的印件可以采用离散式或其他特殊方式排列；b. 铺有网纹的印件在印刷中不会产生类似凹印工艺的断线或接缝等弊病；c. 可以印出连续不断的纤细线条接线印件；d. 可以与柔印版预装版工艺相匹配使用。

人们一直期待着无缝光聚合物套筒印版制作技术能得到广泛应用。

4. 贴版及打样

柔性版印刷前，需要先将印版粘贴到印版滚筒表面，再实施印刷作业。

（1）贴版胶带　柔性版印刷需要一种专用的双面胶带将感光树脂柔性版粘贴在印版滚筒上，才能形成一个完整的印刷滚筒。目前普遍使用的是一种具有弹性的压敏性黏结材料，如图 4-16 所示。

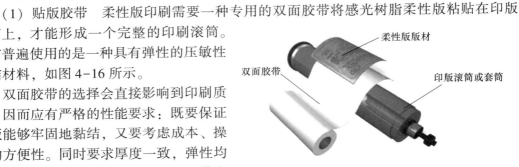

图 4-16　双面压敏胶带的使用

双面胶带的选择会直接影响到印刷质量，因而应有严格的性能要求：既要保证印版能够牢固地黏结，又要考虑成本、操作的方便性。同时要求厚度一致，弹性均匀，受压后不易变形。常用的双面胶带有德国 TESA 公司和美国 3M 公司的产品。

（2）贴版操作　在柔性版印刷机上，印版需事先粘贴到印版滚筒表面，然后再实施印刷作业。所以，印版在滚筒表面的位置直接影响到印刷品的套印精度。为了保证印版粘贴的准确性，一般采用贴版机，使每张印版在印版滚筒上的位置准确，并保证同一套版中的所有印版在印版滚筒上的横向位置一致。

贴版操作时，可以将印版滚筒的横向位置固定，并将放大的左右十字线同时显示在一个屏幕上，当粘贴某一张印版时，只要左右十字线在屏幕上的水平高度一致，则这张版没有角度偏差。粘贴一整套版时，既要保证每张版没有角度偏差，又要保证每张版的左右十字线在屏幕上的左右横向位置一致。如果每个版滚筒在贴版机上经过精确定位，则每张版在版滚筒上的横向位置是一致的。

常用的贴版方式有三种：一种是凭目测控制贴版精度；二是利用带有观察版边十字线的放大镜头贴版；三是利用带有摄像头和显示屏的贴版机，通过显示屏观察套准十字线位置，从而精确控制贴版精度。如图 4-17 所示为 Aulcean 公司的 5S 数控套筒型拼版贴版机。

（3）打样　用胶带纸把白色打样纸贴到压印滚筒上，给印版上墨，然后使压印滚筒与印版滚筒轻轻接触，逐渐增加印刷压力，以最小的压力达到印出全部图文，以此类推对另外几色印版滚筒进行打样，并达到套准合格和印迹均匀一致。

图 4-17　5S 数控套筒型拼版贴版机

第三节　柔性版印刷机

一、柔性版印刷机概述

柔性版印刷机
及供墨系统

1. 柔性版印刷机的类型

柔性版印刷机是指使用柔性版，通过网纹传墨辊传递油墨完成印刷过程的机器。大多使用卷筒式承印材料，采用轮转式印刷方式。

按印刷幅面宽度来分，柔性版印刷机可分为窄幅柔印机和宽幅柔印机。一般而言，幅面宽度小于 600mm 的柔性版印刷机称为窄幅柔印机，幅面宽度大于 600mm 的柔性版印刷机称为宽幅柔印机。

按印刷机组的排列形式来分，柔性版印刷机可分为机组式、卫星式和层叠式三种机型。

2. 柔性版印刷机的组成

柔性版印刷机由开卷供料、印刷、干燥冷却、收卷与联线加工、控制系统等部分组成。

（1）开卷供料部　即柔性版印刷机的输纸部分，其作用是使卷筒纸开卷、平整地进入印刷机组。当印刷机转速减慢或停机时，其张力足以消除纸上的皱纹并防止上卷筒纸拖到地面上。

（2）印刷部　各印刷机组主要由印版滚筒、压印滚筒和给墨装置组成。

（3）干燥冷却部　为了避免未干油墨产生的脏版和多色印刷时出现的混色现象，在各印刷机组之间和印后设有干燥装置。

（4）收卷与联线加工部　柔性版印刷机的收卷部分，其作用和开卷部分相似。现代柔印机可根据产品需要配备联线复合、上光、烫印、压凸、贴磁条、模切、打孔、分切等印后加工装置。

（5）控制系统　在现代柔性版印刷机上，除以上基本结构和印后加工装置外，还有张力控制与横向纠偏装置、检测装置、自动调节和自动控制系统等。

二、柔性版印刷机的基本结构

柔性版印刷机
输墨系统

1. 给墨装置

（1）基本组成与功能 柔性版印刷机的给墨装置主要由墨斗、墨斗辊、网纹传墨辊、刮墨刀等组成，如图4-18所示。

① 墨斗 柔性版印刷一般使用溶剂型油墨、水性油墨或UV油墨。为防止墨斗锈蚀，可选用不锈钢材料制作。

② 墨斗辊 墨斗辊在墨斗内转动，将较多的油墨传给网纹传墨辊。为提高对网纹传墨辊网墙的刮墨效果，墨斗辊与网纹传墨辊在接触面上应产生一定速差，为此，应使墨斗辊的表面线速度低于网纹传墨辊的表面线速度。

③ 网纹传墨辊 也称油墨计量辊，简称网纹辊，即柔性版印刷用的传墨辊，其表面制有凹下的墨穴或网状槽线，控制印刷油墨的传送量。

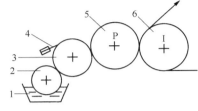

1—墨斗；2—墨斗辊；3—网纹传墨辊；
4—刮墨刀；5—印版滚筒；6—压印滚筒。

图4-18 印刷机组的构成

④ 刮墨刀 刮墨刀设在网纹辊的左上方或右下方，用以刮掉网纹辊网墙上的油墨。

（2）结构原理与特点 柔性版印刷机采用网纹辊给墨方式，也称为短墨路系统。通过网纹辊墨穴的不同形状、大小及深浅可以控制传墨量，达到所需的墨层厚度。当印版滚筒与压印滚筒离压时，给墨装置不应停止转动，否则，网纹辊上的油墨层就会固化。因此，当印刷滚筒一旦离压，给墨装置应继续处于回转状态，但网纹辊相对于印版滚筒来说，应处于离压位置，为此，网纹辊应设置离合压装置。

① 给墨装置的主要类型 根据短墨路系统的基本构成和性能特点不同，柔性版印刷机的给墨装置主要有以下几种类型。

a. 胶辊-网纹辊给墨装置 胶辊-网纹辊给墨装置由墨斗、墨斗胶辊和网纹辊组成，如图4-19所示。墨斗胶辊是在钢辊表面包以一层天然或人造橡胶所制成。墨斗胶辊在墨斗内旋转，将较多的油墨传给网纹辊，并将多余的油墨从网纹辊表面刮掉。图4-20所示为BHS F-IT-100柔印机的给墨装置。

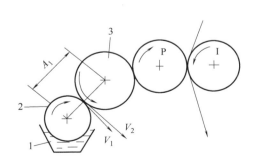

1—墨斗；2—胶辊；3—网纹辊。

图4-19 墨斗辊—网纹辊给墨装置

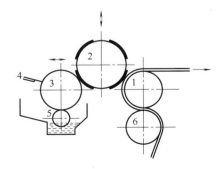

1—压印滚筒；2—印版滚筒；3—网纹辊；
4—刮墨刀；5—胶辊；6—传纸辊。

图4-20 BHS F-IT-100柔印机给墨装置

b. 正向刮刀型给墨装置　在网纹辊上方设置刮刀，刮刀的顶部朝向网纹辊的回转方向，如图4-21（a）所示。网纹辊网墙上的油墨被刮刀刮下流回墨斗中。刮刀角度可根据需要进行调整。

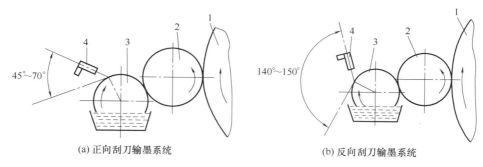

(a) 正向刮刀输墨系统　　　　　　　　　　　(b) 反向刮刀输墨系统

1—压印滚筒；2—印版滚筒；3—网纹辊；4—刮墨刀。

图 4-21　刮刀输墨系统

由于油墨具有一定黏度，在输墨过程中，刮刀与网纹辊表面之间会堆积一定量油墨，对刮刀刀片产生一向外的作用力，影响刮墨效果。此外，油墨中的异物也会沉积、堵塞在刮刀内侧，引起刮刀振动。因此，这种短墨路系统适于印刷一般质量要求的印品，其印刷速度也受到限制。

c. 逆向刮刀型给墨装置　在网纹辊左上侧或右下侧设置刮刀，刮刀的顶部背向网纹辊回转方向，如图4-21（b）所示。由于刮刀顶部背向网纹辊回转方向，被刮刀刮下的油墨沿网纹辊表面流回墨斗内，不会堆积在刮刀内侧与网纹辊表面之间，因此，刮刀的工作条件得到改善，具有良好的刮墨效果。同样，刮刀角度 β 也应能进行调整。

d. 封闭式单刮刀给墨装置　虽然柔印机中采用的两辊式、正向刮刀式、反向刮刀式结构可实现定量供墨，但由于这几种结构都属于敞开式供墨结构，均由墨槽储墨，墨辊上的油墨一部分用于印刷，多余部分又返回墨槽。

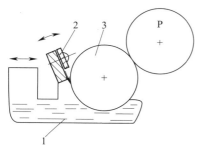

1—墨斗；2—逆向刮刀；3—网纹辊。

图 4-22　封闭式单刮刀给墨装置

封闭式给墨装置是将网纹辊、刮刀、墨斗、储墨器以及输墨管路等构件均置于密封的容器内，以保证油墨不受外界环境的影响，以维持油墨性能的稳定性和清洁性。其基本构成如图4-22所示。

封闭式给墨装置一般采用逆向刮刀，逆向刮刀不仅可左右移动，还设有刮刀角度的调整装置和离合装置。当停机时，刮刀应及时离开网纹辊。除设有压力调整装置外，在停机时网纹辊由辅助电机驱动仍保持匀速转动，以防止网纹辊表面的墨层固化。为了提高清洗效果，应能实现给墨装置与自动清洗系统的快速对接。

封闭式给墨装置主要用于窄幅和宽幅的高速柔印机以及涂布、上光机。

e. 封闭式双刮刀给墨装置　封闭式双刮刀给墨装置是将正向刮刀与逆向刮刀组合在一起实现正向刮刀与逆向刮刀快速更换的给墨装置。

封闭式双刮刀给墨装置由陶瓷网纹辊、两把刮刀、密封条、储墨容器、墨泵、输墨软管等部件组成。在全封闭系统中，刮刀、封条、衬垫、压板均装在一个空腔式支架上，用机械方式（或气动式或液压式）把它们推向陶瓷网纹辊，并施加一定压力，再把输墨管和回流管分别接到墨泵和储墨容器上，排除了高速运行时的抛墨现象。油墨经墨口将柔印油墨喷到网纹辊表面储存在墨室中，经反向刮刀刮墨，正向刮刀起密封作用。根据流体力学原理，油墨或清洗剂在墨斗中处于流动状态，因而，即使注入少量的油墨也能循环使用，用少量的清洗剂可快速地清洗。由于密封性好，有利于卫生、清洁生产和环境保护。另外，采用双刮刀给墨装置不需要调整刮刀角度和位置，一次定位后，能快速安装刮墨系统。

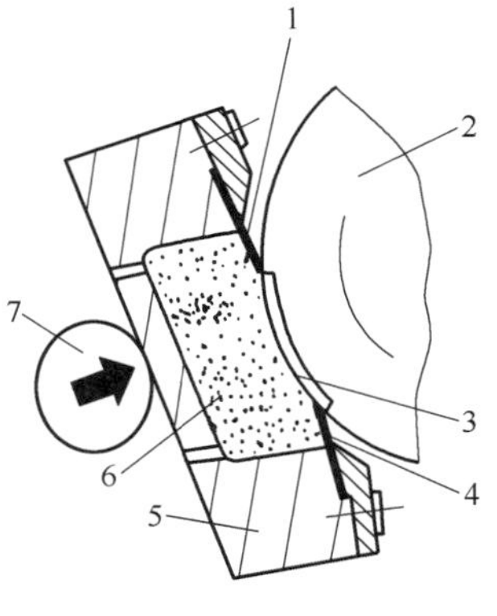

图 4-23 为封闭式双刮刀给墨装置的典型结构，其定量供墨系统中采用反向刮刀结构，适合高速运转，减少了溶剂性油墨中溶剂的挥发和环境污染问题；解决了水性油墨使用过程中伴随出现的泡沫问题；排除了通常结构中采用的橡胶墨辊；该系统还可以与自动清洗系统快速对接，便于实现快速清洗，以减少换墨时间和停机时间。

1—反向刮刀；2—网纹辊；3—侧面
密封；4—正向刮刀；5—墨室；
6—油墨；7—施压装置。
图 4-23　封闭式双刮刀
给墨装置结构图

② 网纹辊　网纹辊即网纹传墨辊的简称。其表面有无数个大小、形状、深浅相同的网穴（即凹孔），用于储存油墨。网纹辊的作用是向印版图文部分定量、均匀地传递所需的油墨，如图 4-24 所示。

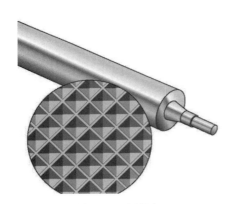

图 4-24　网纹辊

按网纹辊表面的镀层分类，网纹辊可分为金属网纹辊和陶瓷网纹辊两种。除此之外，有时也按网纹辊网穴的加工方法分类，如电子雕刻网纹辊、激光雕刻网纹辊等。金属网纹辊的加工包括辊体预加工、网穴加工、镀铬处理。陶瓷网纹辊是在经过处理的基辊表面喷涂合金作为打底层，再用等离子高温喷涂陶瓷粉末，经金刚石研磨、抛光后，用高能量的激光束精确地雕刻出轮廓分明、陡直的网穴，最后进行精抛光。由于陶瓷网纹辊一般采用激光雕刻方法加工网穴，因此，通常称为激光雕刻陶瓷网纹辊。采用二氧化碳激光雕刻机雕刻的网纹辊网线可达 1000lpi，采用大功率、高精度 YAG 激光雕刻机，不仅可以雕刻出 1600lpi 的网纹辊，而且所加工的陶瓷网纹辊，网穴孔壁光滑、网墙整齐，光洁度高、传墨精确、刮刀损耗小，不仅陶瓷网纹辊的使用寿命长，还可延长印版的使用寿命。

激光雕刻陶瓷网纹辊有整体式和套筒式两种。

a. 整体式陶瓷网纹辊　结构简单，刚性好，适应范围广，但更换复杂。套筒式更换方便，但结构复杂，每个组件带有气动快速夹紧松开装置。

b. 套筒式陶瓷网纹辊　由芯轴、气撑辊（空滚筒）和套筒组成，如图 4-25 所示。

图4-25（a）为网纹辊固定状态，图4-25（b）为网纹辊更换过程。采用套筒式结构，更换网纹辊（或印版滚筒）时只要打开印刷机组上的气压开关，压缩空气输入到气撑辊后，从气撑辊的小孔中均匀排出，形成"空气垫"，使筒内径扩大而膨胀，原来所使用的网纹辊（或印版滚筒）套筒会自动弹出，更换产品所需要的新网纹辊（或印版滚筒）套筒，并轻松而方便地在气撑辊上滑动到所要求的位置。关上气压开关，网纹辊（或印版滚筒）就会固定好。当切断压缩空气后，套筒会立即收缩，并与气撑辊紧固成为一体。套筒内径一般小于气撑辊外径，以保证其啮合。同一气撑辊上还可以装两个或更多的套筒。若需更换或卸下套筒，只要再次给气撑辊充气即可。

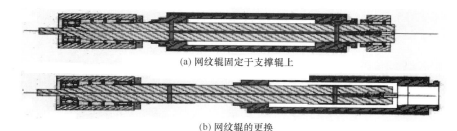

(a) 网纹辊固定于支撑辊上

(b) 网纹辊的更换

图4-25　F&K公司套筒式网纹辊结构原理图

网线数和网穴墨量是制作陶瓷网纹的最重要的参数。高网线数的网纹辊可以形成更薄更均匀的墨层，能满足印刷层次丰富的印品的要求，尤其是满足其高光部分的需要，在印刷时能减少网点的扩大，保持恒定均匀的传墨量。与金属网纹辊相比，同样线数的陶瓷网纹辊可增加15%~25%的载墨量。由于网穴壁光滑，在传墨过程中减少了网穴底部的弥留墨量，可达到快速传墨的效果，同时又便于网穴的清洗，特别是高网线数的网纹辊。

网纹辊的线数越来越高，意味着印刷墨层越来越薄，柔印工艺中对墨层厚度进行控制更加方便，柔性版印刷中的网点增大更小了。墨层薄虽然有利于减少网点增大和精细图像的复制，但不利于实地印刷。另外，灰尘的影响也更为明显，应引起注意。目前，600~900线/in的网纹辊已十分普及，实际使用线数已超过1200线/in，国外也有少量的2000线/in的网纹辊用于柔印生产；印版加网线数也提高到175，200线/in，甚至更高。

（3）使用与调节

① 网纹辊的选用与保养　网纹辊是柔性版印刷的备用件，应根据不同的印品质量要求、承印材料种类、油墨类型和各色组传墨量的基本要求合理选用不同网线数的网纹辊，即各色组网纹辊的网线数应有所不同。

a. 网目调印刷　网纹辊网线数的选择应满足再现原稿层次的基本要求，根据各色版的加网线数来确定网纹辊的网线数。一般情况下，可按印版加网线数与网纹辊的网纹线数之比为1:（3.5~5.5）的关系确定之。网纹辊的网线数可参考各色版不同的要求决定，对于黄版，网纹辊的网线数取最低；对于青版，网纹辊的网线数比较低，而对于品红版和黑版，网纹辊的网线数可取较高限。

对于网目调或彩色印刷，由于在印版的高光区，网点的尺寸很小，如果采用低线数网纹辊，每个网穴的面积会大于印版上某些网点的面积，在印刷时，某些网点会正好与网纹辊的网穴相对，由于没有网墙的支撑，网点浸入网穴中，不仅网点表面被着墨，网点的侧壁也着了墨。这样的网点在承印材料上着墨所产生的色调值比周围网点增大；另外，由于柔性版油墨稀薄，黏度低，这种网点有时会与相邻网点粘连。所以在进行网目调或彩色印刷时，为了保证网穴的开口面积小于印版上最小网点的面积，应选用高网线网纹辊。

　　b. 实地、线条、文字等印刷　一般根据供墨量的大小来选择网纹辊线数。对于实地印刷，如果网纹辊的网线数过低，则供墨量过大，印版边缘因积墨而造成边缘重影；如果网线数过高，则供墨量不足，实地密度不够而发花。如果两实地叠印或印刷版面实地较小，可选择较高一些的网线数。文字、线条版可根据文字的大小、线条的精细选择合适的网纹辊。

　　常用陶瓷网纹辊的线数为：实地版：250~400 线/in；文字线条版：400~600 线/in；网纹版：550~800 线/in（适合 133~150 线/in）、700~1000 线/in（适合 175 线/in）。

　　c. 在选用网纹辊的网线数时，还应考虑承印材料的吸墨性，如纸的吸墨量大，塑料薄膜、金属几乎不吸收油墨，油墨的干燥主要靠挥发。一般情况下，针对不同承印材料，网纹辊网线数的选择范围也不同。印刷瓦楞纸板时，所选网纹辊网线数较低，印刷高档标签和软包装用薄膜时，所选网纹辊网线数较高。

　　网纹辊的维护与保养会直接影响网纹辊的使用寿命和油墨的传递及印品质量。网纹辊应存放在固定场所，防止其产生变形；注意保护网纹辊表面，防止表面划伤。

　　由于网纹辊是靠墨穴来传递油墨的，而墨穴往往很小，在使用中很容易被固化的油墨所堵塞，影响油墨的传送量，因此，加工质量再好的网纹辊，如不注意清洗也不能印出好的印品，清洗对网纹辊的合理使用十分重要。

　　网纹辊采用擦洗和刷洗方法进行清洗。刷洗的效果较好，但要选择和油墨相匹配的清洗剂和合适的刷子。如清洗镀铬辊可选用鬃毛直径适合着墨孔大小的鬃毛刷；刷洗陶瓷网纹辊应选用坚硬的尼龙毛刷；对于已被油墨堵塞的网纹辊，使用专业清洗剂进行清洗，可以恢复原来的 BCM 值的传墨效果。

　　② 刮刀的选用　如果没有特殊要求，可不使用刮刀，以减少对网纹辊的磨损。如果需要使用刮墨刀，则选用正向刮刀要比逆向刮刀对网纹辊的磨损小一些，以提高网纹辊的使用寿命。如果是中、高速印刷，使用陶瓷网纹辊，可选用密闭式逆向刮刀。

　　若对 3 种不同给墨装置分别进行印刷试验，可以发现，当改变印刷速度时，测定各给墨装置的传墨量则可得到印刷速度与传墨量变化的关系曲线，如图 4-26 所示。分析其关系曲线可以得出如下结论：

　　采用胶辊—网纹辊型给墨装置，当印刷速度小于 200m/min 时，印刷速度对传墨量的影响较小，当印刷速度由 200m/min 增加到 400m/min 时（印刷速度增加了 1 倍），传墨量则增大到 3 倍左右，这说明印刷速度对传墨量将产生很大影响，其输墨性能较差。

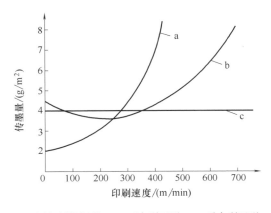

a—胶辊/网纹辊型；b—正向刮刀型；c—反向刮刀型。

图 4-26　印刷速度与传墨量关系曲线

采用正向刮刀型给墨装置时，随着印刷速度的提高，对传墨量产生一定影响，当印刷速度小于 500m/min 时，其输墨性能较好。

采用逆向刮刀型给墨装置，无论印刷速度如何变化，其传墨量基本保持稳定，说明其输墨性能最佳。因此，对于网点印刷应采用逆向刮刀型给墨装置。

实际使用中还须注意刮刀的安装角度和网纹辊吻合压力，注意选择刮刀的厚度、刮刀刀口的形状以及刮刀的材质。柔性版印刷中反向刮刀安装角度一般为切线的 30°~40°，角度的大小取决于网线数的高低和刮刀的压力。一般来说，网线数较高，角度略大，但相应地刮刀与网纹辊之间的压力要增大。刮刀与网纹辊之间的吻合压力关系到刮刀是否能刮净多余的墨层，也直接影响到网纹辊的使用寿命和刮刀的消耗量，应合理调整。

常用的钢刮刀厚度为 0.1，0.15，0.2mm，一般选用 0.15mm。钢刮刀的刀口有平刀口、斜刀口、薄型刮刀口等形式。油墨黏度较大或采用较低网线数的网纹辊（400lpi 以下），应选用平刀口刮刀；高网线网纹辊应选用薄型刀口或斜刀口刮刀。一般在满版不干胶印刷中，多采用 0.15mm 平刀口钢刮刀。

塑料刮刀一般用于封闭式刮刀系统，多用于具有密封作用的正向刮刀。塑料刮刀厚度一般都为 0.35，0.5mm，也有平刀口和斜刀口之分。塑料刮刀对网纹辊的磨损相应要小一些，但对网纹辊表面光洁度的要求较高，因此，只有使用高质量的网纹辊时，才选用塑料刮刀。

③ 调节内容与方法

a. 墨斗胶辊与网纹辊的转速差　为了得到良好的刮墨效果，墨斗胶辊与网纹辊在接触处的表面线速度方向一致，并具有一定的速差，即墨斗胶辊线速度 v_1<网纹辊线速度 v_2，使两辊在接触范围内产生滑动摩擦，以将网纹辊网墙上的油墨刮掉。为此，墨斗胶辊的回转运动可通过齿轮传动由印版滚筒和网纹辊所驱动，也可由电机单独驱动。一般而言，随着印刷速度的提高，两辊的速差应相应增大。

b. 墨量与压力　墨斗胶辊与网纹辊的转速确定后，应合理调整墨斗胶辊与网纹辊的接触压力。传墨量与墨量压力成反比，即墨量压力越大（两辊的中心距越小），传墨量则越小。因此，给墨装置中应设置墨量压力的调控机构。

c. 油墨的黏度　水性油墨的黏度是柔性版印刷油墨的重要性能指标，它直接影响给墨装置油墨的转移特性和传墨量的稳定性，因此，应将油墨的黏度控制在合理范围内。

影响油墨黏度的因素主要包括温度和稀释剂的含量等。随着油墨温度的升高，油墨的黏度将相应下降，当温度低于 15℃ 时，温度对油墨黏度的影响更为明显。因此，将油墨的温度和印刷环境的温度控制在 20~23℃，对保持油墨黏度的稳定性和良好的传墨性能有明显效果。随着稀释剂添加量的增加，油墨黏度相应下降，因此，应特别注意控制稀释剂的含量。稀释剂含量过高，虽然可降低油墨黏度，但也会使印品墨色变淡，严重影响印刷质量。实践证明，在油墨中适当加入一定量的稀释剂对保持油墨黏度的稳定性有较好效果，稀释剂的含量以 4%~5% 为宜。

d. 两辊受力后的偏斜　墨斗胶辊与网纹辊之间施以一定压力后，会使胶辊产生变形，而胶辊中央部位的变形量明显大于两端部位的变形量，使印版中间部位传墨量增加，而两端部位传墨量减少，从而影响印品墨层厚度的均匀性，这种状况对于宽幅柔性版印刷机更为突出。为了提高印品墨层厚度的均匀性，可将墨斗胶辊加工成腰鼓形，以增加对网纹辊中央部位的刮墨量；或采用倾斜安装法，将其操作侧的轴承朝下调整，传动侧的轴承朝上调整，使胶辊与网纹辊的旋转中心交叉一定角度，以增大网纹辊中央部位的刮墨量；另外，减少两端部位的刮墨量，可以补偿胶辊偏斜所带来的误差。

2. 压印装置

（1）基本组成与功能　印版滚筒和压印滚筒是柔性版印刷机印刷机组的滚筒部件。为提高滚筒部件运动的平稳性，机组式和层叠式的滚筒传动齿轮一般采用小压力角的斜齿轮，并采用外侧传动方式。

机组式和层叠式柔印机的印刷机组由滚筒部件和给墨装置两部分组成，如图 4-27 所示。滚筒部件是指印版滚筒和压印滚筒。

卫星式柔印机的印刷部由中心压印滚筒和分布在压印滚筒周围的各印刷色组的印版滚筒及输墨装置组成。印刷色组间距为 700~900mm。印版滚筒与料带、印版滚筒与网纹辊的离合压多采取在水平导轨上移动的方式来实现，这样，系统可保证最大的刚性，避免跳动和印品上出现墨杠。预套准、横向套准和纵向套准调节范围一般为 10~15mm，纵向套准调节范围可达 30mm。各印刷色组的印刷压力进行独立调节，使用测微计和步进电机操作，调节误差可达 $1.6\mu m$。压印滚筒多采用双壁式结构，印版滚筒和网纹辊都有整体式和套筒式两种。

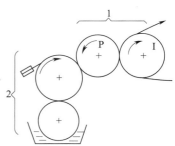

1—滚筒部件；2—给墨装置。

图 4-27　机组式印刷机印刷机组的构成

（2）结构原理与特点

① 印版滚筒　传统的印版滚筒由滚筒体、滚枕、滚筒传动齿轮等组成。滚筒体一般采用无缝钢管。根据滚筒体的结构特点不同，主要有整体式、磁性式和套筒式三种。机组式和层叠式柔印机的印版滚筒一般采用整体式结构，也有的采用磁性式和套筒式结构；卫星式柔印机过去多采用整体式印版滚筒，现代卫星式柔印机基本采用套筒式印版滚筒。

a. 整体式印版滚筒　对于卷筒纸柔性版印刷机，其滚筒体不设空档。装版时用双面胶带将印版粘贴在印版滚筒体表面。

b. 磁性式印版滚筒　滚筒体表面由磁性材料制成，而印版的版基层为金属材料，装版时将金属版基的印版靠磁性吸引力直接固定在印版滚筒体上。

c. 套筒式印版滚筒　套筒式印版滚筒由芯轴、气撑辊（空滚筒）和套筒组成，结构原理图与套筒式网纹辊相同。其安装原理如图 4-28 所示。

Ⅰ. 接通气源，安装套筒。在气撑辊的一端设有进气孔，气撑辊的表面又设有精密的通气孔，如图 4-28（a）所示。这些小孔与进气孔相通。安装套筒时，先将套筒与气撑辊表面接触并接通气源，压缩空气通过进气孔进入，从辊体表面的小孔均匀排出，在气撑辊与套筒之间形成"气垫"，使套筒内径膨胀扩大，从而可使套筒轻松地在气撑辊上任意滑动（轴向或周向）。当套筒位置确定后，即可切断气源。

Ⅱ. 切断气源，完成套筒的安装。切断气源后，套筒立即收缩，与气撑辊紧固为一体，即完成套筒的安装，如图 4-28（b）所示。

Ⅲ. 再次接通气源，卸下套筒。当需要卸下套筒时，再次接通气源，利用气垫的作用，又使套筒内径膨胀扩大，便可将套筒轻松地卸下，如图 4-28（c）所示。

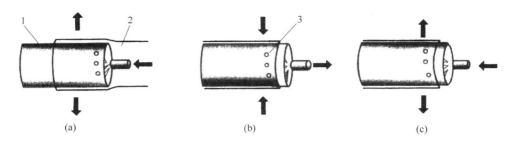

1—气撑辊；2—套筒；3—通气孔。

图 4-28　套筒式印版滚筒的装卸原理

套筒式印版滚筒结构成本低，装卸容易，灵活性高，使用寿命长，储存方便，系统精度高，具有"快速换版"功能。

套筒式印版滚筒的最大优点就是可以重复使用，而且能随时在套筒上贴感光树脂印版。另外，套筒还可用于激光雕刻制版，采用无接缝柔性版，印刷连续花纹或相同底色图案。若套筒系统允许的印刷周长变化范围为 150mm，说明印刷周长为 350～500mm 的套筒内径是相同的，仅需一根气撑辊。通过改变套筒壁厚，可以实现改变套筒的周长的目的。

② 压印滚筒　机组式柔印机的压印滚筒与印版滚筒基本相似。对压印滚筒的基本要求主要包括两个方面：一方面，压印滚筒的印刷直径应等于印版滚筒的印刷直径，这是消除重叠印、光晕和脏版等故障的基本措施；另一方面，应严格控制压印滚筒的加工精度，以实现理想的印刷压力。

卫星式柔性版印刷机的压印滚筒大多采用铸铁材料，少数由钢辊制成。过去一般采用单壁式，其径向跳动误差为 ±0.012mm。现代高速宽幅卫星式柔性版印刷机大多采用双壁式结构，双壁腔内与冷却水循环系统相连接，以调节和控制滚筒体的表面温度。压印滚筒的表面有一层镀镍保护层，镍层的厚度为 0.3mm 左右。有些系统还有超温保护功能，当温度超过某个最大值时，整个印刷机的电源将自动切断。

由于压印滚筒同时与各色印版滚筒接触完成印刷过程，因此，要求压印滚筒具有很高的尺寸精度、几何形状精度和位置精度。同时，在装配中，为得到高装配精度，滚筒轴承一般采用球面轴承或铜套滑动轴承，并采用分组选配装配法。

现代宽幅卫星式柔性版印刷机多采用温控式压印滚筒，具有高功率烘干/冷却功能，色间烘干装置以及桥式烘干装置均采用双回路循环空气，以减少对新鲜空气的需求量，从而降低对加热能源的消耗。

③ 直接驱动技术　直接驱动技术也称独立驱动或无齿轮传动技术。

老式柔印机的印版滚筒、网纹辊的转动是通过压印滚筒的齿轮带动印版滚筒的齿轮，印版滚筒的齿轮带动网纹辊的齿轮，形成同步转动。印刷品的重复长度取决于印版滚筒和印版滚筒的齿轮，而齿轮受到节距和模数的限制，因此，印刷品的重复周长与齿轮的节距相同。而新型柔印机网纹辊的转动是通过印版滚筒直接带动的，解决了柔印机印刷产品重复长度受齿轮节距限制的问题。

卫星式直接驱动柔印机的每一印刷机组由 7 个电机带动，4 只电机带动印版滚筒、网纹辊的前后移动，1 个电机控制印版滚筒的纵向套准和转动，1 个电机控制印版滚筒的横向套准和印版滚筒的横向移动，1 只马达带动网纹辊的转动。装版后输入印版滚筒的印版滚筒周长，通过 PLC 控制，使印版滚筒和网纹辊达到预印刷、预套准位置，大大缩短了印刷压力和印刷套准时间，同时也节省了原材料。

由于采用了无齿轮传动，在更换不同周长的印刷产品时，不需要更换齿轮。无齿轮卫星式柔印机更换一个机组上的柔性版滚筒和网纹辊仅需 1min，大大缩短了更换产品时换版筒和网纹辊所花费的时间。

德国 EROMAC 公司推出的卫星式柔性版印刷机自动套准系统，采用一个套准探头，控制印刷机的全部印刷机组，而不是像凹版印刷机 7 色印刷需 6 套套准探头和辅助马达的问题。当印刷产品发生套印不准时，套准探头通过 PLC 直接驱动电机调整印版滚筒的纵、横向套印位置，而不是像凹版的纵向套准是通过辅助电机调整印版滚筒。采用 EROMAC 自动套准系统调整印版滚筒，调整所需时间短，消耗的印刷材料少。该系统可根据套准十字线自动套准，亦可根据人工设定进行套准，以便解决在制版和贴版时产生的印刷图案与套印十字线之间的误差。

3. 使用与调节

柔性版印刷机的操作包括：上卷料—走纸—调整纠偏—装网纹辊—上版辊—调节三辊压力—用墨—压印—套准—张力控制—干燥—模切—分切—收卷。其中，走纸、调节压力、控制张力、调节油墨 pH 和黏度、模切成品是柔性版印刷机的操作要点。

（1）走纸　承印材料按印刷走纸线路穿过各导纸辊、纠偏器、张力辊、压印滚筒、干燥箱、模切辊、分切辊等，由收卷轴卷料。穿纸后可开动机器，让承印材料走纸平稳，同时应调整张力，使承印材料承受一定的张力控制。调整纠偏，让承印材料边缘经过探头传感器的中心部位，调整时应使纠偏器保持其处于左右摆动的中间位置，以确保纠偏动作准确无误。

（2）印刷压力的调节　柔性版印刷是一种轻压印刷工艺，远远小于平版印刷和凹版印刷压印力。采用较小印刷压力是柔性版印刷的主要特征之一。一般而言，印刷压力越小，印品的阶调与色彩的再现性则越好。因此，柔性版印刷机除保证有关部位的零件加工精度与装配精度外，还应设置印刷压力的微调装置。柔性版印刷机与其他印刷机一样，滚筒部件应设有离合压装置。大多数柔性版印刷机的离合压机构采用偏心套机构，印版滚筒与压印滚筒的离压量一般为 0.80mm。对于高速柔性版印刷机，为保证滚筒部件的运动平稳性，印版滚筒与压印滚筒在加工过程中应进行严格的静平衡和动平衡调试。

调节陶瓷网纹辊、印版滚筒、压印滚筒之间的平行度和三滚筒之间的两端压力是调压的关键。每一次更换新产品都应调整陶瓷网纹辊与印版滚筒之间的压力和印版滚筒与压印滚筒之间的压力。

在柔印机慢速运转中，从第一色组开始合压，首先观察网纹辊对印版滚筒图文表面的传墨情况，通过微调网纹辊和印版滚筒两端的压力达到最佳传墨效果；观察印迹转印情况，承印材料表面印迹的清晰程度是转印压力正确与否的印证。通过印版滚筒微调螺杆进行压印力调节，两端由轻加重逐渐进行，直至印迹完全清晰为止。

为了正确传递油墨、保证图文印迹质量和网线版印刷的网点质量，预防印版受损，网纹辊对印版的传墨压力、印版对承印材料的压印力，都应以小为好。

在印刷过程中，为保证印版表面与承印物表面在接触范围内不产生滑动，处于纯滚动状态，应严格控制印版滚筒的直径，使印版表面的线速度与承印物的印刷速度相一致。

（3）张力控制　承印材料在印刷过程中受到外来的拉力和阻力可称为印刷张力。准确控制印刷过程中承印材料的张力是保证印刷品套印质量的关键。张力控制值的大小应视承印材料的厚薄、质地来决定。承印材料越厚，张力值越大，质地偏硬，张力值更大；反之，承印材料越薄、张力值越小。对于超薄型材料，为了预防承印材料起皱、拉伸，张力控制要求更高。如果发现在印刷过程中"十字线"套印不稳定，可适当调整放卷或收卷部分的张力，使各色"十字线"套准稳定为止。

印刷速度也是影响张力稳定的重要因素，低速、中速、高速情况下的张力控制不完全相同，建议在正常印刷速度的前题下调整张力控制为好。

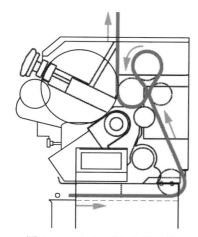

图4-29　"S"型上走纸系统

图4-29为康可（COMCO）MSP柔性版印刷机"S"型上走纸系统。在纸卷进入印刷单元之前设置一个带有动力的传动辊，带动纸带向前运动，既可保证纸卷在每一个印刷单元的恒定张力，又能保证纸卷不会受到纵向拉伸而变形。由于纸卷在压印滚筒上的包角较大，可避免纸张与压印滚筒间的打滑现象，进而保证套印精度。

（4）油墨的pH和黏度　水性油墨的pH由专用测试表测定，一般要求pH在8.5左右，在此值内水性油墨相对比较稳定。随着温度的上升和水墨中氨类的挥发，pH发生变化，会直接影响水性油墨的印刷适性。因此，可添加少量稳定剂来控制pH。正常印刷过程中，通常要求每半小时加5mL的稳定剂，并将其搅拌均匀，使水性油墨保持较稳定的正常印刷适性。切记不可随意添加稳定剂，否则，会影响印品质量。

不同品牌的水性油墨其黏度略有不同，通常在25～30s（涂4号杯余同），印刷网点时黏度可稍高点。当黏度偏高时，可用少量净水进行调节或通过添加稳定剂来降低油墨黏度。在印刷过程中随着温度的上升、印刷速度的变化，水性油墨的黏度会改变，操作人员应经常检查墨斗中水性油墨黏度状况，给予适当调整。

（5）印版表面温度的控制　在高速印刷中，特别是对表面粗糙的承印物，版面温度的控制是一个重要问题。实践证明，当版面温度低于40℃时，对印版的影响不大，但是，当印版表面温度超过50℃时，印版的体积膨胀率高达1%～3%，并使印版产生鼓胀现象，同时，还会使印版硬度下降，弹性降低，影响印版性能。为此，可在设计中加风冷装置，以控制版面温度。

三、机组式柔性版印刷机

机组式柔性版印刷机是指各色印刷机组按水平配置的柔性版印刷机，其基本构成如图4-30所示。

1. 特点

① 整机零件的标准化、部件的通用化、产品的系列化程度较高，在设计上具有先进性。

② 可实现多色印刷，通过变换承印物的传送路线还可实现双面印刷。

③ 配置灵活，操作维修方便。可配置丝网印刷、胶印、凹印机组，实现组合印刷与印后联线加工。

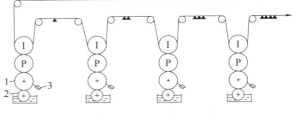

1—网纹辊；2—墨斗辊；3—刮刀。

图4-30　机组式柔性版印刷机

④ 整机附设张力、边位、套准等自动控制系统以及印品质量检测系统，可实现高速、多色印刷。

⑤ 应用范围广，适合各种标签、纸盒、纸袋、礼品包装纸、不干胶纸等印刷。

2. 组成

窄幅机组式柔印机如图4-31所示，除开卷供料、印刷、干燥冷却、收卷、控制系统等部分外，还可配有涂布、上光、烫印、模切、打孔、覆膜等后加工装置，形成柔性版印刷生产线，可进行标签、不干胶、表格票据、纸板以及各种包装的印刷。

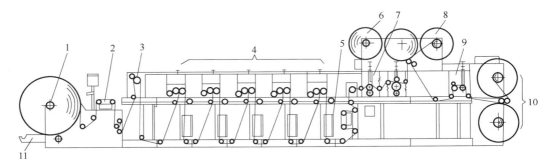

1—开卷供料单元；2—横向纠偏装置；3—送纸辊；4—印刷机组；5—烘干系统；6—层压覆膜装置；
7—模切机组；8—废料复卷装置；9—打孔、分切装置；10—复卷装置；11—升降纸架。

图4-31　窄幅柔性版印刷机的基本构成

（1）开卷供料单元　开卷供料单元主要由纸架电动升降装置、轴芯气动锁紧装置、末端探测器、张力控制器和张力补偿控制装置组成。

（2）横向纠偏装置　当承印物从供纸系统输出在进入印刷部之前，或印刷后进入印后加工之前，应使其保持稳定的横向位置。为此，特在上述两个部位设置横向纠偏装置，承印物的横向位置一旦超出规定范围，应能自动予以纠正。

（3）送纸辊　送纸辊由旋转的送纸辊和橡胶压纸辊组成，靠两辊的接触摩擦力由送纸辊带动承印物按所要求的速度将承印物送入印刷部，确保承印物保持在正确的纵向位置上。

（4）印刷机组　印刷机组由若干印刷色组组成。印刷色组除印刷滚筒部件外，一般采用激光雕刻陶瓷网纹辊和逆向刮刀标准配置形式。

（5）烘干系统　在各印刷色组之间和印刷部后面设有烘干系统，主要包括红外线短波灯管、冷热风吹送系统、空气抽吸系统。也可配置UV干燥系统，供选用UV油墨或UV上光时使用。此外，还可选用UV及红外线混合型干燥系统，以满足使用UV油墨和其他标准油墨的需要。

（6）涂布上光机组　印刷部的最后色组可进行最后一色套印，有的印品还需要进行涂布、上光。

（7）模切机组　现代柔性版印刷机的模切机组主要有平压平和圆压圆两种形式。

（8）层压覆膜装置　部分印品经印刷后，需要在印刷表面上进行层压覆膜，以保护印品表面、提高表面光泽性。

四、卫星式柔性版印刷机

卫星式柔性版印刷机是指在大的共用压印滚筒周围设置多色印版滚筒的柔性版印刷机，其基本构成如图4-32所示。

1. 特点

① 各色印版滚筒在共用压印滚筒的周围，承印物在压印滚筒上通过一次可完成多色印刷。

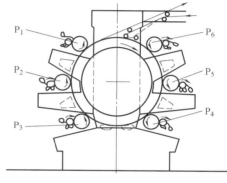

② 具有更高的套印精度和印刷速度，且机器的结构刚性好，使用性能更稳定。

③ 承印材料广泛，既可印刷纸张和纸板，又可印刷各种薄膜、铝箔等材料，特别适用于印刷产品图案固定、批量较大、精度要求高的伸缩性较大的承印材料。

④ 印刷速度高。卫星式柔印机的印刷

P—印版滚筒。

图 4-32　六色卫星式柔印机印刷部结构示意图

速度一般可达250~400m/min，最高已超过600m/min，可实现大批量印刷。

⑤ 印刷单元之间距离较短，容易引起干燥不良故障。如使用UV固化柔印油墨，印刷后经紫外光照射实现瞬间干燥，基本上可解决蹭脏问题。

2. 组成

卫星式柔印机主要由放卷供料部、印刷部（CI型）、干燥和冷却装置、联线印后加工、收卷部、控制和管理系统以及辅助装置组成，如图4-33所示。

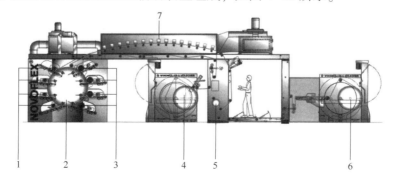

1—网纹辊；2—中心压印滚筒；3—印版滚筒；4—放卷部分；

5—冷却和牵引单元；6—收卷部分；7—干燥部分。

图 4-33　卫星式柔印机结构图

（1）放卷供料部　放卷供料部由放卷架、不停机快速换卷装置和预处理器等组成。有些卫星式柔印机还配置了纸张展平系统和纸面清洁装置。

（2）横向纠偏装置　为了保证承印材料进入印刷部的边缘位置正确，在印刷部之前应安置横向纠偏装置。对于纸张等不透明材料，多采用光电扫描头或超声波传感器所构成的纠偏装置；对于薄膜等透明材料，则采用气动扫描头。

（3）张力控制单元　卫星式柔印机采用分段独立的张力控制系统，一般包括放卷、输入、输出和收卷4个控制单元，也有一些厂家将放卷和输入或输出和收卷控制单元合二为一，即采用3个张力控制单元。

（4）印刷部　卫星式柔印机的印刷部由中心压印滚筒和分布在压印滚筒周围的各印刷色组的印版滚筒及输墨装置组成。

（5）干燥和冷却部

① 干燥系统　干燥系统一般包括色间干燥、主干燥和联线后干燥等3部分。色间干燥指两个相邻印刷单元之间的干燥。主干燥（也称终干燥）指CI印刷之后的干燥，常采用桥式干燥箱干燥。而联线后干燥是指对联线复合、涂布或上光等印后工序的干燥。干燥热源可采用蒸气、电、热油及天然气4种，其中电热源使用最多。干燥系统控制有各色组分散控制和一体化控制两种方式，较先进的机型多采用一体化控制。大多数机型采用电子温控器。

② 冷却系统　除起冷却作用外，其冷却辊通常还担当牵引辊，成为张力控制系统的一部分。冷却辊由直流电机驱动，它提供从最后一个色组经过桥式干燥通道到冷却辊区间的精确张力控制。

（6）联线印后加工

① 横切部　适用于 $50 \sim 450 g/m^2$ 的纸张，裁切误差为 $\pm 0.2 mm$。

② 复合部　可采用干法、湿法或同时采用两种工艺。

③ 模切部　模切/压痕精度为 $\pm 0.2 mm$。

（7）收卷部　收卷部主要由收卷架、张力控制单元、堆码单元（输送、堆码、计数、捆扎打包等）组成。

（8）控制与管理系统　现代宽幅卫星式柔印机设有模块化自动操作系统、智能化传动系统和定位系统、电子同步调节及计算机控制快进系统、机械手换辊系统、供墨及清洗系统、远程遥控系统等。

第四节　柔性版印刷材料

一、柔性版印刷用纸张及软包装材料

1. 纸和纸板

纸和纸板是人们日常生活中和工业生产中不可缺少的材料，特别是在包装工业中占有重要的地位。纸、纸板及其制品约占整个包装材料的40%以上，发达国家甚至达到50%。这是由于纸包装具有许多独特的优点，如来源广、生产成本低、加工储运方便、易于回收及复合加工性能好等。

纸包装印刷常用的材料有白纸板、白卡纸、玻璃卡纸、铝箔（金、银）复合纸和全息卡纸等。

2. 塑料薄膜

塑料是由合成树脂和添加剂在一定温度、压力、时间等条件下塑制而成的。

为了获得精美的塑料包装，塑料薄膜应具有保护功能、美化产品功能，这就需要塑料薄膜具有透气性高、防潮、耐热、化学性能稳定、透明光滑等特点。

常用的塑料薄膜有聚乙烯（PE），聚丙烯（PP，又分为 CPP 与 OPP），聚氯乙烯（PVC），聚苯乙烯（PS），聚碳酸酯（PC），聚对苯二甲酸乙二醇酯（PET），尼龙薄膜（PA）。但目前用于柔性版印刷的塑料薄膜主要有 PE 和 PP。其他类型的薄膜如 PVC、PET 等，由于其拉伸变形小，一般都采用凹印工艺。

PE 和 PP 膜的印刷特点如下：

① PE 和 PP 膜属非极性高分子化合物，对印刷油墨的黏附能力很差，为了使 PE 和 PP 膜表面具有良好的油墨附着能力，增强印刷品的牢固性，必须在印刷前进行表面处理。

② 吸湿性大　受周围空气的相对湿度影响，产生伸缩变形，导致套印不准。

③ 受张力伸长　薄膜在印刷过程中，在强度允许的范围内，伸长率随张力的加大而升高，给彩色印刷套印的准确性带来困难。

④ 表面光滑，无毛细孔存在　油墨层不易固着或固着不牢固。第一色印完后，容易被下一色叠印的油墨粘掉，使图文不完整。

⑤ 表面油墨层渗出　掺入添加剂制成的薄膜，在印刷过程中添加剂部分极易渗出，在薄膜表面形成一层油质层。油墨层、涂料或其他黏合剂不易在这类薄膜表面牢固地黏结。

⑥ 由于 PE 和 PP 膜属非吸收性材料，没有毛细孔存在，油墨不易干燥。

这些特点都不利于印刷，所以必须在印刷前对 PE 和 PP 膜进行表面处理。

3. 瓦楞纸板

在瓦楞机压制的瓦楞芯纸上黏合面纸而制成的高强度纸板称为瓦楞纸板。瓦楞纸板是包装上应用最广的一种纸板，可用来代替木板和金属板。用它制作的纸箱和纸盒包装商品，在运输、储存方面与传统的木箱、金属桶相比较，表现出许多优越性，因此被越来越广泛地应用。目前在纸制品包装发达国家，瓦楞纸板的比重几乎占整个包装材料的 $1/4 \sim 1/3$。

4. 不干胶标签

标签又称标贴，多贴于包装容器上，用于酒、食品、罐头、饮料、化妆品、日用洗涤用品、医药用品、文教用品等。标贴上的文字、图形、色彩将内装物的品牌、数量、性质等信息告诉消费者，是一种最简便、最实用的表现形式。随着现代设计水平的提高和新材料、新工艺的普及和应用，标签的装饰效果也随之提高。

标签可分为胶水型和预涂型两大类。胶水型标签是一种传统的即涂黏合剂工艺，即：在印刷模切好的标签背面涂上黏合剂并粘贴到商品外包装表面，如啤酒标签。由于啤酒标签多采用 $70 \sim 80 g/m^2$ 的铜版纸或真空镀铝纸，以色块（实地）版及线条文字版占大多数，比较适合柔性版印刷。同时啤酒标签的批量都相对较大，印数达一二百万套，可以达到柔性版所需要的印量，所以在啤酒标签加工上柔性版印刷方法的优点得以充分发挥。

预涂型标签多以不干胶材料作承印物，经过印刷、半模切工艺，制成不干胶标签，使用时撕开印刷表面基材，很容易与基纸剥离，背面因有预涂粘接剂，粘贴非常方便。目前，不干胶标签已广泛用于包装、办公用品、轻工产品等各个领域。

随着新型材料、黏合剂的应用，不干胶标签的使用范围主要有三大领域。一是基础标签，也称为包装标签，主要用于商品的宣传和标识，如食品和饮料、化工产品、日化产品、化妆品、玩具、个人卫生用品、家用电器、交通工具等所用标签。二是可变信息标签，主要用于以文字和线条为主的标识，如产品批号、条形码、邮政信息处理、仓库管理信息、生产日期或有效日期、产品次序码等可变信息所用标签。三是特种标签，一般指有特殊功能的专用标签，如主要用于商品的防伪标识标签。

二、柔性版印刷油墨

与平版印刷油墨相比，柔性版油墨比较稀薄，具有黏度较低、流动性较强等特点。目前国内外普遍使用的柔性版印刷油墨主要有三种类型：溶剂型油墨、水性油墨和紫外线光固化（UV）油墨。溶剂型油墨主要用于塑料印刷；水性油墨主要适用于具有吸收性的瓦楞纸、包装纸、报纸印刷；而 UV 油墨为通用型油墨，纸张和塑料薄膜印刷均可使用。

溶剂型油墨中一般含有芳香烃溶剂（甲苯、二甲苯），用于柔性版印刷的溶剂型油墨基本上无芳香烃溶剂，但含有其他挥发性有机溶剂，印刷时会造成 VOCs（Volatile Organic Compounds，挥发性有机化合物）的排放，不环保。水性柔性版油墨相比溶剂型柔性版油墨，不仅不含芳香烃溶剂，且 VOCs 排放也大大减少，更加环保。UV 柔性版油墨不含任何挥发性有机化合物，比水性柔性版油墨更安全，可通过紫外线照射进行干燥处理。

1. 水性油墨

水性油墨是由水性高分子树脂和乳液、有机颜料、溶剂（主要是水）和相关助剂经物理化学过程混合而成。具有不含挥发性有机溶剂、不易燃、不会损害印刷操作者的健康、对大气环境无污染等特性，特别适用于食品、饮料、药品等卫生条件要求严格的包装印刷产品。

水性油墨与溶剂型油墨的主要区别在于水性油墨中使用的溶剂不是有机溶剂而是水，也就是说水性油墨的连结料主要是由树脂和水组成，通常可参考如下比例配置：色料 12%~40%；树脂 20%~28%；水+醇 33%~50%；碱 4%~6%；添加剂 3%~4%。

水性油墨的印刷适性可从黏度、pH 等方面进行讨论。

① 黏度　黏度是油墨内聚力的大小。黏度是水墨应用中最主要的控制指标。水墨的黏度过低，会造成色浅、网点扩大量大、高光点变形、传墨不均等弊端；水墨黏度过高，会影响网纹辊的转移性能，墨色不匀，颜色有时反而印不深，同时容易造成脏版、糊版、起泡、不干等弊病。

水墨的出厂黏度因厂家或品种而异，一般控制在 30~60s/25℃ 范围内（用 4#涂料杯）。使用时黏度调整到 40~50s 较好。

a. 温度对水墨黏度的影响。温度对水墨黏度的影响很大，如表 4-1 所示。

表 4-1 温度对水墨黏度的影响

温度/℃	10	20	30	35
油墨黏度/s	60	41	41	28

b. 触变性对水墨黏度的影响。触变性是指油墨在外力搅动作用下流动性增大，停止搅动后流动性逐渐减小，恢复原状的性能。水墨放置时间久了以后，有些稳定性差的油墨容易沉淀、分层，还有的出现假稠现象。这时，可充分搅拌，经过一定时间的搅拌后，以上问题自然消失。在使用新鲜水墨时，一定要提前搅拌均匀后再作稀释调整。在印刷正常时，也要定时搅拌墨斗。

② pH 使用水墨需要控制 pH，其正常范围为 8.5~9.5，其印刷性能最好，印品质量最稳定。由于氨在印刷过程中不断挥发，操作人员还会不时地向油墨中加入新墨和各种添加剂，所以油墨的 pH 随时都可能发生变化。只需一台标准的 pH 计量仪，就可以方便地测出油墨的 pH。当 pH 高于 9.5 时，碱性太强，水基油墨的黏度降低，干燥速度变慢，耐水性能变差；而当 pH 低于 8.5 即碱性太弱时，水基油墨的黏度会升高，墨易干燥，出现堵版及堵网纹辊问题，引起版面上脏，并产生气泡。

pH 对水性油墨印刷适性的影响主要表现在油墨的黏度和干燥性方面。pH 和水性油墨的黏度关系如图 4-34 所示。黏度值是用 4# 涂料杯测试的，pH 是用 WS 型袖珍数字显示酸度计测试的。曲线表明，水性油墨的黏度随 pH 的上升而下降。

水性油墨的干燥性和 pH 的关系如图 4-35 所示，干燥性测试方法为：将少许油墨放在刮板细度计 100μm 处，用刮板迅速刮下并同时打开秒表，经 30s 后用纸张的下端对准刮板零刻度处，平贴凹槽处，用手掌速压后揭下纸张，测量未粘墨迹的长度，用毫米表示，即为初干性（图 4-35 中的干燥性），未粘墨迹越短，干燥越慢。曲线表明，随着 pH 的逐渐升高，水性油墨的干燥性降低。

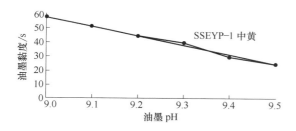

图 4-34 水性油墨的 pH 和黏度的关系

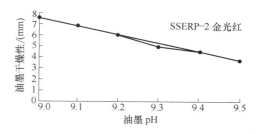

图 4-35 水性油墨的 pH 和干燥性的关系

水性油墨的 pH 主要依靠氨类化合物来维持，但由于印刷过程中氨类物质的挥发，pH 下降，这将使油墨的黏度上升，转移性变差，同时油墨的干燥速度加快，堵塞网纹辊，出现糊版故障。若要保持油墨性能的稳定，一方面要尽可能避免氨类物质外泄，例如盖好油墨槽的上盖；另一方面要定时、定量地向墨槽中添加稳定剂。

从某种意义上讲，pH 的控制甚至比黏度控制还重要。操作人员不仅要了解所用的各种油墨添加剂的 pH 及它们的变化情况，在印刷中还应严格按照供应商提供的技术指标参数进行操作。

油墨厂生产的水性油墨一般性能如表 4-2 所示。

表 4-2　　　　　　　　　　　　　油墨厂生产的水性油墨一般性能指标

颜色	粘度/s	细度/μm	粘着性（Tack）	pH
黄	40	35	3.5	9
红	75	15	3.3	9.5
黑	80	10	3	9.5
金	62		4.6	9.1

从表 4-2 的数据中可以看出水性油墨为弱碱性的，pH 在 9 左右。

2. UV 油墨

（1）UV 柔印油墨的特点

① 性价比高　UV 油墨在印刷过程中没有溶剂挥发，固体物质 100%留在承印物上，色强度及网点结构基本保持不变，很薄的墨层厚度就可达到良好的印刷效果。尽管 UV 油墨价格比溶剂型油墨高，但是 1kg UV 油墨可印刷 70m² 的印刷品，而 1kg 溶剂型油墨只能印 30 m² 的印品。

② 瞬间干燥，生产效率高　在紫外光的照射下，UV 油墨能快速固化，瞬间干燥，印品可立即叠起堆放以及进行后续加工，生产速度为 120~140m/min，还可以节省仓储面积 60%~80%。

③ 不污染环境　UV 柔印油墨内不含挥发性溶剂，印刷过程中不向空气中散发有机挥发物，符合环境规定，同时也免除了溶剂回收费用。在当今环保呼声日益高涨的印刷业，更易于被人们所接受。

④ 安全可靠　UV 柔印油墨不需要水和有机溶剂，油墨固化后墨膜结实，具有耐化学性，不会出现因接触化学药品而产生破损和剥离的现象。UV 柔印油墨燃点高达 94℃，不易燃，使用安全，可为用户节约保险费用，特别适用于食品、饮料、药品等卫生条件要求高的包装印刷品。

⑤ 印品质量优异　UV 柔印油墨在印刷过程中可保持均匀一致的色彩，印品墨层牢固，色料及连结料比率保持不变。网点变形小、瞬间干燥，能胜任薄膜或难印的合成材料的多色套印刷品。

⑥ 性质稳定　UV 柔印油墨只有在 UV 光线照射下才会固化。因此，这种油墨在印刷机上无 UV 光射时不会"干燥"。这种不干特性使得印刷机长期运转时油墨黏度保持稳定，由于没有有机挥发物，几乎不需要监控油墨黏度就能保证印刷过程顺利进行及印品质量的稳定性。所以油墨可在墨斗中保存过夜，以便次日开机使用，无须校色。

（2）UV 油墨的组成　　与传统油墨的组成相比，UV 油墨的成膜从单体到聚合物是化学反应；而传统油墨的成膜是物理作用，树脂是聚合体，溶剂是将固体的聚合物溶解成液状的聚合物，有助于将油墨涂覆在承印物上，然后溶剂挥发或被吸收，使液状的聚合物再恢复成原来的固态状。

表 4-3 所示为两种油墨的组成对比：

表 4-3　　　　　　　　　　　　　　　两种油墨组成对比

	UV 油墨	传统油墨
组成	颜料、预（齐）聚物、单体（活性稀释剂）、添加剂	颜料、树脂、溶剂、添加剂

（3）UV 柔印油墨的性能

① 黏度　油墨从墨斗到墨辊到印版再到承印物上，需要经过多次的转移，即经过多次的分裂。黏度是 UV 柔印油墨的主要参数，它是影响柔印产品质量的关键因素。在柔印过程中，UV 油墨的黏度并非仅仅由油墨自身的黏度决定，而是由网纹辊、刮墨刀、图像等因素共同作用的结果。

实际工作中，油墨的黏度应该是以油墨能很容易地通过泵循环到刮墨刀上，并能等量地转移到印版和承印物上，使印品密度和图像网点不发生明显的变化为原则。为了达到这种理想的状态，必须对油墨的实际黏度进行测定，以保持印刷时油墨黏度在可接受的范围内，并确保色强度和覆盖率的一致。这是因为一种颜色 UV 油墨黏度的改变不仅会影响到另外一种颜色油墨的黏度，而且同样会在套印中影响到色调及其他颜色的层次。

油墨黏度太高，色彩变暗，油墨用量增加，干燥速度减慢，油墨循环泵供墨量减少而导致网纹辊供墨不足；黏度太低，色彩发生变化，网点增大，从而导致印品质量下降。

柔印中，油墨的黏度是最主要的可变因素，所以必须进行监控，UV 柔性版印刷油墨的黏度一般为 $0.2 \sim 1.0\text{Pa} \cdot \text{s}$，当黏度需要超过 $2.0\text{Pa} \cdot \text{s}$ 时（特定的印品要求），则应安装加热墨斗、墨斗搅拌器等辅助装置，以保证油墨良好地附着在网纹辊墨穴内。

印刷技术的迅速发展使得油墨的黏度和网纹辊网穴间的最佳结合不断得到改善。在输墨装置内要求油墨黏度低，以便于油墨顺利地填充到网纹辊的墨穴内；在油墨向承印物转移过程中则要求油墨具有较高黏度和低的流动性，以保证合理控制网点增大现象。由于网纹辊加工技术的改进，采用低黏度的 UV 柔印油墨对提高柔印产品质量更为有利。当墨层厚度达到 $1.5\mu\text{m}$ 时，就可显著地减小网点增大量。

另外，UV 柔印油墨黏度直接受温度的影响，温度升高或降低时，黏度就降低或升高。虽然一般难以用调节室温的办法来控制 UV 柔印油墨的黏度，但是可采用墨斗加热或冷却、墨斗搅拌器等办法加以解决。

② 着色力　UV 柔印油墨中，获得合理的着色力也是非常重要的。要获得合理的着色力关键是保证印品图文部分有合理的、最佳的颜料数量，也就是控制油墨中颜料的配比。如果颜料不足，印品的色饱和度将会降低，同时着色力下降；如果颜料过量，油墨的流动性下降、墨层固化慢，油墨转移不良，影响油墨的附着性。

最佳的颜料配比是指油墨能够流畅地转移到承印物上，并符合印品的色彩（色相）要求，同时墨层可以正常固化，承印物经预处理后具有良好的附着性。

③ 分散性　分散性是指颜料在油墨中分散均匀的程度。即使 UV 柔印油墨中的颜料配比合理，如果颜料分散性不良，也会影响柔印机的性能和印品的色强度。颜料颗粒在油墨中应充分分散，这是保证色彩的均匀性和一致性的前提。

3. 水性 UV 油墨

水性 UV 油墨是由预聚物（水基光固化树脂）、光引发剂、色料、胺类物质、水、助溶剂和其他添加剂等配制而成的一种新型环保油墨。主要应用于食品、药品、饮料、烟酒及与人体接触的日用品包装印刷。

水性 UV 油墨和普通 UV 油墨的最大区别在于用水作为溶剂，而不再使用单体稀释剂，这从根本上解决了使用单体稀释剂时与人体接触产生的刺激作用，甚至引起皮肤过敏等对人体的伤害，在环保上有了更大的优势。水基光固化树脂是水性 UV 油墨的主要组成部分，它在油墨中起连结料的作用，它使色料可以均匀分散，使油墨具有一定的流动性，并提供与承印物材料的黏附力，使油墨能够在承印物上很好地附着，并有耐磨、耐水等性质。光引发剂在水性 UV 油墨中起着重要的作用，它影响着油墨的干燥速度。适量的光引发剂可以加快油墨的固化速度并获得良好的油墨性质，但当光引发剂量增加到一定值时，如果再增加其含量，由于光引发剂会大量吸收能量，油墨固化速度反而会下降，因此在印刷中必须适量使用。色料以微粒状态均匀地分布在连结料中，决定着油墨的色相，色料颗粒通过吸收或反射光线呈现一定的颜色。一般要求色料具有鲜艳的色泽，适合的着色力和遮盖力，以及较高的分散度。助溶剂是为了提高聚合物的水溶性，常用的有低级醇或醇醚类等溶剂。

（1）水性 UV 油墨分类　按照组成和水在分散手段上的不同，水性 UV 油墨一般分为以下几种。

① 乳化型水性 UV 油墨　通过外加表面活性剂，并运用一定的外力，把预聚物乳化成为水分散体系。这种油墨生产工艺比较简单，其乳化剂的性能直接影响着预聚物的状态及油墨的稳定性、流动性等。乳化剂由亲水基团和亲油基团组成，亲水基团和水相溶；亲油基团一般为长的烷烃链，与树脂液滴相溶。乳化剂的分子间排斥和吸引作用，使树脂的液滴保持一定的距离，保持稳定后，可以形成稳定的乳状液。这一个稳定的体系中，离子基团的稳定性会受到溶液酸碱性的影响，所以 pH 的变化对这种油墨的性质会产生很大的影响。但乳化剂在固化时仍然留在涂膜中，使墨膜的耐油和耐水性下降，会影响墨膜的状态和油墨的质量。

② 离子基自乳化型水性 UV 油墨　把离子基引入到树脂的大分子结构中去，然后再利用相反性的离子去中和分子链上的离子，这样得到的树脂具有很好的自乳化性能，就是一个生成亲水基的过程，利用其能溶于水的性质，形成乳化液。预聚物可以在水中形成很小的颗粒，具有很好的润湿性和稳定性，可以保存相当长的时间。

③ 水分散树脂液与水性 UV 油墨的混合型水性 UV 油墨　水性 UV 油墨中的预聚物与水分散树脂（一般为丙烯酸酯类树脂）混合，并分散在水中，但这种油墨所得固化膜的交联密度不高，化学耐抗性也差。

（2）水性 UV 油墨的优点

① 由于水性 UV 油墨具有良好的触变性，可以进行高加网线数的高精度印刷，得到高精细的网点，这使得 UV 油墨在高质量印刷领域应用非常广泛。

② 解决了普通 UV 油墨墨层厚度太厚，影响叠印的问题。普通的溶剂型油墨，在印刷后由于溶剂的挥发，会使油墨的墨层变薄，便于四色叠印；而 UV 油墨不含溶剂，四色叠印时，在印品上墨层会很厚，后印上的油墨的流动必定会影响叠印效果。

③ 可用水或增稠剂控制油墨黏度和流变性。普通的 UV 油墨，为了调节预聚物的黏度，会加入单体稀释剂，但其具有毒性，必须控制它的使用量，而且加入量过大时，变稠的问题也比较难解决。水性 UV 油墨可以很好地控制油墨的黏度和流变性，使油墨在印刷时表现出较好的性能。

④ 因为水性 UV 油墨不含挥发性成分，可实现稳定的印刷质量。这对于长版印刷以及复杂的图形印刷起到了非常好的作用，也便于在量大的活件中来控制印刷品的色差等一系列质量问题，保证印品的质量稳定。

⑤ 水性 UV 油墨干燥速度快，在光固化前已经可以堆叠和修理，保证了固化膜的光洁度。水性 UV 油墨在光固化干燥前，都要经过加热预处理，其作用是使水性溶剂从 UV 油墨中挥发出，以便后续的光固化处理。在预加热后，墨膜表面会表现出一定的性能，便于处理。

⑥ 水性 UV 油墨环保性能好，具有一般 UV 油墨不含 VOCs 的优点的同时，还解决了单体稀释剂对使用者的伤害问题。一般 UV 产品具有一定的危险性，多数 UV 的产品在没有干燥前，对皮肤有刺激，在操作时应穿戴护肤手套和护目眼罩以减少危害，水性油墨将这种伤害降低到比较低的水平，有利于保护环境和使用者的人身安全。

（3）水性 UV 油墨的应用领域及使用注意事项　目前印刷中许多特种效果都需用到 UV 油墨，在丝网、柔印和胶印上，水性 UV 油墨可以得到很好的应用。水性 UV 油墨有着快速联线干燥的特性，而此种 UV 特性使它可以印在非纸类承印物上，如塑胶类的 PVC、PET、合成纸等，且因为它可以快速联线干燥，使得再加工或翻面再印皆可不需等待，因此干燥时可不需喷粉，即使印在纸上也有更高的光泽度及耐摩擦力。水性 UV 油墨的环保性和高品质印刷使其在食品、药品、饮料、烟酒及与人体接触的日用品包装印刷等方面应用非常广泛。

水性 UV 油墨使用时必须注意以下几方面：

① 油墨使用前必须充分彻底搅拌，以获得较好的油墨性能。必须使预聚物和溶剂充分融合，油墨才会表现出好的性能。若搅拌不均匀，在预聚物分子间作用力下，溶剂挥发后的油墨黏度会突然变大，不利于印刷过程中的质量控制。

② 印刷过程中若墨层不够薄而造成网点扩大时，可在第一色加入减薄剂，也可以在第一色和第二色中都加入减薄剂。在相同印刷条件下，由于 UV 油墨比溶剂型油墨的墨层厚一些，在网版制作前应对底片的网点进行工艺调整。丝网印刷中，在网版制作时，选择较高目数的单丝薄型丝网或选择专用于 UV 油墨的单面压平丝网，还可以通过控制网版感光层的厚度等来达到要求。

③ 使用水性 UV 油墨印刷时，必要时要对印刷塑料基材的表面进行处理。承印材料如果是表面能较小的塑料薄膜，由于吸附力较小会影响油墨的附着，影响印品的质量和实际使用中的耐磨能力，必须进行表面处理，一般有磨砂、电晕、表面氧化等方法。

④ 温度和湿度的控制。温度的控制直接影响着水性 UV 油墨的干燥速度，温度控制得好可得到较好的印品质量。在使用塑料进行印刷时，湿度的控制可以避免塑料薄膜等承印材料之间的吸附、带电等一系列问题。要想去除静电，除了用温度和湿度进行控制外，也可以添加静电去除剂。

第五节　柔性版印刷工艺

柔性版印刷虚拟
教学实验

一、塑料软包装柔性版印刷

软包装是指在充填或取出内装物后，容器形状可发生变化的包装。用纸、铝箔、塑料薄膜以及它们的复合物所制成的各种袋、盒、套、包封等进行的包装均为软包装。柔印在软包装中的应用近年来得到迅速发展，尤其在食品、药品、化妆品、日化产品等领域，今后还可能向具有蒸煮、杀菌功能的方向发展。

软包装的印刷方式以凹印和柔性版印刷为主，与凹印相比，卫星式柔印机的套印精度高于机组式凹印机，特别是印刷很薄的易拉伸变形 PP 和 PE 薄膜时，其套印精度高于凹印。但是，柔印在连续调图像层次再现方面不如凹印。另外，柔性版印刷适合短、中长版活，而凹印更适合长版活。柔性版印刷油墨的安全性和成本优于凹印。

1. 软包装柔印印前工艺要点

① 柔性版印塑料软包装分"里印"与"表印"，用于"里印"的输出胶片应是反向的；而用于"表印"的输出胶片应是正向的。另外，"里印"与"表印"网点扩大量也不一样，所以，网点扩大补偿曲线也应不同。

② 塑料软包装彩色印刷品的加网线数一般在 $120 \sim 133 l/in$。

③ 色数多但叠印少，多采用专色，专色是柔性版印刷的强项，色彩饱和度高。

④ 塑料薄膜尺寸变化的补偿。

补偿原因：塑料薄膜在印刷过程中被拉伸，在冷却后又回缩。特别是对于较薄的 CPP 和 PE 膜，这种变形更为严重，所以要考虑印刷前后尺寸变化补偿问题。

在实际生产中往往根据理论计算的一个同步周长为定值的产品，在印刷后其实际尺寸是纵向缩小了，横向放大了。纵向缩小明显，而横向放大不明显。

解决办法：在印前处理时，考虑印版弯曲补偿时，同时要考虑薄膜材料收缩所造成的误差。

2. 软包装彩印的印刷色序

塑料薄膜印刷，分"表印"与"里印"，两者的印刷工艺不尽相同，因此印刷色序的确定也有所差异。

（1）表印工艺的印刷色序　塑料软包装印刷一般都是以白墨铺设底色，用以衬托其他色彩。其优点有：①塑料白墨与聚烯烃薄膜（PE、PP）亲和性最好，附着牢度最佳。②白色是全反射，使印品色彩更为鲜艳。③增厚印刷墨层，使印刷层次更为丰富，更富有立体感。

"表印"彩色印刷色序一般为：白—黄—品红—青—黑。

（2）里印工艺的印刷色序　"里印"制版工艺是指运用与表印反向图文的印版，将油墨转印到透明薄膜的内侧（反向图文），从而在薄膜正面表现正像图文的一种特殊印刷方法。

"里印"与"表印"的色序正好相反。例如表印一般先印底色，而里印则是最后印底色。因此，"里印"彩色印刷色序一般为：黑—青—品红—黄—白。

"里印"印刷品与"表印"印刷品比较，具有光亮美观，色彩鲜艳，不褪色，防潮耐磨，牢固耐用，保存期长，不粘连，不破裂等特点。由于油墨印在薄膜内侧（经复合墨层夹于两膜之间），不会污染包装物品，符合食品卫生法要求。

近年来，随着"里印"工艺的不断发展，新推出的"里印"油墨逐渐代替了一般表印油墨，这是因为"里印"产品大都用作复合包装，专用"里印"油墨能满足印刷后的墨层与被复合材料的粘接，即使是大面积墨色色块，经复合加工，也能保证粘接牢固。

3. 软包装柔印工艺控制

（1）墨色控制　目前塑料软包装柔印大多使用溶剂型油墨或水性油墨，目前仍以溶剂型油墨为主。控制溶剂型油墨的质量的参数主要有色浓度、黏度、细度和色相等。

① 色浓度　柔性版印刷在印精细产品时，由于配用高线数的网纹辊，使传墨量减少，这就需要高色强的油墨做支持。现在很多油墨公司在自己的产品系列中专门提供基墨（或称高色浓度的油墨），就是为了保证柔性版印刷品的色彩鲜艳。但是，若正常生产中基墨加得过量，超过了一定的比例，油墨中的树脂少了，油墨同塑料薄膜的附着力必然下降。

选择并控制柔印油墨的色强，最有效的办法是测定实地密度的大小。若采用刮棒在薄膜上刮出的墨样与实际印刷工艺条件下的印样进行比较的办法，是有误差的。因为实际印样受网纹辊的线数、印刷速度及双面胶带种类的影响。

② 黏度对色相的影响　在塑料薄膜柔性版印刷工艺中，黏度不同的油墨色相差距很大。按潘通（PANTON）色卡或客户提供的色标调配油墨，要注意调配到正常生产时需要的黏度，一般在 20~35s，白墨的黏度一般控制在 35~45s。一般为了在正常生产中保持恒定的油墨黏度，应强调每 15~20min 测一次油墨黏度，并及时用溶剂加以调整。

常用的溶剂为乙醇、正丙醇、异丙醇、正丁醇、异丁醇等，有时也少量加入芳香烃和酯类溶剂。

根据印刷过程中溶剂平衡的理论，最好采用混合溶剂。混合溶剂的选配中，有的是对树脂有较强的溶解能力的真溶剂，也有仅仅是为了降低印刷黏度而加进去的假溶剂。真溶剂配合比例的确定，是理论与经验的总结结果。印刷墨色确认时，企业都应按客户确认后的产品标样来确定墨色，应做色浓标准、色淡标准以及合格标准三个确认件，要求重复生产时的墨色在三个标准样品之内。这种确认，主要是印品与样品以眼睛观察比较而取得的。国家标准对同批同色色差作了 $\Delta E \leqslant 5.0$ 的规定，但对不同批的色差允许值没有规定，在生产实践中不同批的色差应控制在 $\Delta E \leqslant 3.0$ 的范围内较合适。企业一般要求 ΔE 控制在 1.0~2.0。每一卷产品印完后，取一幅完整的样品，与标样详细对照无误后再继续印刷，若有差异，须纠正后才能继续生产。

（2）套版精度控制

① 贴版要准　不论是传统的装版机，还是用电脑控制的、带有摄像头的装版机，最重要的就是贴版要准，这是保证卫星式柔印机套版精度控制在 0.10~0.15mm 的基础。

在使用传统装版机贴版时，贴版的准确度完全取决于操作人员的熟练程度。采用光学反射镜控制原理，贴版的参照点是十字线，前后十字线对准，印版就基本贴准了。但是在印版周长方向上，由于不容易把握住同水平轴线的垂直度，常会出现误差。可采取的办法是：在印版两侧的压条外，上下各做 30mm 长的两条 0.1mm 检测细线，当印版包拢后，要求纵向压条上下接口平滑连接，压条外侧检测细线对直连接，不得有歪斜，就可以保证垂直度。

用视频（带摄像头和显示屏）的电脑装版机，其精度控制就方便多了。

② 张力控制　塑料薄膜很容易拉伸，生产中常涉及的印刷张力有四个：放卷输入张力、放卷张力、收版输入张力、收卷张力。张力大小不同使塑料薄膜的拉伸变形有很大差别，这对套准的影响很大。张力太大，容易出现断膜、拉伸形变、套印等问题；张力太小，则容易出现原膜打折，收卷张力不够，影响后道工序。可见，合适的张力调节是套版精度的保障之一。

③ 烘干装置　中央压印辊四周的各组热风量调节是否正确也是影响套印精度的关键之一。卫星式柔印机各印刷单元间的热风干燥器，其进出风量是可以调节的，风量的调节若不适当，将会影响到套版精度。PET、PE、PVC、PA 等薄膜的干燥温度都最好不要超过 70℃。干燥速度与干燥温度、印刷速度有密切的联系。干燥速度与溶剂的类型有关，因而要选择合适高速柔印挥发干燥的油墨溶剂，调节干燥温度与印刷速度相适应。

④ 环境温湿度　柔印软包装印刷的温度、湿度变化会影响到套准精度，还会影响油墨的上墨量、带来印刷膜受潮、静电等问题。一般车间的温度设置在 20～25℃；常用的湿度为 60%～70%。

（3）印刷压力控制　柔性版印刷机的压力是指网纹辊对版滚筒的压力和版滚筒对压印滚筒的压力，调整这两组压力对印品的网点扩大至关重要。一个好的柔印机长，最重要的标准就在于如何掌握这两组压力，压力掌握不当，网点扩大严重，印迹明显，印品色相差异，而且印版易脏，高光部分的小网点容易粘连，或称之为"堵版"，需要不停地停机和擦洗印版。

二、纸包装柔性版印刷

数字技术在柔性版印前领域的应用，大大提高了柔性版印刷品的质量，推动了柔性版印刷技术的发展，尤其是卷筒纸盒的柔性版印刷发展非常快，用机组式联线柔印机印制如香烟、食品、医药卫生用品等的折叠纸盒产品，机组式联线柔印机带有连机上光、压痕、烫印、模切等工位，生产效率高，可使用水性油墨，保护环境，是当前国内外柔印发展较快的一个领域。

纸包装印刷常用的材料有白纸板、白卡纸、玻璃卡纸、铝箔（金、银）复合纸和全息卡纸等。柔印纸包装产品质量控制难点主要有两个：一个是套印精度；另一个是印后加工模切精度。

为了提高套印精度，还需配置一些专业辅助设备，如自动套准、精确模切系统、利用机器进行自动控制，提高套准和模切精度，对生产全过程进行有效监控。

新型的全数字式卷筒联线加工多功能柔性版生产线，大都配备了轮转裁切装置、压痕装置或收卷装置，速度快，换件快，因此，降低了劳动强度，减少了废品率，生产效率和产品质量得到很大的提高。

三、标签组合印刷

柔性版印刷不干胶标签的印刷工艺流程如图 4-36 所示。

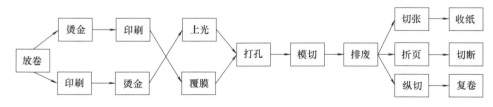

图 4-36　柔印不干胶的印刷工艺流程

（1）纸基基材不干胶标签的柔印　纸基基材的柔印分两种路线：

① 先烫印、后印刷　应用在无 UV 干燥的设备上，使用普通油墨。缺点是印刷图文必须同烫印版图文分开，因为电化铝不上墨，印后不干，标签图案设计受到限制。

② 先印刷、后烫印　应用在有 UV 干燥装置的设备上。油墨快速干燥后，在墨层上进行烫印，烫印图文可任意设计。

（2）薄膜基材不干胶标签的柔印　薄膜材料在印刷前需经表面处理，提高油墨的附着性。不干胶薄膜材料的柔性版印刷基本方法有：

① 溶剂油墨柔印　印刷品质量好。由于溶剂油墨表面张力低，对薄膜表面张力要求不太苛刻，所以墨层牢度强，工艺相对简单，但溶剂挥发污染环境，对人体有害，不符合环保要求。

② 水性墨柔印　成本低，质量好，无环境污染。但工艺要求严格，薄膜张力必须达到 $40 \times 10^{-5} \text{N/cm}$ 以上，否则会影响油墨的附着性能。另外，印刷过程中，还要严格控制油墨的 pH 和黏度。

③ UV 墨柔印　印刷质量好，效率高，对薄膜表面张力要求不苛刻，但成本较高。一般厂家采用水性油墨印刷，UV 上光方式以降低成本，增强印刷效果。

（3）组合印刷　可根据不同的图案设计，采用几种不同的工艺或方法印刷同一图案，达到最佳的视觉效果。例如在标签上实地部分采用丝印，可避免出现白点及墨色不均匀，而网目调图文部分则采用柔性版网点印刷，提高清晰度。通过组合印刷的标签立体感强、层次分明，不仅质量好，而且具有防伪作用。在国外此类设备使用很普遍，德国阿索码公司的 Emo410 型高档柔印机可实现胶印、丝印、柔印组合印刷，适用于 20～450μm 厚的塑料薄膜、纸张、特种材料、不干胶和卡纸等多种材料的标签和包装装潢产品，还可与压痕、压凸、烫印、覆膜、模切等加工装置联机构成印刷加工生产线。

（4）不干胶标签背面印刷　不干胶标签背面印刷是指在不干胶材料的粘接剂表面印上油墨或涂料。背面印刷的目的：形成背面印刷图文。通过在粘接剂表面印刷少量的文字或图案，使其成为双面标签，将这种双面标签贴到装有透明液体的透明瓶体上或玻璃上，可通过透明瓶体或玻璃清晰地看到标签背面印刷的文字说明。一个标签正反两面可以分别起到不同的宣传作用，既节省了标签材料和费用，又使商品具有特殊的装潢效果，并起到一定的防伪作用。

不干胶标签背面印刷只能用凸版印刷（包括柔印），因为只需凸起部分同粘接剂在印刷瞬间接触。背面印刷的工序没有统一规定，既可在正面印刷前，也可在正面印刷后进行，印刷过程如图 4-37 所示。

图 4-37　背面印刷过程

四、柔性版印刷质量控制

印刷过程质量控制是为了生产出符合要求的印刷产品，保证印刷生产的实施，并不断改进，提高产品质量。控制过程分为三步：一是建立控制标准，印刷质量标准可依据国标，行标或企业标准；二是测定（检测）印刷样品与标准的偏差，既包括样品与标准的偏差，又包含样品与样品之间的一致性；三是控制，分析原因并采取措施。

1. 柔性版印刷国家标准

柔性版装潢印刷品质量标准（GB/T 17497.1—2012《柔性版装潢印刷品　第1部分：纸张类》、GB/T 17497.2—2012《柔性版装潢印刷品　第2部分：塑料与金属箔类》和GB/T 17497.3—2012《柔性版装潢印刷品　第3部分：瓦楞纸板类》）规定，检测柔性版印刷品时，实验室温度为（23±5）℃，相对湿度为（60^{+15}_{-10}）%，无紫外线光照环境8h以上，D_{65}标准光源与试样台面距离800mm左右。

（1）外观质量　将试样放在色温为5500~6500K的D_{65}标准光源下，光源与实验台面相距800mm左右。观察者眼睛与目视部位相距400mm左右，视觉鉴定。①印刷成品整洁、平整、无翘曲。②文字清晰完整，无残缺变形，小于6号的字体不误字意。③主要部位无条杠、水波纹、糊版、硬口、露底；次要部分无明显条杠、水波纹、糊版、硬口、露底。④印面脏污点限量要求符合表4-4~表4-9规定。⑤图像网点清晰、层次清楚、均匀、无变形和残缺。⑥上表面干净、平整、光滑、完好、无花斑现象。

表4-4　　　　　精细产品印面脏污点限量要求（纸张）

脏污点最大长度/mm	产品主要部位面积/m²			脏污点最大长度/mm	产品次要部位面积/m²		
	≤0.5	0.5~1.0	≥1.0		≤0.5	0.5~1.0	≥1.0
≥1.00	不允许			≥1.50	不允许		
0.35~1.00	≤3个	≤5个	≤8个	0.50~1.50	≤3个	≤5个	≤8个
≤0.35	允许			≤0.50	允许		

表4-5　　　　　一般产品印面脏污点限量要求（纸张）

脏污点最大长度/mm	产品主要部位面积/m²			脏污点最大长度/mm	产品次要部位面积/m²		
	≤0.5	0.5~1.0	≥1.0		≤0.5	0.5~1.0	≥1.0
≥1.50	不允许			≥2.00	不允许		
0.40~1.50	≤3个	≤5个	≤8个	0.60~2.00	≤3个	≤5个	≤8个
≤0.40	允许			≤0.60	允许		

表4-6　　　　　精细产品印面脏污点限量要求（塑料）

脏污点最大长度/mm	产品主要部位面积/m²			脏污点最大长度/mm	产品次要部位面积/m²		
	≤0.30	0.30~0.80	≥0.80		≤0.50	0.50~1.00	≥1.00
≥0.35	不允许			≥0.80	不允许		
0.20~0.35	≤3个	≤5个	≤7个	0.35~0.80	≤3个	≤5个	≤7个
≤0.20	允许			≤0.35	允许		

表4-7　　　　　一般产品印面脏污点限量要求（塑料）

脏污点最大长度/mm	产品主要部位面积/m²			脏污点最大长度/mm	产品次要部位面积/m²		
	≤0.30	0.30~0.80	≥0.80		≤0.30	0.30~0.80	≥0.80
≥0.50	不允许			≥0.80	不允许		
0.35~0.50	≤3个	≤5个	≤7个	0.50~0.80	≤3个	≤5个	≤7个
≤0.35	允许			≤0.50	允许		

表 4-8　　　　　　　　　　　　精细产品印面脏污点限量要求（瓦楞纸板）

脏污点最大长度/mm	产品主要部位面积/m²			脏污点最大长度/mm	产品次要部位面积/m²		
	≤0.5	0.5~1.0	≥1.0		≤0.5	0.5~1.0	≥1.0
≥1.5	不允许			≥2.0	不允许		
0.5~1.5	≤3 个	≤5 个	≤8 个	1.0~2.0	≤3 个	≤5 个	≤8 个
≤0.5	允许			≤1.0	允许		

表 4-9　　　　　　　　　　　　一般产品印面脏污点限量要求（瓦楞纸板）

脏污点最大长度/mm	产品主要部位面积/m²			脏污点最大长度/mm	产品次要部位面积/m²		
	≤0.5	0.5~1.0	≥1.0		≤0.5	0.5~1.0	≥1.0
≥2.0	不允许			≥3.0	不允许		
1.5~2.0	≤3 个	≤5 个	≤8 个	2.0~3.0	≤3 个	≤5 个	≤8 个
≤1.5	允许			≤2.0	允许		

（2）印刷墨层结合牢度与耐磨性

①纸张印刷品的印刷墨层结合牢度的要求　纸张印刷品的印刷墨层结合牢度的要求应符合 GB/T 17497.1—2012《柔性版装潢印刷品　第 1 部分：纸张类》的规定，如表 4-10 所示。

表 4-10　　　　　　反射密度计法墨层耐磨性要求（纸张）　　　　　　单位：mm

项目	要求	项目	要求
墨层耐磨性/%	≥70	上光后墨层耐磨性/%	≥80

②瓦楞纸箱印刷品印刷墨层耐磨性的要求　瓦楞纸箱印刷品印刷墨层耐磨性的要求符合 GB/T 17497.3—2012《柔性版装潢印刷品　第 3 部分：瓦楞纸板类》墨层耐磨性的规定，如表 4-11 所示。

表 4-11　　　　　反射密度计法墨层耐磨性要求（瓦楞纸板）　　　　单位：mm

项目	要求	项目	要求
墨层耐磨性/%	≥40	上光后墨层耐磨性/%	≥60

对于塑料、玻璃纸、复合膜等材料的印刷品，使用试验用胶带、胶带压滚机和圆盘剥离试验机来检测墨层结合牢度；对于纸张印刷品，使用摩擦检验机来检测墨层的耐磨性。

（3）套印精度　要求印刷图像轮廓清楚，套印误差如表 4-12、表 4-13、表 4-14 所示。

表 4-12　　　　　　　　　　　套印误差（纸张）　　　　　　　　单位：mm

承印材料	精细产品		一般产品	
	主要部位	次要部位	主要部位	次要部位
涂布纸	≤0.20	≤0.30	≤0.30	≤0.50
非涂布纸	≤0.30	≤0.40	≤0.50	≤1.00

表 4-13　　　　　　　　　　　印误差（瓦楞纸）　　　　　　　　单位：mm

承印材料	精细产品		一般产品	
	主要部位	次要部位	主要部位	次要部位
塑料与金属箔	≤0.20	≤0.30	≤0.30	≤0.50

表 4-14	印误差（瓦楞纸）	单位：mm
套印部位	精细产品	一般产品
主要部位	≤0.50	≤1.50
次要部位	≤1.00	≤2.00

将试样放在 CY/T 3—1999《色评价照明和观察条件》规定光源下，用精度为 0.01mm 的 20 倍读数放大镜分别测量试样主要部位和次要部位任二色间的套印误差各 3 点，分别取其最大值，作为该试样主要部位和次要部位的套印误差。

（4）同批同色色差　检测指标主要是实地色。纸张、塑料、销售包装瓦楞纸箱印刷品同批同色色差应符合 GB/T 17497.1—2012、GB/T 17497.2—2012 和 GB/T 17497.3—2012 的规定，如表 4-15、表 4-16 和表 4-17 所示。

表 4-15　　　　　同批同色 CIELAB $\triangle E_{ab}^*$ 色差要求（纸张）

承印材料	精细产品		一般产品	
	$L^* > 50.00$	$L^* \leq 50.00$	$L^* > 50.00$	$L^* \leq 50.00$
涂布纸	≤3.50	≤3.00	≤4.50	≤4.00
非涂布纸	≤5.00	≤4.00	≤6.00	≤5.00

表 4-16　　　　同批同色 CIELAB $\triangle E_{ab}^*$ 色差要求（塑料与金属箔）

承印材料	精细产品		一般产品	
	$L^* > 50.00$	$L^* \leq 50.00$	$L^* > 50.00$	$L^* \leq 50.00$
塑料	≤3.50	≤3.00	≤4.00	≤3.50
金属箔	≤4.00	≤4.00	≤4.50	≤4.00

表 4-17　　　　　同批同色 CIELAB $\triangle E_{ab}^*$ 色差要求（瓦楞纸板）

项目	精细产品		一般产品	
L^* 值条件	$L^* > 50.00$	$L^* \leq 50.00$	$L^* > 50.00$	$L^* \leq 50.00$
CIELAB $\triangle E_{ab}^*$ 色差	≤6.00	≤5.00	≤7.00	≤6.00

测量每一被测印张的 CIELAB 的 L^*、a^*、b^* 数据并计算相对于批量产品平均值的差值 $\triangle L^*$、a^* 和 b^*，计算 $\triangle L^*$、a^* 和 b^* 的平均值以及标准偏差，然后将标准偏差乘以 1.96，确定 95% 置信度范围（即 95% 样品所处范围）。最后计算每一平均值及置信度范围的 CIELAB 色差（$\triangle E_{ab}^*$）。由平均值得到的色差表示印品与付印样的色偏差，由置信度得到的色差表示批量印品之间的颜色变化。

五、常见印刷故障及排除

1. 纸包装柔印常见故障及解决办法

（1）印品糊版、堵版，网点堵死、挂须、糊笔道　可能原因：①印刷压力太大；②供墨量过多；③油墨黏度太高；④油墨颜料太粗；⑤油墨干燥过快。

解决方法：①应正确调节金属墨辊、印版辊、压印辊相互之间的压力，轻微地接触，将压力减轻到最小程度，能印出即可；②如实地部分与细小文字线条在一起的图文，应用粘贴胶带纸的方法将实地部分垫得高一些，增加压力；③在油墨中添加缓干溶剂；④对油墨需用 80 目筛网进行过滤后再用；⑤调整风热位置和角度，避免风吹到版面上，延缓油墨干燥时间。

（2）图文不清晰　可能原因：①网纹辊与印版的压力太大；②油墨太黏引起起毛；③印版磨损；④印速太慢；⑤油墨中颜料太多，分散不好。

解决方法：①调整压力；②降低油墨黏度，并清洗印版；③检查印版磨损与否，如有必要，应更换印版；④提高印速；⑤加入溶剂，并充分搅拌油墨。

（3）印品有龟纹　可能原因：网纹辊与印版的网线数不匹配。

解决方法：更换网纹辊。

（4）墨转移不到纸上　可能原因：①油墨的选型不当；②油墨的黏度不适当；③干燥速度太慢；④纸表面有油污。

解决方法：①更换油墨；②加入油墨或溶剂调节油墨的黏度；③加大热风干燥速度；④更换纸材料。

（5）墨色不均匀　可能原因：①油墨的 pH 不恰当；②油墨黏度不恰当；③纸材料的吸收性不均匀；④印速不稳定；⑤供墨系统供墨不正常，墨槽内的油墨不足。

解决方法：①加入新油墨或碱性溶剂调节油墨 pH；②加入油墨黏度调节剂；③更换纸；④控制印速，使之稳定；⑤墨槽内加足油墨，使供墨系统供墨正常。

（6）印品起脏　可能原因：①油墨的 pH 不恰当；②油墨黏度不恰当；③印版上有多余的油墨；④油墨在印版上干燥；⑤纸材料本身就脏。

解决方法：①加入新油墨或碱性溶剂调节油墨 pH；②加入油墨黏度调节剂；③调节刮刀压力；④使用干燥较慢的溶剂；⑤换纸。

2. 软包装柔印常见故障分析

（1）套印不准　产生原因：承印材料收放张力不当，机上固定压轮效果欠佳，滚筒齿轮松动移位，车速不一致。

（2）糊版发花　产生原因：油墨挥发太快，车速太慢，网纹辊和版滚筒压力过大，油墨黏度太高，印版太浅，气温太低，湿度太大。

（3）粘连　产生原因：溶剂挥发太慢，车速太快，承印材料电晕处理不够，油墨黏度太高。

（4）图案无光，网点不实　产生原因：油墨质量不佳，黏度太低，油墨内在比例失调，湿度太大，后印辊不洁，印版质量不好。

（5）收料折皱　产生原因：材料厚薄不匀，收料张力太大，机器水平移动等。

（6）脱色　产生原因：承印材料附着力差，油墨的黏性差。

（7）叠印不良　产生原因：第一色干燥过度，第二色印压过强，第二色油墨黏度较低。

（8）印品上产生水流纹　产生原因：低黏度油墨给墨量大，油墨的平滑性不良。

上述几种常见故障，只要分析相应的原因，就可以采用相应的措施来解决。

习　　题

1. 柔性版印刷的定义是什么？柔性版印刷具有哪些特点？柔性版印刷的应用范围？柔性版印刷技术的发展趋势是什么？

2. 简述固体感光树脂柔性版的制作过程，并详细说明柔性版曝光的原理。

3. 何谓 CTP 和 CDI 技术？

4. 柔印机的基本形式有哪几种？有何特点？

5. 简述柔印机输墨装置的主要形式和特点。

6. 简述印机压印装置的基本组成和特点。

7. 水性油墨的组成是什么？水性油墨的印刷适性主要表现在哪几个方面？温度对水墨的黏度有何影响？水性油墨的 pH 对油墨的干燥性有何影响？

8. 网纹辊的作用是什么？套筒式网纹辊结构有何特点？

9. 什么是薄版加衬垫技术，此技术会给瓦楞纸箱印刷质量带来什么益处？

10. 瓦楞纸箱印刷压力如何调节？如何理解轻压力印刷？

11. 塑料薄膜软包装印刷常用的色序是什么？为什么要采用"里印"的方式？

12. 不干胶标签背面印刷的目的是什么？怎样实现背面印刷？

第五章　特种印刷

本章学习目标及要求：

1. 了解特种印刷包括丝网印刷等的基本概念及基本知识，掌握特种印刷中所使用的特殊印刷方法的原理及工艺流程。

2. 归纳、总结立体印刷、移印等特种印刷方法基本知识，熟知其应用领域及工艺流程。

3. 列举影响移印、立体印刷印刷品质量的因素，分析其对印刷品产生的影响。

第一节　丝网印刷

一、丝网印刷原理与特点

1. 丝网印刷原理

丝网印刷属于孔版印刷范畴，是将丝织物、合成纤维织物或金属丝网绷固在具有一定刚性的网框上，采用手工制版、感光制版或计算机直接制版等方法制作丝网印版。制成的丝网印版上部分孔洞能够透过油墨，印刷时通过刮墨板（又称刮墨刀）的挤压，使油墨通过通透网孔转移到承印物上，形成与原稿信息一致的单色或彩色图文；而印版上其余部分的网孔被封堵，不能透过油墨，在承印物表面形成不着墨的非图文部分。

丝网印刷工艺涉及丝网印版、刮墨板、油墨、印刷机、承印物。印刷时在丝网印版一端放置油墨，刮墨板对丝网印版上的油墨部位施加一定压力，同时向丝网印版另一端移动。刮墨板刮印移动时，油墨即被经印版上通透的网孔挤压到承印物表面形成图文，如图5-1所示。

丝网印刷过程中，刮墨板始终与丝网印版和承印物呈线接触，接触线随刮墨板移动而移动。由于丝网印版与承印物之间保持一定的间隙，印刷

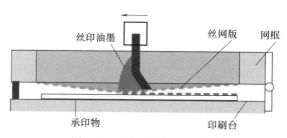

图 5-1　丝网印刷原理示意图

时的丝网印版通过自身的张力而产生对刮墨板的反作用力，这个反作用力称为回弹力。由于回弹力的作用，丝网印版与承印物只呈移动式线接触，而丝网印版其他部分与承印物为脱离状态，保证了印刷尺寸精度，避免蹭脏承印物。刮墨板刮印过整个版面后抬起，丝网印版也随之抬起，再将多余油墨轻刮送回初始位置，同时用油墨封堵住图文部分的网孔，至此为一个丝网印刷行程。

丝网印刷可具体分为平面丝网印刷、曲面丝网印刷、轮转丝网印刷、间接丝网印刷、

静电丝网印刷等。前三种方法均由印版对印件进行直接印刷，只限于一些规则的几何形体，如平面、圆柱及锥面等。对于外形复杂、带棱角及凹陷面的异形物体，则要采用间接丝印方法。其工艺常常包括平面丝印和转印两个部分，即丝印图像先印在平面上，再用一定方法转印到承印物上。静电丝网印刷是利用静电引力使油墨从丝印版面转移至承印面的方法，是一种非接触式印刷方法。它是用导电的金属丝网作印版与高压电源正极相接，负极是与印版相平行的金属板，承印物介于两极之间。印刷时，印版上的墨粉穿过网孔时带正电荷，并受负电极的吸引，落到承印面上，再用加热等方法定影成印迹。

2. 丝网印刷的特点

（1）印刷方式灵活、承印范围广　丝网印刷适用于多种承印材料，如纸张、纸板、卡纸、塑料、金属、陶瓷、玻璃、织物等，有"万能印刷"之称。丝网印刷也不受承印物表面形状和面积大小的限制，可以在平面、曲面或球面上印刷，印刷面积可以在1400mm×1800mm以上，甚至大于3000mm×7000mm。丝网印刷对油墨的适应性很强，不论是油性、水性还是合成树脂型油墨或涂料，只要能从网孔漏印下来，原则上都可用于丝网印刷。

（2）版面柔软、印刷压力小　丝网印刷版面柔软且具有一定的弹性，印刷时所用的压力小，适于在易破碎物体上印刷。但印版的耐印率较低，印刷速度不高，对于细小网点的再现力较差。

（3）墨层厚实、立体感强　丝网印刷墨层厚、色泽鲜艳、遮盖力强。印品具有重量感和立体感，有特殊的浮雕装饰效果。丝网印刷的墨层厚度可达 $10\sim100\mu m$，甚至更厚。

（4）耐光性强、耐候性好　由于丝网印刷可以使用各种油墨及涂料，不仅可以使用浆料、粘接剂，还可以使用颗粒较粗的颜料，可把耐光颜料直接放入油墨中调配，故丝印品有着耐光性强、耐候性好的优势，更适合于在室外做广告、标牌之用。

（5）工艺相对简单、生产成本较低　在丝网印刷生产过程中，制版操作、印刷设备与印刷工艺都比较简单，所需设备投入也比较少，生产成本低。

3. 丝网印刷的工艺流程

一般而言，根据承印物的基本要求不同，可将丝网印刷工艺流程归纳为图5-2所示框图。

图5-2　丝网印刷工艺流程框图

二、丝网印刷技术的发展趋势

数字化丝网印刷制版技术因具有制版速度快、精度高、艺术效果好等诸多优点备受青睐，丝印计算机直接制版技术（CTS，Computer to Screen）将会在未来得到进一步完善和发展。

新型丝网印刷油墨的 UV 固化系统、双组分系统、溶剂系统等可以更好地满足高档印品的需要。新型珠光油墨、日光油墨、荧光油墨、芳香油墨、热敏油墨、亮/哑光油墨的使用为新技术研发提供了条件，例如：将其用于安全包装和安全标签生产的丝网印刷工艺的开发。

网版印刷与其他印刷方式的组合印刷方式已有多个领域的应用，且呈不断增长之势。特别是轮转网印，可与平印、柔印、数字印刷相结合，配置先进的印后加工技术和设备，从而增加印品的精美度和防伪效果。在组合印刷中，丝网版印刷可以印刷奖券、彩票的刮奖遮盖墨层，可以使烟包、化妆品包装显现浮凸、磨砂、折光、冰花、金、银等效果，可以利用网印油墨提高各类证卡的防伪功能，还可以用于电池、油漆标签等较恶劣环境中使用的产品的印制。

印后加工手段与丝网印刷工艺的完美结合越来越受到人们的关注。加工壁纸、装饰纸、装饰板等印刷也都主要采用凹印、胶印、柔性版印刷、丝网印刷、静电印刷等方式，再辅以层压、压花、压纹、发泡或成型等印后加工手段，从而得到不同风格、不同功能的彩色印刷建材。而且，丝网印刷与电解工艺、烫印工艺、煅烧工艺、塑料成型工艺结合，可生产出不同类型的艺术品，该类技术方法也很受人们的关注。

丝网印刷设备的发展主要有平台式、滚筒式丝网印刷机、单色和多色生产线、热敏和 UV 固化丝网印刷机、容器丝网印刷机、圆盘式织物印花机以及其他特种印刷设备的研发与应用，正向高精度、自动化、智能化方向发展。全自动丝印机通常也与其他设备联机使用，形成全部自动化丝印生产线，如与干燥、烫印、压痕、模切等装置中的一种或几种联机使用。由于联动机的全机组每个环节都有检控装置，各机组可单独控制或全机用微机进行程序控制，所以丝网印刷联动机不仅节省了车间场地，而且省去了承印材料在各工序前的定位麻烦，生产效率高、劳动力利用率高。高端丝网印刷机具有高生产效率、高品质、多样性的特点，会越来越多地占有国内丝印机市场。

三、丝网印刷制版

（一）丝网和网框的准备
丝网和网框的准备包括丝网的选择、网框的选择和绷网过程。

1. 丝网的选择
丝网的选择应确定丝网的种类、号数和级数。

（1）丝网的种类　根据原稿的精度、承印物的形状及印刷基本要求确定丝网的种类。

按丝网材质不同，可将丝网分成 4 种类型，即绢丝网、尼龙丝网、聚酯丝网和不锈钢丝网，表 5-1 为丝网的种类及其性能的对比。

表 5-1　　　　　　　　　　丝网的种类及其一般特性对比

特性	绢丝	尼龙丝网	聚酯丝网	不锈钢丝网
耐热性	中	差	差	优
弹性	良	优	优	一般
尺寸精度	一般	一般	优	良
应用	基本不用	广泛采用	广泛采用	少数精密印刷采用

以上四种丝网是丝网的基本类型，此外还有几种特殊丝网，如染色丝网、碾平丝网、镀金属丝网、抗静电丝网等。

（2）丝网号数　丝网号数也称为丝网的目数，用单位长度所包含丝网的线数表示，即 lpi 或线/cm。实际上丝网号数可表示印刷时透墨量的多少。丝网号数越大，网线的线径越小，其透墨量则越小；丝网号数越小，网线的线径越大，其透墨量则越大。

丝网号数往往由印刷图文的精细度来确定，具体原则如下。

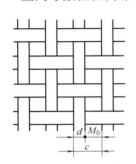

图 5-3　丝网号数的确定

① 线条印刷　若是一般的线条印刷，原稿的线条宽度应为丝网间距的 3 倍以上，如图 5-3 所示，即丝网的号数 T 按以下公式计算：

$$T = \frac{25.4}{c}$$

式中　c——丝网间距，c=原稿线条宽度/3。

例如：若印刷 0.3mm 宽的线条，则丝网号数为 254lpi，即应选用 254 号以上丝网。

② 网点印刷　若进行网点印刷，丝网号数原则上应为网点线数的 6 倍以上。例如，若印刷 60lpi 的网点，则丝网的号数应为 360lpi，即选用 360lpi 以上的丝网。

③ 墨层厚度　一般情况下，墨层厚度较大时可选用 70~200lpi 的丝网；一般墨层厚度可选用 200~300lpi 的丝网；特殊要求的精细印刷可选用 300lpi 以上的丝网。

（3）丝网的级数　指丝网网线的粗细度。粗网线的丝网透墨量较大，细网线的丝网透墨量较小，即丝网的级数与透墨量（墨层厚度）有密切关系。同样丝网号数相同的丝网，其丝网级数不同，则透墨量也就不同。每种丝网号数的丝网都可以分为 4 种不同的级数，即：

S 级——细级，主要用于精细图文印刷。

M 级——中细级，即 S 级与 T 级之间的一级，其应用范围不广。

T 级——中级，目前广泛采用。

HD 级——粗级，要求墨层较厚，印刷速度不高时采用。

S 级的丝网网线细，线径较小，而丝网开口较大；HD 级的丝网网线粗，线径较大，而丝网开口较小。

2. 网框的选择

网框是支撑丝网用的框架，由金属、木材或其他材料制成，分为固定式和可调式两种。最常用的则是铝型材制作的网框。网框材料应满足绷网张力要求，坚固、耐用、轻便、价廉；在温度、湿度变化较大的情况下，其性能应保持稳定，并应具有一定的耐水、耐溶剂、耐化学药品、耐酸、耐碱等性能。网框选择的合适与否对制版的质量，以及对印刷质量都有着直接的影响。为了保证制版、印刷质量及其他方面的要求，网框应具有以下性能。

（1）足够的抗张强度　即在丝网张力作用下，网框的变形不应超过允许值。绷网时，丝网对网框产生一定的拉力，要求网框要有抗拉强度，若强度不够网框就会挠曲、变形，印不出好的印刷品。所以要求网框的框面平整、四角稳定、框条挺直。

（2）耐抗性 对水和溶剂具有耐抗性，以防吸湿变形或腐蚀。网框在使用中要经常与水、溶剂接触，并受温度变化的影响，要求网框对水和溶剂具有耐抗性，以防吸湿变形或腐蚀，不发生歪斜等现象，保证网框的重复使用，以减少浪费，降低成本。

（3）质轻、操作方便 在保证强度的条件下，网框尽量选择重量轻的，从而便于操作和使用。

（4）固网方便，黏合性好 网框与丝网黏结面要有一定的粗糙度，以加强丝网和网框的黏结力。

（5）尺寸合适 生产中要配置不同规格的网框，使用时根据印刷尺寸的大小确定合适的网框，可以减少浪费，而且便于操作。网框尺寸的选择依据主要是印刷面积，同时要考虑：印刷时刮墨板和回墨板起止位置、版上油墨的积存、印版膜部位丝网张力的均匀、丝网印版在刮墨板印刷行程中回弹等因素。网框内尺寸应大于印版图文部分，这样不仅印刷比较容易，印刷品的尺寸也准确，油墨透过量的准确度也会提高。

（6）作预应力处理 绷网后网框的弯曲变形会对丝网的张力稳定性产生影响，为减小这种影响，可对网框作预应力处理。

3. 绷网

将丝网紧绷于网框上的工艺称为绷网。绷网包括丝网的拉紧（称拉网）和在框上的固定（称固网）。绷网的质量会影响到印品质量的各个方面，如位置和套合的精度、图像边缘的清晰度、油墨层的均匀性以及锯齿和龟纹的程度等。因此，绷网是丝网印刷过程的重要环节。

（1）绷网工艺 绷网前先按印刷尺寸选好相应的网框，清洗干净网框与丝网的黏合面。第一次使用的新网框必须进行彻底清洗，并进行表面粗化处理，以提高网框与丝网的黏结力。使用过的网框也要用砂纸摩擦干净，去掉残留的胶及其他物质，尤其是干固和凸起的胶点，以免绷网时划破丝网或造成丝网破裂。清洗后的网框在绷网前，先在与丝网接触的面预涂一遍黏合胶并晾干。

绷网时，用手工或机械绷网，丝网拉紧后使丝网与网框贴紧，并在丝网与网框接触部分再涂布黏合胶，然后干燥，注意黏合胶不宜涂得过厚或过薄。干燥时可用橡胶板或软布，边擦拭黏结部分，边施加一定的压力，使丝网与网框黏结得更牢固。待黏合胶干燥后，松开外部张紧力，剪断网框外边四周的丝网，然后用单面不干胶纸带贴在丝网与网框黏结的部位，这样可起到保护丝网与网框的作用，还可以防止印刷时溶剂或水对黏合胶的溶解，以保证丝网印版的有效使用。

（2）绷网步骤

① 网框的表面处理 包括粗化和去污。去除油污，用砂纸打磨，除去网框上的毛刺，以免弄破丝网；对网框的表面进行打磨粗化，提高丝网与网框的黏合牢度。

② 涂粘网胶 网框表面处理后，马上对其粘网面涂刷一层粘网胶。为方便观察涂胶均匀性与涂胶厚度，可加入适当的染料，如醇溶性粘网胶中可加红色圆珠笔油。涂胶可用油画笔刷，刷子宽约为框条宽的一半。胶液浓度不宜太大，以两次涂成为好，先涂一遍，表面干燥后，再涂一遍。粘网胶的性能应满足丝网和网框粘结牢固的需要，应耐水、耐丝网印刷中的常用溶剂、耐温度变化，并不损坏丝网且干燥快等。根据具体的网框、丝网、油墨和制版显影剂等的特性，要选用适当的粘网胶。粘网强度除了胶种外，还与框面的性

能有关，即网框的黏合面要干净，表面积要大。因此，对表面过于光滑的金属框尤其是铝框，应作粗化处理，可用阳极氧化电解法粗化，也可用粗砂纸或砂轮机械打毛。为了防止粗化后的表面氧化，最好用双组分胶黏剂涂盖和保护。框面的清洁工作应在涂布粘网胶前进行，用适当的溶剂（如乙醇、丙醇及精炼汽油等）或洗涤剂将框面的灰尘和油脂彻底洗除，干燥后即可涂粘网胶。

③ 裁取丝网　为了使绷好的丝网的经、纬线尽可能与框边保持垂直，在绷网前裁取丝网时不要用剪刀而要用手撕。

④ 配网夹　根据网框的尺寸，配置和选定网夹的尺寸及个数，即每边组合的网夹总长度应短于网框的内边长约 10cm。布置网夹时，两相对边的网夹数量、长短及位置都应对称；网框每边的两端（即角部）各留空 5cm，以免拉网时角部撕裂的危险；网夹间的空隙以小为好；调整钳口螺钉，使网夹的夹紧力最大。

⑤ 夹网　将丝网夹入网夹内，应十分仔细，使丝网的经、纬丝线与网夹边保持平行，并尽可能挺直，切忌斜拉网。

⑥ 初拉　仅拉伸至额定张力的 60% 的拉网称初拉。丝网因编织的特性，要求拉伸时缓慢用力，以利于网孔形状的调整和张力松弛，同时也可防止一下拉紧到高张力时发生破网的危险，因此采取分步拉网或增量拉网方法。初拉时，应仔细检查网的经、纬情况，若发现与网夹不相平行，应松下丝网，重夹重拉。

⑦ 等待　初拉后约等 10min，使初拉张力下的丝网尽量松弛。

⑧ 重拉　提高气压至额定值，同时用张力计测量张力值，每隔 5~10min 对损失的张力补偿一次，气动绷网会自动补偿；其他绷网则需人工补偿，即反复拉紧，直至张力稳定在额定值为止。一般需反复拉紧三次以上。

⑨ 固网　往黏合面上喷（或刷）粘网胶的活性溶剂（或直接涂粘网胶），随即用棉纱擦压网框的黏合处，使整个粘网面上呈现较深而均匀的颜色，黏结才算充分。如果出现浅色区，表示该区涂胶不足，应予补涂；或是框面与丝网接触不良，可用压铁加压丝网，接触充分后再进行黏合。等黏合部分的胶彻底干燥后，关闭三通阀，切断气源，拉网器进气口与大气连通，活塞靠弹簧复位，即可松开网夹，取下网板。

⑩ 整边　裁去多余的丝网，包边，标注，以及用胶带或加涂涂料保护黏合部分不受有害溶剂的侵蚀。

⑪ 网版标注　绷好的网版，应在框架上（一般在网框的外侧面）注明下列内容：丝网的材质、目数、丝径等级及绷网日期等。标注的字符，最好用耐溶剂的双组分油墨书写，或在其上涂布一层耐溶剂的透明涂料。这样，可为网版的长期保存和反复使用提供必要的方便。

（二）丝网印版的制作

丝网印版的制作包括阳图片的制作及丝网版制版。

1. 阳图片的制作

丝网印刷用底片一般采用阳图片。阳图片的制作主要有以下几种方法。

（1）手工制作法　对于小批量、精细度要求较低的丝印产品，可以采用手工法制作阳图片。

① 手工描绘法　用不透明油墨在聚酯片或硫酸纸上直接描绘出所要印刷的图文，以

完成阳图片的制作。这种方法工艺简单，不需要专用设备，但阳图片的精度不高，主要用于简单的标记或色块图案印刷。

②切割底片法　用聚酯片基上的一层药膜的遮光胶片来制作阳图片。制作这种阳图片时要用专用的切割工具、丰富的经验和良好的切割技术。

③转贴法　对字体或符号等用转贴字符直接压贴在聚酯片上，即制成制版用阳图片。

（2）照相制作法　使用制版用照相机将印刷图文拍摄在胶片上制成阴图片，然后再将阴图片翻拍成阳图片。这种制作方法阳图片的质量较好。

（3）照相排字法　用照相排字机直接制作阳图片。这种阳图胶片质量较好，印刷图文清晰，目前得到了广泛应用。

（4）激光打印法　用激光打印机将印刷图文打印在硫酸纸上制成的阳图片。这种方法工艺简单，制作方便，但是阳图片质量一般，印刷细线条时比较困难。

对于阳图底片应严格检查线条宽度和长度以及图文质量。当要求精度较高时可先将原稿放大 2~3 倍，再缩小拍摄成阳图片。

2. 丝网版制版

（1）丝网的前处理　丝网印刷的网版在制版之前应进行前处理。前处理的具体内容包括以下 3 个方面。

①粗化处理　对于新丝网采用间接制版法和直接胶片法，应对尼龙丝网或聚酯丝网表面进行粗化处理，以提高丝网对胶片的黏合性能。

粗化处理时可以选用硅碳化合物 500 号，用海绵蘸取，摩擦丝网的印刷面，使其表面粗化，然后用高压水枪将丝网清洗干净。由于一般砂粉之类的粗化剂的颗粒差别较大，所以，不可用一般砂粉或家庭用的砂粉摩擦丝网表面，以防损伤丝网表面。

②去脂处理　对所用的丝网，无论采用何种制版方法，一般都应进行去脂处理。去脂处理时应选用专用去脂剂，不可采用家庭用清洁剂或洗衣粉，以避免对感光胶片或感光剂的附着性带来不良影响，并减少对丝网表面的浸蚀。

丝网的去脂处理一般采用如下方法。先将 20% 的苛性钠溶液用尼龙去脂刷涂丝网表面，再用 5% 的醋酸液进行中和。去脂后不能再用手触摸丝网表面。去脂、干燥后应马上涂布感光剂，以免灰尘、杂物等重新污染丝网表面。

③染色处理　如果选用白色丝网，在制版前一般还应进行染色处理。

（2）制版　丝网印刷的制版方法如图 5-4 所示。

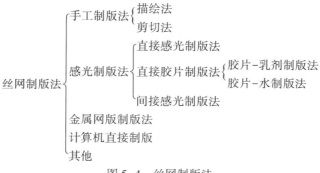

图 5-4　丝网制版法

①手工制版法　手工制版法主要有描绘法和剪切法。

a. 描绘法　将印刷图文用蜡笔或专用液直接描画在丝网上，然后涂布填缝液将网版空白部分的网孔堵塞。最后用石油把描画的图文部分蜡溶解，即制成网版。这种制版方法可以得到独特的晕映效果，主要适用于装帧设计作品的印刷。

b. 剪切法　从专用的尼斯蜡纸上把要印刷的图文部分剪切下来，将其加热压贴在丝网上，其他部分经涂布后形成皮膜，再用水、乙醇或冲淡剂进行溶解，以形成印版图文。这种方法主要适用于尼龙丝网和聚酯丝网。

剪切制版法制版精度较低，但因为不用阳图底片，丝网再生时用热水就可剥离，所以制版成本较低，用于大规格的招牌、广告画印刷比较有利。

② 感光制版法　感光制版法是利用光硬化的感光性树脂将丝网网孔堵塞的制版方法。从制版的简便性以及满足精度要求等方面考虑，在印刷企业或其他工业部门中，这种制版方法都被广泛采用。

根据制版工艺过程不同，感光制版法主要有三种主要类型，即直接感光制版法、直接胶片制版法和间接感光制版法等。各种制版方法的特点及主要性能如表 5-2 所示。

表 5-2　　　　　　　　　　各类型感光制版法的特点及性能

比较项目	直接感光制版法	直接胶片制版法		间接感光制版法
		直接胶片-乳剂制版法	直接胶片-水制版法	
工艺特点	先涂后晒	先贴(乳剂)后晒	先贴(水)后晒	先晒后贴
显影	常温清水或温水	常温清水	常温清水	温水
机械性能	优	优	良	一般
清晰度	良	优	优	优
膜厚均匀性	一般	良	良	优
制版简便性	一般	优	优	良
工时消耗	高	高	低	一般
脱膜	一般	一般	易	易
材料成本	优	一般	一般	一般
耐溶剂性	良	良	良	良
经济性	优	良	良	一般
适用性	广泛	综合性能优良	综合性能优良	精细印刷

a. 直接制版法是感光膜在网上形成后曝光。在制版时首先将涂有感光材料的塑料片基感光膜朝上平放在工作台上，将绷好框的丝网平放在膜面上，然后在网框内放入感光胶并用刮板加压涂布，使感光膜与丝网黏合，最后干燥后去掉片基，而后晒版。

b. 间接制版法是把阳图底片与感光膜密合在一起，经曝光、显影形成图像，在将图像转移到绷了框的丝网上，再经干燥揭去片基之成版膜。

③ 金属网版制版法　这里所说的金属网版制版法是指以金属板或金属箔片为板材的网版制版法。对尺寸精度要求较高的配线板印刷以及采用圆网印刷形式的网版一般采用这种制版方法。

金属网版的制作是电镀、电铸、光刻等诸项技术的综合应用。所用的金属板或金属箔主要有镍、铬、铜、不锈钢等。图 5-5 为金属网版的典型示例，其印刷面为箔片。

金属网版的尺寸精度较高，墨层厚度均匀，印刷图文锐利，耐印力强，印刷时网版间隔较小，一般仅为 0.3mm 左右，具有良好的稳定性和较高的套准精度。此外，因金属版材为电的良导体，使用中不会产生静电。加之金属版材具有耐热性，可在高温下（160℃）下不变形，故可用热熔油墨或在热环境下进行工作。

1—镍箔；2—不锈钢丝；3—镍。

图 5-5　金属网版的构成

这种制版方法制版工艺比较复杂，要求较高的工艺水平，一般的印刷厂很难掌握制版技术，大多由专业厂家提供印版。因此，金属网版除在集成电路印刷或其他特殊场合下采用外，一般很少采用。

④ 计算机直接制版法　20 世纪 90 年代末，随着计算机数字化处理技术的不断成熟，网印制版技术方面正在引起一场重大的技术革命，这便是计算机无软片直接制版法 CTS，亦称数码化直接制版法。丝网版喷涂系统是将喷墨技术应用到网印 CTS 制版上，如图 5-6 所示。CTS 网印制版法具有如下特点：①减少制版工序，达到快速制版的目的。②节省软片，由于无须软片，从而防止软片磨损及网点层次损失产生质量问题。③对多色网印时可以自动进行网版定位。④该喷墨涂料无须专用感光胶，通常用的感光胶都适用。⑤对各种目数的丝网版都可以做。⑥对各种网框、铝合金框、木框都可以用。

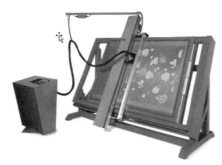

图 5-6　计算机直接制版技术

网印 CTS 直接制版原理是利用电子计算机数码化处理技术所需的网印图像，经修改、定稿后存储于计算机中。制版时通过激光喷墨打印机，将图像喷印在事先涂好感光胶的网版上，该网版称为预涂感光版（网印 PS 版）。在网版上受墨图像充当胶片或覆盖膜，然后用紫外光对网版进行全面曝光（晒版），喷墨部分透不过紫外光，不发生化学反应，造成溶解度差别。其后同传统感光制版原理一样，曝光、冲洗、显影而成像制版。

网印 CTS 制版中，网印预涂感光版所用的感光胶，一般传统的各种丝网制版用的感光胶均可以使用。对激光喷墨的要求是多方面的，但最主要的有两点：①墨浓度及喷墨量以最后图像光密度在 3.0 以上为准。②墨液用连接树脂最好为水溶性的，以便显影过程中能用水除去。但如果感光胶是正胶，墨基树脂应是油性的。现在美国的宝丽来公司和 Gerber 科技公司均已开发出这类 CTS 直接制版机。美国 Gerber 科技公司开发成功了电脑数字化无软片 CTS 制版机。这种制版机可以同个人电脑连接，将所需制版图形、文字输入磁盘，把磁盘放置于制版机上，制版机启动后，装在机上的由电脑控制的喷墨装置就会按照所输入的图像文字自动喷涂在已涂刮好感光胶的网版上。由喷墨装置所喷射出的不是油墨，而是一种特殊的涂盖料，它可以起到同传统软片晒版完全相同的作用。

⑤ 其他制版方法　不属于上述制版方法，是以制版的快速及合理化为目标的制版方法，其中红外线制版法现已得到采用。

红外线制版法也称为感热式制版法，它属于简易制版法，它不是靠感光材料的感光硬化和显影形成印版图文，而是靠感热材料受热收缩而形成印版图文。

在40线/cm的聚酯丝网上，或在具有良好的油墨透过性的特制纸基上，粘贴一层薄的具有热收缩性能的聚偏二氯乙烯（氯乙烯与偏二氯乙烯的共聚物）胶片，或涂布一层

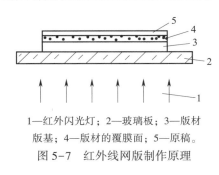

1—红外闪光灯；2—玻璃板；3—版材版基；4—版材的覆膜面；5—原稿。

图5-7　红外线网版制作原理

具有热收缩性的合成树脂，从而在版基上形成热收缩性的树脂覆膜，以构成这种制版方法的专用版材。制版时，将含有碳黑的原稿与版材的胶片或覆膜面密附，当用红外线闪光灯进行瞬时照射后，即刻将原稿图文部分的碳素点燃，与图文部分接触的胶片或覆膜就会因吸热而瞬时收缩，直接形成网孔，从而完成印版的制作，如图5-7所示。

这种制版方法工艺简单，操作方便，可实现快速制版，可用于名片、明信片等印刷。此外，还有利用激光和半导体技术制作网版，以进一步扩大丝网印刷的使用范围。

四、丝网印刷机

丝网印刷机一般由给料部、印刷部、干燥部和收料部等四个部分构成，其给料部和收料部与其他类型印刷机基本相同，印刷部包括网版、刮墨板、回墨板、印刷台和定位构件，干燥部的设置要与采用的油墨相匹配，如紫外线固化油墨（UV油墨）要采用紫外光固化烘干装置。丝网印刷机的主要机构包括传动装置、印版装置、支撑装置、套准装置、印刷装置、干燥装置、电气控制装置等。

（1）印版装置　丝网印版在丝印机中必须固定在印版装置上，在印刷过程中，实现揭书式起落或水平升降等运动。

①印版夹持器　印版夹持器要求夹持牢固，在夹持点上不破坏网框。夹持方式很多，但被广泛采用的是槽形体加丝杆压脚夹紧。

②印版起落机构　揭书式丝印机一般采用铰链式结构，起落版装置可采用机械式（如凸轮、曲柄连杆、拉簧、配重等）或气动液动式并辅以配重块。而水平升降式丝印机的起落装置必须保证网框与承印台的平行，一般采用凸轮导柱结构或气缸导柱结构，可通过机械平行连杆机构回转或机动、气动同步顶升实现。

③抬网精度保证装置　根据丝网印刷原理，要求刮墨板刮墨后油墨刚透过，网版即与印件离开，这一动作除借助于丝网本身的弹力以外，往往要依靠丝网印版离版装置来实现。最简单的结构为在丝印机工作台上设置一由弹簧控制的顶销与网框支架外端相接触，在刮墨过程中，借助弹簧作用，使顶销产生一向上的顶力，如图5-8所示。

（2）支承装置　支承装置即印刷工作台，用来安放夹具和承印物，工作台主要有平面工作台、T型工作台、吸气工作台、圆柱体工作台和椭圆体工作台等类型。T型工作台和吸气工作台印刷过程中处于静止状态，其他工作台则有上下动作。

平面工作台应满足如下方面的要求：有较高的平面度和印件定位装置，能保证套印重复精度；平台的高度应可调整，能适应不

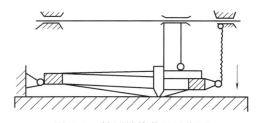

图5-8　抬网补偿装置示意图

同厚度的承印物和保持一定的网距；承印平台在水平方向应可调节，使对版方便。典型的半自动平面网印机，其承印平台均带有真空吸附设施，即吸气式平面工作台，用以固定不透气的片状承印物，如纸张、塑料薄膜等。圆形滚筒支承装置根据承印材料规格不同，其滚筒结构也不同。印刷卷筒料的丝印机支承滚筒要求表面有足够高的光滑度，保证卷筒料的正常传递和支承。印刷单张料的丝印支承滚筒，因为在起到印刷时支承作用的同时还要传递单张料，所以滚筒上有空档，并在其上安装有叼纸牙排和闭牙板等装置，使其完成叼纸和放纸的动作。支承曲面承印物的方法主要有滚柱、支架、滚柱支架并用等。

（3）印刷装置　丝印机的刮墨板和回墨板通常安装在刮板座上，在印刷行程和回墨行程中，令刮墨板和回墨板作交替起落，分别实现刮墨和回墨动作。刮板的起落，在一般平面半自动丝印机上采用机械式换向，在精密半自动平面丝印机上则多采用气动控制。刮墨和回墨动作有时也可采用一把刮板实现。如在手动丝网印刷时，刮墨板也用于回墨，只要控制好刮墨和回墨的不同压力，就能使其顺利完成刮墨和回墨。

刮板座的移动与滑轨配合进行，常见的滑轨有双圆柱式、圆柱滑块式和同步链条式，前两种用于印刷行程较短的平面丝印机，后者用于印刷幅面较大的丝印机。

（4）传动装置、电气控制装置及其他装置　丝网印刷机大多通过皮带、齿轮、蜗轮蜗杆减速及无级调速系统传动，也有采用针轮、凸轮曲柄机构、平行四连杆机构或链条机构传动的。前者结构简单，操作方便，但运动不够均匀；后者传动平稳，但结构较复杂。印刷装置的传动可以采用机电控制系统和气液电控制系统进行传动控制。

电气控制装置一般具备三种控制功能：①工作循环控制：分单次循环控制、连续循环控制等；②负压控制：如真空吸附装置的继续吸气、不吸气的控制；③每一个工作循环的刮板位置控制：如封网、不封网的控制。此外，有些丝印机出于安全考虑，设有紧急停车控制，也有些具备二次印刷和二次吸风控制装置。

（5）套准装置

① 承印物的定位

a. 规线定位　半自动、自动网印机上，一般设有定位装置，如自动给料定位装置、挡规（规矩）装置（如伸缩式、固定式及贴块式挡规）、销套系统、模具（窝套）式定位装置等。半自动、自动网版印刷机定规矩和手工印刷的方法基本相同。在套色印刷的对版时可旋动调整螺丝来移动网版印刷台，使印刷台上放置的底版（阳图）的十字规矩线和丝网印版上的十字规矩线相重合，达到承印物定位的目的。调整时，先将画有十字规矩线的阳图底版按要求位置放在印刷台上，再将固定在网框架上的丝网印版落到印刷台上，这时将固定螺丝松开，用调整螺丝来调整印刷台在横向、纵向（X、Y方向）上的位置，直至丝网印版与底版上的十字规矩线完全重合，固定螺丝即可印刷，如图5-9所示。

b. 挡规定位　挡规多用于边缘整齐的承印物。如图5-10所示为可调式挡规，常用于印刷

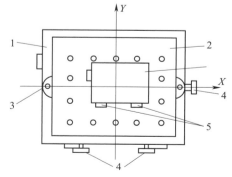

1—印刷工作台；2—吸气式印刷台；3—固定螺丝；4—调整螺丝；5—挡规。

图5-9　半自动丝网印刷机定规矩

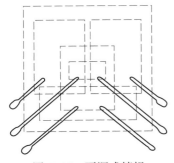

图 5-10　可调式挡规

电路板丝印机。印台上的杆规可沿沟槽滑动，能为不同尺寸、不同角度以及同时放置多块承印物配置所需的规矩。

挡规的形式应随承印物而异，如图 5-11（a）所示为片式挡规，用于薄片状承印物，采用比承印物稍薄的卡纸和塑料制作，并用胶黏剂将它固定在印台上；如图 5-11（b）所示为折纸挡规，有一定的弹开度，以适应较厚承印物的需要；如图 5-11（c）所示为桩（或钉）形挡规；如图 5-11（d）所示为立方形挡规，可用于厚的承印物；如图 5-11（e）所示是将一张平挺的纸或塑料片固定在印台上，在适当位置上绘出承印物的位置线，并在三点定位处各刻一个 V 形活页作为挡规，并沿承印物的位置线朝外折叠过来，使活页居于承印物边缘线的外侧，放料时目视和手感并举，更为方便，活页还有助于承印物和网版的分离。

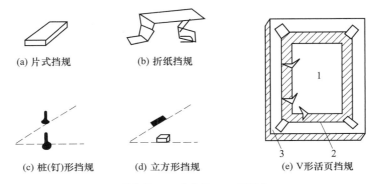

(a) 片式挡规　　(b) 折纸挡规

(c) 桩(钉)形挡规　　(d) 立方形挡规　　(e) V形活页挡规

1—承印物；2—定位片；3—印刷台。

图 5-11　各种形式的挡规

c. 覆膜定位　对于不规则形状或软质承印物，宜用图 5-12 所示的覆膜定位法，即先将一片透明薄膜固定在印台上，并印上图像，然后置承印物在它下面，即能直观地辨别图像和承印物的位置关系。

d. 销套系统定位　某些精密印机的销套装置具有套准可靠和精度高的特点，如图 5-13 所示。定位操作程序如下：将承印物（或阳图底片）上的定位孔套到印台的定位销上；将一张绘有网框范围的透明胶片固定在印台的控制板上，移印台至印机的印刷位置上，装印版于网版支架内，并初步调正框位，使它与胶片上的框位大体套合，然后充分固定网框，进行试印，落印迹于胶片上；用印台上的三个微调螺丝精确调整印台位

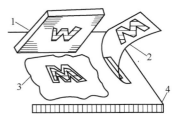

1—印版；2—透明薄膜；
3—承印物；4—印刷台。

图 5-12　覆膜定位法

置，使控制板（胶片）上的承印物（或阳片）与胶片上的印迹完全套准，然后取下胶片，抹去印迹，开始正式印刷。

印刷销套系统用于精密网印中预先统一打孔的以薄膜、金属、玻璃为材料的印刷电路

图 5-13 印刷销套系统

板、米尺及表盘等印品。当印台为透明台面和承印物具有一定的透光性时，通过台面下的光照，能直观地进行承印物和印台对应标记的套准，无须制作定位装置。

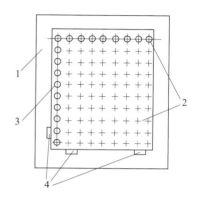

1—印刷台；2—吸气孔；3—承印物；4—三点定位规矩。

图 5-14 三点定位规矩

e. 边角定位法 对于需要抽真空吸附固定的纸张、塑料薄膜等片状承印物，可以在测定的位置上用透明不干胶纸贴成一个与承印物大小相同的边框作为定位条，边框以外的小孔全部封死。在承印物面积大于抽真空面积时，可直接用不干胶纸作三点定位规矩，如图 5-14 所示。

对于不需要真空吸附的工件如金属板等只需用同样的材料制作一个曲尺形规矩，黏结在平台上测定出的位置即可。每个印品印刷时都放在该曲尺形规矩内，便可保证印制图案的一致，如图 5-15 所示。如果印刷品是带有圆角的，则可作一带有圆角的曲尺形规矩。定位规矩的厚度不得高于承印物的厚度。

图 5-15 曲尺形规矩

f. 两销定位法 对于印刷位置要求精度高或需双面印刷且位置精度要求很高的承印物，如双面印刷电路板，可采用两销法定位，如图 5-16 所示。

在工件上冲孔或用模板钻出两个定位孔，根据定位孔的位置，在工作台定位槽内固定可调的定位销钉（$\Phi 3 \sim 5mm$），其高度不能大于印件厚度。销钉和定位孔为动配合。

g. 工装定位法 对于异形物的印刷，因其印品形状不规则，可作专门工装固定在工作台合适位置，每次印刷时把印件放入工装即可。

h. 其他定位法 工件固定的方法除真空吸附外，最简易的方法可用平板玻璃作为承印平台，采用边角定位，用湿抹布擦拭产生水膜，吸住纸张或塑料膜进行印刷。

对于针、纺织品的固定，在大批量机械生产中，承印装置为一连续或间歇运动的橡胶带，工件粘贴在胶带表面随之运动，印后即行剥离。

② 网版的定位 对于承印物固定网版移动的跑版丝

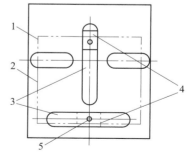

1—印刷台；2—工件；3—定位槽；4—中调定位块；5—定位销。

图 5-16 两销定位法

179

网印刷，可采用靠角定位法固定网版印刷的位置。对于软质、易变形及多孔的承印物，如织物等，则难以用挡规等方法定位。为此，须将若干承印物用粘贴法固定在长条印台上。

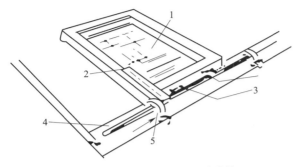

印刷时，移动网版逐件施印，每印的网版定位如图5-17所示，即网版框上的定轨内侧，网版框上的接触片依靠导轨上的翼形夹，达到网版定位目的。

1—印版；2—接触片；3—可调定位销；
4—导轨；5—翼形夹。

图5-17　跑版定位

③ 对版机构　对版调整是指在丝网印刷机上对丝网印版与被印件之间的印刷精度调整，也就是确定印刷图文在承印物上的具体位置。定位包括两层意思，一是印件的坐标位置正确，另一层意思是在印刷过程中，印件始终保持这个正确位置，这是提高印件精度的环节之一。为了提高丝网印版与平台间的重复位置精度，有采用专门定位机构的，如双锥销、定位块、滚轮等。

对版机构一般有光照对版、机械对版、电子对版。对版机构放在支承装置内或者放在印版装置内都可以，但一般半自动机均放在支承装置内。

对版时可通过在X、Y方向移动平台或移动网版，达到位置精确对准的目的。平台位置的移动，一般是靠机械螺纹旋动来实现的，并应有可靠的锁紧装置和移位导向（燕尾槽或导向键等）。网版位置的移动一般在网版安装时进行同时的位置调整。

（6）干燥装置　单色丝印印件在印刷完成后，采用晾架晾干或用烘干箱烘干，而自动线或多色网印机则必须配备干燥装置，即在多色自动丝印机的每两色机组之间都要有干燥装置。

① 干燥方法

a. 自然干燥　自然干燥方法就是使印件在自然状态下干燥。该方法的优点是印件在自然条件下就能使溶剂挥发或靠油墨树脂的反应而干燥，不需要特殊的干燥能量，非常经济实惠；缺点是干燥速度慢，需要有较宽的干燥场所。但使用干燥架能有效减少印件干燥占用面积。也可以使用电风扇吹风加快空气的流通速度，实现较快速的干燥。

b. 加热干燥　加热干燥的温度通常介于常温与100℃之间。在加热干燥设备上有专门的加温装置提供热量，一般以电、煤气和暖气为热源。

c. 红外线干燥　红外线干燥根据波长不同可将其分为近红外线、红外线和远红外线干燥。近红外线加热油墨表面、远红外线可加热油墨内部。

d. 紫外线（UV）干燥　当油墨经过紫外线照射后，其组分中的光引发剂吸收紫外线的光能，经过激发状态产生游离基，引发聚合反应发生，使油墨在数秒内由液态转化为固态，瞬间干燥。

紫外线干燥是比较实用的方法，尤其是对塑料等不耐高温的印刷品非常适合。与传统的自然干燥及红外线干燥方法相比较，紫外线干燥能达到高光泽、高硬度、耐磨损、耐溶剂的品质，且无须占用存放空间，无污染、低成本、效率高、节省能源。

e. 电子束辐射干燥 电子束辐射干燥是通过一批经加速的电子流所组成的电子束辐射在油墨上，产生自由基或离子基，并与其他物质交联成网状聚合物而使其固化。与紫外光相比，粒子能量远远高于紫外光，能够使空气电离，且电子束固化一般不需光引发剂，能够直接引发化学反应，对物质的穿透力也比紫外光大。

f. 微波干燥 微波干燥是通过微波与油墨直接相互作用将电磁能在瞬间转化为热能，快速脱去油墨中的溶剂而使其固化。微波是一频率极高的电磁波（频率 300 ~ 300000MHz），电磁场方向随时间作周期性变化，而油墨中的溶剂大多为极性分子，在快速变化的电磁场作用下，其极性取向将随着外电场的变化而变化，使分子产生剧烈的运动。这种有规律的运动受到临近分子的干扰和阻碍，产生了类似摩擦运动的效应，从而使油墨温度升高并达到加热干燥的目的。在目前常用的网印干燥设备中较少使用这种干燥方式。

② 干燥设备的种类

a. 悬吊式干燥装置 悬吊式干燥装置由支架和挂钩等组成，用于加热后容易产生变形的承印物，或无法进入干燥机的大型承印物。

b. 通用晾晒架 晾架主要由格栅板和支架构成，格栅板一般用 6#~8# 的镀锌钢丝焊成网篮形，以搁放印张。每层格栅根部两侧都有销钉和拉簧与支架立柱相连。每层栅格可依次向上翻揭。

晾架有直立式和斜置式两种，直立式晾架用途较广。晒架的大小为（50cm×60cm）~ （100cm×120cm），栅格一般有 50 层，层高 2.5~5.0cm，层层相连，每层翻起时，位置可拉簧锁定，支架底托还带有脚轮，使用时便于移动。为了使承印物尽快干燥，有时需要从侧面用电风扇及热风机送风，或把晾架全部放入干燥室或干燥炉中进行干燥。斜置式晾架用于自动干燥装置，该装置能把印件自动输入运动中的晒架，晾架移动通过干燥炉，从另一侧输出后印件干燥。

c. 传送带式干燥机 传送带式干燥机是使用热效率高的辐射加热法，把 10 个以上的远红外线或近红外线灯排列在干燥机内部，并配备有可将溶剂蒸汽排出的排气装置，传送带在下面或上面进行移动，能在短时间内使油墨干燥的装置。另外，传送带式干燥机也可以使用热风或电热的方法代替红外线干燥。

一般输送系统的传输带是耐热塑胶网带，网带上部一般有加热装置或吹热风装置。带下有负压电流，便于稳定带上的印张。传输带的驱动多采用直流电机，可以无级调速、全机温度实现自调自控，并外带罩盖结构。

d. 箱型干燥机 箱型干燥机是一种以空气为介质，把热传给印刷物的对流加热的干燥装置。热风在一定容积的箱中进行循环。这种干燥机有小型的，也有能装数台干燥晾晒架的大型的。热源一般为电力、煤气或油。

e. 紫外线干燥机 利用特定波长的紫外线对印品干燥的紫外线（UV）干燥机是 UV油墨专用的干燥固化设备，它采用大功率的冷却风机、排热风机、进口铁氟龙输送带、大功率 UV 灯管，具有运动平稳、固化快、温度低的特点。紫外线固化机的传动原理大致与传送带干燥装置类似，由输送带、光源、通风系统和箱体组成。UV 干燥机主要部件名称如图 5-18 所示。

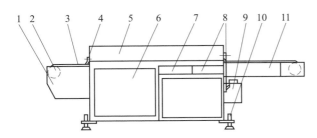

1—动力部分；2—主动滚；3—铁氟龙网带；4—进出口挡板；5—上架；6—侧板；7—电器箱；8—空气开关；9—废气出口；10—可调支脚；11—运输架。

图 5-18　UV 固化机结构简图

五、丝网印刷机分类及主要形式

1. 按自动化程度分类

（1）手动丝网印刷机　手动丝印机的给料、印刷和收料等全部工作均由手工操作完成，设备结构简单、操作容易，但印刷速度低，印刷时着墨量易发生变化。因此，大批量印刷一般很少使用手动丝网印刷机，而在广告、标牌、服装、T 恤衫等量少品种多的印刷中广泛应用。

（2）自动丝网印刷机　丝网印刷过程中，刮墨与回墨往复运动、承印装置的升降、网框的起落、印件的吸附与套准等一些基本动作，按固定程序由一定的机构自动完成，即为自动丝网印刷机。

① 1/4 自动丝印机　1/4 自动丝印机只有刮墨板的运动是设备自动控制完成，其他操作均由手工进行。这种机型多用于较小幅面的印件，其最大特点是将手工操作中最难掌握、最难保证质量的关键动作实现了机械化，有效地保证了刮墨和覆墨动作的均衡一致、稳定的刮墨角度和力度。

② 半自动丝印机　除给料与收料由手工操作完成外，其他操作均由设备自动完成的丝印机。传动方式一般采用电机驱动、机械传动、气动或液动、机械-气动或机械-液动等。半自动丝印机的应用比较广泛，大小幅面印刷皆宜，质量能够得到保证，工作可靠、操作方便、效率不低、价格低廉。

③ 3/4 自动丝印机　除不带自动收纸装置外，其他操作均由设备自动控制完成的丝印机。

④ 全自动丝印机　全自动丝印机的给料、印刷、收料等全部工作均由设备自动完成。结构先进、零部件精密、调节控制系统完善，带有自动上料、自动印刷、自动烘干及自动收料装置。全自动丝印机适合批量较大的印品，一台设备上可印刷两色至五色，生产效率最快 5000 张/h。

2. 按网版与印刷台结构分类

按照丝网印版的结构不同，可将丝网印刷机分为平形网版（平网）印刷机、圆形网版（圆网）印刷机和带式网版印刷机。平形网版印刷机的印版是平面的，其油墨的刮印方式是网版固定、刮板往返移动，或刮板固定、网版往返移动，即属于往复间歇式运动，供墨和刮印都不能连续进行，印刷速度较低，最高印速约为 3000 印/h。圆形网版印刷机的印版为圆筒形，采用金属丝网，刮墨板和油墨都置于圆网内，通过自动上墨装置从网内上墨。刮印方式为连续旋转运动，可以大大提高印刷速度，适于高速批量化生产，承印物一般为卷筒料的布匹、塑料薄膜、金属膜和墙纸等。印刷时，承印物作水平移动，圆网作旋转运动，圆网的转动和卷筒承印物的移动保持同步，刮墨板将墨从印版蚀空的部分刮出转印到承印物上。圆网印刷圆筒网版内的油墨均匀性、清洁性和黏度稳定性均优于平网机，印刷速度可达 6000 印/h（80m/min）。

按照丝网印刷机工作台的结构不同，可分为平台式丝网印刷机、滚筒式丝网印刷机、曲面印品专用工作台丝网印刷机。平台式丝网印刷机的工作台为平面状，印版可以是平面形或圆筒形，如图5-19（a）、图5-19（c）所示。滚筒式丝网印刷机的工作台为圆形滚筒状，印版可以是平面形或圆筒形，如图5-19（b）、图5-19（d）所示。曲面印品专用工作台上，有可根据承印物尺寸和形状不同进行调换的附件，以适应不同承印物的印刷。在各种丝网印刷机机型中，只有曲面丝网印刷机有这种工作台，如图5-19（e）所示。带式网版印刷机的印版为带状，它兼有圆网平台丝网印刷机和圆网滚筒丝网印刷机的优点，如图5-19（f）所示。

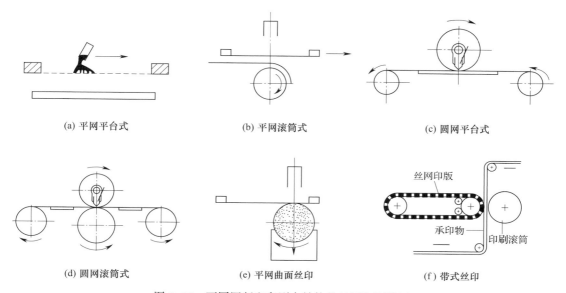

(a) 平网平台式　　　　　(b) 平网滚筒式　　　　　(c) 圆网平台式

(d) 圆网滚筒式　　　　　(e) 平网曲面丝印　　　　　(f) 带式丝印

图 5-19　不同网版和印刷台结构的丝网印刷装置

（1）平网平台式丝印机

① 揭书式平网平台丝印机　揭书式平网平台丝印机的印版一边固定，它可绕固定边摆动，也称为合页式或铰链式平面丝网印刷机。印刷时，将丝网印版放下与印刷台平行，然后刮板在印版上作水平加压运动进行刮印，印刷完成后将丝网印版抬起，取出印件，如图5-20（a）所示。揭书式平网平台式丝印机有手动和半自动两类机型。手动型丝印机结构简单、维修方便、价格低廉、适应性广，但印刷精度不高，印刷效率低，适用于小批量的平面形印件。半自动型丝印机，除印件的给、收由手工操作完成外，其他工序均可由机

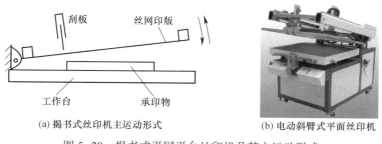

(a) 揭书式丝印机主运动形式　　　　(b) 电动斜臂式平面丝印机

图 5-20　揭书式平网平台丝印机及其主运动形式

械完成，印刷速度快，刮板压力、印刷行程等便于调节，稳定性好。由于该种类型设备采用斜臂网架，通常又将其称为斜臂式平面丝印机，如图 5-20（b）所示。

② 升降式平网平台丝印机　升降式平网平台丝印机，印刷过程中丝网印版作上下升降运动，或印版固定不动印刷工作台作上下升降运动，刮板作水平刮印运动，如图 5-21 所示。这种机型具有工作平稳、套印准确等优点，多用于印刷线路板、电子元件和多色套印。

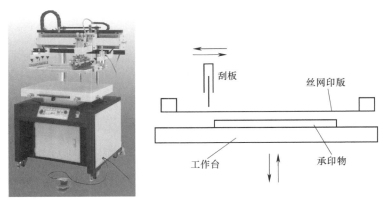

图 5-21　水平升降式丝网印刷机及其主运动形式

③ 滑台式平网平台式丝印机　滑台式丝网印刷机在印刷时印版固定不动，印刷工作台水平移动，刮板水平移动刮印，如图 5-22（a）所示。这种机型由于印刷时取件、放件均在印刷工作台滑出时进行，所以印件的定位、取放都较为方便，具有印刷平稳、套印准确等优点。如图 5-22（b）所示为双台型滑台式丝印机。

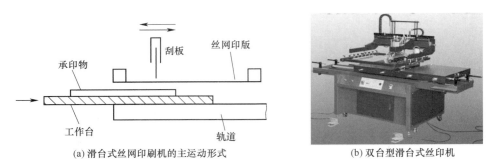

(a) 滑台式丝网印刷机的主运动形式　　　　　　(b) 双台型滑台式丝印机

图 5-22　滑台式丝网印刷机及其主运动形式

④ 印刷台旋转式平网平台丝印机　印刷台旋转式（转台式）丝网印刷机，旋转印刷台上有数个吸盘，可一边旋转一边进行印刷，可进行精确的多色套印，使用油墨、水浆、胶浆等多种印料。转台式丝印机在印刷时材料的供给、取出能同步进行，印刷效率高，适用于多品种、多颜色的印刷品，需要大批量印刷的各种电子元器件也都采用这种机型印刷。如图 5-23（a）、图 5-23（b）所示为两种转台式丝印机，配备精密的微调对版工作坐标台，印刷快速可靠。

⑤ 联台式丝印机　联台式丝印机是在一块较大的平台上划分多个印刷工位，丝网印版可在平台上进行多位印刷，也称多台式或跑版式。有自动和手动两种印刷形式，可进行

(a) 六工位快速旋转盘单色丝印机   (b) 四工位快速旋转盘双色丝印机

图 5-23 印刷台旋转式丝印机及其主运动形式

单色或多色印刷。如图 5-24 所示为手工跑版丝网印刷，把承印物用胶黏剂固定或定位在跑台上，印刷人员按顺序进行套印。

（2）平网滚筒式丝印机 平网滚筒式丝印机是采用平面形网版和滚筒形印刷台，二者通过齿条和齿轮啮合。在整个印刷过程中，网版水平移动，刮墨板做上下移动实现刮墨和回墨，并配有自动给纸、输纸和收纸装置，如图 5-25（a）所示。平网滚筒式丝印机多为全自动型，套准精度高且速度快，适用于大批量精美印刷，

图 5-24 手动跑版丝网印刷

国内主要用于烟酒盒、药盒、陶瓷贴花纸等印刷。承印物在印刷前被送到预备位置，然后在旋转滚筒带动下进入印刷位，滚筒圆周表面上开有很多真空孔并与气泵相连，可吸附承印物在其表面，印刷完成后承印物被送到收纸台上收纸，如图 5-25（b）所示。

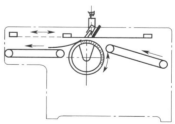

(a) 全自动平网滚筒式丝印机   (b) 印刷和传料方式

图 5-25 平网滚筒式全自动丝印机

（3）圆网平台式丝印机 圆网平台式丝印机，刮板安装在圆网印版内，印刷工作台为平面形。印刷时平台固定不动，圆网印版作旋转运动，直立向下的刮墨板与圆网内表面呈线接触，将油墨挤压通过圆网印版的过墨部分，漏印至作水平移动的承印物上，如图 5-26 所示。圆网是采用金属丝网制成无接头的圆筒形网版，其二端有加固端环和支撑轮辐，由中心轴贯穿两端的轮辐予以支承。圆网内部有带喷嘴的加墨管道和空套在轴上的刮墨板。印刷时，油墨由专用泵自网筒中心的加墨管道经喷嘴注入网筒内，空套在轴上的

刮墨板径向直立朝下正交于筒体内表面的一条母线上，并固定不动，当圆筒网版作连续的旋转运动时，实现油墨连续漏印在承印物上，在整个印刷工作循环中印刷工作台固定不动，每一个网筒只能印一种颜色。圆筒形网版供墨系统如图5-27所示。

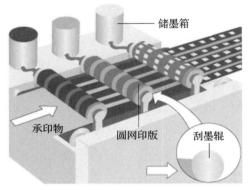

图5-26　圆网平台式丝网印刷机工作方式

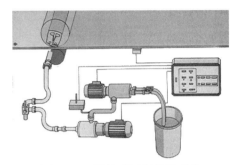

图5-27　圆筒形网版供墨系统

圆网平台式丝印机在印染行业得到普遍应用，适于印刷成卷的纺织物如丝绸、布匹、床单、手帕等。此机的前部有开卷装置，后部有烘干装置和收卷装置，中部还有张力控制和套印装置，烘干的方式为电热或蒸汽，如图5-28所示。

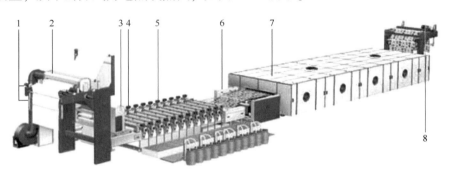

1—布料制动装置；2—除尘装置；3—布料边缘红外探测器；4—弓形电加热板；
5—印刷装置；6—干燥装置倾斜入口板；7—干燥装置；8—平幅折布机。

图5-28　印染用圆网平台丝网印刷机

（4）圆网滚筒式丝印机　圆网滚筒式丝印机的圆筒形网版的结构和印刷原理与圆网平台式丝印机相同。按照印刷承印物规格的不同，圆网滚筒式丝印机可分为单张料和卷筒料丝印机。

① 单张料圆网滚筒式丝印机　单张料圆网滚筒式丝印机的承印材料呈单张的形式，其圆筒形的印刷台由空心轴支承，筒内套有气室，气室通过空心轴，用气阀和管道与真空泵相连。滚筒表面有许多吸气孔，气室可确定其吸附承印物的范围（约为圆筒的四分之一圆周）。滚筒的起印线上装有叼纸牙排，起夹持印件和纵向定位规矩的作用。印刷时，刮墨板保持不动，吸附在滚筒上的承印物和网版保持等速同步运动；印刷后，印品能与网版迅速剥离。单张料圆网滚筒式丝印机多用于转印花纸及不干胶标签纸的印刷。

② 卷筒料圆网滚筒式丝印机　卷筒料圆网滚筒式丝印机一般用于多色印刷，其承印

物为卷筒状。

3. 按承印物形状和规格分类

（1）平面丝网印刷机　平面丝网印刷机的承印物为平面状，其承印材料可以是单张或卷筒料。根据承印材料的幅面大小不同，还可分为不同印刷面积的丝印机，如单张纸丝印机有 200mm×300mm、300mm×400mm、600mm×800mm、700mm×1100mm 等多种规格尺寸。卷筒料平面丝印机同样也有不同卷料宽度的多种规格丝印机。

（2）曲面丝网印刷机　曲面丝网印刷机应用于球形、圆柱形、锥形等形状的容器或其他成形物的印刷，其印版有平面形（平网）和圆筒形（圆网）两种形式。

① 平网曲面丝网印刷机　半自动曲面丝网印刷机如图 5-29 所示，比较适合于中小企业、小批量订单的厂家，品种更换快，易于操作，成本相对于自动丝印机更低。全自动曲面丝印机集自动上料、火焰表面处理、网印、固化、卸料于一体，印刷生产效率高，用人工少，但售价较高，适合于较大批量印刷。

② 圆网曲面丝网印刷机　圆网曲面丝网印刷机的网版为滚筒型，工作台为组合式曲面印刷台，每个工作台可围绕自身轴线作旋转运动。印刷过程中，丝网印版滚筒作旋转运动，整组工作台按一定角度转动，当网版与第一个工作台上的承印物接触时，整组工作台停止转动，同时，承印物随工作台一起作与网版同步的旋转运动，完

图 5-29　半自动
曲面丝网印刷机

成该承印物的印刷后，整组工作台继续转动使第二个工作台上的承印物与网版接触，接触后，整组工作台又停止转动，此时第二个工作台上的承印物随工作台与网版作同步旋转进行印刷，此时若第一个工作台上的承印物刚好与第二个网版接触，重复其刚才的动作，即可完成承印物的套色印刷。圆网曲面多色丝印机在印刷工作中不断重复这样的动作即可实现承印物的多色套印，如图 5-30 所示。

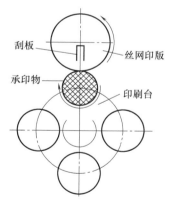

图 5-30　圆网曲面多色丝印机

六、典型丝网印刷机

1. 平网平台式自动输送进料丝印机

实际生产中，平网平台式印刷机的印刷台可以采用输送带式移动结构将承印物输送至印刷工位进行印刷。如上海世网丝印机械制造厂生产的 JGZDS4060 型自动输送式进料丝印机。

该机采用步进电机带动输送装置，并配合先进的自动定位装置，印速快，定位准确。配合自动给料配置，达到减少操作人数、减轻劳动强度的目的。采用最新工艺的丝印刷装置：变频横刮、线性运动导轨、自锁式压力调节、全套微电脑联动，操作简单。其主要技术参数：印刷面积 350mm×550mm，最大网框尺寸 750mm×850mm，印刷速度 2000 印/h，电源 3kW/380V。

2. 曲面丝印机

多色全自动曲面丝印机配有对准控制系统，可完成精确的套色印刷，如高宝印刷机械科技有限公司生产的 LC-S-103 型三色全自动曲面丝印机。该系列机多台单机组合成双色、三色、四色印刷生产线。输送带自动入料，瓶子模具安装简易，印刷速度高达 5000 印/h，具有高效 UV 紫外光固化系统。其具备的电子传感器可实现"无瓶不印刷"之功能。具有圆瓶、扁瓶预先对位的功能，可对 PP 或 PE 瓶表面进行自动火焰处理。

3. 轮转丝印机

许多丝网印刷设备供应商也在不断地开发研制一些具有独特优势的滚筒和控制技术，使平网滚筒式丝网印刷机的印刷速度不断提高，印刷精度更加准确，如日本樱井 MS 系列和 SPS 滚筒丝印机。

日本樱井丝网印刷机多为全自动轮转式，印刷精度高，平均印刷速度 1500~3000 张/h，最高可达 4000 张/h。承印物厚度范围广，从 0.05mm 的薄膜胶片到 3mm 的卡板纸均可印刷。

该机型具体结构设计如下：

（1）给纸部分　后吸纸式给纸装置与胶印机的飞达相同；真空的输纸板台以及输纸台上的下压输纸轮/毛刷保证承印物平稳、安全、快速地传输。

（2）套准系统　前规和可变侧拉/推规保证每一张承印物的准确定位；选配前/侧规检测器及双张检测器更可保证印刷精度和安全性。

（3）印刷部分　精细抛光过的真空滚筒由特殊轴承支撑可承受印刷机高速运转；真空吸力可控性强以适应不同材质印刷；特殊硬质材料制造的叼纸牙能够稳定牢固地递送各种厚度的承印材料，如图 5-31 所示。具体的印刷过程动作如下所述：

① 滚筒空档装有叼纸牙排，当纸张传递到滚筒位置时，滚筒停下叼纸牙排咬住纸张，保证接纸位置的准确。同时，网版已移动回刮墨起始位置，刮墨板下降接触网版，如图 5-31（a）所示。

② 印刷刮墨开始，网版水平向前移动，刮墨板不动，滚筒作与网版同步的转动，刮墨板与滚筒间的印刷压力使油墨漏印到纸张上，如图 5-31（b）所示。

③ 当滚筒的叼纸牙排转到排纸台位置时，叼纸牙排放开纸张使其落在排纸台上，滚筒继续转动，直到叼纸牙排重新运动回接纸位置时停止转动，如图 5-31（c）所示。

④ 刮墨完成后，刮墨板抬起，网版进行返程水平移动，回到刮墨起始位置，执行①的动作。进行新一次的印刷循环，如图 5-31（d）所示。

（4）收纸部分　收纸台可下转便于操作者装卸网版或清洗、维修机器；真空收纸板台平稳地接收印品。

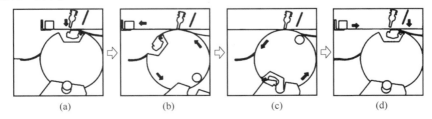

图 5-31　樱井 MS 系列全自动滚筒丝印机印刷过程

（5）操作及控制系统　控制面板方便操作，计数、调速、停机等功能使人机操作界面友好。

除以上标准配置外，樱井公司还提供许多选配件，可帮助用户更好地完成印刷任务，包括：①收纸过桥，能够方便地将印品传送到后续的干燥装置中。②静电消除器，能够有效减少印品产生的静电，特别适合薄膜类承印物。③印刷材料防反弹装置，能够防止厚的材料在印刷过程中边缘翘起影响印品质量。④前/侧规套准传感器，避免歪张或破损张印刷，保证套准精度。⑤大容量给纸台，有利于长版活印刷或为胶印 UV 上光。⑥双张检测器，可以避免空张/双张故障发生。

七、丝网印刷工艺

1. 丝网油墨及其选择

要得到理想的印刷效果，必须要考虑油墨的印刷适性，正确选用合理的印刷油墨。

（1）丝印油墨的特点　根据丝网印刷原理及特点，丝印油墨具有一定的黏度和较高的油墨转移率，因此，丝印墨层较厚，通过控制油墨的转移量可以提高印品的浓度范围，印刷出优良的有重量感的印刷品。

另外，丝网印刷油墨可以采用不同的干燥方式。如果能合理选用油墨，可广泛应用在各种不同承印物上，以保证合理的印刷适性。

（2）丝印油墨的种类　丝印油墨的种类繁多，有不同的分类方法，常用的主要有以下两种。

① 按用途或承印材料分类　丝印油墨可分为纸张用丝印油墨、塑料用丝印油墨、织物用油墨、金属用油墨和玻璃用油墨等。

② 按油墨的干燥方式分类　根据油墨的干燥方式不同，可将丝印油墨分为以下几类。

a. 蒸发干燥型油墨　靠油墨中的溶剂完全挥发而干燥的丝印油墨，主要用于纸张、织物以及热塑性树脂印刷。

b. 氧化聚合型油墨　依靠油墨中连结料吸收空气中的氧气产生聚合反应而干燥的丝印油墨，主要用于金属、硬质塑料、木材等承印材料印刷。

c. 二液反应型油墨　以环氧树脂作为连结料，使用时应加入硬化剂才能进行印刷，在硬化剂的作用下，使油墨固化而干燥。使用这种油墨，印刷后要在 120~170℃的温度下进行烘干处理，主要用于热固性树脂等承印材料印刷。

d. UV 固化型丝印油墨　UV 固化型油墨与上述溶剂型油墨相比，是通过紫外线的照射，在瞬间实现油墨的固化与干燥。

其中，蒸发干燥型油墨、氧化聚合型油墨、二液反应型油墨三种油墨都是通过有机溶剂来调节油墨的黏度和流动性，同样也是通过加热处理来实现油墨的快速干燥。

（3）油墨的选择与使用　丝网印刷中，要想得到良好的印刷效果，必须根据不同承印物的性质和用途，合理地选择和使用油墨。

① 油墨的选择　一般而言，应根据承印物的性质和用途，合理选择丝印油墨。

选用油墨时，为得到良好的印刷适性，一般可按如下原则和步骤进行。

a. 首先应满足承印物的一次物性，即承印物对油墨的附着性，根据承印物的表面性能合理选用油墨。

　　b. 在满足承印物的一次物性的条件下考虑其二次物性。二次物性主要包括以下几个方面，即机械性能，主要指耐摩擦性；热学性能，包括耐黏结性、耐热性、耐寒性、耐寒热重复性等；物理化学性能，包括耐气候性、耐光性、耐药品性（耐酸性、耐碱性、耐溶剂型）、耐环境性（耐水性、耐热水性、耐湿度性、耐盐水性）、耐物体性（耐油性、耐洗涤性）等。这些耐性要求主要通过选择不同性质的颜料加以保证。

　　c. 二次加工适性　指承印物的加工成型性和焊接加工适性。

　　d. 安全卫生性　即所选用油墨符合国家安全卫生法规的有关规定。

　　② 丝印油墨的使用　要得到理想的印刷效果，必须合理地使用丝印油墨，这是获得理想的印刷适性的先决条件。为此，应从以下三个方面考虑。

　　a. 合理使用稀释溶剂　稀释溶剂按照油墨种类不同有两种类型，即标准溶剂和慢干溶剂。

　　如果溶剂的挥发速度过快，虽然有利于油墨干燥，但容易在网版的细线、点状部位堵塞网孔，并在长时间保存时还会产生油墨黏度上升的现象。相反，如果溶剂的挥发速度过慢，虽然可以提高网版上油墨的转移性能，但容易产生干燥不良和油墨结块现象。因此，应根据印刷面积大小和季节温度的变化灵活使用稀释溶剂。

　　b. 控制油墨的黏度　丝印油墨的黏度一般控制在 $10Pa \cdot s$ 左右，应根据印刷条件，如丝印机的种类、网版网孔的大小、印刷速度等因素合理进行调整。

　　印刷面积较大时，可适当降低油墨黏度；当印刷面积较小时，为了提高图文再现性，可提高油墨黏度。另外，如果要提高细线和网点的再现性，还可提高油墨的屈服值，这样可得到良好的印刷效果。

　　c. 添加剂的使用　在丝印油墨中加入适量的添加剂，使油墨具有某些特殊性能。例如硬化剂，对于二液反应型丝印油墨必须添加硬化剂方可使用。消泡剂是为了消除油墨中的气泡。此外，还有其他添加剂，如添加剂 100、SS25 耐水性添加剂（主要用于玻璃印刷）、SS8-860 添加剂、FDSS550 添加剂和 FDSS501 添加剂。

2. 丝网印刷承印材料及其容器

　　丝网印刷根据其产品的最终用途不同，其承印材料的材质与形态各异，主要有纸张、塑料、玻璃和陶瓷等。

　　（1）纸包装丝网印刷　在纸包装中，丝网印刷也得到了广泛应用，此处简要介绍纸标签和折叠纸盒的丝网印刷。

　　① 纸标签丝网印刷　丝网印刷是纸标签、不干胶标签和防伪标签的主要印刷方式之一，主要有平压平丝网印刷、圆压圆轮转丝网印刷以及在组合印刷生产线中的圆网丝印单元。此外，目前也广泛用于 RFID 标识（射频标签）的印刷。从印刷角度看，RFID 的芯片层可以用纸、PE、PET 等材料封装并进行印刷，制成不干胶贴纸、纸卡、吊牌或其他类型的标签，但芯片是关键，由其特殊的结构所决定，不能承受印刷压力，所以除喷墨印刷外，一般应采用先印刷面层，再与芯片层进行复合、模切工艺，而印刷方法应以丝网印刷为首选，使用导电油墨。

　　一般情况下，导电油墨可在 UV 油墨、柔性版水性油墨或其他特殊油墨中加入导电的载体，使油墨具有导电性能。在 RFID 印刷中，导电油墨主要用于印制 RFID 天线，以替代传统的压箔法或腐蚀法制作的金属天线。因此，这种印刷方法高效快速，是印刷天线和电路中首选的既快速又便宜的有效方法。

② 折叠纸盒丝网印刷　目前，折叠纸盒的丝网印刷，大多在卷筒纸丝网印刷生产线上独立完成，如图 5-32 所示。

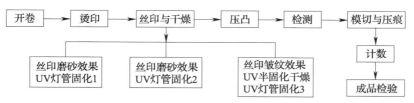

图 5-32　纸盒轮转丝网印刷生产线工艺流程

在丝网印刷生产线，可以连续完成烫印、丝网印刷、压凸、检测以及模切压痕、计数、成品检测等工艺过程，不仅具有 125m/min 的印刷速度，还具有生产率高、印品质量稳定等特点，实现了高速自动化和产业化丝网印刷。

（2）塑料包装丝网印刷　随着丝网印刷技术的不断进步与完善，丝网印刷在塑料包装印刷中也得到广泛应用。根据承印物材料的形态不同，塑料包装丝网印刷主要有两种类型，即塑料薄膜丝网印刷和塑料包装容器丝网印刷。

① 塑料薄膜丝网印刷　塑料薄膜丝网印刷主要有两种形式，即手工丝网印刷和卷筒薄膜丝网印刷。

a. 手工丝网印刷　塑料薄膜手工丝网印刷，除应该满足一般丝网印刷的基本要求外，还应注意以下几个方面。

Ⅰ. 木网框的选用　一般而言，丝网印刷塑料薄膜的印版，因其规格比较特殊，很少能重复使用，所以不宜采用诸如铝合金以及各种造价较高的网框，以选用硬木网框为宜。如果是大型网框，可在框架四角边用 T 形角铁加固，以提高网框的刚度。

Ⅱ. 承印台的设置　如果塑料薄膜手工丝印用来作为装饰印刷，可采用自制的长案台作为承印台，在承印台中间设置与其等长的规矩挡，台面由 5mm 厚的透明玻璃板拼装而成，并设置吹风装置，以加速印品的快速干燥。

Ⅲ. 印品的放置　为了方便地放置印品，可在承印台上方设置若干条可移动的细绳，以备放置半干的印品。

b. 卷筒薄膜丝网印刷　卷筒薄膜丝网印刷的印件，一般都是各种塑料薄膜及编织带等。印件为成卷材料，采用连续送进方式，而印刷方式则可多种选择。

Ⅰ. 平网长平台网印　对单幅画面印刷，多采用平网长平台网印。送件和印刷时间错开，属间歇式印刷。一般收放卷机动，印版的起落和刮印的往复动作也多为机动，也有采用人工进行。印件的送进和丝网印版的安装都有定位控制，能实现多色套印，最常见的是床单、台布、窗帘、壁挂等的印刷。

Ⅱ. 卷筒式平网印刷　其丝网印版及框架按一定节距固定位置安排，俗称步移式网印机。丝网印版及框架的起落运动、刮板的往复牵引运动以及刮墨板、覆墨板交替升降运动等均由主传动输入传动。收卷、印件移动、间歇传动、光电套准、停机制动、印件自动纠偏、磁粉离合以及印件张力自动控制功能等，都具有较好的工艺控制性。

对于质地特别柔软，又不易舒展铺平、张力难以稳定的印件，如塑料薄膜等，在承印平台上还必须另设导带装置，导带表面用粘胶黏附印件，作为印件载体的导带。导带呈封闭形，自始至终单向定距离间歇送进。印件与导带同步运行，并连续不断地胶黏在导带上，直至终端套印完毕，才被收件滚筒从导带上剥离，再由卷筒收卷。

Ⅲ.圆网印刷机　连续画面的薄膜印刷多采用圆网印刷方式。按照滚筒的排列方式，圆网印刷机分为卧式圆网印刷机、立式排列圆网印刷机和卫星式排列圆网印刷机。圆筒周长有640，913，1018，1677，1826mm等多种规格，如印刷特长印幅，超过单网圆周长时，可分为多网筒接版连印，最长可达5m。

圆网印刷时，刮墨板朝下与滚筒内壁接触，操作时静态刮墨，或者用钢制圆棒代替刮板，圆棒能在印版上滚动，借助台板下磁铁的吸力而进行刮墨。色墨则通过泵和软管，再经输墨管送到滚筒腔内刮墨板前侧。

圆网在印刷前为保证印件表面清洁，应有除尘装置或用真空吸附，或者采用胶辊黏附方式定期清洗胶辊表面，以保持印面质量的稳定性。

② 塑料包装容器丝网印刷　塑料包装容器丝网印刷，目前应用比较方便的是曲面丝网印刷。曲面丝网印刷主要包括两个部分，即印刷前处理及曲面丝网印刷工艺。印刷前处理除要包括脱脂处理、除尘处理以及火焰处理。

a. 脱脂处理　由于塑料包装容器表面沾有油污或脱膜剂后，会影响油墨的附着力，因此，可以通过碱性水溶液表面活性剂、溶剂的清洗或砂纸打磨，以达到清洁脱脂的目的。

b. 除尘处理　灰尘的存在直接影响油墨在塑料包装容器上的附着，因此，可采用装有高压电极产生火花放电的压缩空气喷头吹掉灰尘，这种方法除尘操作方便，既可除尘，又可消除静电。

c. 火焰处理　火焰处理主要应用于较厚的小型塑料包装容器表面处理，其目的是使用高温除掉表面的污点，并熔化膜层表面，以改善表面黏附油墨的性能。首先，将待处理的包装容器投入煤气火焰中，火焰中含有处于激发状态的 O、NO、OH 和 NH 等自由基，它们能从高聚物表面把氢抽取出来，随后按照自由基机理进行表面氧化，并引入一些极性的含氧基团，发生断链反应。聚烯烃经火焰处理后形成了极性基团，润滑性得到了改善，而黏结性则由于极性基团润湿性及产生断链而相应得到改善。

火焰处理方法效果比较好，无污染，成本低廉，但操作要求严格，如不小心会导致产品变形，使产品报废。

圆柱体曲面印刷机主要用于印刷圆柱体成型物，根据丝网印版与承印物之间的传动方式不同，有摩擦传动式和强制传动式两种类型。圆锥体曲面丝网印刷机主要有丝网印版水平移动式和丝网印版扇形摆动式。旋转体塑料印件主要指杯、罐、筒等，形状有圆柱、圆锥、椭圆等，印刷部位可以是正面或者是正反两面，也可以是全圆周。

如图 5-33 所示，旋转体塑料包装容器采用丝网印刷时，印件的定位是依靠承印台印面

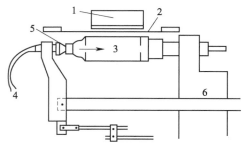

1—刮板；2—丝网印版；3—承印物；
4—充入空气；5—套口；6—工作隔板。

图 5-33　塑料包装容器的印刷

中央的一个旋转件承印支架，支架后部有一个与容器口径相吻合的锥塞管头，与压缩空气泵接通，以备对软塑料包装容器印刷时充气，使之有一个抗衡印压的力。支架中部还有一套与容器外径相吻合的支撑辊，指支架的前端有一个与容器底部相吻合的卡盘，卡盘上有定位销，与塑料包装容器底部注塑定位销槽相配，锥塞、支撑辊和卡盘与印版的刮印运动同步，印完一个版面，卡盘的定位销仍回归至定位点。

印刷时，要将旋转件承印物的母线与丝网印版下平面放置成平行状态，丝网印版移动和承印物始终呈线接触，丝网印版与承印物之间形成线滚动运动。

这种印刷方式主要有以下两种形式，即圆锥体承印物印刷和椭圆体承印物印刷。

a. 圆锥体承印物印刷　圆锥形塑料包装容器的印刷制版与圆柱形印刷制版不完全相同，圆柱形印刷展开面是直线平面图案，而圆锥形印刷展开面是扇形，是有弧度的。因此，在制版前要计算出锥体上下圆的周长相差数据，画出扇形图，如图5-34（a）所示。如果将要印刷在承印物上的图案、文字模仿画在纸上，做成扇形图，再用剪刀剪下，围贴在锥体上［图5-34（b）］，这样制成的丝网印版将更精确。

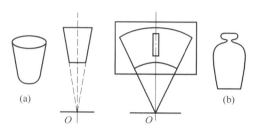

图5-34　锥面器物扇形展开示意图

圆锥体印刷与圆柱体印刷也不尽相同。印刷圆柱体的丝网印版做水平直线运动，而印刷圆锥体的丝网印版是按锥顶垂直中心做水平摆动。圆锥形物体是一头大一头小，印刷时先把印刷机上的承印物放置支架与承印物调至与丝网印版呈水平状，然后调准丝网印版运动的摆动半径，用类似圆柱体的印物操作方法印刷圆锥体承印物。

b. 椭圆体承印物印刷　椭圆形塑料包装容器多用于清洗剂、药品、化妆品等包装容器，如图5-35所示。椭圆体印刷时，以 O 点为中心，以 R 为半径做圆周运动，因此，椭圆体印刷需要用特殊的承印卡具，经调整、试印符合要求后方可进行正式印刷。

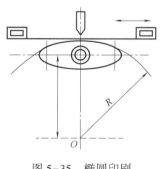

图5-35　椭圆印刷

（3）玻璃包装丝网印刷　玻璃制品丝网印刷是指以玻璃板或玻璃容器为主要产品的丝网印刷方式。玻璃制品采用丝网印刷，其根本问题是为了提高玻璃表面对油墨的附着力，如何正确选用特殊油墨和进行必要的后处理，同时采用合理的丝网印刷方式，以实现玻璃制品的精美印刷。

① 玻璃丝印油墨　玻璃印刷最重要的是强化油墨与玻璃表面的结合力，使玻璃制品在使用过程中油墨不出现脱落或溶出现象，所以，油墨本身应具有良好的化学、物理耐久性。

根据油墨的成分和性能不同，玻璃丝印油墨主要有玻璃颜料油墨、热塑性油墨、金银油墨和彩虹油墨等。

② 玻璃丝网印刷装置　玻璃制品印刷主要指圆柱形和圆锥形成型物印刷，大多采用曲面丝网印刷机进行印刷，其印刷装置的基本形式如图5-36所示。

$$印刷装置的形式 \begin{cases} 圆柱形曲面印刷装置 \begin{cases} 摩擦传动式 \\ 强制传动式 \end{cases} \\ 圆锥形曲面印刷装置 \begin{cases} 网版水平移动式 \\ 网版扇形摆动式 \end{cases} \end{cases}$$

图 5-36　印刷装置的基本形式

在上述几种印刷装置中，为了扩大机器的使用范围，往往设计成圆柱、圆锥两用型曲面丝网印刷机，并设有承印物的充气装置。

③ 玻璃印后烧结　凡是采用玻璃颜料油墨或其他烧结用油墨印刷玻璃制品的场合，印刷后都要进行后加工——烧结。对于自动曲面丝网印刷机，印刷后应设自动输出装置，将印刷制品转入烧结炉进行烧结，以形成印刷——烧结自动生产线。

八、丝网印刷质量控制

1. 印前准备与色序安排

制作符合要求、高质量的网印版后，要将网印版上图像转移到承印材料上，实现高质量的复制，因此，印刷过程要对油墨和承印材料等各个环节进行有效控制。

（1）印前准备

① 检查印版　检查网框尺寸、模板尺寸、模板类型、图像面积等。

② 检查印刷油墨　检查油墨类型、色相、油墨黏度等。

③ 检查承印材料　检查材料类型、材料尺寸及材料有无污迹等。

④ 检查刮墨板　检查刮墨板外形、硬度及平整度等。

⑤ 检查印刷机　真空、网距、进给标记或定位规矩、刮墨刀方向、刮墨刀位置以及刮墨板的压力等。

多色印刷的多块印版要尺寸相同，以免印刷过程中定位不准，使用的丝网也应该相同，否则会造成墨层厚薄不均匀。

（2）印刷机调试　开机前必须调试印刷机，先调节印版、承印物进给器，然后调节网距和真空度。

（3）彩色印刷色序　彩色丝网印刷的色序排列一般为黄、青、品红和黑。考虑到工艺要求，也有将色序排列为青、品红、黄和黑。丝网印刷中承印物形状和承印物材料性质不同，色序也会有所不同。如印刷透明物体时，色序应该是黑、黄、青及品红。多色印刷中，每一色油墨印刷后，承印物通过烘箱进行干燥，然后进行下一色印刷。确定丝网印刷色序要考虑两个因素，一是承印物上的印墨透明度，丝网印刷是通过各种颜色的油墨混合或叠合而产生新的色彩，如果承印物印墨透明度差，印刷第二色时就会将第一色盖住，而不能与第二色叠合呈色。二是人眼对各种色彩的感受能力是不同的，一般人的眼睛对品红色最敏感，青色次之，对黄色敏感性最差。由于人们对颜色的敏感性差异，往往会造成对黄色网点的夸大或缩小，最终影响印刷质量。

2. 丝网印刷的套准及控制

一般而言，影响丝网印刷套准的主要因素有：

（1）阳图底片引起的网版尺寸变化　制作小阳版时，中心规矩线较粗会引起套准误差；拼版过程中，人的视觉差异会引起网版套准精度差异，必须用粗的规矩线否则晒不出细小规矩线。

（2）网框的变化　由于网框强度不够，在较高的印刷张力作用下不能稳定网版尺寸，从而会造成丝网张力降低。印版伸展值变大，套印精度降低。因此，最好使用高强度、不易变形的铝合金网框。

（3）丝网稳定性变化　丝网的纵、横向间不同的伸展值，绷网时一定要保持两方向张力一致，张力不匀会造成整个网版的丝网延伸率不一致；印刷过程中，网版受到刮板挤压摩擦产生的弹性形变不一致；而且化学材料的浸泡和受紫外光的照射，也会使弹性和张力降低，引起丝网尺寸变化。上述变化都会导致网版松弛，导致图文变形，影响套印精度甚至出现龟纹。因此，印刷时一套版要用同一型号丝网和相同的绷网张力，使套印更准确。

（4）纸张的伸缩性和送纸过程的影响　纸张具有很强的吸水和脱水性，容易造成套印不准、废品率高，送纸时静电或黏附现象也会影响套印精度。

第二节　立体印刷

立体印刷使人们依靠肉眼即可在平面图像上直接观看到立体图像，其技术含量高，宣传效果好，能够带来较高的附加值。

人们日常生活中所熟悉的照相、印刷、电影、电视等应用的技术均属图像显示技术，以图像的忠实再现为主要目标，已实现了由单色图像向彩色图像的过渡。但是这些图像都没有超出二维显示的范围，而人的视觉能够获得的信息属于三维信息。因此，常规图像的显示技术并未真实反映出人们能够看到的多姿多彩的立体形象。近年来，图像显示技术正在由二维显示向三维显示发展，印刷界也一直致力于复制出从三维空间再现现实物体立体图像的印刷品。

一、立体印刷基础

立体印刷的定义是模拟人的两眼间距从不同角度观察同一物体，从不同的角度对同一物体进行拍摄，将左、右不同角度观察到的像素记录在感光材料上，经制版印刷后，得到裸眼无法正常观察的特殊印刷品，只有在配合凹凸柱镜状光栅板后，才能形成完整可视的立体印刷品。人们在观看立体印刷品时，左眼看到的正是胶片上拍摄到的左像素、右眼看到的正是胶片上拍摄到的右像素，仿真人眼左右眼距的观察方式，将左右眼睛看到的图像在头脑中合成形成立体图像。按照这一仿真原理和方法制作出立体印刷品的技术被称为立体印刷技术。

立体印刷的特点：①能逼真地再现物体形象，具有很强的立体感，产品图像清晰、层次丰富、形象逼真、意境深邃；②立体印刷的原稿往往是造型设计或景物拍摄而成，印刷品一般选择优质的铜版纸和高级油墨印刷，光泽度好，颜色鲜艳，不易褪色；③印刷产品表面覆盖一层凹凸柱镜状光栅板，可以在自然光下直接观看全景画面的立体效果。

1. 立体视觉

人们如何对物体产生立体视觉，是人的生理因素、生活经验和心理因素等的综合反映。实际上，立体视觉是人在视觉过程中把上述复杂因素综合在一起而形成的立体信息。

（1）生理因素　人的视差有两眼视差和单眼运动视差之分。观察物体时，由于两眼所处的角度不同，左右两眼所看到的物体图像就会产生差异，这就是两眼视差，正是视差给予了我们物体的立体感。通常，我们最多能识别 250m 内物体的前后位置，其距离越近，视差效果则越显著。但是，对于视角接近零的物体，几乎没有视差效果。不仅两眼能产生视差，即使是单眼，如果被观察物体的位置发生运动变化也会产生视差，从而可得到一定的立体感。特别是当观察者处于运动状态下，其立体视觉效果更加显著，这被称为单眼运动视差。

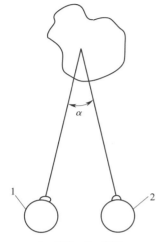

1—左眼；2—右眼。

图 5-37　辐辏角

当人的两眼注视某一点时，左、右两眼的视线相交角，我们称为交叉角，即辐辏角，用 α 表示，如图 5-37 所示。通过两眼肌肉不同的紧张程度使左、右两眼的视线相交，就给予我们一定的立体视觉。

（2）生活经验与心理因素　人的生活经验和心理因素对立体视觉也会产生直接影响，主要有以下几个方面：

① 视网膜成像的大小　同一物体在视网膜上成像的大小随着距离的改变而变化。特别是当画面内有标准尺寸的物体做参照物时，这种经验与心理因素的作用更加明显。

② 空气透视　一般近处的物体能够看得清晰、鲜明，而远处的物体由于受到空气中微粒子散射的影响，其鲜明度就会下降，而且远处反射物体所看到的颜色会有些变蓝。由于视觉上的这一效果，在清晨和傍晚时，拍摄的风景相会产生较强的立体感。

③ 密度梯度　观察均匀分布的图形就不会使人产生立体感，而观察如图 5-38 所示的具有密度梯度的图形时，就会使人产生一定的纵深感。

④ 阴影　在画面上利用阴影也可以得到立体感。

⑤ 重叠　将两个物体的图形重叠放置时，由于前方的图形遮蔽住后方的部分图形，会使我们感到所看到的轮廓线连续的图形离自己近一些。

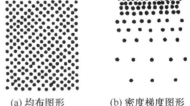

(a) 均布图形　　(b) 密度梯度图形

图 5-38　密度梯度

⑥ 不均匀构图　不均匀构图如图 5-39 所示。随着对称性的降低，其立体视觉会从（a）到（d）逐渐增强。

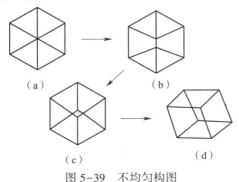

（a）　　　　　（b）

（c）　　　　　（d）

图 5-39　不均匀构图

⑦ 视野　画面上的框线会影响立体视觉。假如像电影宽银幕那样没有感到周围框线的存在，立体视觉就会强一些。所以框线感减弱，现场感就会增强。即视野越大，立体感越强。

⑧ 前进色与后退色　当把红、黄系的颜色与蓝、绿系的颜色等距离放置时，人们会感到红、黄色离我们较近，而蓝、绿色离我们较远。所以，利用颜色的错觉效应也可以增强立体感。

2. 立体显示技术

立体显示是指对图像在三维空间的立体信息的再现，是获得立体视觉的又一基本条件。实现立体显示的方法主要有两向显示法和多向显示法。

（1）两向显示法　两向显示法有以下四种类型：立体镜法、双色滤色片法、偏光滤色镜法及交替分割法。无论采用哪一种方法，都是利用两眼视差的原理，靠左右眼分别观察图像而获得立体视觉信息。

① 立体镜法　立体镜法的基本原理是使用立体眼镜分别观察左、右图形，合成后形成立体感的图像。这种方法自 19 世纪出现以来一直得到广泛的应用，但观察时人们必须使用特殊的立体眼镜，否则就得不到图像的立体视觉。

② 双色滤色片法　将左、右记录图像分别用红、蓝油墨印刷在同一平面内，再通过红、蓝滤色片观察印刷图像。由于滤色片与油墨颜色互为补色关系，所以通过滤色片观察的图像并不是红色和蓝色，而是黑色图像。这种方法借助颜色错觉观察，仅限于黑白相片的立体观察。再加上不同波长的光分别进入两眼，容易使人眼疲劳，所以除了制作航空地图外一般很少使用。

③ 偏光滤色镜法　将左、右记录的图像分别通过相互直交的偏光滤色镜投影在同一平面上，在观察图像时，人的左、右眼也用同样的偏光滤色镜进行观察，也能获得立体图像。这种方法需要使用专用偏光滤色眼镜，在立体电影和立体电视中已得到应用。

④ 交替分割法　将左、右图像交替呈现在同一平面上，并将同期不必要的部分进行遮蔽，从而产生图像的立体感。由于残像效果会引起闪光，遮蔽用眼镜的价格较高，这种方法至今未能得到普及。

（2）多向显示法　多向显示法主要有视差屏蔽法和柱面透镜法两种类型。

① 视差屏蔽法　也称视差狭缝法，将左眼图像和右眼图像由狭缝进行分割并在软片上曝光，然后进行显影、晒版和印刷。若将其放置在摄影时相同的位置，两眼也分别置于放置图像的位置，就可看到主体图像。应用视差狭缝法，若将图 5-40 所示的两个图像进行合成，就能得到视差立体图像。如果降低狭缝的开口比，可完成多个图像的合成，就可获得视差全景图像，如图 5-41 所示。

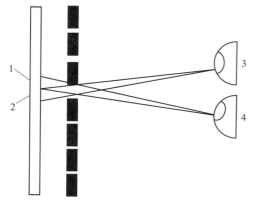

1—左眼像；2—右眼像；3—左眼；4—右眼。

图 5-40　视差屏蔽法原理

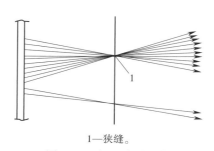

1—狭缝。

图 5-41　视差全景图像

② 柱面透镜法　柱面透镜可以看成是由许多长柱凸透镜片并排构成的透镜板，如图 5-42 所示。它具有分像作用，其成像特性如图 5-43 所示，此镜片的平直背面与焦点平面相重合，由于凸透镜片的分像作用，可将各方向的图像 A、B、C、D 分离成 a、b、c、d 并在焦点平面上记录下来，观察时只要将左、右两眼置于 B、C 的位置，就可以看到立体图像。一般而言，柱面透镜是在图示有效角 β 的范围内连续成像的，所以只要在 β 角之内，即使改变观察位置也不会影响立体视觉效果。另外，有效角 β 与柱面透镜的节距 P、曲率半径 R 及厚度 t 等参数都是通过最佳设计和计算而确定的。

图 5-42　柱面透镜

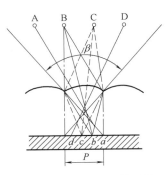

图 5-43　柱面透镜成像特性

二、立体印刷的摄影方法

1. 基本摄影方法

如前所述，柱面透镜法完成立体印刷，需要从各个方向看到被照物体的图像，其摄影方法如图 5-44 所示。

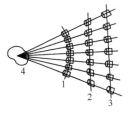

1—圆弧移动法；2—平行
移动法；3—直线摇动法；
4—被摄物体。

图 5-44　立体摄影基本方法

① 圆弧移动法　这种方法以被摄景物上的某一点为圆心，从此点到照相机的距离为半径作圆弧，照相机沿此弧线移动，连续或间断地进行拍摄，得到一组不同角度的物体像。

② 平行移动法　将镜头围绕物体的中心线作平行移动，连续或间断地进行拍摄，同样得到一组不同角度的物体像。这种方法进行拍摄时，其精度不易掌握。

③ 直线摇动法　将镜头围绕物体的中心线作平行移动，但镜头角度始终以被摄景物上的某一点为准，连续或间断地进行拍摄，得到一组不同角度的物体像。此时图像会有些变形，如不要求较高精度时，也是一种简便的拍摄方法。

2. 不使用柱面透镜的摄影方法

使用这种方法立体摄影时与普通相机摄影一样，边移动边摄影，然后把各方向拍摄的图像通过柱面透镜合成。因而各个方向（6~9 张）的像不是连续的。

① 瞬间摄影法　使用带有多个（6~9 个）透镜的特殊照相机直接拍摄。由于相机携带方便，最适于户外摄影，特别是对移动物体的摄影。只是若不经后期合成，则不能够形成立体相片。

② 普通相机移动法 将普通相机上装设一个电动滑槽，边滑动边摄影。与上述瞬间摄影法相比，突出的优点是无须特殊的相机，方法简单。

3. 使用柱面透镜的摄影方法

这种方法可在有效角度内进行连续地摄影，一次拍摄即可得立体图像，只是摄影后想放大非常困难，而且曝光时间较长，不能拍摄移动的物体，且照相机的体积较大，不宜搬运。

（1）被摄体移动法 此法与移动相机正相反，是使被照物体旋转并直线移动。放置物体的大型转盘中心与被摄物体中心相一致，转盘移动的同时进行摄影。此方法要求使用室内专用照相机，不能拍摄移动的物体。

（2）照相机平行移动法 用平行移动式相机对被摄物体进行等距拍摄，在相机的平行移动过程中，相机总是对准被摄体的中心，可以获得良好的图像。但相机由于构造上的限制，只可室内摄影采用。

（3）照相机直线摇动法 这是比上述平行移动法稍为简化的方法。照相机作直线左右移动，镜头反复摇动对准被摄体的中心。此方法室内及户外摄影均可。

（4）快门移动法 这种拍摄方法需采用室内近距离摄影相机。快门移动法是使用大口径镜头相机，随着镜头内快门的移动，可摄制各方向的立体图像。这种方法镜头的移动距离少，可在短时间内曝光，同时近距离摄影不会损伤图像的立体感，特别适合肖像类的摄影。

目前常用于拍摄立体印刷原稿的方法有圆弧立体摄影法和快门移动拍摄法两种方法。

① 圆弧移动拍摄法 把柱面透镜板直接加装在感光片的前面，用一台照相机进行拍照，使照相机的光轴始终对准被摄物的中心。照相机运动的总距离以满足图像再现的要求为准，一般控制在夹角为 3°~10°。照相机感光片前的光栅板与感光片随机同步移动，每次曝光都会在光栅板的每个半圆柱下聚焦出一条像素。当相机完成预定距离的拍摄，像素布满了整个栅距，经冲洗即可得到立体相片，如图 5-45 所示。

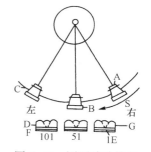

图 5-45 圆弧移动拍摄

② 快门移动拍摄法 拍摄时，快门从镜头一头移到另一头的距离约为 60mm，相当于人两眼间的间距。同时使紧贴于感光片前的栅板也相应移动，每次移动的距离为一个栅距，即 0.6mm，由此获得多次曝光的立体相片。

三、立体印刷的制版与印刷工艺

立体印刷是印刷工艺的一个分支，它把三维立体成像技术与印刷工艺精华融为一体，使平面印刷图像呈现立体动画和异变图的奇特视觉感受，从根本上打破了传统印刷品平面、静态、单一的形态，为印刷设计艺术和工艺技术增添了新的内涵与活力。

立体印刷是平面印刷工艺的提高和补充，它并非是单一图像的简单复制，而是多幅图像的压缩组合。一幅立体印刷品由不同视角的单一视差像素有序排列而成，并达到万象归一的视觉效果。由于立体图像的原稿信息大于平面图像十几倍，因此无论在印刷技术标准的控制上，还是印刷工艺流程的管理中，都必须更加精确、严谨。基本印刷工艺包括原稿制作、制版、印刷和印后加工。

1. 原稿制作

要制作有纵深感觉的立体印刷品，最根本的问题是被摄物本身应具备实物效果，才能获得真正三维的立体印刷图片。目前立体原稿的常见制作方法有立体照相法和软件制作法两种。

（1）立体照相法 该法操作的关键是拍摄立体照片，且需要在拍摄前对拍摄物的布局、距离、角度、中心点等进行精确的计算，分为直接法和间接法。

① 直接法 直接法是直接通过柱镜光栅板进行照相，在一定的视野内移动相机（或采用大光圈镜头，依靠变化镜头上的光圈进行拍摄，无须移动相机），将被摄物连续拍摄下来。

② 间接法 间接法是以特定位置拍摄两张以上的照片（或用多镜头专业相机拍摄物体不同角度的影像），然后将它们准确地合为一张。此法比直接法立体效果好，但比较费事，一般不采用。

立体照相法的难点和不足是需要现成的被摄物或场景才能制作，而且不能拍摄动态影像（多镜头相机除外），但优点是制作出的立体照片自然、逼真，立体感好。

（2）软件制作法 印前图像处理与平面印刷品的不同之处是需要根据所使用的光栅参数对图像进行多像合成。对于用普通相机摄取的单视角图像，还必须首先生成视差图。早期的印前图像处理主要依靠摄影技术，在摄影及洗印加工环节进行多像合成。由放大机把成对的图像底片通过柱镜光栅片成像在感光片上，制成光栅合成图。这种方法采用的加工设备复杂，成本昂贵，因此，相当长的时期内，光栅立体成像技术没有得到明显发展。

近十年来，数字印前技术的普及应用，实现了在计算机环境下利用软件平台进行印前制作，可针对光栅立体印刷完成对原稿图像的颜色与阶调层次处理、视差图的生成、多像合成等作业。印前制作的关键是生成视差图序列，并将其按照设置好的光栅参数进行多像合成，得到一幅光栅图像。

将用于制作前后景的多幅平面图像在 Photoshop 中按前后景顺序分层放置，然后导入立体制作软件（如 3D MAGIC、PSDTO3D、3D4U 等）中进行处理。在软件环境中，首先将原稿中的景物按凹凸视觉效果勾画等高线，然后选定主体中心，将前后景物进行一定量的位移，形成不同视差角度的图像序列。

多像合成是通过一定方法，将视差图序列合成为一幅光栅图像。在多像合成之前，首先要对光栅进行测试，获取准确的光栅栅距。目前多像合成方法有两种：专用软件生成法和通用图像处理软件处理法。专用软件生成法根据光栅图像的制作原理编写软件程序，通过读取多幅视差图序列直接生成一幅光栅图像，采用的是专为立体印刷开发的用于原稿分层处理的软件，大家比较熟悉的立体印刷软件有 HumanEyes 公司最近推出的 PrintPro2.0 三维立体软件解决方案以及软件创新产品 Creative3D，Creative3D 是一种三维立体设计工具，可以进行个性化的三维立体设计。Photo Illusion 公司也可以提供类似的软件。通用图像处理软件处理法在 Photoshop 等图像处理软件中，使用手工操作的方法分割图像序列中的每一帧，然后再拼贴合成所需的光栅图像。采用立体图像软件后，只要是平面印刷可用的图片就能制作出立体印刷品。具体步骤是按照软件的指引，输入必要的数据，通过立体软件对数字化原稿进行立体分层，即可轻松快速地将普通的平面照片转化成 3D 图片。用专业软件处理原稿的优势是无须构建模型，较易取得各种景物的立体处理，而且出片方便、快捷。使用该方法虽然原理简单，但操作较麻烦。在多像合成之后，要对图像进行水平方向压缩处理，使视图每组影像的宽度等于光栅栅距。由于光栅立体图像是通过将图像像素分离重组得到的，图像数据量大，对计算机性能要求较高。

2. 立体印刷制版

立体印刷所选用的印刷方式应满足下列条件：①不因印刷方式而损失图像的立体感；②印刷方式能够保证套印精度好；③印刷方式适宜大批量的印刷。

表5-3为各种立体印刷工艺的优劣比较。就上述条件的比较，立体相片通常采用胶印制版印刷。由于立体印刷图像的像素细腻和柱镜光栅的放大作用，印刷制版的网线数要求在120线/cm以上，精度要求较高。

表5-3　　　　　　　　　　　　　　　　立体印刷工艺比较

印刷方式	立体感	制版质量	印刷精度	耐印力	印刷品质量比较
胶印	良好	良好	良好	良好	立体感低,制版稳定,宜大量生产
凹印	良好	套印精度差	不良	良好	立体感良好,多色印刷效果差
凸印	良好	细网线制版困难	良好	偏低	细网线制版困难,印版易污化

立体印刷和普通彩色印刷的加网角度不同，而且青色、黑色版要求采用相同的网目角度。

另外，不同栅距的立体印刷要有不同的黄、品红、青、黑四块印版的网线角度组合，以避免干涉条纹的产生。表5-4所列为某厂家立体印刷时采用的加网角度。

表5-4　　　　　　　　　　　　　　　　立体印刷的加网角度

栅距/mm	分色加网线数/（线/cm）	加网角度/度			
		Y	M	C	B
0.60	100	81	36	66	66
0.44	58	50	20	65	65
0.31	81	66	22	51	51

由于立体印刷原稿是由一条条紧密排列的像素组成的胶片，经制版、印刷后还要复合柱镜板，所以选择每色的网线角度时，除了要考虑网版之间可能形成的龟纹外，还要注意各网屏角度与像素线、柱镜板棱线形成的龟纹。例如立体印刷的色版就不宜选择0°加网，因为横向网线的龟纹最明显，且0°与像素线、柱镜线会出现正交，干扰了图像的清晰度和深度感。

由于立体印刷品最终要与柱镜板复合，而柱镜板大都带有一定的灰度，又因立体印刷使用的是极精细的300线/in网屏，在晒版时只需晒到八五成或九成点子，否则印刷时十分容易出现糊版故障，这样就需要加大暗调区域的色量，以达到显示九~九五成点子的效果。所以，立体印刷比普通四色印刷时的彩色印墨的实地密度要高一些。

立体印刷中青色版、黑版的加网角度一致是由其本身特点决定的。如果三色印墨叠印后接近中性灰，为减少第四次套印带来的误差，可以不必再印黑版，将黑版与青版取同样的角度，以便灵活掌握。

在 20 世纪数字技术被引入印刷领域后，原稿的来源不再完全依靠传统的照相方法，图像处理也更多地应用数字技术，使立体印刷的制版技术发生了较大的变化。依靠计算机硬件与图像处理软件，高质量的 CTP 数字制版可以使立体印刷原稿处理和制版大大简化，效果大大提高，从而能够实现更高层次的立体图像印刷、立体动画印刷和立体异变图像印刷。

（1）立体图像印刷 将原稿中的景物按凹凸视觉效果分层，然后选定主体中心，将其他景物进行前后相对位移，形成不同视差角度的有序排列。全图的景物、景深效果取决于分相位移和角度的大小，位移越大，浮出越多，景深越小，两者必须协调。景深效果也要符合物体大小、透视关系及景物之间的比例，使前物浮而不虚，后景深而不糊，达到最佳视觉的立体效果。

（2）立体动画印刷 全图设计后，将图内需要动作的物体在动态范围内按比例排列成不同动作的单一图像，确立静态主体后，输入电脑进行动态物体交换位移，即可形成立体动画图像原稿，如立体画中人眼的睁开和闭眼动作。

（3）立体异变图像印刷 将不同画面的图像输入电脑，根据设定的光栅数据进行计算、等分，确定不同视角的像素排列，即可制出一幅异变效果的立体影像，而后进入制版印刷工序，复制出不同角度不同立体画的立体异变图像。

3. 立体印刷材料

（1）光栅片材料 不同的场合，立体印刷需要使用不同尺寸的专门的光栅材料。例如：70 线/in、75 线/in、80 线/in、100 线/in 的光栅是最流行的，适用于明信片、名片等中小尺寸图像的制作。60 线/in、62 线/in 的光栅适用于近距离观察的中小尺寸图像或观察距离为 0.3~3.0m 的大幅面图像。40 线/in 的光栅是针对室内应用而开发，也能应用于四开以上至对开幅面的印刷品，三维效果非常理想。20 线/in 的光栅是针对户外大型广告而开发，也能应用于室内广告产品，其三维效果同样非常理想，观察距离为 1.5~6.0m。

① 硬塑立体光栅片 采用聚苯乙烯原料经过注塑加工得到凹凸柱镜状光栅片。聚苯乙烯无色透明、无延展性，透明度达 88%~92%，折射率为 1.59~1.60，其高折射率使聚苯乙烯光栅片具有良好的光泽，透明的塑料可产生良好的双折射应力——光学效应。聚苯乙烯光栅片不会轻易发黄变色，成品率高。

② 软塑立体光栅片 主要采用聚氯乙烯片基经过金属光栅滚筒或光栅板，压制成软塑立体光栅片。聚氯乙烯能制成无色透明有光泽的薄膜，并能根据增塑剂含量的多少制造出各种柔软度的薄膜。这种材料可经过脉冲热封、高频热合方法与立体印刷品黏合，黏合的牢度较大。聚氯乙烯光栅片具有较好的耐化学腐蚀性，但热稳定性和耐光性较差。由于含有聚氯乙烯不利于环保，且其精度和稳定性不够，近年已较少采用。

（2）立体印刷油墨 立体印刷并不采用任何发泡油墨，印刷油墨任何可见程度的发泡都会影响到图像的清晰度及三维效果。立体印刷的油墨应具有和标准胶印油墨一样的优良质量，印刷图像才能色彩鲜明、层次和边缘清晰、墨膜光滑。

（3）立体印刷纸张 立体印刷用纸张要求紧密、光洁、平整、伸缩性小，铜版纸和卡纸应用较多。

（4）胶黏剂 胶黏剂的作用是使印刷品与光栅片能够牢固地粘贴在一起。其次，还能够保护油墨层在高温下不变色。

4. 立体印刷工艺

立体印刷一般采用平版胶印工艺印刷。立体印刷的质量好坏，对立体图片的直观效果有着十分明显的影响。由于光栅的聚焦和散射作用，要求立体印刷必须网线清晰、套印准确，套色误差不得超过 0.02mm，要求印墨光洁不褪色。

（1）立体印刷工艺五大控制要素

① 数据统一　原稿、像素数据及印品图像始终要与柱镜光栅的栅距保持统一，避免数据差异在成品图像中产生干涉条纹，影响视觉效果。

② 套印准确　像素与光栅之间的误差不得超过 0.0001‰。因为任何一个色版的印刷偏离，都会在光栅复合时产生明显的异色图像虚影，使图像的色、像离异，无法观赏。

③ 层次丰富　印刷网点应清晰、饱满，密而不糊，疏而不丢。如网点失控将会造成印刷密度的两极分化，直接影响到图像在立体与空间的理想再现。

④ 严禁伸缩变形　严格控制印刷品的伸缩量是确保立体图像能够完美再现的关键。印刷图像的伸缩过大将会使图像脱离光栅栅距的制约，造成图像视觉定位的改变，出现反向、错像和视觉上的眩晕感。

⑤ 调整好网线角度　立体印刷用各色版的网线角度之差应当小于普通胶印，如 300 线/in 的网线角度分别为黑色 37.5°、青色 37°、品红色 20°、黄色 22.3°，目的是使网点组合后，在柱镜光栅的柱面中形成色线的横向排列，以保证色像层次的均衡过渡，避免由于网线角度与垂直的光栅条纹相等而产生撞版，出现异常龟纹，影响彩色立体图像的平稳再现。

（2）立体印刷工艺方式　立体印刷工艺有传统模拟印刷、直接印刷和数字印刷几种。

① 传统模拟印刷　印刷方式多样，每种印刷方式各有特点，但所选用的印刷方式要保证不因印刷而损失立体感、套印精度好、适宜大量印刷。

其中平版胶印的制版、印刷套印精度高，耐印力比较好，印品立体感较佳，适合大量生产，广泛采用高精度的四色胶印机印刷，套印准确。但印刷车间需要具备恒温、恒湿条件。

凹版印刷的耐印力较高，单色印品的立体效果良好，但制版成本高，多色印刷效果不理想。

② 直接印刷　指利用高档胶印机直接在光栅板的背面印刷。具体立体印刷工艺是用海德堡等高档胶印机，用 UV 油墨直接在光栅板的背面印刷，此时无须对印刷机进行任何调整。光栅的输送方式与普通纸一样，印刷用光栅的厚度有 0.6、0.475 和 0.3mm 规格。在光栅上直接印刷的套印精度比普通印刷要求更严格，对印刷设备的精度要求也非常高，如图 5-46 所示。

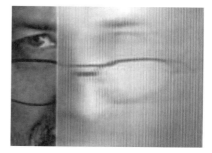

图 5-46　光栅板背面直接印刷的立体印刷品

③ 数字印刷　数字印刷机除了可满足印刷精度（达到 180~230 线/in）的要求外，还可实现"按需印刷"。其印刷方法是将相关软件处理后的立体图像数据输入数字印刷机（例如 HP-Indigo），并直接印刷于光栅背面，最后再涂布或印刷一层白墨做底，干

燥之后即可成为色彩斑斓、空间层次丰富的三维立体图片。

自 20 世纪 80 年代以来，数字技术的发展带动了立体印刷的发展，立体印刷制作技术也日益完善和稳定。由此，立体印刷进入了一个崭新的时代——数字技术时代。采用新型的立体多像合成技术，运用电脑软件和计算机直接制版（CTP）技术，使印版质量有了很大提高，可以更加准确地复制精细网点和丰富的色彩层次。CTP 制版技术的应用更加便于图像采用调频加网或局部加网，加上高精度胶印机的普及，使得立体印刷质量有了质的飞跃，已逐步大规模应用于商业印刷和包装印刷。如今，立体印刷应用范围进一步扩大，已应用于包装装潢产品、商业广告、科教卡通、明信片、贺年卡、防伪标记、商标吊带、鼠标垫、各类信用卡等。

四、光栅板的制作与贴合

光栅板的制作一般是将模具与塑料片密合后进行加热加压，将塑料片压制成凸球面的柱镜状光栅板。光栅板与印刷品的复合成像工艺是将印刷品与柱镜光栅板黏合为一体，通过柱镜光栅板还原印刷品的立体效果。具体的黏合成像工艺有三种。

（1）UV 印刷光栅　采用 UV 印刷油墨将立体图像直接印刷在柱镜光栅的背面（正图反晒），一次性完成立体图像的完美再现。这种工艺不仅省略了黏合工序，而且图像的立体效果佳，是立体印刷工艺的发展方向。

（2）滚压复合法　属于冷黏合工艺，将立体印刷图像与柱镜光栅根据规矩线垂直对位，送入冷裱机滚压黏合成型，工艺操作简便，已经得到普及。

（3）热压复合法　把光栅模具安装在专用复合机的热压板上，如图 5-47 所示。将卷筒聚氯乙烯塑料薄膜一面预热一面附在涂有胶黏剂的印刷品上，一起送入复合机进行复合热压，塑料薄膜受到模具的压制，在成型为凸起的球面柱镜光栅板的同时，也与印刷品热压黏合在一起。实际上，实现了光栅板的成形与印刷品的黏合同时完成，两步合为一步。

经验表明，软膜型光栅材质薄软、传热快、易弯曲，以同步热压复合工艺为好；而硬板型光栅材料厚而硬，不易弯曲，且传热慢，更加适宜采用滚压复合工艺。上述两种工艺方法都需要用到黏合剂，而直接 UV 印刷光栅工艺无须黏合剂，印刷图像直接与光栅板结合在一起，不仅加工工艺简单，立体效果也好，是近年重点研究的立体印刷

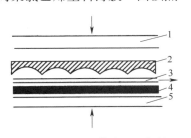

1—热压板；2—模具；3—塑料片；4—印刷品；5—热压板。

图 5-47　光栅复合成型

工艺。但不论采用何种加工方法，黏合时都必须使光栅板的柱线和印刷品上相应的网线精确对准，这样光栅板的凹凸面才能把印刷图像等距地分隔成无数个像素，并分别映入人眼的左右眼，使人眼看到有立体感的图像。

虽然，采用 UV 油墨在硬质光栅板上直接印刷的新工艺是最为科学、精准的立体印刷工艺，但实际上对印刷工艺的要求更高，难度也最大，需要在印前图像处理、制版技术和印刷工艺方面设计完整的加工流程，才能取得优异的立体印刷效果。

五、立体动画片印刷

立体照相印刷一般是将六幅以上图像拼组在透明光栅片的一个单元之中，而立体动画片则是将图像主要拼组在光栅透明片的两个单元之中，形成两个立体像。立体动画片在印刷并黏合柱镜光栅片后，不但可得到立体画片的效果，而且可以通过变动一定画面角度而得到具有活动效果的立体动画片，即通过变动观察角度而得到动态画面。

还有一种是在同一画面上的几个部分作不同变换的动画片。首先，准备一张与众不同的动画相片，用18幅影片画面依次重叠晒成一张相片。用这张相片作原稿，在照相机的感光片前加凹凸的薄透明塑料板，再在这块塑料板前，以适当距离安置一个300线/in的网屏。一切安排妥当后，相片的反射光透过网屏和塑料板到达感光材料，即制成一张由像素分解成的连续像合成的照相底片，用它制版印刷即可获得具有动感的画面。但是必须在画面上黏合上透明的柱镜片，才能满足用裸眼直接观看的立体动画。

将立体画与动画结合起来制得的立体动画片，将动感的因素加进去，使立体感和动感结合起来，得到了超越三维空间立体印刷品的四维空间动态印刷品。这种立体印刷品更具新颖性，目前已有很多的应用。

六、立体印刷的应用及发展趋势

1. 立体印刷的应用

立体印刷产品有立体图像、立体动画图像和立体异变图像，所产生的立体变幻效果完全不同于传统的平面印刷。立体印刷产品因其图像的精湛及新颖动人，抓住了人们的视线，吸引了那些追求新奇活力的顾客。立体印刷品的特性能够提高产品的附加值，已成为客户推广商品和提高市场形象的极佳手段。利用立体印刷的商业产品在欧美已风行多年，需求量很大。目前，市场上不断出现很多可以发展的立体印刷应用领域，拓展了立体印刷的应用领域。

（1）大幅面广告　立体印刷的灯箱广告现在并不常见，但人们早已做过尝试。由于大幅面广告印刷对光栅及油墨等均有较高要求，这种应用在国内并不多，主要原因是制作成本高。但许多业内人士都十分看好这种应用，在灯箱类广告市场竞争激烈的今天，广告商必须拿出一些新颖的、更具诱惑力的表现形式才能吸引客户。目前，立体印刷的表现形式是最好的，而且不需要投入过多的成本，只要在技术上严格把关，就可以生产出精美的立体印刷品。因此，在不久的将来，这样一种崭新形式的宣传媒体肯定会得到广告商的青睐。

（2）防伪功能　立体印刷本身的成像技术相当于采用了光学加密防伪方法，它不像普通印刷品一样能够简单地仿制、仿造，因此此项技术已应用在烟酒、饮料、化妆品、服装、药品等产品的防伪标识上。立体印刷商标已成为最主要的商品防伪方式之一。

（3）装潢功能　立体印刷可广泛应用于包装装潢产品、商业广告、科教卡通、明信片、贺年卡、防伪标记、商标吊牌、鼠标托、各类信用卡等中，还应用于各种产品的装饰、装潢。其所印图案连续、无接缝，有极好的保真性。既可以在已成形物体的不规则表面上印刷，还可以进行多角度的立体印刷。现在还可仿真各种名贵木材、玉石、玛瑙、蛇皮纹、大理石纹等天然花纹，与天然材质的物品一起，达到了真假难辨、效果极佳的仿真效果。

立体印刷的附加值比普通平面印刷的加工利润要高出数倍，其市场应用前景十分广阔。立体印刷技术也一直在不断地探讨更新和完善工艺流程。在我国，有许多勇于技术开发的印刷企业始终在从事立体印刷技术的发展和研究，采用计算机技术等科学手段，创造性地发展立体印刷新技术。我国运用先进印前设计和印刷技术与设备，生产制作出来的立体印刷图文、立体防伪商标、立体彩虹包装等众多新型立体印刷产品，其立体影像效果已达到世界领先水平。

虽然立体印刷汇集多重光环于一身，但立体印刷并不是一项简单的印刷技术，比起普通塑料印刷，其印刷工艺更复杂、更困难，印前处理需要更精细。但是，立体印刷与塑料印刷毕竟存在一些相似之处，如在印刷过程中，塑料会发生收缩或膨胀。此外，塑料表面对油墨的吸收性较差，印刷后油墨不易附着在塑料上。所以，除非采用 UV 印刷或其他干燥方法，否则印刷速度会非常缓慢。因此，很多立体印刷专家认为使用 UV 固化油墨和 UV 固化技术能使立体印刷工艺变得更加容易。

2. 立体印刷的发展方向

立体印刷正在围绕如何提高光栅立体图像的表现效果、提高成图速度和产品质量、降低印刷成本等方面开展技术创新。

（1）亟待开发专业印前图像处理软件　目前国内从事立体印刷的企业中，真正应用立体印刷专业软件制作立体图像的只占少数，大多数都是应用一般图像处理软件，依靠设计人员的经验水平。国内立体印刷印前设计主要采用普通图像处理软件 Photoshop 或立体图像制作专用软件 3D4U 等。实际上，国外已有一些提供立体印刷软件的公司，如 HumanEyes、Photo Illusion 公司等，软件功能强大，但软件价格昂贵。国内应加大立体印刷专用软件的开发研制力度，进一步提高印前图像处理技术水平。

（2）提高数据处理速度　印前数据处理过程中，由于图像的数据量大，对设备性能要求过高，即使采用高档设备，数据处理速度也很慢。为此，数据处理过程中如何压缩图像以减少数据量，是一个值得深入研究的问题。目前，有一种方法是先将图像的纵向进行尺寸压缩，待多像复合作业完成后，再将纵向恢复为成图尺寸。但该方法手工作业量大，操作不慎会出现错误，应研制更合理的数据处理流程和运算机制，提高数据处理速度。

（3）提高软件智能化操作水平　光栅立体印刷比普通平面印刷在精度上要求更高，光栅与多视图的位置匹配关系要求非常准确，但由于光栅线数、图像分辨率、加网线数、网点形状、输出设备分辨率、印刷时纸张（光栅片）的变形等因素会造成匹配时出现误差，必须由人工进行计算，通过手工或软件辅助等手段实现这种关系匹配，导致各项操作十分烦琐，稍有不慎会出现偏差甚至错误，直接影响立体印刷产品的质量。立体印刷印前图像处理软件研发过程，应注重提高软件的智能化操作水平，尽量减少人为因素的过多干预。

（4）研制新型加网技术　传统的加网软件都是针对普通平面印刷开发的，用传统加网软件的调幅或调频网点均无法做到多视图与光栅的高精度匹配，直接影响图像的清晰度和立体感。目前，虽然靠提高输出加网线数（高于 400 线/in）的方法能缓解这一问题，但并没有从根本上解决问题，反而增加了印前数据处理量，还会因网点过小，导致印刷时阶调丢失严重，从而降低了产品质量。光栅立体印刷新型加网技术需要满足由图像像素值转换为网点时，不能产生各视差图之间像素的混合运算；多视图与光栅位置能够准确对齐；网点尽量采用聚集态网点，有较好的阶调再现特性；保持足够的阶调级数；保证油墨最大叠印率；保证网点排列与光栅条纹排列之间不产生明显龟纹。

（5）印刷及印后加工技术应向一体化方向发展　采用 UV 印刷机，直接在光栅板上印刷，一次完成印刷与光栅复合作业的一体化加工是目前最佳印制工艺。但是，光栅不同于纸张，成本高、印刷适性差、要求印刷套合精度高，与平面印刷相比，印刷作业难度加大，需对质量控制过程与方法作进一步研究。

（6）研发新型光栅材料　光栅的质量直接决定成图质量。目前，国产柱镜光栅（光栅膜、光栅片、光栅板）的精密度和批量加工稳定性较差，而进口（如美国）柱镜光栅的批量生产误差小，稳定性好。国内市场上的精品印刷仍大量使用进口光栅，成本较高，应加大光栅材料的研发力度，在品种和质量上进一步向国际水平靠拢。同时，要研发高折射率材料以实现薄光栅、大景深效果的新型光栅材料。

（7）制定统一技术质量标准　光栅立体印刷技术在我国已具备一定的生产规模，但由于它与平面印刷有很多不同之处，在光栅等材料质量、印刷质量、过程控制以及环保措施等方面有其特殊性。另外，目前能完成从印前制作到印刷成图全过程的企业很少，多数企业自身只进行印前图像制作和印后加工处理，而将发排、制版、印刷过程交给印刷厂，未能形成完整的生产质量控制链，造成产品质量波动较大的不利局面，需要尽快制订和实施统一的技术和质量标准。

第三节　移　　印

一、移印的定义及特点

1. 移印的定义

移印是特种印刷方式之一，属于间接印刷。移印是指承印物为不规则的异形表面（如仪器、电气零件、玩具等），使用铜或钢凹版，经由硅橡胶铸成半球面形的移印头，以此压向版面将油墨转印至承印物上完成转移印刷的方式。

2. 移印的特点

移印工艺是 20 世纪 80 年代传到中国的特种印刷技术。由于其在小面积、凹凸面的产品上面进行印刷具有非常明显的优势，弥补了丝网印刷工艺的不足，所以，近年来发展非常快。20 世纪 90 年代初期，随着中国市场的进一步开放，大批以电子、塑胶、礼品、玩具等传统产业为主体的外资企业相继进入中国市场，移印技术和丝网印刷技术作为主要的装饰方式更是得到超常的发展。据不完全统计，移印技术和丝网印刷技术在上述四个行业中的应用已分别达到 27%、64%、51% 和 66%。移印技术在包装印刷领域起着重要的作用。总体来说，移印具有以下特点。

（1）工艺原理简单　采用钢或铜凹版，利用硅橡胶材料制成的曲面移印头，将凹版上的油墨蘸到移印头的表面，然后往承印物表面压一下就印刷出文字、图案等。另外，由于移印工艺属于间接印刷方式，对印版和承印物的相对位置没有严格要求，简化了装版工艺。

（2）承印物材料和形状的范围广泛　除了可进行平面印刷外，移印工艺主要适用于各种成型物的印刷，例如：玻璃制品、塑料制品、金属制品、钟表以及电子、光学制品等。特别是对于采用其他印刷方式困难甚至不可能的不规则表面来说，移印橡胶头容易变形成和承印物表面走势吻合的形状，对于凹凸不平面、磨砂面及球形面、弧面等的印刷具有其他印刷工艺不可替代的优势。另外，由于移印橡胶头可以制作得比较小，非常适合很小的工件印刷。

（3）印版制作容易　传统制版是采用腐蚀凹版的制版技术，酸腐蚀的操作过程容易掌握，成本低。但由于存在对环境的污染，目前，激光雕刻制版和树脂版已经得到广泛的应用。树脂版以尼龙感光胶为主，浇铸在铜或钢的表面，进行曝光而成。尼龙具有非常好的耐磨性，感光固化后能够经受刮刀的反复摩擦。采用树脂版更容易获得精细的网点，是印制精美小型物品的首选。

（4）可实现多色套印　因为移印油墨为快干型溶剂油墨，干燥时间一般不超过 15s，所以有利于实现多色的套印，可实现多色精美的印刷。

（5）墨层较薄　移印工艺属于间接印刷，移印胶头从印版凹处蘸取的墨量和转移到承印物上的墨量都有限，导致移印获得印刷品的墨层较薄。如果需要增加墨层厚度，可以采用多次印刷的方法，但要注意套印准确。

（6）印刷图文变形大　移印胶头是移印工艺所特有的，它具有优异的变形性和回弹性，移印胶头在压力的作用下能够和承印物的表面完全吻合来完成印刷。移印过程中，一方面移印胶头靠压力产生的变形来传递油墨，另一方面，移印胶头的变形也会造成印迹变形，这是对印刷不利的。一般情况下，印刷图文的面积较小，对于圆柱形或圆锥形的承印表面，印刷图文的弧长一般不超过圆心角为 100° 的范围，以避免产生较大的图文变形。根据变形规律，在制作晒版胶片时，应先进行补偿处理。

（7）应用灵活，可实现多胶头组合印刷　一台移印机 8h 可印刷 8000~10000 次，因此对于小产品来说采用移印是比较理想的印刷方式。有些工件的承印面不在一个水平面上，印刷区域大小也不同，可采用高低不同、横截面积不同的胶头组合在一起或制作成一个特殊胶头，实现多个胶头一次印刷完成，使其应用更加灵活。

二、移　印　头

移印头又称为转印头，是移印机重要的组成部分，其作用是转印印版上的图文信息。移印头的选择直接影响油墨的转移率和印刷质量。移印头一般选用硅橡胶及聚氨基甲酸乙酯树脂之类具有弹性的材料经浇铸而成。通常采用硫化硅橡胶加入适量的助剂，如促进剂、增塑剂和固化剂等，然后用真空浇铸模制，在室温下固化，根据承印物表面形状即可制得各种规格和形状的移印头。

1. 移印头的要求和选用原则

移印中，移印头的选用要综合承印物的形状、材料特点以及油墨、设备等诸多因素考虑，选用原则是：移印头与承印物密合时变形越小越好；选用移印头的有效投影面积应大于印版上的图文面积，以保证印刷图文较小的变形量；曲率大、硬度高的承印物应选用硬度大的移印头，印刷细线条应选用相对软一些的移印头；承印物外形有高低变化的，可选用表面较平缓的移印头，而平面承印物则可选用陡形移印头；保证移印头表面的光滑度，避免表面的小污点或气泡。

为了完成印刷图文转移的工艺，要求移印头具有良好的弹性、一定的柔软性、较高的表面光洁度、较好的吸墨和脱墨能力和一定的耐抗性等特点。

（1）具有良好的弹性　一般要求弹性模量参数为 0.005，移印头的弹性不好会使移印图文墨膜上产生气泡（小针孔）等现象。

（2）具有一定的柔软性　一般来说，移印头的硬度大印刷效果好，使用寿命也长。但大多数情况下不能使用太硬的移印头，以免损伤印刷材料。软的移印头适用于表面不平整的印件印刷，如承印面曲率大的工件等。移印头硬度的选择还取决于移印时压力的大小：压力太大，承印物会出现小裂纹，且易出现污点；压力太小，则不能保证油墨的正常转移。

（3）具有较强的吸附油墨的性能　移印头由有机硅橡胶及聚氨基甲酸乙酯树脂等具有弹性的材料浇铸而成。有机硅橡胶的表面张力较低，可在聚合物链中引入苯基和乙烯基等基团，提高其表面张力，以改善其对油墨的吸附性。

（4）具有一定的耐抗性　移印头的耐抗性主要有耐油墨及溶剂性（与油墨及溶剂接触不溶胀、不发黏）、耐老化性（存放一年内不发黏、不发脆、不开裂等）。

2. 移印头的类型和形状

目前所有的移印头按其硬度大小不同主要有两种类型，即软型移印头和硬型移印头。硫化硅是移印头的主要材料，在硫化过程中可通过调节软化剂的含量来控制移印胶头的硬度。软型移印头主要用于一般单色（色块）印刷或曲面印刷以实现比较大的变形；硬型移印头用于网点套印或平面印刷，以获得较小的变形和较低的网点扩大。

移印胶头与印版和承印物的接触呈面接触，最大的缺点就是容易夹进空气，形成气泡。为此，所有标准的移印头一般都是弧形，即印刷表面是凸的或类似球形，在压印时中间部位先接触印版或承印物，随着压力的增大逐步延伸至全部图文区域，将空气一步步挤出，以获取完整饱满的印刷图案。移印胶头的形状有球体、抛物线体和近似等锥体等，还可制作成各种特殊的形状，对其进行组合来完成各种复杂承印面的印刷。如图 5-48 所示为四种常用的移印头类型。它是根据印刷图案的大小和承印物的形状要求来制作的，每种形状的移印头都有从大到小的几十种规格，以便印刷时正确选用。移印机上使用移印头的数目根据多色套印的印刷色数来决定。

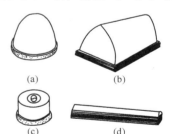

(a)　　　(b)

(c)　　　(d)

图 5-48　移印头的形状

3. 移印头的储存和保养

移印头直接影响到移印质量，它的使用和保养比较重要。其使用和存放的最佳温度为 5～10℃，存放时要求放在干燥、阴凉和通风的环境中，移印头的存放期一般在一年左右。使用时，需要注意防止碰到尖锐的物体，以免造成移印头的损伤。

三、移印凹版

移印工艺中制版是非常重要的工序，移印版常采用的是金属凹版和树脂版，有些移印企业为了降低成本也使用某种材料制作成简易移印凹版。

1. 金属凹版

移印机所用金属凹版多用钢或铜作为版材，其制作过程分为版材的预加工和凹版的制作两个工艺过程。

（1）版材的预加工　版材预加工一般包括平面机械加工、表面处理和研磨等。板材表面经预加工后，其表面应平整、光洁，具有良好的表面质量。

版材预加工主要工序如下：金属板材—锻造—平面加工—热处理—平面研磨—镜面研磨。

（2）凹版的制作　移印凹版的制作方法与照相腐蚀凹版方法基本相同，印版的质量直接决定着移印的效果。根据承印物表面的粗糙度决定凹版图文的腐蚀深度，一般腐蚀深度为 $15 \sim 30 \mu m$，若承印物表面比较粗糙，腐蚀深度以 $40 \sim 150 \mu m$ 为宜。

移印凹版的主要制作工艺流程如下：配制感光液—涂布感光液—晒版—显影—烘干—腐蚀—去膜—清洗—干燥—移印凹版。

移印凹版具有较高的耐印力，一般可达 100 万印。如果选用树脂版材制作移印印版，其成本较低，耐印力也可达 $5000 \sim 10000$ 印。

2. 移印树脂版

金属移印版在制版过程中存在环境污染的问题，特别是腐蚀过程有强酸溶剂的存在，生成物一氧化氮和二氧化氮对空气和操作人员均不利，在国外一些较大型的工厂都被限制使用。

移印树脂版在环保方面具有很大的优势。另外，在网点图像和高精细的文字制版方面，其优势更明显。所以，近年来，欧美发达国家比较重视使用移印树脂版，申请 ISO 140001 的企业则严格限定使用金属版。移印树脂版在开放式的油盘移印机和封闭式的油盅移印机都有使用。

移印树脂版通常是在钢基材表面涂布尼龙感光胶，存放于密闭处，使用时直接打开即可。尼龙感光胶用水和酒精显影，其图像层建立在感光胶的表面，不存在腐蚀程序，精度较高。

3. 简易移印凹版

对于一些产品外观设计变更频繁或者移印产品的品种较多而加工数量较少的零件，采用钢制凹版会造成成本费用较高的问题。为了降低物料消耗节约成本，可以用一些廉价的制版材料来代替钢制移印凹版。常用的替代材料有 3 种：

（1）覆铜箔层压板或黄铜板　覆铜箔板的铜箔厚度通常有 $35 \mu m$ 和 $50 \mu m$ 2 种，因而蚀刻深度也就是铜箔厚度可以满足移印凹版的深度要求。黄铜板可选用 1mm 以上的材料，要求材料表面平整光滑、无划痕、无腐蚀点。覆铜箔板材料的表面硬度较低，故这类材料制作的简易印版仅适用于图形比较简单、印刷面积小且数量较少的单色加工零件的印刷。

（2）锌板　多采用厚度在 1mm 以上的锌板来制作简易移印凹版，要求材料表面平整光滑、无划痕、无腐蚀点。印版制作方法和印制电路板的制造方法类似，需使用锌板专用蚀刻液。锌板的表面硬度较低，同样只适用于批量较小的移印零件的印刷。

（3）不锈钢带　0.4mm 厚的 1Cr18Ni9Ti 国产高硬度不锈钢带是一种较好的移印凹版材料的替代材料，其制作方法和钢制凹版的制作工艺相同。虽然高硬度不锈钢带的硬度远低于钢制凹版，但如果使用得当，耐印力也可达万次以上，适用较大批量零件的移印。

四、移印油墨

移印机所用油墨一般为移印专用油墨，通常是一种以挥发干燥为主的快干型油墨。

1. 移印油墨的印刷适性

根据移印工艺和移印凹版的要求，移印油墨应具有如下的印刷适性：

① 合适的干燥速度 总体来讲，移印油墨是一种快干型油墨，但相对来说，移印油墨又有快干和慢干两种，一般印迹在2~5s干燥的称为快干型移印油墨，在5s以上干燥的称为慢干型移印油墨。

② 较好的脱墨能力 脱墨能力是指移印油墨对移印头的脱墨能力，也就是油墨从移印头转移到承印物上的能力，这与移印头的脱墨能力也有关系。

③ 良好的油墨附着力 由于移印的范围广，承印材料的种类多，就要求移印油墨对不同的承印材料都要具有良好的附着力。

④ 移印油墨的安全性 要求移印油墨对移印头和印版不能具有腐蚀作用，因此在移印油墨中使用的溶剂，通常是乙酸丁酯、环己酮和松节油等。

⑤ 移印油墨的存放条件 由于移印油墨具有挥发干燥的特性，因此一定要将油墨存放在密封的容器中，存放温度一般在20℃左右。

2. 移印油墨的类型

移印油墨有多种分类方法，根据承印物种类分为塑料移印油墨、金属移印油墨、玻璃移印油墨和陶瓷移印油墨等。塑料移印油墨又分为聚氯乙烯材料移印油墨、工程塑料移印油墨、聚丙烯移印油墨和聚乙烯移印油墨等，分别适用于不同塑料材料。玻璃陶瓷移印油墨分为有机油墨和无机油墨两种，使用无机油墨时，一般印刷以后都要进行高温烘烤。

为得到良好的油墨转移性能，应用溶剂对油墨进行稀释。根据所用溶剂的干燥速度不同分为快干型、中干型和慢干型三种类型，可根据印刷环境温度和干燥速度的具体要求加以选用。

根据干燥类型来分，目前比较适用的移印油墨有热固化型油墨、UV固化型油墨、水性油墨等。移印油墨的转移主要依靠溶剂蒸发使油墨膜黏结。多色转移印刷时，材料可通过通风系统加速干燥，但要注意不可直对油墨吹，否则稀释剂蒸发太快，影响油墨的转移和附着力。UV固化油墨一般应用于高品质移印领域，其优点是在印版上油墨不干燥，对印版的磨损小，干燥速度快，不含溶剂等，但其具有能量要求高、对移印头清洁的要求高、黏性要求不如溶剂型油墨等缺点。

对于中档以下的印刷物可使用国产移印油墨，也可用丝印油墨代替，但要进行合理调整，使其具有一定的印刷适性。对于中档以上的印刷物，可选用进口移印油墨，其价格虽较高，但因油墨的消耗量较小，对于中等以上批量的印刷品来说，在经济上还是可行的。

移印的油墨与丝印油墨有较大的区别，尤其在干燥速度及其受温湿度、静电等的影响方面具有突出的特点。专门为移印配制的油墨包括单组分油墨、双组分油墨、烤干型、氧化型和升华型油墨等。

五、移 印 机

1. 移印机的类型

移印机的分类没有固定的标准，可以按胶头移动方式、供墨方式和印刷色数对其进行分类，下面对各种类型进行简单介绍。

（1）按胶头移动方式分类

① 平动压印式移印机　绝大多数移印机都采用平移式结构，移印胶头蘸取油墨后移动到印刷位置。根据平行运动原理，印版上的图文与承印物上的图文距离相等，移印胶头的每次行程等距。平动压印移印机往往占地面积较大。

② 转动压印式移印机　转动压印式移印机是把移印胶头固定在旋转轴上，移印胶头只能围绕中心轴转动。印版装置和承印物工作台设置在移印胶头旋转运动轨迹的两个极限位置。这时印版与承印物相差一定的角度，呈扇形排列。转动压印式移印机占地较小，但结构相对复杂。

③ 固定压印移印机　固定压印式移印机常用在手动移印机上，移印胶头只能上下运动，印版装置和承印物工作台固定在滑台上，可来回移动。当印版装置位于胶头下方时，胶头下落蘸取油墨，然后移动滑台使承印物位于胶头下方，胶头下落进行印刷。

（2）按供墨方式分类

① 油盅式移印机　油盅式移印机是将油墨封闭于油盅内，油盅利用其自身的磁力紧紧吸住移印印版，由气缸推动在印版表面往复移动，完成供墨的同时刮去印版空白处的油墨。

油盅式移印机满足了环保要求，它将油墨内的有机溶剂封闭起来，在印刷过程中的挥发量极少，对环境和人的健康影响很小。但是油盅式移印机的制造精度要求高。

② 墨辊式移印机　墨辊式移印机结构比较简单，墨辊固定于刮刀装置的后端，刮刀抬起前移时，墨辊从墨盘中推出，均匀地在印版表面涂布一层油墨，印刷完毕，胶头退回时，刮刀下落刮去印版表面的油墨，为胶头下落蘸墨做准备。

墨辊供墨移印机的供墨和刮墨分别由两组装置完成，而油盅式移印机的供墨和刮墨则由油盅一次性完成。

（3）按印刷色数分类

① 单色移印机　只有一套印版装置和一套胶头装置的移印机称为单色移印机，其只能完成一个颜色的印刷，多机组联后才可以完成多色套印。

② 多色移印机　由两组或两组以上印版装置和胶头装置组成的移印机称为多色移印机。常用的有双色移印机、三色移印机、四色移印机、五色移印机和六色移印机等。多色移印机的套准精度仍然是有待解决的技术问题。

另外，移印机还可以分为机械式移印机和气动式移印机。其中气动式移印机具有结构简单、操作方便、运动平稳等特点，所以在国内外得到广泛应用。

随着社会的进步和技术的发展，电子产品、纺织品、玩具等的加工逐步由手工操作向机械化方向发展，为了提高产品的竞争力，使用特种印刷设备进行产品的装饰加工是必由之路。因此，移印技术将逐步向高速化、操作方便和环保的方向发展。

2. 移印机的构成

移印机主要由机体、供墨和刮墨机构、印刷机构和输送装置等几部分组成。

（1）机体 机体由底座、角铁架、立柱、横梁、印版台、输送带和升降台等组成。底座固定在角铁架上，立柱固定在底座上，导轨、刮刀机构和施印机构安装在横梁上，它们可以在横梁上左右移动。

其中工作台用来安放夹具和承印物。单色移印机的工作台通常是能进行三维位置调节的三部件机构；双色移印机工作台以梭动工作台为主，能够在两个印刷位置来回移动以实现两种颜色的套色印刷；多色移印机除了梭动工作台，还有一种转盘工作台，可以进行连续化的套色印刷，生产效率较高。

承印物自动上下的工作台是现代移印机的发展方向，它大大降低了工人的劳动强度，降低了生产成本，提高了劳动生产率，特别是针对专业产品的移印机如光盘移印机等大都采用自动工作台。

（2）供墨和刮墨机构 移印机的供墨方式有两种：墨盅供墨和墨辊供墨。墨盅供墨是将油墨与稀释剂调好后封装于墨盅中，倒放于移印印版上，利用自身的磁力吸住印版，墨盅往复移动以实现供墨和刮墨。现在国内市场上大部分的移印机是墨辊供墨的方式，由刮刀承架、刮墨刀和毛刷等组成。刮刀和毛刷安装在刮刀承架上，而刮刀承架则安装在横梁的导轨上，它可以沿导轨进行往返水平移动。此外，刮刀和毛刷从墨盘中取出油墨并向前铺刷到整个印版上，接着毛刷上抬刮刀下落与版面接触后水平退回，刮去印版表面上多余的油墨，完成一次上墨动作。

（3）印刷机构 印刷机构是移印机的核心，主要由移印头及其运动机构组成，它可以根据施印物及印版图文的具体情况做上下、左右运动。印刷时，移印头向下运动对凹印版施以一定的压力，将图文部分的油墨吸上并上抬做水平运动抵达承印体上方，然后向下与承印体表面施以一定印刷压力完成印刷过程。

印刷机构中移印头下落行程的调节是通过调节机器侧壁的磁感应开关的位置来进行，移印头下落的行程直接影响印刷压力的大小。

（4）输送装置 输送装置由链条、链轮、导轨和定位块等组成。它安装在升降台上起到传送承印物体至施印工位的作用，一般输送装置可以配置多个工位，以便放置多个被印刷物体。

3. 移印机的工作过程

移印机的工作过程是：首先将印版上的图文信息移到硅橡胶的移印头上，再通过移印头的位置移动，完成印刷过程。其基本构成原理及工作过程如图5-49所示。

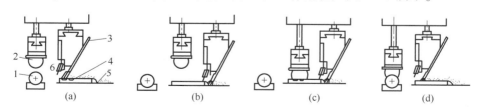

1—承印物；2—移印头；3—上墨刷；4—凹印版；5—墨斗；6—刮墨刀。

图5-49 移印机基本构成原理及工作过程

（1）左移铺墨　印刷、刮墨装置向左运动，由上墨刷对凹版完成上墨，同时已上墨的移印头向下运动，在承印物表面上进行印刷，最后移印头向上运动，如图5-49（a）所示。

（2）右移刮墨　印刷、刮墨装置向右运动，由上刮墨刀对印版进行刮墨，将凹版上空白部分的油墨刮净，如图5-49（b）所示。

（3）移印头着墨　移印头向下运动，对施墨凹版施以一定压力，将凹版图文部分的油墨转移到移印头上，如图5-49（c）所示。

（4）压印　移印头上升，印刷、刮墨装置向左运动，一方面由上墨刷向版面上墨，另一方面移印头向下运动，并对承印物表面施以一定印刷压力完成油墨转移的印刷过程，而后移印头向上运动，回到图5-49（a）的工作状态，完成一个循环，如图5-49（d）所示。

六、移印工艺及应用

（1）印刷过程　移印作业主要是印版的安装和刮墨刀、毛刷和移印头的调试，主要步骤为：接通电源和气源—空气压力的调整—移印印版的安装调试—刮刀和毛刷的调试—移印头的调试—承印物的定位。

移印工艺的主要操作内容如下：

① 主机的操作　移印机的控制面板上有各种工作状态按键及显示灯，可根据操作的需要来选择某种工作状态，操作时首先要关掉其他的动作开关，不能把选择和不需要选择的开关同时打开，否则可能损坏控制系统，影响正常工作。

② 移印印版的安装　移印印版分为单色版、双色版、三色版和四色版等，色版上安装有套印规矩，其中单色版的安装较为简单，即把印版固定在油墨盘中间，再调整被印件的夹具，使移印头既对准图文正中，又对准被印件的施印位置，即可完成印版的安装任务。对于多色版一般分为粗调和精调两步，以套印规矩重合，能印出清晰的图文为准。此外，安装印版时还应注意印刷版上长、细线条与刮刀应成一定角度，避免刮墨刀下落至印版图文的凹处油墨被过多地刮去，影响图文的质量。

③ 移印头的调试　移印头的调试主要是指压力的调试工作，如果移印头压力过小，则不能完整地转移图文，造成图文的缺损；但压力过大也会使图文的失真过大，甚至使油墨产生挤压移动，使油墨不能均匀地附着在移印头上，严重影响图文的再现质量。移印头的调试一般以移印头接触区超过图文边缘2mm左右即可。此外，还要注意让移印头的中心最好落在无图文或图文比较少的地方，以尽量避免中间区域图文的严重失真。

④ 刮墨刀和毛刷的调试　刮墨刀的质量评价指标包括硬度、厚度、弹性、刀口的平直度等，其中刀口的平直度对印刷质量的影响尤为显著。如果刀口不锋利或有缺损，就会造成刮墨不净而黏附在图案边缘或产生刮刀墨痕，甚至刮坏移印印版。如果发现刮刀与钢板接触不平，就要用600号左右的金刚砂纸修磨。刮刀的调节应该是在能刮净印版上非图文部分油墨的前提下使用最小的压力，一般为147~245kPa。

毛刷的作用是把油墨铺刷到印版上，因此，毛刷的调试应该以印版上图文能刷上油墨为准，即毛刷蘸墨时，毛刷下端以插入油墨中5mm左右为准。刷墨时，尽可能减少毛刷对印版的压力，只要能将印版铺上油墨即可。

（2）主要印刷工艺的控制

① 移印油墨的调配　通常，油墨生产商会给出油墨适用于哪种承印物的指导意见供参考。要选择一种合适的油墨，需要确定以下几点：使用什么材料的承印物；承印物是否需要印前的预处理；需要印什么样的颜色；油墨的耐磨性、耐化学性、耐气候性等印刷要求；油墨的推荐干燥或固化方式。要求按照油墨生产商推荐的方法来调配油墨，注意要合理选择油墨溶剂的类型和溶剂添加的量，并控制好环境的温湿度。

② 印刷环境的控制。研究发现，移印的最佳环境为：温度 20~22℃，相对湿度在 50%~60%。但在现实工作环境中，很少能达到这样最佳的工作环境。整个移印过程，尽可能地减少温度和相对湿度的环境因素对移印工艺的影响。注意以下几点：把机器和材料放得离房间的墙壁远一些；不要让机器和材料受到阳光的直接照射，避免直接吹到空调的冷热气流；同一批印刷活件需要用到的油墨、移印头、催化剂和承印物等存放在同一个地方；尽可能保持车间环境的清洁。

习　题

1. 简述丝网印刷原理，主要应用范围有哪些？

2. 丝网印版对网材有哪些要求？其主要品种有几种？

3. 绷网方法有几种？各自优缺点是什么？

4. 感光制版法制作丝印版时常用感光材料有哪几类？

5. 影响丝印版分辨力的主要因素有哪些？

6. 举例说明无软片直接丝印版新技术。

7. 丝网印刷机分哪几种类型？基本构成是什么？

8. 说明丝网印刷机的主要类别及其工作方式。

9. 丝印油墨的特点是什么？有几种类型？

10. 如何正确使用刮板装置？如何正确确定刮板压印力？

11. 玻璃印刷的主要方式及其特点是什么？

12. 分析玻璃印刷油墨的构成。

13. 试述玻璃印刷油墨的分类及其特点。

14. 简述玻璃容器印刷工艺流程，并说明圆柱形曲面丝网印刷设备和圆锥形曲面丝网印刷设备的原理和区别。

15. 论述玻璃印刷中特殊效果印刷的分类及特点。

16. 网印薄膜贴花纸的产品特点是什么？

17. 什么是陶瓷釉上印刷花装饰和釉下印刷贴花装饰？

18. 按底纸性质分，陶瓷贴花纸有几类？各自的特点和加工工艺流程是什么？

19. 陶瓷贴花纸印刷是如何运用平印和丝网印刷工艺表现画面不同区位和层次的？

20. 釉上贴花纸丝网印刷工艺和釉下贴花纸丝网印刷的工艺特点是什么？

21. 移印工艺有何特点？为何移印过程中移印头上的油墨不会滴落？

22. 移印头的功能、基本要求和选用原则是什么？

23. 气动式移印机的特点是什么？

24. 简述两种移印的工艺故障并分析故障原因。

25. 立体印刷的定义和特点是什么？简述目前常用来拍摄立体印刷原稿的方法和原理。

26. 立体印刷适用的印刷方法是什么？与普通印刷方法对比在印刷工艺上有何不同？

27. 立体印刷的印前处理有什么特殊要求之处？

28. 直接在柱镜光栅背面的立体印刷具有什么优点？

第六章 数字印刷

本章学习目标及要求：

1. 了解数字印刷的基本概念及基本知识，理解数字印刷的印刷工艺过程及质量控制的工艺参数。

2. 对比数字印刷技术和传统印刷技术的不同之处，总结数字印刷技术的优点。

3. 归纳、总结数字印刷成像技术工艺流程。了解目前先进的数字印刷设备及常用材料。

第一节 概　　述

一、数字印刷的特点与应用

数字印刷是指将数字印前系统处理好的图文信息直接传输到数字印刷机上，从而直接产生印刷品的印刷技术。

1. 数字印刷的特点

目前，数字印刷主要依托由数字印前系统、数字印刷机以及各种印后加工设备组成的数字印刷系统来完成，实现了从图文信息输入到印刷产品输出的全流程数字化作业，能够通过便捷的电子文件传送实现"先分发，后印刷"，整个生产可以由一个人来控制，实现一张起印。它是满足小批量、可变数据以及按需印刷的最佳印刷生产方式。数字印刷的典型特点可概括为以下三点：

① 数字印刷的印刷品信息是100%的可变信息。数字印刷相邻输出的两张印刷品可以有不同的版式、不同的内容、不同的尺寸、甚至不同的承印材料。出版物可以选择不同的装订方式，包装可以采用不同的成形或表面整饰方法。

② 数字印刷是一个图文信息从计算机到承印材料上或印刷品的信息转移过程（Computer-to-Paper/Print），可直接把数字文件/页面（Digital File/Page）转换成印刷品的过程，直接通过数字成像来获得印刷图文，无须制版。

③ 数字印刷采用数字成像方式来形成印刷图文影像。数字印刷不需要任何中介的模拟过程或载体介入，通过数字图文信息来控制数字成像系统在承印材料上形成最终影像，数字成像方式多样，用户可根据印刷产品需要进行选择。

2. 数字印刷的应用

数字印刷技术的发展正在推动和引导传统印刷技术及其产业的转型，通过建立数字网络化平台、整合IT技术、移动通信技术以及文化创意的优势，依托各种个性化、功能化、高品质的数字复制产品来形成以数字为特征、以个性化定制为方向、以绿色环保为可持续的新兴产业。

目前，数字印刷已经成为小批量、多品种定制的主要印刷方式，并通过个性化的服务增值改变传统印刷工业的格局，推动各种印刷细分市场的完善，消除印刷与设计创意之间的行业界线，使印刷工业从制造业向服务业转型。其主要应用领域有出版、包装、纺织、商业印刷、影像以及文化创意、印刷电子等。

二、数字印刷技术的发展趋势

近些年来全球数字印刷技术的发展中，基于喷墨成像的数字印刷技术和基于静电成像的数字印刷技术是真正满足中国印刷行业工业化生产要求的主流数字印刷技术，其技术发展和产业趋势如下。

1. 基于喷墨成像的数字印刷技术及其发展趋势

喷墨印刷技术是数字印刷系统中应用最普及的无压印刷技术。伴随喷嘴系统及其处理技术的不断发展，喷墨印刷技术又呈现出巨大的发展空间，推动数字印刷及其应用的不断创新，其未来技术发展趋势将主要集中在以下三个方面。

（1）喷墨打印头的精细化和阵列化　喷墨打印头的精细化是指喷墨打印头喷嘴孔径随喷墨打印分辨率的提高而不断降低，喷墨频率不断提升，喷墨成像墨点的点径逐步达到相片级水平。喷墨打印头的阵列化是指将小尺寸单个打印头集成制造为页面阵列宽度的多个打印头集成阵列，使喷墨成像宽度与印刷幅面宽度相一致，从而使得喷墨印刷机的印刷质量与印刷速度达到或超过传统单张或卷筒纸印刷机的作业水平，具备替代传统单张或卷筒纸印刷机的能力。未来阵列式喷墨打印头的宽度将与实际印刷幅面相一致，印刷速度达到或超过现有印刷机的水平。

（2）喷墨打印油墨或墨水的通用性与可替换性　印刷材料的通用性与可替换性是印刷企业极其关注的要点，也是印刷企业选择设备和技术的前提。由于大多数喷墨打印头与喷墨印刷油墨或墨水的研发都是整体性的，在通用性和可替代性上都存在先天不足，突破和解决这个应用瓶颈，将是喷墨印刷设备普及应用的关键所在。目前，无论是喷墨印刷设备制造商、喷墨印刷材料制造商，还是喷墨打印油墨或墨水的制造商，都在积极寻找解决方案，以获得技术的普及和更大的市场回报。

（3）自适应与智能化的色彩管理系统与生产管理系统　基于喷墨成像的数字印刷技术采用全数字化的印刷过程控制、色彩管理与生产管理来实现高品质、高效率、低成本、高增值的印刷生产。应用自适应与智能化的色彩管理系统与生产管理系统是数字网络时代下实现高增值、可变数据印刷的个性化产品的前提。这种自适应与智能化的色彩管理系统与生产管理系统将适应用户色彩设计环境，保证用户色彩复现精度的品质，以确保喷墨数字印刷系统能够满足多元化色彩设计环境和色彩再现需求，并以智能化的方法优化生产作业流程，保证印刷买家个性化印刷材质需求、产品成型加工需求以及表面整饰需求，确保每一个印刷买家产品以最低的成本按时交付，并留有一定的生产作业冗余。

2. 基于静电成像的数字印刷技术及其发展趋势

基于静电成像的数字印刷技术是数字印刷中使用相当广泛的一种印刷技术，并伴随静电成像载体——光导体的发展而不断进步，其未来技术发展趋势主要集中在以下三个方面。

（1）光导体及其制造技术的发展　目前，数字印刷机的光导体主要采用有机光导体、单晶硅（α-Si）以及三硒化二砷（As_2Se_3）或含硒的类似化合物。其中，有机光导体和单晶硅的应用日益普及，而含硒化合物的应用逐年减少。

　　数字印刷机的成像器件（感光鼓/感光带）主要采用在铝质鼓或易弯曲带的表面上涂布多层光导体涂层来制造完成。制造感光鼓/感光带的幅面宽度、感光涂层的均匀性以及耐印率是数字印刷机能够生产高品质、大幅面和高生产率的关键，也是数字印刷机替代传统印刷机的核心所在。

　　（2）色粉及其制造技术的发展　　目前，基于静电成像数字印刷机的油墨即色粉是由着色剂、树脂以及添加剂构成，通过物理研磨和化学研磨来制造。色粉的颗粒形状、尺寸一致性、呈色性以及介质附着力是色粉质量控制的关键。色粉制造技术正在向纳米技术、高饱和度呈色以及绿色化方向发展。

　　（3）网络化、数字化色彩管理技术的发展　　静电成像数字印刷机应用的关键是色彩管理的网络化与数字化，即通过数字化网络平台，依托类似 Fiery 的色彩管理引擎，将印刷买家、设计师以及数字印刷机有机联系起来，共同组成一个全数字化印刷流程所控制的色彩复制系统。色彩管理技术的自适应与智能化将是未来主要的发展方向。

3. 数字印刷产业及其发展趋势

　　近年来，随着数字印刷技术越来越接近印刷工业的生产要求与产品品质要求，数字印刷产业正在成为改变传统印刷企业内涵与外延的新发展模式，形成一个具有广阔市场前景、高市场附加值以及产品化的新产业领域，其产业未来的发展将集中在以下两个方面。

　　（1）数字出版和数字影像　　目前，数字出版和数字影像已经成为出版业和商业型出版领域发展的主流趋势，数字出版和数字影像的产品形态主要包括电子图书、数字报纸、数字期刊、网络原创文学、网络教育出版物、网络地图、数字音乐、网络动漫、网络游戏、数据库出版物、手机出版物（彩信、彩铃、手机报纸、手机期刊、手机小说、手机游戏）以及个人藏品。这些以有线互联网、无线通信网和卫星网络为传播途径的数字出版产品，对出版的实时性、内容更新的便利性、产品外观的多样性提出了更多的要求，从而为数字印刷产业的发展提供了强有力的产品需求与价值创造的支撑，使数字印刷产业成为数字媒体产业、文化创意产业不可或缺的要件。

　　（2）数字化功能印刷与物联网智能包装　　随着数字印刷技术与产品制造的日益融合，数字化功能印刷与物联网智能包装正在成为数字印刷产业发展的重要领域。采用数字印刷方法能够将许多功能性的材料和信息嵌入到各种测试试样、包装、标签等产品中，使所复制的产品具备某些特定的、个性化的功能，如温致变色，也能够使产品外包装具备与物联网的识别功能或数字防伪的特殊识别功能，如二维码等，从而形成满足集成现代 IT 技术和新材料应用的高附加值新兴的数字印刷产业。

第二节　数字成像技术

　　数字成像技术是数字印刷应用与发展的基础，也是满足各种按需印刷复制产品的前提。目前应用在包装印刷中的主流数字成像技术有：静电成像技术、喷墨成像技术、磁记录成像技术、电凝聚成像技术、离子成像技术、热敏成像技术、电子成像技术以及不断发展和诞生的"X"成像技术。

一、静电成像技术

1939 年由奇斯特·卡尔松（Chester Carlson）发明了静电成像技术，如今它已经成为数字印刷技术中应用最广泛的数字成像技术之一。

静电成像技术

1. 静电成像的基本原理

静电成像是指利用某些光导体材料在暗环境下为绝缘体，在光照环境下其电阻值下降的特性来成像的技术。静电成像的过程是首先在暗环境下对光导体充电，使光导体表面均匀布满电荷，其次是将图像信号以激光扫描方式在光导体表面成像，使得光照部分的光导体电阻下降，致使电荷通过光导体流失，未见光部分依然保留着充电电荷，从而形成二值的"静电潜像"。然后是让这种静电潜像与带相反电荷的色粉或油墨接触，两者之间在所带正负电荷库仑力的作用下，色粉或油墨就会吸附到光导体表面上形成可见的图像（显影）。最终将这些可见的色粉或油墨的图像转移到承印材料上，并加热固化（定影），从而获得基于静电成像的印刷品，如图 6-1 所示。

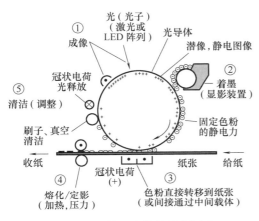

图 6-1　静电成像的基本原理

2. 静电成像技术

静电成像技术是指以光导体为静电成像载体，以成像、着墨、色粉转移（印刷）、定影以及清洁为印刷过程的数字印刷方法。

（1）光导体　光导体即静电成像载体，是静电成像数字印刷机的核心部件。目前，广泛应用的光导体材料主要有：As_2Se_3（三硒化二砷）或含硒的类似化合物、有机光导体以及单晶硅。其中，有机光导体和单晶硅应用最广，含硒化合物的应用正在减少。

在静电数字印刷机中，静电成像器件（感光鼓或感光带）大都在铝质鼓或易弯曲带的表面上涂布多层光导体涂层，其中，感光鼓/感光带的幅宽、感光涂层的均匀性以及耐印率是静电成像数字印刷机实现高品质、大幅面和高效率印刷的关键，也是其能够替代传统印刷机的核心所在。

OPC 鼓按充电极性可分为正电性和负电性 OPC 鼓；按光敏性可分为低感度、中感度和高感度 OPC 鼓；按物理和机械特性可分为低速、中速和高速 OPC 鼓；按使用寿命可以分为低寿命、中寿命和高寿命 OPC 鼓，按涂层结构分为单层鼓（功能混合型）和多层鼓（功能分离型）OPC 鼓。

以三层 OPC 鼓为例说明其成像过程。铝基上涂布电荷阻挡层、电荷产生层和电荷传输层三层结构，受激光束照射后，电荷产生层产生光电子对，对电荷传输层进行电荷传输，中和鼓芯表面电荷，形成静电潜像，并经过显影及转印过程，完成 OPC 鼓的打印功能。

（2）静电成像系统　静电成像系统是静电成像数字印刷设备的核心，目前常见的典型静电成像系统有旋转镜系统、LED 阵列系统和数字微镜（Digital Micro-mirror Device,

DMD）系统。

① 旋转镜系统 图 6-2 是旋转镜系统的基本工作原理的示意图。它采用栅格输出装置进行成像，激光光源输出的单个或多个光束通过多面镜和分束镜头高速旋转进行成像。

② LED 阵列系统 图 6-3 描述了 LED 阵列系统的基本工作原理。与成像载体光导体表面页面宽度相同的固定 LED 阵列对光导体表面进行成像，LED 光波的波长范围为 660~740nm。

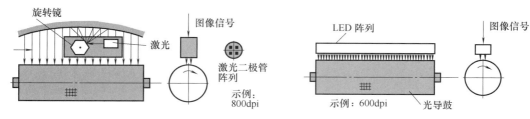

图 6-2 旋转镜系统　　　　　　　图 6-3 LED（发光二极管）阵列系统

③ 数字微镜（DMD）系统 数字微镜器件是由美国德州仪器公司（Texas Instrument）开发的，DMD 是 Digital Micro-mirror Device 的缩写。这种技术也称为 "数字光线处理技术"，该技术的核心是通过数字信息控制数十万到上百万个微小的反射镜，将不同数量的光线投射出去，每个微镜的面积只有 $16 \times 16 \mu m$，微镜按矩阵行列排布，每个微镜可以在二进制 0/1 数字信号的控制下做正 10 度或负 10 度的角度翻。图 6-4 是数字微镜（DMD）系统的基本工作原理图。它采用数字微镜 DMD 阵列对光导体进行成像。

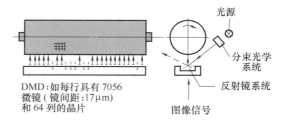

图 6-4 数字微镜（DMD）系统

（3）基于静电成像的印刷流程 基于静电成像的印刷流程包括成像、着墨、色粉转移、定影和清洁等 5 个步骤。各个步骤所完成的作业内容分述如下：

① 成像 在基于静电成像的数字印刷系统中，成像是指先在合适光导体表面充电生成均匀电荷，再控制光源成像的过程。

目前，大多数高品质数字印刷机的成像都采用激光扫描或 LED 阵列发射的光扫描的方式，而中低品质静电复印机的成像多采用卤素灯对模拟原稿照明的直接光学投影方式。静电感光涂层必须与成像装置的波长范围相适应，曝光光源的波长一般采用 700nm。

② 着墨 静电成像的专用油墨是固态或液态的色粉。色粉的组成成分因厂商不同而不同，各具特色。色粉中颜料或染料的呈色方式是决定印刷图像品质的关键要素。

着墨是指通过电子潜像，以非接触方式将约 $8 \mu m$ 的细小色粉微粒转移到光导鼓上的过程。着墨后，光导鼓上的电荷潜像吸附色粉而变得清晰可见。

③ 色粉转移 色粉转移是指将着墨的色粉转移到承印材料表面的过程。

色粉既可以直接转移到承印材料上，也可以通过中间介质（转移鼓或转移带）间接地转移到承印材料上。将充电色粉微粒从光导鼓（带）转移到承印材料上主要通过放电

（电晕）装置产生的静电力为主，也可以辅之以光导鼓（带）与承印材料之间的接触压力。

④ 定影　定影是指通过向承印材料施加热能与接触压力，使油墨/色粉熔化并固定在承印材料上，形成稳定印刷图像的过程。

目前，大多数数字印刷机采用热辊定影方式，定影温度在 180~230℃。

⑤ 清洁　清洁是指采用机械和电子方式，清除图像从光导鼓转移到承印材料后，感光鼓上所残留的电荷和少量色粉微粒的过程。

清洁是高质量连续生产的基础，是光导鼓为下一次印刷所必须做的准备工作。

喷墨成像技术

二、喷墨成像技术

喷墨成像是数字印刷系统中采用最普遍的无压印刷技术。喷墨成像采用极微小、精细的喷墨功能组件，通过极短路径将所需要印刷的信息以墨滴方式转移到承印材料上。喷墨成像技术随喷嘴系统及其控制技术的发展而不断进步，正在成为主流数字印刷技术，并呈现出巨大的发展空间。

1. 喷墨成像的基本原理

喷墨成像是指不需要图像载体，通过喷嘴直接喷射油墨在承印材料上成像的计算机直接印刷技术。喷墨成像的基本原理如图 6-5 所示，印刷活件数据直接控制喷墨成像装置，通过喷嘴将油墨转移到承印材料上，形成印刷图文。

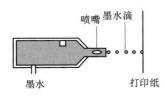

图 6-5　喷墨成像的基本原理

（1）喷墨点阵　喷墨点阵是喷墨成像中再现图文信息的基础。通过喷嘴阵列的布局与排列，控制打印头的运动方向与承印材料的输送方向，就能够提升图像再现分辨率，获得更高生产能力。

图 6-6（a）是将两列喷嘴组合设置成一行喷嘴以实现倍增分辨率的示意图。图 6-6（b）是采用 6 行喷嘴，每行 100dpi 分辨率产生 600dpi 分辨率的示意图。图 6-6（c）是喷嘴阵列按印刷方向排列，通过单列喷嘴来增加分辨率的示意图。

（2）喷墨灰度值　在喷墨过程中，单个网点的尺寸取决于喷射/转移到承印材料上单个墨滴的体积。采用不同方式可产生不同的油墨体积。

在按需喷墨中，通过控制脉冲强度和选择单独喷嘴控制器，可以选择性地配置单独喷墨通道来使喷嘴喷射出不同数量的油墨。图 6-7 描述了三种形成不同灰度值的墨滴生成方式，图 6-7(a) 是多个单独墨滴在飞行中组合方式，图 6-7(b) 是热泡喷墨中喷嘴释放的几个墨滴组合单个墨滴的方式，图 6-7(c) 是连续喷墨中极高频密度调制的单独墨滴选择性聚集的方式。

（3）喷墨油墨及其干燥　喷墨油墨通常是液态油墨或墨水。由于使用液体油墨可产生体积极小的墨滴，可获得极薄的墨膜，对高质量的多色印刷十分有利。喷墨印刷的承印材料一般需要采用专门涂层来防止油墨的羽化，控制墨滴在承印材料上的扩散、渗透和干燥，使之具备良好的印刷适性。

图 6-8 描述了喷墨成像中墨滴和承印材料的相互作用，承印材料的表面特性决定了

墨滴在承印材料上的扩散与渗透。由色料（颜料或染料）和连结料组成的水基型或溶剂型油墨，在油墨基液挥发或吸收后，能生成小于 $1\mu m$ 的极薄墨层。

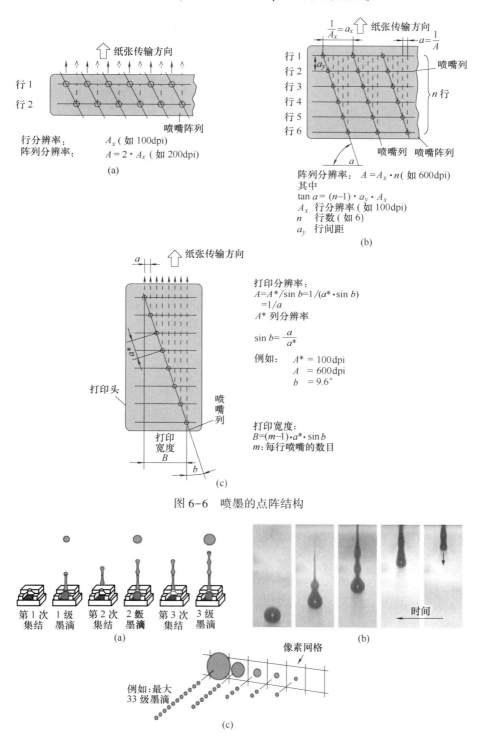

图 6-6　喷墨的点阵结构

图 6-7　喷墨灰度值的形成

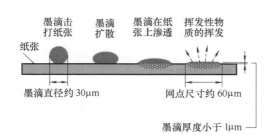

图 6-8　墨滴在承印材料上形成网点

2. 喷墨成像技术

喷墨成像技术分为连续喷墨和按需喷墨两类，从结构和控制难度上来说，按需喷墨以其结构简单、控制难度小、节约成本等优势而发展迅速。但从印刷速度的角度看，连续式喷墨拥有很大优势。

（1）连续喷墨技术　连续喷墨技术以电荷调制型为代表。这种喷墨打印原理是利用压电驱动装置对喷头中的墨水加以固定压力，使其连续喷射。当喷嘴中的墨水从喷嘴中流出时，供电电路会对流出的墨水进行充电，使墨水中的部分墨滴带电。带电墨滴通过偏转电机形成的偏转磁场后会产生相应的偏转，偏转后的墨滴会飞向纸张，墨滴落在纸上会形成一个墨点，这样就打印了一个墨点。不带电的墨滴则不会发生偏转，它会直接喷向一个墨水回收器。

连续喷墨技术分为二值偏转和多值偏转两种类型。在二值偏转中，墨滴只能处于充电状态（被电场偏转，从而不能转移到承印材料上）或者不充电状态（不被电场偏转，能够转移到承印材料上的），即采用相同电压控制单独墨滴偏转，使墨滴处于只有充电与不充电两个状态。而在多值偏转中，充电系统能赋予墨滴不同电荷，使墨滴在偏转板之间根据所赋予电荷的强度不同而产生不同的偏转大小，当它们通过电场时，产生不同偏转，并转移到承印材料的不同位置，其原理如图 6-9 所示。

（2）按需喷墨技术　按需喷墨技术是指只在信息需要印刷时，才产生直接转移到承印材料上对应墨滴的喷墨技术。根据单个墨滴生成的方式，按需喷墨可分为热泡喷墨技术、压电喷墨技术和静电喷墨技术三种。

① 热泡喷墨技术　热泡喷墨技术是指通过加热使液体油墨至蒸发状态形成气泡，气泡所施加的压力将一定量的油墨从喷嘴中射出，形成喷墨墨滴的技术，如图 6-10 所示。惠普和佳能是最先进热泡喷墨技术的代表，可在 5~8MHz 的墨滴频率范围内，达到大约 $3.5×10^{-14}m^3$ 的最小墨滴容量。

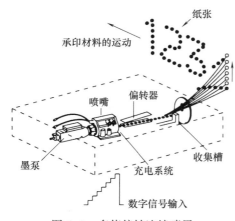

图 6-9　多值偏转连续喷墨

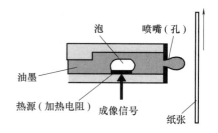

图 6-10　热泡喷墨墨滴的形成与喷射过程

② 压电喷墨技术　压电喷墨技术是指通过墨腔内压力效应造成的体积变化来产生墨滴，并导致墨滴从喷嘴系统中射出的技术，如图 6-11 所示。

压电陶瓷是最合适的压电喷墨材料，在电场作用下，这种材料的体积保持不变，但几何形状会产生变化。目前，爱普生是最先进热泡喷墨技术的代表，可在 5~8MHz 墨滴频率达到大约 $4×10^{-15}m^3$ 的最小墨滴容量。

③ 静电喷墨技术　静电喷墨技术是指在喷墨系统和印刷表面之间构建一个电场，通过向喷嘴发送一个基于图像的控制脉冲来改变油墨与喷嘴孔之间的表面张力比率与力平衡，并导致墨滴沿指定路径释放，通过电场转移到承印材料上的喷墨技术，如图 6-12 所示。

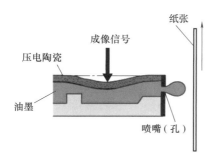

图 6-11　压电喷墨墨滴的形成与喷射过程

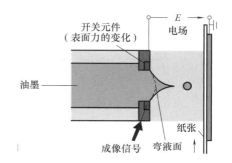

图 6-12　静电喷墨技术

静电喷墨技术分为"泰勒（Taylor）效应"的静电喷墨技术、热效应改变黏度控制的静电喷墨技术和静电墨雾的静电喷墨技术等。总的来说，静电喷墨还处于开发研究阶段，相对成熟的商业静电喷墨印刷系统在市场上也不多见。

三、磁记录成像技术

磁记录成像是无压印刷技术中具有代表性的数字印刷方法之一，已经在大批量可变数据产品上获得广泛应用。磁记录成像技术利用磁性可变的原理来形成二值机制，通过磁性记录装置对有磁材料的选择性吸附与转移，将需要印刷的图文信息转移到承印材料上，形成固定影像。

1. 磁记录成像的基本原理

磁记录成像是指以磁性材料的磁场变化为基础，通过对磁记录材料磁场的控制，以及对磁性色粉的选择性吸附与转移，将色粉转移到承印材料上成像的计算机直接印刷技术。

磁记录成像采用铁磁体，铁、钴、镍及其合金等作为成像载体，铁磁体在没有外磁场作用时并不显示磁性，但在外磁场作用下而磁化，在受反向外磁场作用时又会发生退磁现象。在内核为非磁性的鼓体表面涂上铁镍层和钴镍磷层后，就变成了磁鼓，表现出具有铁磁体的特性。成像过程中通过记录脉冲控制记录磁极，即将成像电信号加载到记录磁极的线圈上，磁鼓加一个外磁场，磁鼓表面被磁化，由于磁场受记录信息的控制，所以磁化部分形成与页面图文对应的磁潜像。磁潜像能吸附有磁性的记录色粉，一般为 Fe_2O_3，形成可见的磁粉图像。再采用一定的方法使吸附到成像鼓上的记录色粉转移到纸张表面，并加热和固化，即完成印刷过程，磁鼓上的磁性潜像可以重复利用，印刷若干相同内容的印刷品。由于成像鼓表面涂覆的不是永久性磁铁物质，因而在转印结束后，可通过加反向磁场予以退磁，使成像鼓表面恢复到初始状态，准备为下一个印刷作业成像。

2. 磁记录成像技术

（1）磁记录成像头 磁记录成像头是一个在无磁鼓芯表面涂有约 $50\mu m$ 软磁性 Fe-Ni 层、$25\mu m$ 硬磁性 Co-Ni-P 层和 $1\mu m$ 高度耐磨性保护层的可磁化鼓，如图 6-13 所示。

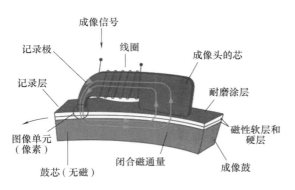

图 6-13　磁记录成像头的结构（Nipson）

磁记录成像头采用机械接触方式，具有硬性、抗腐蚀表面，可准确导入复制磁场图案。在针状记录极上磁通量密度极大，能改变磁畴的方向，而在记录极其他区域上，磁通量密度相近，不会产生磁畴极性的任何明显变化。磁记录成像头的分辨力、可靠性和经济性是磁记录成像技术的关键指标。

目前，磁记录成像头的宽度与印刷页面的宽度一致，由宽度 36mm 左右，分辨力 240dpi，排列成二列的数百个独立记录极（成像单元）组成，如图 6-14 所示。印刷时，通过独立的微机械单元和电子控制系统来进行图像信号的调制，形成所需要的磁记录图文。

（2）色粉 在磁记录成像技术中，色粉是一种由氧化铁核及其表面覆盖有色颜料所构成的单组分磁性结构，如图 6-15 所示。

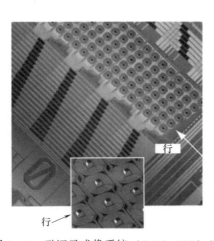

图 6-14　磁记录成像系统（6×80＝480dpi）

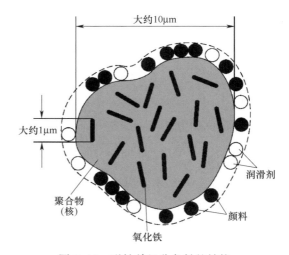

图 6-15　磁性单组分色粉的结构

色粉所覆盖的颜料与氧化铁核的体积比率大约是 40：60，色粉所包含的氧化铁核（黑芯）会影响色彩再现的水平，无法产生纯色，特别是明亮的颜色。在色粉制造的最后阶段色粉会被磁化而产生极性。在磁记录成像中，大约有 10% 的氧化铁核会通过磁棍并在高压下转移到承印物表面，经热辐射后色粉熔化而固定为印刷图像。

四、电凝聚成像技术

电凝聚成像技术在 20 世纪 90 年代开始发展，是一种连续色调、可变成像技术。它是以具有导电性的聚合水基油墨的电凝聚为基础，将溶于液体中极小油墨颜料微粒通过电凝聚效应形成较大微粒的直接成像技术。

1. 电凝聚成像的基本原理

电凝聚成像是一种通过电场所形成的图像电流脉冲，对由水基载体组成的特殊油墨进行处理，使成像滚筒表面的金属离子（如铁）发生化学变化，在成像鼓表面凝结成较大微粒（图像像素）的成像技术，如图 6-16 所示。这种水基载体液是一种由极易分散的颜料短链聚合物及其添加剂混合而成的胶体溶液。

成像电流脉冲决定了电凝聚成像所凝结油墨微粒的数量，可以使每个像素转移不同的油墨数量，每个成像像素可以产生无数灰度级，从而使得再现的图像具有良好的图像品质。

2. 电凝聚成像装置

电凝聚成像装置（图 6-17）是利用电凝聚化学-物理过程和成像鼓上油墨的沉积过程来实现小微粒的高迁移率，通过由电极构成的成像阵列以及基于图像信号控制电极和滚筒表面之间的电场来进行电凝聚成像，在滚筒上形成的与图像匹配的电凝聚油墨微粒、载体液以及未电凝聚的油墨，采用适当系统从表面滚筒除去载体液以及未电凝聚油墨后，由电凝聚油墨微粒组成的图像最终通过压印滚筒转移到承印材料上。

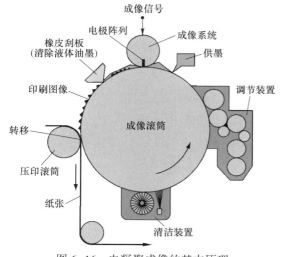

图 6-16　电凝聚成像的基本原理

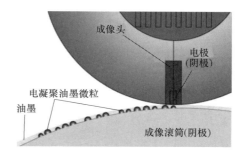

图 6-17　电凝聚成像装置

五、其他数字成像技术

数字成像技术在新技术和新材料的不断创新与推动下，在包装印刷领域除了常见的静电成像、喷墨成像、磁记录和电凝聚成像之外，还有热敏成像、离子成像与电子成像等。

1. 热敏成像

热敏成像是指先将油墨提供给供体（单张或卷筒纸），再通过热能转移到承印物上

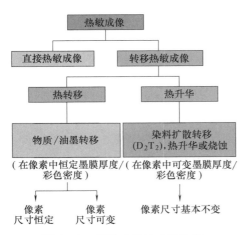

图 6-18　热敏成像技术的分类

（或先将其转移到中间载体，再转移到承印材料上）的一种成像技术。在包装印刷中，热敏成像的技术分类如图 6-18 所示，其中转移热敏成像分为热转移和热升华两类。

（1）直接热敏成像　直接热敏成像是指在已涂布特殊涂层的承印材料上，施加根据图像信息所生成的热能，并致使承印材料色彩发生改变的数字印刷技术。

直接热敏成像在传真、标签和条码等热敏打印机中应用广泛，需使用与热能相匹配的特殊承印材料。

（2）转移热敏成像　转移热敏成像是指在一个储存油墨的供体上，施加根据图像信息所生成的热能，使供体中的油墨转移到承印材料上的技术。简言之，在所施加热能的作用下，部分油墨从供体上分离，并"热转移"到承印材料上。若油墨通过热升华从供体扩散转移到承印材料上，则称为"染料扩散热转移"或"D_2T_2（Dye Diffusion Thermal Transfer）"。

（3）热转移成像的基本工作原理　热转移成像的基本工作原理如图 6-19 所示。多色复制时，采用图像来控制热打印头的加热元件，使 CMYK 彩色供体上的油墨从供体转移到承印材料上，完成彩色复制。目前，热敏打印头广泛采用了精密机械和微电子技术，能够很容易对所控制的图像区域加热，并转移不同数量的油墨。

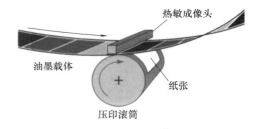

图 6-19　热转移成像的工作原理

热升华的基本工作原理如图 6-20 所示。多色复制时，热敏打印头会根据像素或网点的信息来控制温度或加热信号，使不同数量的油墨转移到承印材料上。采用热升华 D_2T_2，根据油墨扩散数量，不仅每个网点能产生多个灰度值，而且网点直径基本保持不变。

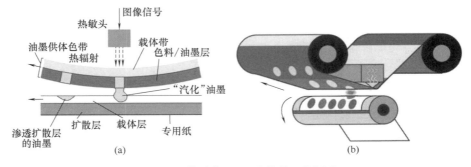

图 6-20　热升华 D_2T_2 成像的工作原理

2. 离子成像

离子成像是指采用将充电处理和成像处理合二为一的成像装置，直接在图像载体上生成电荷图案（即潜像），所生成的图像潜像电荷吸附色粉微粒，使图像潜像电荷转变为可视的彩色图像的数字印刷技术。

（1）离子成像的基本原理 离子成像的基本原理是先由离子源生成带正电或带负电的离子。再在图像信号的控制下，将与图像所对应的离子数量传输到成像表面而形成潜像。最后使这些代表图像信息的潜像吸附色粉微粒，并转移到承印材料表面，经定影后获得最终印刷图像。

图 6-21 描述了典型独立离子源的基本结构。只要将独立的离子源构建成离子源阵列，就能够实现高精度图像的离子成像。目前，离子源阵列的分辨率在 600～1000dpi，寿命高达数百万印。

（2）离子成像系统 离子成像系统的基本结构如图 6-22 所示。通过离子源成像，可获得分辨力 600dpi，约 310mm 的页面宽度阵列。与静电成像类似，离子成像采用色粉显影，并将色粉转移到承印材料上，经定影来获得最终印刷品。离子成像系统可根据需要进行各种功能组合，满足双面印刷、单面高亮度彩色或专色印刷等不同印刷需求。

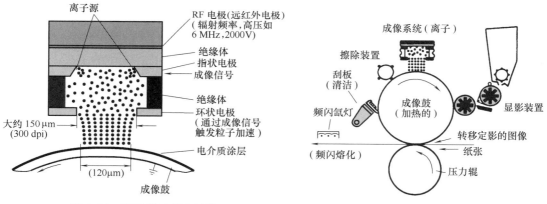

图 6-21 离子源的基本结构　　　　　图 6-22 离子成像印刷装置的基本结构

3. 电子成像

电子成像是一种通过电极直接在特殊涂层纸上转移电荷图像，即采用电场将图像信息转移到承印基材上的数字印刷技术。

（1）电子成像的基本工作原理 电子成像的基本工作原理如图 6-23 所示，包括成像、显影和定影等三个环节。目前，电子成像的电极阵列可达到 400～600dpi 的分辨率。

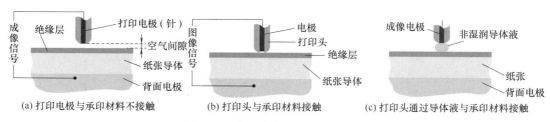

图 6-23 电子成像的基本工作原理

229

（2）电子成像系统 图 6-24 是一个采用 400dpi 分辨率、印刷宽度 1330mm、印刷速度约 1m/s 的四色电子成像系统。它通过一个成像装置向承印材料的电介质层输送电荷图像，采用重复成像和显影来完成多色印刷，还可以根据需要增加专色成像装置。

图 6-24 电子成像系统

第三节 数字印刷机

数字印刷机是数字印刷的核心，直接决定了数字印刷在消费需求日趋差异化与多样化、小批量、短交期、个性化需求日益凸显的印刷领域中能否成为改变整个印刷市场的重要驱动力的关键。当今无论是在商业印刷、出版印刷，还是在包装印刷领域，数字印刷机都正在成为适应市场变革、满足多元化市场需求的核心设备。

一、静电成像数字印刷机

静电成像数字印刷机是指采用静电成像数字印刷技术，印刷品质和产能能够达到工业化印刷生产要求的印刷系统。这种印刷系统不仅需要具备高性能的印前数据处理系统、高质量的静电成像印刷装置，还需要具备调整印刷装置温度和湿度的控制系统以及防止表面灰尘与系统内循环灰尘的设施。目前，最具代表性的静电成像印刷系统，按照色粉特性可分为采用液态色粉的静电成像数字印刷机和采用固态色粉的静电成像数字印刷机两类。

1. 静电成像数字印刷机分类

（1）采用液态色粉的静电成像数字印刷机 Indigo 多色印刷系统是采用有机光导体和液态色粉成像的静电成像数字印刷机，如图 6-25 所示。主要技术参数包括：高速 22 束激光头 812dpi，775M 像素 1s，印刷速度 120 页/min（A4 全彩色）或 240 页/min（黑白或双色），月输出量高达 350 万页（彩色）或 500 万页（黑白/双色），7 个供墨站支持 Pantone 四色、六色、七色彩色和专色的模拟印刷，6000 页纸张堆叠器，内置密度计闭环色彩校准，可以实现卓越的色彩一致性。

（2）采用固态色粉的静电成像数字印刷机 采用固态色粉的静电成像数字印刷机按照色粉的构成可分为双组分色粉和单组分色粉两种，高质量的数字印刷机使用的是双组分色粉成像，在较高的印刷速度下具有很高的印刷质量和稳定性。

图 6-25　采用液态色粉的静电成像数字印刷机（HP Indigo press 7000）

　　富士施乐、佳能和赛康 Xeikon 是双组分色粉的主流制造商，采用双组分色粉的静电成像数字印刷机具有多色、印刷质量高和产能大的特点，如图 6-26 所示。主要参数包括：彩色打印速度 100 页/min、最大打印幅面 361mm×519mm、打印分辨率 600dpi×4800dpi、纸张容量 2500 页×12 个纸盘+手推纸盘 3000 页×4 个纸盘。

图 6-26　双组分色粉的多色静电成像数字印刷机（富士施乐 iGen3）

2. 静电成像数字印刷机的结构

　　静电成像数字印刷机将分色图像转移到承印材料上可以采用不同的结构来完成。最典型结构分为四种。其一是顺序式排列的机组式结构，油墨从成像装置通过成像鼓直接转印到承印材料上，如图 6-27（a）所示；其二是间接转移方式，即印刷图像通过中间滚筒转移到承印材料上，如图 6-27（b）所示；其三是先在中间载体上收集分色图像，然后再将叠印好的分色图像转移到承印材料上，如图 6-27（c）所示；其四是分色成像直接收集于成像鼓上，4 个分色系统图像的成像与着墨同时完成，如图 6-27（d）所示。

二、喷墨数字印刷机

　　喷墨成像数字印刷机是指采用喷墨成像数字印刷技术，印刷品质和产能能够达到工业化印刷生产要求的印刷系统。

1. 连续喷墨数字印刷机

　　典型的连续喷墨数字印刷机如图 6-28 所示，每个喷头 1 色，采用 4 个喷头依次打印黑青品黄（KCMY）就能够实现彩色印刷，喷墨打印的分辨率可以达到 300～1500dpi。喷

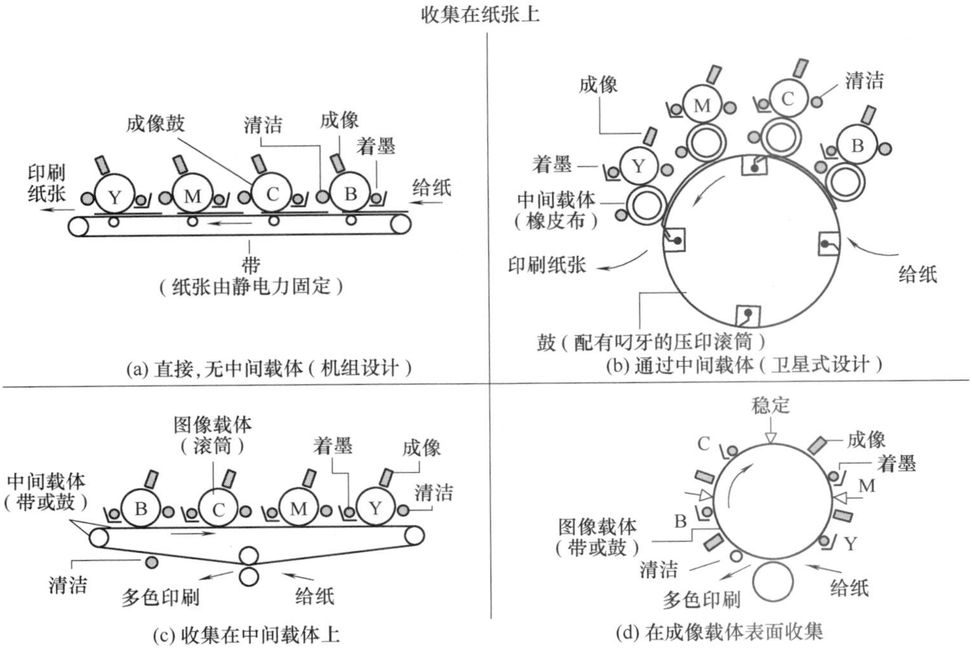

收集在纸张上

成像鼓 清洁 成像
着墨

印刷
纸张 Y M C B 给纸

带
（纸张由静电力固定）

(a) 直接, 无中间载体 (机组设计)

成像 C 清洁

M

着墨 Y B

中间载体
（橡皮布）

印刷纸张 给纸

鼓（配有叼牙的压印滚筒）

(b) 通过中间载体 (卫星式设计)

图像载体
（滚筒） 着墨 成像

中间载体
（带或鼓） B C M Y 清洁

清洁
多色印刷 给纸

(c) 收集在中间载体上

稳定 成像

C 着墨
M

图像载体 B Y
（带或鼓） 清洁

多色印刷 给纸

(d) 在成像载体表面收集

图 6-27　静电成像数字印刷的结构

墨印刷时将承印材料固定在一个鼓上，通过轴向移动的喷墨打印头，纵向快速旋转鼓来实现墨滴在承印材料上的叠印，每个像素可根据需要采用二值或多灰度的方式再现。目前与打印幅面相同的阵列式喷墨打印头正在成为技术主流，同时也快速提升了喷墨打印的速度，使之成为替代传统印刷的主流技术。

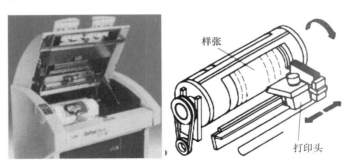

样张

打印头

图 6-28　连续喷墨数字印刷机（彩色多值图像）

2. 按需喷墨数字印刷机

按需喷墨数字印刷机有三个典型代表，其一是采用压电喷墨技术，爱普生是压电喷墨技术中以质量和色彩取胜的代表，主要应用在高品质海报与相片级的打印领域，其最小墨滴 $4×10^{-15}m^3$，最高打印分辨率 2400dpi。其二是采用热泡技术，惠普是热泡技术中以速度和效率取胜的代表，主要应用于报纸、书刊、直邮和商业票据等打印领域。其三是采用 Stream 技术，其代表是以质量与速度兼顾的柯达公司，主要用于在线方式高速打印，既可在预印卷筒纸上叠印可变信息，也可直接高速打印可变信息，其采用阵列打印头模式，确保了打印幅面与打印速度的双优。

3. 大幅面喷墨印刷机

大幅面喷墨印刷机主要应用于海报、广告牌以及墙面贴标等大幅面产品领域。主要采用宽幅喷墨打印头，印刷宽度从常用135cm 到超大幅面的 5 ~ 8m，在分辨率300~600dpi 时，印刷速度 3 ~ 110m²/h，如图 6-29 所示。大幅面喷墨印刷机可采用各种材料，包括纸张、织物和塑料薄膜，但需要采用与材料相匹配的油墨来印刷。

4. 数字微滴喷射设备

目前，不管是传统印刷设备还是数字印刷设备，几乎所有的设备都是针对平面印刷产品的，曲面印刷对于印刷行业而言是一个大难题。目前能够完成曲面印刷产品的只有丝网印刷和移印工艺。陕西华拓

图 6-29 多色大幅面喷墨印刷系统（NUR）

科技自主研发的数字曲面微滴喷射设备，可以实现在任意复杂形状表面（包括大曲率凹面）的底材上进行全彩色喷墨打印、曲面电路直接打印、特殊液体材料直接喷墨打印，同时在医药制剂点样、定制药品生产、化学分析、化工生产等众多领域具有广泛的应用前景，目前已经完成多种规格系列产品的定型及小批量生产。该设备的研制大大拓展了喷墨印刷技术的应用领域，并在 2018 年曾获得 CES（International Consumer Electronics Show）创新大奖。

该设备是融合高档多轴联动数控技术、压电微滴喷射技术、数字印刷技术、三维建模技术等相关技术而研发的高科技产品，在压电喷头、控制系统、智能算法、机械结构、实用外观等多方面实现了诸多原始创新，设备的核心系统软硬件、电子电气、机械结构均依据国际标准生产制造，确保了产品的质量与可靠性。突破了从平面打印到立体曲面打印的技术瓶颈，对人类生活和各行各业将产生深远影响。设备多轴联动运动基本原理如图 6-30所示。其三个直线轴运动精度可以达到 0.01mm 以内，两个旋转轴运动精度可以达到 30 角秒左右，直线运动速度可以达到 20m/min，完全可以满足众多领域的具体需求。

图 6-31 是 HT-DCSMJ 400-B 型数字曲面微滴喷射设备外形图。根据不同需求所研发的 MJ300-A、DCSMJ200-A 等一系列微滴喷射设备如图 6-32 所示。

图 6-33 是该设备加工的系列产品，可以看出喷墨印刷技术可广泛应用于生产、生活等多个领域。

三、包装与广告用数字印刷机

随着小批量、短交货期包装，个性化包装以及用于防伪或物流系统监控标识的可变信息包装的普及，数字印刷已经成为包装市场的新需求，包装用数字印刷机进入包装工业化

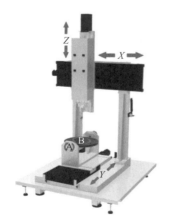

图 6-30　数字微滴喷射
运动原理图

图 6-31　HT-DCSMJ 400-B 型数字曲面微滴喷射设备

图 6-32　系列数字曲面微滴喷射设备

图 6-33　数字曲面微滴喷射设备加工的部分产品

生产应用领域，展示出广阔的发展潜力。典型的包装数字印刷机分述如下。

1. 标签行业应用的数字印刷机

（1）Xeikon 3300 五色数字印刷机　Xeikon 公司推出的 5 色数字印刷机 Xeikon 3300，如图 6-34 所示，特别适合中短版印刷业务。Xeikon 3300 有 5 个色组，其中 4 个色组用于标准四色印刷、第 5 个色组用于专色印刷或印刷不透明的白色等特殊色，分辨率 1200dpi（1200×3600dpi），最高速度 19.2m/min，可实现 24h 连续生产，月产能 70 万 m。

这款数字印刷机采用融合化学 FA 色粉，网点密度可调，可用于生产食品标签，幅宽可升级，可以在多种材料表面进行印刷。

（2）Durst Tau150 喷墨数字标签印刷机　意大利 Durst Phototeckink AG 公司推出的 Durst Tau150 系统，采用 XAAR1001 喷头的 UV 喷墨数字标签印刷机，如图 6-35 所示。标配 5 色（CMYK+W），最高 8 色，印刷速度 48m/min，卷筒纸宽度 10 ~

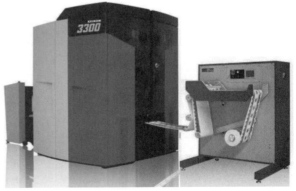

图 6-34　Xeikon 3300 标签数字印刷机

16.5cm，印刷精度为 1000dpi，设备内置的自动打印头清洁功能和自动喷嘴故障弥补功能可以显著帮助机器提高生产性能，缩短交货周期，改善印刷机投资回收率。

Durst Tau 150 喷墨数字标签印刷机采用 ESKO 公司自带的支持可变数据的 RIP 流程，可模拟 90%以上的 Pantone 色，支持条形码、文本文字和图片等可变数据类型，为短版、

图 6-35　Durst Tau 150 及其产品

个性化标签印刷提供了更多的灵活性，具有 7×24 连续生产的可靠性。它所支持的承印材料广泛，包括预涂和非预涂纸张、PE，PET，PP 和 PVC 等。适用于纸类标签（超市零售，服装吊牌，物流标签，条码打印等）、合成纸或膜类标签（商品标签，电器产品，化学产品等）以及特种纸标签（防伪标签，红酒标签等）的印制。

2. 广告行业应用的数字印刷机

（1）Epson SureColor S70680 喷墨打印机　Epson SureColor S70680 是一款高品质型弱溶剂打印机，如图 6-36 所示。它采用双 TFP 微压电打印头（具有智能墨滴变换技术），最高分辨率可达 1440×1440dpi、每色 720 个喷嘴、最小墨滴尺寸 $4.2×10^{-15}m^3$，在 CMYK 色系外，增加了 LC、LM、LK 色以及专色——橙色和红色，在还原广告输出行业的画面时，可以获得更鲜艳的色彩和更平滑的色彩过渡，适

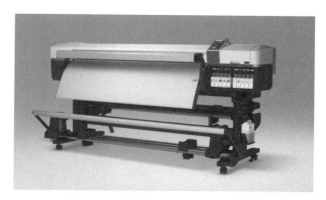

图 6-36　爱普生 SureColor S70680

合输出影像质量的广告作品，打印速度高达 26.8m²/h、打印幅宽 300~1625.6mm、卷纸尺寸（最大外径）250mm、最大厚度 1mm。可为高端广告设计行业提供影像级别品质广告片输出，效率和成本优势显著。

图 6-37　爱博纳 Anapurna M2540 FB

（2）爱博纳 Anapurna M2540 FB 高速平板打印机　爱博纳 Anapurna M2540 FB 是一台高速平台式 UV 喷墨打印机，如图 6-37 所示。最大打印尺寸 2.54m×1.54m、最大介质厚度 4.5cm、最高打印速度 45m²/h、六色打印+预印白墨，扩展了打印的色域空间，配备的 11 个伸缩定位销可完美地对介质进行精准的定位，轻松实现双面打印。有效的真空控制系统确保

了极其精准可靠的墨滴位置。

第四节　数字印刷材料

数字印刷材料的性能是影响数字印刷产品质量的关键因素之一。数字印刷的图文转移方式与传统印刷不同，在技术上突破了传统印刷技术的图文传递方式，实现了快捷灵活的个性化印刷，缩短了印刷周期，降低了成本。数字印刷多样性的印刷方式决定了印刷材料的多样性，数字印刷的成像原理不同，采用的成像材料就有很大的不同。本节重点对数字印刷的承印材料和数字印刷油墨进行介绍。

一、数字印刷承印材料

理论上而言，数字印刷对承印材料几乎没有限制，但由于数字印刷的成像原理和印刷油墨的特殊性，若不考虑承印材料和数字印刷系统的适应性，往往无法得到完美的印刷品。目前，由于市场的需求，数字印刷的主要承印材料还是纸张，其中用得最多的是涂布纸。

涂布纸（coated paper），俗名铜版纸，种类较多，可用于各种各样的彩色印刷品的印刷，是目前最常使用的纸种之一，是在原纸上涂上一层涂料，使纸张具有良好的光学性质及印刷性能等。根据涂布涂料的种类可以分为普通涂布纸和特殊涂布纸两大类。普通涂布纸是采用普通涂布方式把涂料涂布于原纸表面，经干燥后再进行压光处理，最后裁切或复卷成平板纸或卷筒纸，如铜版纸、亚光纸、轻量涂布纸等；特殊涂布纸是指采用特殊涂料或特殊的加工方式制成的印刷涂布纸，如铸涂纸（玻璃卡纸）、压花纸和无光涂布纸等。

1. 数字印刷对涂布纸的要求

印刷实践表明，对涂布纸的一般性能要求主要集中在运行性、印刷性和外观质量三个方面。运行性能是涂布纸最重要的性能，若纸张运行性能不好，印刷就无法正常进行，涂布纸的挺度、平滑度、洁净度和强度性能对其运行性能的影响很大。数字印刷对涂布纸的总体要求包括以下几个方面。

（1）纸张表面平滑特性　平滑度是指在一定的真空度下，一定容积的空气通过受到一定压力的试样表面与玻璃面之间的间隙所需的时间，以秒表示。纸张表面平滑度越高，空气流入的时间就越长，反之，平滑度低，空气流入的时间就越短。一般而言，纸张表面的平滑度较高时对改善印刷设备的运行性能有利，有助于印刷质量良好的图像。平滑度决定于纸张的表面状况。一个平整而光滑的印刷表面可以表现精细的网点变化，相对印刷质量较高；而在相对粗糙不平的纸张表面上，图像质量将会降低，并可能导致实地与半色调质量的降低。卷筒纸数字印刷机对纸张平滑度要求更高，过分粗糙的纸张表面往往导致墨粉熔化不完整，甚至熔化工艺不能完成，印刷图像质量很差。此外，过于光滑的表面对于进纸是不利的，容易造成纸张的打滑。

（2）纸张的光泽度　纸张光泽度指的是纸张表面的镜面反射程度，用百分率表示。纸张的光泽度越高，越容易获得理想的印刷密度，印品的墨色越鲜艳，墨色的视觉效果就越好。

（3）纸张的强度和挺度　纸张的强度高才能承受来自不同方向的张力的作用，保证印刷操作的正常进行；强度不够，会导致纸张掉粉、掉毛等现象，影响印刷质量，严重情况下，纸毛中的坚硬小颗粒会进入设备内部，造成硒鼓划伤，出现印刷故障。

因为数字印刷越来越多地应用于明信片和商业卡片领域，所以要求选用挺度高的高密度涂布纸进行印刷。但是在选用高挺度纸的同时要兼顾墨粉转移性能、摩擦力和导电率与纸张挺度的关系。因为，当卷筒纸挺度过高时，纸张会出现不能与光导鼓正确接触的现象。

（4）纸张湿度的控制　为了确保墨粉的均匀转移，防止纸张在静电照相数字印刷后期处理和高温熔化时发生卷曲现象，必须控制纸张的湿度。纸张湿度过大会导致过度卷曲、卡纸及质量等问题，湿度过低则会引起静电问题，机器无法正常启动，从而导致卡纸、送纸不良等。数字印刷系统必须在有空调的条件下走纸或提供相对湿度为 44%~45% 的纸张。

（5）纸张的耐高温能力　在静电照相数字印刷工艺中，墨粉熔化是一个重要过程，这种高温熔化工艺会导致在涂布纸表面转印墨粉的困难，因为在高温作用下涂层本身已经软化，某些部分甚至会黏结到印刷机上。基于此，在静电照相数字印刷设备上使用的涂布纸的涂层配方应具有防高温软化效应的性能。

（6）纸张均匀的导电性　静电印刷会造成纸张带电。为了避免在印刷过程中纸张带电，要求纸张具有较好的导电性，及时将印刷过程中的电荷导走，避免纸张相互吸附，给纸张输送带来困难。导电性差的纸张可能造成纸张上静电聚集，导致送纸不良、卡纸以及接受盘的堆纸问题。但是，导电性过高的纸张可能导致缺损和其他成像缺陷。因此，控制数字印刷（特别是静电印刷）用纸的导电性对于数字印刷用纸来说是较为重要的属性之一。

（7）纸张的其他特性　研究结果表明，除以上提到的特性外，还需要控制数字印刷用纸的其他特性，例如控制纸张的表面电阻、无折痕和耐湿性等。正确的电阻和表面能对保持纸张的绝对湿度成分和平滑的表面形状至关重要，这些因素对获得高质量的印刷图像关系密切。

此外，由于不同数字印刷方式成像原理不同，对于具体的数字印刷成像方式而言，其对纸张的性能要求也不尽相同。以液体显影静电照相数字印刷工艺为例，其对纸张的具体要求如下：具有与所用电子油墨性能匹配的正确表面能；纸张具有良好的吸油能力；纸张具有足够的表面强度；纸张表面光滑度高；纸张的疏松度低；双面印刷时印张必须裁切成 100% 的直角；相对湿度控制在 45%~55%。

2. 数字印刷用涂布纸的种类

目前，国际造纸商已经开发成功的新型数字涂布纸的种类包括：

（1）利用电子成像印刷技术印刷的涂布纸——光泽全化浆涂布纸　与传统印刷技术相比，电子成像数字印刷技术对涂布纸性能要求更高，如：高速四色激光打印中，由于上色剂用量大，熔化温度高，会在原纸水分快速蒸发过程中使涂层起泡，涂布纸光泽度越高，起泡现象越严重，而且印刷品在高温条件下还会失色。传统高光泽涂布纸适用于胶版印刷，涂料中含有苯乙烯-丁二烯黏合剂，但是，在高温条件下，黏合剂中具有黏着力的丁二烯会分解失效，使涂层被呈色剂黏着起泡。

为了适应新的要求，在利用电子成像技术打印时，使用一种新的热稳定性、抗起泡性好、能提高纸页挺度的聚乙烯醋酸酯（Polyvinyl-acetate）黏合剂，这种黏合剂成本低、黏着力强，已广泛应用于需要具有良好黏着力的纸板涂布中。为了提高涂料的热稳定性和抗起泡性，也可选择丙烯或苯乙烯-丙烯或聚乙烯醋酸酯-丙烯共聚物（Acrylic or styrene-acrylic or polyvinyl acetate-acrylic copolymers）。采用新黏合剂的唯一不足是使涂布纸的光泽度略微降低，但在涂布配方中使用沉淀碳酸钙和塑料颜料，通过压光就可以轻易达到所需要的光泽度，而不需过大的压光强度，这对于保持纸张的平滑度、松厚度和亮度都是有好处的。

（2）喷墨打印机使用的涂布纸——各种喷墨打印纸　喷墨印刷已经成为生产高质量彩色数字图像的常用的低成本方法。喷墨印刷的特殊性导致了它的承印材料种类很多，如纸张、塑料和金属等，但印刷时必须选用与承印材料相匹配的油墨。喷墨印刷最终影像的形成取决于油墨与承印物的相互作用，因此，喷墨成像系统一般需要使用专用的墨水和承印物，以便实现油墨与承印物在性能上的最佳匹配。

喷墨打印纸是喷墨打印机喷嘴喷出墨水的接受体，在其上面记录图像或文字。其与一般纸张有很大区别，因为彩色喷墨印刷通常使用水性油墨，而一般纸张接受到水性油墨后会迅速吸收扩散，导致印刷品无论从色彩上还是从清晰度上都达不到印刷的要求。彩色喷墨打印纸是纸张深加工的产物，它是将普通印刷用纸表面经过特殊涂布处理，使之既能吸收水性油墨又能使墨滴不向周边扩散，从而完整地保持原有的色彩和清晰度。它的基本特性是吸墨速度快、墨滴不扩散。由于目前喷墨打印机的种类很多，打印机的结构不同，对打印纸的要求也就有所不同。

① 喷墨打印纸应该满足的要求

a. 要求有一定的拉力、挺度和平滑度，特别是纸张的紧密程度，既不能太紧密，也不能太疏松，因为这是直接影响印刷油墨渗透、扩散和干燥的因素。纸张的表面吸收性和施胶度也是至关重要的，此外，还要求纸张容易输送和耐摩擦。

b. 在印刷适性方面，要求喷墨印刷用纸具有对印刷油墨吸收能力强、吸收速度快、油墨干燥快、墨滴在纸上形成的点直径小、扩散因素小、墨点形状近似圆形等性能，这样才能保证高的分辨力。同时还要求喷墨后颜色的密度要大、密度阶调的连续性好、颜色鲜明，这样才能保证高质量的彩色喷墨效果。因此，必须保证纸面有能足够吸收油墨的毛细孔间隙，并且要求细孔的形状、大小和分布比较均匀。

c. 在保存性方面，要求图像有一定的耐水性、耐光性，以及纸张本身具有不变色、不褪色等特性。

② 喷墨打印纸的结构　可以分为三层结构，分别是纸基、表面涂层、防卷曲涂层。

a. 纸基　主要成分有漂白浆与碳酸钙等。

b. 表面涂层　主要作用是改变纸面的均一性，提高成品适应性，以满足不同用途的性能要求。对喷墨纸而言，需要纸张吸墨快，图形、图像艳丽逼真，并具有一定的牢度。这种纸的涂层是高吸收的白色颜料和亲水树脂的混合物。涂层可分为粉质涂层和胶质涂层，粉质涂层为亚光面，表面较粗糙、着墨性好、墨水附着力强、色彩不鲜艳，多用于户外环境；胶质涂层为高光面，表面平滑、墨水附着力强、色彩鲜艳，多用于室内环境。表面胶层的主要成分有颜料、胶黏剂和树脂。颜料主要是一些有吸墨性的多孔性的白色矿物质颜料，或能在涂层中形成多孔性结构的材料，可以是高岭土、碳酸钙、二氧化硅、氧化锌、氢氧化铝、二氧化钛等。涂布纸所用的胶黏剂种类也很多，如聚乙烯醇、丁苯胶、羟甲基纤维素和吡咯烷酮等，胶黏剂中加入适量低黏度羟甲基纤维素类，能防止颜料粒子的凝聚和沉降，以提高其涂层的流变性及混合均匀性。涂层中的树脂采用功能性高的吸收树脂，它具有很好的耐候性、光泽度、附着力和保色性，它是喷墨专用纸的重要成分。

c. 防卷曲涂层　该涂层吸附在基质上，用来防止打印过程中纸张的卷曲。

此外，在涂布纸料的配方中，还应加入一些助剂，如分散剂、润湿剂、消泡剂、紫外线吸收剂、抗氧化剂、保水剂、荧光增白剂等物质。例如，分散剂可以使涂料中的颜料粒子充分分散；润湿剂可以改进涂料的流动性，使涂层颗粒分布均匀；紫外线吸收剂和抗氧化剂有助于纸张本身和图像色泽老化和耐褪色；而加入阳离子表面活性剂则有助于提高图像颜色的鲜明度和抗水性等。

③ 根据基层材料和涂层材料的不同，目前市场上常用的喷墨打印纸可分为以下几种：

a. 高光喷墨打印纸　采用 RC（涂塑纸）纸基，适于色彩鲜明、有高质量画面效果的图像输出，有较高分辨率，一般在 720dpi。利用其打印的图像清晰亮丽、光泽好，在室内陈设有良好耐光性和色牢度，适用于高档喷墨打印机。

b. 亚光喷墨打印纸　采用 RC 纸基，有中等光泽，分辨率较高，适于有较高画面效果质量的图像输出。产品色彩鲜艳饱满、有良好耐光性。

c. 特种专用喷墨打印纸　采用 RC 纸基，内含荧光剂和磁性材料，有防伪、防复制等保密功能，抗紫外线、有耐光性。该类打印纸适于有较高画面效果的图像输出及特种产品制作。

d. PVC 喷墨打印纸　属于塑料薄膜和纸的复合制品，机械强度好、输出的画面质量高、吸墨性好，有良好的室内耐光性。

e. 高亮光喷墨打印纸　采用厚纸作为纸基，有照片一样的光泽，纸的白度极高，有良好的吸墨性，输出的图像层次丰富、色彩饱满。该类打印纸特别适于照片影像输出和广告展示版的制作。

（3）用于商业数字印刷机（液体显影）印刷的涂布纸——表面处理全化浆涂布纸

几乎所有的非涂布纸和大多数涂布纸必须在印刷前经过特别的表面处理，以获得良好的墨粉黏结能力，否则，墨粉很容易从纸张上剥离下来，就像形成了一层独立的墨粉薄膜，将严重影响数字印刷质量。从纸张生产商的角度考虑，以 HP Indigo 为代表的液体显影数字印刷技术与胶印工艺非常相似，墨粉颗粒尺寸在放大镜下观察时与胶印油墨几乎相同。与液体显影静电照相数字印刷工艺有关的最重要的特性是纸张的表面强度、表面能和吸油性能。

液体显影数字印刷系统中，纸张以直线方式通过转印间隙，加之此种印刷机多采用真空给纸技术，导致低密度承印材料在液体显影数字印刷机上使用起来有一定的困难，因此，该系统多采用高密度的纸张，与此同时，还需要考虑承印材料的丝缕方向和纸张的静电性能等，避免因低湿度导致的双张给纸，从而达到最优的设备运转性能。

3. 其他数字承印材料

数字印刷材料除了纸张以外还有很多其他承印材料。布匹、金箔、标签、塑料、陶瓷制品、地毯、皮革、木板、大理石、玻璃、金属、电路板以及有机板材在内的任何材料基本上都可以用来进行数字印刷，喷印速度可达 $200\text{m}^2/\text{h}$。

纺织物是除纸张外的另一种重要的承印材料。为了提高纺织品喷墨印花的效果，得到清晰的图案，在进行数字喷墨印花之前，必须对需要印制的布料进行预处理，预处理工艺和配方对印花效果影响很大，预处理可采用浸轧法，用不同浓度的海藻酸钠、碳酸氢钠、碳酸钠、尿素的浆料来处理织物。

数字喷墨印刷中采用的合成树脂薄膜主要为聚酯薄膜、聚乙烯、聚苯乙烯、聚丙烯薄膜等。以聚酯薄膜作为主要承印物的喷墨或热敏印刷主要用于广告、会展、特种艺术摄影及医学影像等领域，通常有透明型、不透明型和半透明型等品种。

随着人们生活水平及消费水平的提高，个性化印刷成为必需，这将直接导致数字印刷的承印材料越来越广泛，从普通的纸张到一些根本想象不到的承印物，将极大地丰富我们的生活。

二、数字印刷油墨

数字印刷用油墨与传统油墨差异非常大，根据数字印刷的成像原理可知，每一种数字印刷方式都采用了特定的成像材料。随着人们环保意识不断增强，环保法规日趋严格，环保型油墨越来越受到人们的关注。

1. 数字印刷对油墨的要求

为使数字印刷能顺利完成高质量的印刷转移成像过程，数字印刷油墨必须具有与相应数字印刷技术相适应的性能，这些性能要求主要包括以下几个方面：

（1）光泽度好　油墨的光泽度是指印张上油墨膜面有规律地反射出来的能感觉到的白色光，主要取决于承印物表面细孔结构、平滑度、光泽度以及油墨微观不平整度和墨层厚度。一般要求油墨光泽度要好，然而由于静电数字印刷油墨的颗粒直径比较大，其产品的光泽度一般不高。

（2）耐水、油和溶剂　数字印刷要求墨膜在水、油、溶剂等物质侵蚀下保持相对的稳定性。耐水性或耐油性不好的印刷品在遇到水和油这类物质时，就会发生变色，影响印刷复制效果。耐溶剂性不好的印刷品将无法完成后续工序，如上光、覆膜等。

（3）耐光、热　由于部分数字印刷品需要长期暴露在日光下，油墨具有较好的耐光性是非常重要的。此外，有些数字印刷方式在印刷过程中或油墨干燥时需采用一定的加热方式，因此要求油墨颜料必须能够承受高温而不变色。

各种数字印刷油墨除了具有以上性能外，还必须在油墨稳定性、pH、电导率、黏度、渗透性、表面张力、密度、不溶物、色差等方面与所使用的复制技术相适应，并且保证无毒、环保。

2. 数字印刷油墨的组成

数字印刷油墨在组成结构上为油包水型乳液，属于渗透挥发干燥型油墨。数字印刷机的应用是基于快速和低成本，因此要求使用的油墨具有廉价、环保、稳定、快干等特点。数字印刷油墨与其他油墨的基本组成相似，但又有自身的特点：油墨由油相和水相组成，油作为分散相，水作为分散质，组成油包水的细小颗粒，成为纸上速干油墨。油相由连结料、颜料、助剂、乳化剂等组成，考虑到数字印刷油墨的流动性，一般不加入填料。水相由纯水、吸水剂、保水剂（防干剂、保湿剂、抗冻剂）和防腐防霉剂组成。

根据油墨的组成不同，数字印刷油墨主要有水性油墨、溶剂型油墨、UV油墨。

3. 数字印刷油墨的种类

（1）喷墨印刷油墨 喷墨印刷对油墨的要求有：①黏度适当。如果油墨黏度高，流动性就差；黏度过低，则会发生阻尼振荡，影响喷射速度。一般较为理想的油墨黏度为 $1.5\sim3.0Pa\cdot s$；②干燥速度快。油墨喷射到承印物表面后应迅速干燥，干燥时间在 $0.1\sim50s$ 为宜；③油墨颗粒分布均匀。油墨内不含有影响印刷或堵塞喷嘴的颗粒，要求颗粒的尺寸不大于 $0.1\mu m$；④油墨中的着色剂容易渗入纸张。这样油墨能准确地以所需要的尺寸记录在纸张表面，构成清晰的图像；⑤其他性能指标。油墨的密度为 $0.8\sim1.0g/mL$，表面张力为 $(2.2\sim7.2)\times10^{-4}N/cm$，能导电，且电阻率为 $1\sim5\Omega\cdot m$，耐 $-20℃$ 低温，pH$6.5\sim8.5$。同时还应具备无腐蚀、不易燃烧、不易褪色、性能稳定、无毒等特性。

喷墨印刷油墨和常用的油墨一样，也是由呈色剂、连结料、挥发性溶剂及助剂组成。用于喷墨印刷油墨中的呈色剂一般是水溶性的染料，主要包括酸性染料和直接染料。连结料必须完全溶解于溶剂中，其黏度在 $2\sim10mPa\cdot s$，浓度（质量分数）在20%以上。喷墨油墨中的挥发性溶剂主要有甲乙酮、甲基异丁基酮等，还含有少量的助溶剂，以得到所需要的黏度、表面张力和干燥性等。喷墨印刷油墨常用的助剂有表面活性剂、pH调节剂、电导率控制剂、防腐剂、黏度调节剂等。

由于大多数喷墨打印头和喷墨印刷油墨或墨水的研发都是整体性的，在通用性和可替代性上存在很大不足。目前，喷墨印刷设备制造商、喷墨印刷材料制造商和喷墨印刷油墨制造商都在积极寻求解决方案，从而实现喷墨印刷油墨或墨水的通用性和可替代性，以获得该技术的普及和更大的技术回报。

（2）静电照相数字印刷固体墨粉 静电照相数字印刷借助于多层墨粉的叠印呈现千变万化的颜色，复制效果与墨粉的光谱特性密切相关。由于墨粉配方和制备工艺、系统配置、显影和转印技术等方面的差异，即使基于相同的静电照相复制原理，最终印刷品的颜色可能相差也很大。目前，基于固体墨粉显影的静电照相数字印刷机的彩色复制质量得到了大幅度的提高，达到可以与传统印刷媲美的水平。

磨粉制备工艺从机械研磨过渡到化学工艺后，颗粒直径和形状均匀性大为改善，但颗粒尺寸和形状完全相同的墨粉事实上很难生产出来，因而彩色静电照相数字印刷大多采用调幅网点，这对于补偿墨粉颗粒尺寸和形状的非均匀性以及提高印刷质量是有好处的。

按固体墨粉的结构成分，静电照相复制系统使用的墨粉划分成单组分和双组分两大类别。单组分墨粉既是着色剂，又是墨粉本身，按物理性能划分为磁性基和非磁性基两类。使用单组分墨粉显影系统时需要面对的主要挑战是如何对墨粉充电，以及如何将墨粉颗粒传送到静电潜像的邻近区域。与双组分墨粉显影系统相比，单组分墨粉显影的明显优点是其简单性，体现在成像系统的部件减少，且设备体积小，由此而带来的优点是复印机或打印机的整机生产成本降低。因此，单组分墨粉显影系统在低输出速度、低使用成本的复印机或打印机中得到较普遍的采用。双组分墨粉是着色剂颗粒和载体颗粒的混合物，显影时载体颗粒不转移，真正转移的是着色剂，由于着色剂颗粒比载体颗粒的尺寸小得多，载体颗粒好比是运载工具，着色剂颗粒则类似于"乘客"。高质量的数字印刷机一般使用的是双组分色粉成像，在较高的印刷速度下具有很高的印刷质量和稳定性。

（3）电子油墨 电子油墨是经印刷涂布在经处理的片基材料上的一种特殊油墨，其直径只有头发丝大小，由微胶囊包裹而成。在一个微胶囊内有许多带正电的白色粒子和带负电的黑色粒子，正、负电微粒子都分布在微胶囊内透明的液体当中。当微胶囊充正电时，带正电的微粒子聚集在朝观察者能看见的一面，这一点显示为白色；当充负电时，带负电的黑色粒子聚集在观察者能看见的一面，这一点看起来就是黑色。这些粒子由电场定位控制，即该在什么位置显示颜色是由一个电场控制的，控制电场由带有高分辨率显示阵列的底板产生。通过电场定位控制带电液体油墨微粒的位置，形成最终影像。以电子油墨为转移图文信息的中间介质是 HP Indigo 数字印刷机的关键技术之一。HP Indigo 数字印刷机与其他印刷设备的区别主要在于其全部采用独特的电子油墨。HP Indigo 电子油墨的核心是带电油墨颗粒，它使电子控制数字印刷中印刷颗粒的位置成为可能。

电子油墨能达到极微小的颗粒，使得印刷分辨率和光滑度更高，锐化图像边缘，形成极薄的图像墨层。独特的电子油墨技术可使各种纸质表现出极为出色的彩色影像，使印刷图文质量能在纸张上完美地呈现。由于电子油墨成像过程的特殊性，其具有色彩再现性好、物理性能稳定和承印材料广的优点。

目前，HP Indigo 公司是电子油墨的主要研发商，HP Indigo 电子油墨是唯一被 Pantone 认可的数字印刷颜色，可实现 95% 的 Pantone 色域的颜色。HP Indigo 电子油墨主要有标准 CMYK 色、HP 六色（增加了橙色和紫罗兰色）、HP Indigo 专色三类配置。为了提高客户的印刷附加值，HP Indigo 还开发了不透明白色油墨、荧光油墨、特殊的防伪油墨等多功能电子油墨。现在 HP Indigo 电子油墨还应用到了卷筒纸印刷领域，在其他领域的应用也在不断地探索中。

（4）热成像油墨　根据成像机理的不同，数字印刷具有多种成像记录方式。热转移成像技术在数字印刷中的应用比较广泛，其中又以热升华技术为主。热成像油墨是热转移成像方式印刷所使用的油墨，它既可以是水性油墨，又可以是溶剂型油墨。

（5）干粉数字印刷油墨　干粉数字印刷油墨是由颜料粒子、助于电荷形成的颗粒荷电剂与可溶性树脂混合而成的干粉状油墨，带有负电荷的墨粉被曝光部分吸附形成图像，转印到纸上的墨粉图像经加热后墨粉中树脂熔化，固着于承印物上形成图像。由于干粉数字印刷油墨在生产过程中对色粉的颗粒属性以及尺寸要求都较高，必须经过精心地控制才能满足印刷性能，所以干粉数字印刷油墨发展缓慢。

（6）环烷基环保型油墨　近年来，实现绿色印刷、减少环境污染、开发环保型油墨已经提到议事日程。法律、法规也促使人们倾向使用环保型油墨。欧洲及美国、日本等发达国家及地区的环保法中增加了与油墨印刷有关的条文，对油墨的挥发性、芳烃含量、重金属含量等有明确的规定。因此，油墨对环境的污染成为人们当前关注的焦点。

克拉玛依石化公司根据用户对数字印刷油墨油的要求，参考国外数字印刷油墨油的质量指标，采用世界先进的生产工艺技术，对环烷基馏分油进行深度精制，脱除异味，研制并生产除环烷基环保型数字印刷油墨油。该环保型数字印刷油墨油具有无色、无味，外观清亮，颜色水白，硫、氮含量低，多环芳烃的含量小于 3% 等特点。使用该油墨油生产的数字印刷油墨产品与油墨连结料中的树脂溶解能力好，制成的油墨保质期长，符合与人体接触的健康安全要求。该油墨与国外数字印刷油墨的性能相当，能够满足用户的使用要求，完全可以替代国外数字印刷油墨。

（7）其他新型油墨　杜邦喷墨油墨推出了新的品牌产品——Artistri Solar Brite，该油墨可以用于室外的纺织品数字印刷，如室外的旗帜广告等。Artistri 是杜邦公司特有的纺织品数字印刷系统，具有很好的渗透力。油墨的特殊配方及其预处理技术，使得产品具有很好的耐紫外线能力，较高的色牢度，经久耐用，色彩的渗透力更强。

第五节　数字印刷工艺

数字印刷系统是与传统印刷概念迥然不同的现代化印刷系统，数字印刷不用胶片，不用印版，省略了原有拼版、修版、装版对位、调墨、润版等传统工艺过程，不发生胶印工艺中的水墨平衡问题，从计算机的数字信息直接输出到数字印刷系统，完成数字化信息转变为可视印刷品的印刷工艺，从而大大简化了传统的印刷生产工序，实现了短版印刷、快速印刷、可变信息印刷，达到了现代印刷追求的实用、精良而经济的印刷工艺。

由于数字印刷工艺具有可变信息印刷、个性化印刷、定制印刷和按需印刷等特色优势，人们认为它更加适合能够对市场快速做出反应、交活快捷以及短版作业的出版印刷和商业印刷，并逐步取代部分传统印刷工艺。经过十几年的数字印刷工艺推广和市场应用，人们逐步认识到数字印刷工艺与传统印刷工艺形成互补，是与传统印刷工艺并驾齐驱的新型印刷工艺。随着数字印刷技术的不断进步，数字印刷产品的质量和生产效率都有了显著的提高，已成为不可忽视的主要印刷工艺之一。

数字印刷技术与传统的模拟印刷工艺是两种不同形式的信息数据，信息处理加工原理不同，导致印刷复制工艺的差异，其工艺应用领域也不同。数字印刷工艺的特点主要有：

① 生产准备时间短，能够对市场做出快速反应，生产周期短。

② 能够完成可变信息印刷、个性化印刷、定制印刷和按需印刷。

③ 数字印刷为无版、非接触印刷，可在广泛的承印材料上复制，避免图像易于发生变形的现象，确保较高的印刷质量。

④ 可以高效完成数字样张和短版作业，印刷成本不取决于印刷数量和批次。

⑤ 对色彩叠印及陷印的要求不高，操作方便，可以与其他传统印刷工艺组合，优势互补；实现四色以上的多色印刷和专色印刷；可实现大幅面、全景作品的复制生产，达到特殊印刷效果。

⑥ 绿色环保，无须采用胶片或印版作为转换媒介，生产成本低；所生产材料、生产工艺和印刷产品更加绿色环保。

⑦ 色彩匹配更加准确，易于实现高精度、高保真印刷工艺；全流程数字化，可减少生产累计误差，保证印刷质量。

⑧ 数字印刷电子文件应用方便，便于传输和通信，既可以实现多地点的异地快速作业生产，又方便互联网、CD-ROM、视频、印刷品和多媒体的跨媒体应用。

⑨ 灵活性大，扩大企业的市场应变能力，充分满足客户需求。

但是，数字印刷工艺也有一些不足，如数字静电印刷工艺受印刷幅面偏小的严重制约，喷墨印刷工艺受到承印材料特性的制约，数字印刷工艺的联线加工仍然受到技术发展的制约，数字印刷工艺在印刷质量和印刷效率之间的矛盾依然存在。

包装印刷领域近年来也在发生着明显的市场变化，市场需求也在越来越与数字印刷工艺相靠近，供给和需求越来越靠拢，发展前景越来越清晰。

近年来，已有越来越多的包装印刷企业在继续发展传统包装印刷工艺的同时，引入数字印刷系统，以满足不同包装印刷客户的特殊需求，逐步形成了一种非常良好的数字印刷系统与传统印刷包装系统互补生产模式。这些企业与数字印刷系统的供应商们合作（或者采用自主开发的模式）推动数字印刷技术的升级和数字印刷工艺的优化，例如生产出与传统胶印质量媲美的高质量数字印刷设备、达到传统柔印、凹印速度相匹配的高速数字印刷机，此外还有与数字印刷机配套的印后装潢加工设备，将数字印刷系统的改造和发展与包装印刷市场的需求紧密结合起来，依靠数字印刷的技术进步和工艺优化，切入包装印刷市场，满足包装印刷生产的需求，使得数字印刷工艺在包装印刷领域的应用越来越广泛。

尽管如此，就目前而言，数字印刷技术在包装印刷工艺中的应用还十分有限，所占有的市场份额也比较小，其主要应用领域仍然局限在辅助传统包装印刷方面，如采用柔印或胶印工艺进行包装图文的生产，再利用喷墨、热转印等数字印刷工艺，进行包装条形码、客户信息、生产日期、保质期、电子码、验证码及其他一些可变信息的印刷。

数字印刷在包装印刷领域的应用主要集中在标签印刷、个性化印刷和特殊用途印刷。

一、标签数字印刷

全球包装、纸张和印刷行业供应链的权威研究机构 Pira 公司的最新市场研究报告《数字印刷在包装中的应用及未来》显示全球喷墨印刷和碳粉印刷的产值将从 2019 年的 189 亿美元增长到 2024 年的 316 亿美元，相当于在这五年预测期内，喷墨印刷和碳粉印刷每年将以 10.9% 的年均增长率增长。尽管数字印刷增长非常迅猛，但到 2019 年，它在整个包装市场的份额仍然很小，仅占 2019 年标签和包装印刷总产量的 1.68%。如果以产值计算的话，数字印刷产值只占整个包装印刷市场的 6.38%，而标签印刷占据了数字印刷的大部分市场。

数字印刷产生和发展的源动力主要来自个性化的需求、短版的需求以及即时性的需求三个方面，而目前标签印刷市场所体现出来的正是这样的一种发展趋势。一方面，标签的设计和印刷越来越精美，新品种的标签在不断涌现，而单一品种大批量标签的数量却在下降。以前常规的标签印刷业务动辄几十万个，现在一批标签却经常只要几万个，甚至是几千个，并且业务催得非常急。同时，现代标签上体现的可变数据也越来越多，对数字化印刷的要求也越来越大。凡此种种，都为数字印刷在标签领域的应用提供了良好的空间，数字印刷工艺必将在标签印刷领域发挥越来越大的作用。

传统印刷工艺中，大批量的标签印刷必须一次性完成才能降低单个标签的成本，导致印制出的标签并不能短时间用完而需要堆积库存，不仅占用资金和库房，还无法适应瞬息多变的包装市场。而数字印刷技术的特点正好满足了包装生产商小批量标签按需印刷的需求，印制成本也相对降低。同时对于一些特殊商品的标签，如零售业的个性化包装标签、智能标签等，数字印刷也是最合适的选择。针对印刷标准较高的标签印刷，数字印刷的分辨力最高可达 2400dpi，可印刷高达 230 线/in 的高精度图像，最多可达 7 色的高保真印刷和专色印刷，并且保证油墨色彩的持久，使得数字印刷在包装印刷领域受到高度重视。此外，专有的磁粉成像技术，高质量的挂网技术，强大的颜色生成工具以及精确的套准控制是保证数字印刷机印刷出优异印刷品的基础。因此，许多药品供应商已经不再按后续订单印刷存放成批的产品，而是先生产大量的通用产品，然后为特定的应用或产品定制包装。

在吸塑包装、纸盒或小瓶上，以数字印刷方式在特定的位置印上目标语种的文字，以减少供应链中的库存和营运资金。

此外，喷墨印刷技术正在越来越多地加入到现有的包装生产线中，并提供更好的印刷图文质量和更大的灵活性。数字印刷对品牌保护相当有效，透明的 UV 荧光色粉或油墨能提供隐蔽和公开的防伪功能。可变数据可以提供代码标识，实现了包装从整个供应链到使用点的可追溯性。

日化、电子、电器、医药、食品、物流行业是标签行业的生力军。然而，在日益激烈的市场竞争中，许多日常消费品、食品和药品制造商推出新产品的周期越来越短，越来越频繁地更换包装和标签设计。标签印刷商希望能够在最短的时间内以最新的印刷设计、最快的印刷速度、最便宜的价格制作数量有限的标签。其次，市场竞争不断加剧，企业利润下降，商品生命周期变短，库存缩减，促销和消费者的需求多样化，单一订单量不大等，都要求印刷商以更加迅速的反应来面对市场变化。

随着按需印刷的客户不断增多，印数与品种将随着市场发生变化，在不降低印刷品质的前提下，快速、灵活已成为另一项衡量市场竞争力的重要指标。

彩色数字印刷工艺符合标签印刷发展需求，为标签印刷工业带来了革命性的变化，应用数字印刷机印刷数字包装标签已成为标签印刷厂商的新选择。

XEIKON 系列数字印刷设备采用静电数字印刷技术，它不仅具备数字印刷的全部优点，还具有自己独特的技术特性。XEIKON 的专利技术"一次通过，双面印刷"，以及卷筒印刷设计，在标签印刷、账单印刷、直邮印刷和包装印刷等应用领域优势显著。承印物克重可以达到 $40 \sim 350 \mathrm{g/m^2}$，包括水印纸、宣纸、无纺布、胶片、合成纸和热转印材料等，配合包括透明碳粉和可定制的专色碳粉，给客户的产品创新和高附加值产品的设计和生产提供了极大的便利和广阔的应用空间。针对标签和包装印刷领域，Xeikon 公司还推出了 DCP 320S、DCP 500SP 和 DCP 500SF 彩色数字印刷机。

DCP 320S 数字印刷机主要用于标签印刷，印刷速度为 430m/h，能够处理多种承印物，如普通纸、不干胶纸、合成纸、特种纸以及 PP、PET 薄膜等，承印物厚度为 $20 \sim 200 \mu m$；有专门的进纸设备，最大幅宽 330mm；印刷图像分辨力 600dpi。DCP 500SP 数字印刷机主要用于折叠纸盒、纸杯、液体包装的印刷，印刷速度可以达到 630 张/h，分辨力 600dpi。DCP 500SF 是一款专为塑料薄膜印刷市场设计的彩色数字印刷机，应用灵活，可进行透明薄膜五色印刷，其中一色用于白墨打底。承印物的最大幅宽为 500mm；采用独特的成像技术，图像输出精度高，600dpi 图像效果等同于 2400dpi。

二、个性化包装数字印刷

随着经济的飞速发展和人们生活水平的不断提高，为了促进商品的销售，人们一直在研究包装装潢设计，在商品同质化现象日趋严重的今天，个性化的包装印刷会以强烈的视觉冲击力吸引消费者的眼球，使消费者留意、观察、赞赏并最终产生购买行为。在一家经营 15000 个产品项目的普通超级市场里，一般消费者大约每分钟浏览 30 件产品，也就是说，品牌包装相当于做了 5s 的广告。研究表明，消费者根据包装装潢而进行购买决策的占到 36%。

近两年来，个性化印刷发展很快，有从大众市场向大众定制市场以及细分市场转变的趋势。此外，还出现了更为个性化的一对一营销模式。生产商对于不同客户的不同需求更为敏感，对客户的需求做出更为积极的响应。数字印刷技术的发展为个性化印刷包装的迅速发展提供了基础。

（1）个性化印刷品市场　印刷品的个性化是一种文化潮流，设计精美的个性化印刷品需求比例正在越来越多。如果能够把个性化数据库与个性化印刷工艺、客户管理服务系统有效结合起来，将能满足一部分特殊行业或特定人群的需要，例如个性化产品目录、个性化商业广告、防伪产品、个性化礼品、个性化标签等。

目前已有越来越多的形式多样、设计自由、根据不同客户而设计的个性化包装走进我们的生活，送给朋友礼物的礼品包装也成为个性化包装的一个新领域。数字印刷工艺的到来给包装领域开拓了一个新市场，用户可以对设计的包装产品随意进行修改，即使在准备开始印刷的最后一分钟，也可以提出修改意见，这是在传统印刷中几乎无法做到的事情。同时这种可变数据的印刷技术在防伪包装领域显得更为突出。

企业将自己的品牌以及企业文化融合进印刷设计中，在宴请客户的同时又无形中宣传了自己。个性化定制酒市场的不断发展促进了数字包装印刷的发展。可口可乐公司发起一项耐人寻味的市场营销活动，它利用横跨整个欧洲的数字与传统印刷商网络加工出 8 亿枚个性化印刷标签，彻底改写了营销市场的游戏法则。从可口可乐到零度可乐、再到健怡可乐，这种个性化包装充分应用了数字包装印刷工艺，取得极大成功。

（2）数字打样市场　随着数字印刷技术的发展，国际上的数字打样方式已经占到印刷打样方式的约 70%。中国城市和城镇众多，数字打样技术非常适合印刷企业用来取代传统的模拟打样方式，实现全数字打样。这项应用正在扩展到广告公司等印刷品设计企业，具有很大的增长空间。

（3）工业化领域应用　随着数字印刷承印材料的日益扩大，数字印刷工艺已从单纯的纸张、不干胶承印材料扩展到特种纸、塑料薄膜、无纺布、箔，甚至玻璃、木材和金属，印刷产品也从出版印刷、商业印刷迈进包装印刷和特种印刷领域，继而进入工业化印刷领域。这几年，3D 打印、太阳能电池板印刷、平版电池印刷、电路板印刷、智能卡天线印刷、荧光显示屏印刷、标志牌印刷等正在成为数字印刷新领域，发展前景值得看好。

在个性化数字包装印刷领域，数字喷墨技术深受专业人士欢迎，特别是在 POP 展示品印刷领域，数字喷墨技术是一种最佳选择，它不需要制版，而且完全没有对输出产品数量的限制，真正做到了单张起印，特别适合小批量、个性化的订单生产。

赛天使公司（Scitex Vision）在数字喷墨行业一直处于领先地位，并将其独有的 Aprion（多阵列图像彩色喷墨）技术应用到瓦楞纸板印刷领域，推出了宽幅瓦楞纸板数字印刷解决方案——赛天使 CORjet。Aprion 技术包括新一代的环保型水性油墨和 Aprion 喷头技术，图像精度高达 600dpi，从定稿到出成品只需要 5min，批量生产速度可达到 79 张/h，可印刷瓦楞纸板的厚度达 10mm，最大幅面达 1.55m×3.2m，可以达到 150m^2/h 的印刷速度，色彩的亮丽程度及饱和度可以达到或超过传统印刷工艺。另外，采用水性油墨不但具有防水、防紫外线的特性，而且无污染，无异味，可适用于食品、化妆品的包装及个性化展示，是小批量生产、市场营销测试、促销活动和个性化定制的极好选择。

爱克发的子公司 Dotrix 在数字印刷设备的开发方面拥有丰富的经验，当了解到包装和标签印刷市场对高产量数字印刷有着日益迫切需要，而采用着色剂的数字印刷方案并不能满足这种需求后，Dotrix 公司致力于研究能够满足工业应用的数字印刷方案，开发出了业内领先的 SPICE（Single Pass Inkjet Color Engine）技术。SPICE 技术采用压电按需喷墨方式，印刷时喷墨头固定不动，承印材料移动，提高了设备的稳定性和可靠性，延长了设备的使用寿命。目前 SPICE 技术已应用于爱克发 the. factory 数字印刷机及 Mark Andy 的 DT2200 印刷设备。

the. factory 数字印刷机可用于装饰材料、软包装、销售点纸盒、广告牌及票据印刷等。the. factory 数字印刷机采用灰阶压电按需喷墨头，印刷质量能够与凹版印刷、柔性版印刷媲美。the. factory 数字印刷机对承印物的适应性广泛，包括各种纸张及合成材料，能够印刷薄至 30μm 的 BOPP 薄膜以及 450g/m² 的厚纸板。

喷墨印刷与包装有着无穷尽的结合点。喷墨印刷的无接触式印刷使得无论是没有预涂层的超薄膜层，还是热感、压感、模内标签材料都可直接印刷，塑料袋、多层包装、铝罐盖、吸塑包装等软包装材料印刷均不在话下。喷墨印刷油墨的种类也逐渐丰富，溶剂型油墨、染料型油墨、水性颜料油墨、UV 油墨等，几乎所有的油墨类型都涵盖其中，完全满足食品、药品包装等对油墨的特殊需求。除了可以实现普通多色印刷外，专色油墨应用也非常方便，极大地扩展了包装印刷的色域。新的喷墨印刷质量已经证实可以比肩胶印质量，甚至超越传统印刷在色彩、分辨率、套印和一致性等方面的印刷质量，而这并没有以损害印刷速度为代价，相反高速度正是喷墨印刷的独特优势，对包装印刷生产效率提高有很大促进作用。

可变数据印刷与传统印刷的结合又为包装印刷带来新的活力，如爱克发公司推出的 Dotrix 模块化工业喷墨印刷机，显示了在软包装及纸盒印刷的强大功能，该设备预留有联线的柔版接口，使得印刷专色或如金属、荧光以及高密度白墨和光油成为可能，使其成为全球首台可处理不同介质的软包装市场所需要的喷墨印刷系统，成为软包装印刷市场的有力竞争者，其特点之一是操作者可快速转换活件，使得中小印量印刷更为经济和迅速，成本竞争力不容小视。据测算，在印量高于 1.5 万 m 时，其成本依然比传统柔印更为经济。

三、特殊用途包装数字印刷

1. 试销包装新产品

为了适应更加激烈的市场竞争，日用消费品、食品、药品等生产商推出新产品的周期越来越短，更换产品包装的频率越来越快。产品生产厂商在正式推出一种新产品或更换新包装时，往往会选择个别有代表性的地域、门店进行试销，投放数量极少的产品来试探消费者对这种新产品或新包装的反应，以便及时调整销售策略。另外，在促销活动期间推出的产品和礼品数量有限，但对包装印刷的质量要求却很高。数字印刷技术正适合在最短时间内、以最快的速度和最低的成本提供数量不多的高质量包装。

2. 展示包装产品

很多知名企业或大卖场都用个性化很强的 POP 展示台架作为商品促销的手段，而仅需要为数不多的展示品，此时采用传统的印刷方式为展示品制作包装非常不经济，但如果采用数字印刷方式则能够以合理的价格获得高质量的展示产品，如瓦楞纸制放的大牙膏盒、洗衣粉罐或咖啡盒等包装产品。

3. 分散印制包装

随着越来越多的国外厂商来中国投资建厂，一些国际知名品牌，如宝洁、联合利华、雀巢、德芙等都进入中国市场，其包装一般为统一设计、产地生产，这就对产品包装的本地化生产提出了更高的要求，不管批量大小，包装印刷质量必须保证全球一致，以提高和维护企业形象。有了数字印刷解决方案，在得到客户电子文档后，就能够迅速采用数字化工作流程及色彩管理系统的控制打出实样，实现所见即所得，不仅保证了企业的全球包装一致性，也能够保证不同批次生产产品的色彩一致性。

随着数字印刷技术和包装技术的不断发展，数字印刷技术在包装印刷领域的应用比重将会逐渐增加，小批量、个性化的包装产品将是数字印刷工艺在包装领域发挥作用的主要市场。数字印刷的技术进步主要体现在以下 4 点：

① 幅面更大　无论是静电成像数字印刷，还是喷墨印刷，B2 幅面渐成主流，如 HP Indigo 20000/30000 数字印刷机、日本宫腰 8000 数字印刷机、富士胶片 JetPress 750S 数字喷墨印刷机等设备的相继推出，让数字印刷设备的幅面得到了相应的提升，使得一些幅面稍大的包装印刷活件不再受限。

② 承印材料范围更广　在喷墨印刷领域，白墨印刷的实现，使得喷墨印刷的承印材料范围扩大至透明薄膜、金属箔等材料。UV 喷墨印刷凭借广泛的承印材料适应性逐渐成为主流，如富士胶片在 drupa2012 推出的 JetPressF 数字喷墨印刷机配备了快干 UV 喷墨印刷油墨 VIVDIA，可以满足折叠纸盒印刷的特殊性能需求，而且高能量、低能耗、低发热量的 LED-UV 固化技术越来越受关注。在静电成像数字印刷领域，专为软包装印刷领域全新研发的 HP Indigo20000 配置了在线涂布单元，使其兼容的承印材料范围变得更为广泛。

③ 色域更广、印刷分辨率更高　印刷色域日益扩大，不少数字印刷机已经可以达到 7 色印刷，如 HP ElectroInk 可支持多达 7 种颜色的印刷，包括白色和专色；赛康公司最新推出的 Trillium 卷筒纸数字印刷机采用了新型高精细液体墨水（实际上是微细的高黏度固体墨粉），使静电成像数字印刷的质量堪比胶印；日本宫腰和利优比联合研发的新款宫腰 8000 数字印刷机也采用了高精细液体墨水，通过胶印系统将墨水传递到承印材料表面，印刷分辨率高达 1200dpi。

④ 印刷速度更快　印刷速度不断提升，宫腰 8000 数字印刷机的速度已可达 8000 张/h，号称目前全球 B2 幅面同级别产品中速度最快。

与传统印刷相比，在包装印刷领域的发展仍存在以下瓶颈。

① 承印材料范围较窄，幅面较小　承印材料范围较窄一直是困扰数字印刷的主要问题之一，为此，数字印刷设备厂商推出了诸多解决方案，但对于承印材料范围更广的包装印刷而言，可能还要在此基础上进行提升与完善，以真正实现承印材料不受限制的目标。

② 联线数字印后加工技术不够成熟　包装印刷生产经常会涉及许多印后加工工序，如上光、烫印、模切、压痕等，这些工序对于传统印刷而言已经非常成熟。然而，对于数字印刷而言，数字印后加工技术目前还不够成熟，尤其是联线数字印后加工技术是阻碍数字印刷发展的短板之一。采用离线印后加工方式，就会因印刷与印后加工速度匹配方面的差异而影响整体生产效率，从而无法体现出数字印刷快速、便捷的优势，因此推出更多创新的联线数字印后加工解决方案迫在眉睫。

对此，一些设备厂商潜心研究，以期尽快将这块短板补齐。例如，惠普公司与德国印后设备厂商 Kama 公司建立合作关系，将 Kama 公司的 B3 模切系统与 HP Indigo 数字印刷系统集成在一起；艾司科公司的 Kongsberg 数字模切工作平台已与纸盒数字印刷生产系统实现联机生产。虽然联线数字印后加工技术受到越来越多设备厂商的关注，但要想真正实现完整的数字包装印刷端到端的解决方案，在技术方面还需不断磨合与完善。

习　　题

1. 简述数字印刷的特点。
2. 试述静电成像的基本原理。
3. 图示说明喷墨印刷的技术类型。
4. 试比较主流静电成像数字印刷机的结构异同。
5. 简述按需喷墨数字印刷机的特点。
6. 数字印刷对涂布纸有何要求？
7. 数字印刷油墨有哪些种类？
8. 喷墨式数字印刷机用墨水有何特点？
9. 何谓电子油墨？电子油墨有何特点？
10. 数字印刷工艺有哪些主要特色优势？
11. 简述标签印刷应用数字印刷工艺的优势。
12. 简述个性化数字印刷应用的市场领域。

第七章　包装印后加工

本章学习目标及要求：

1. 了解包装印后加工的基本概念及基本知识。理解包装印后加工的工艺过程及质量控制的重要性。

2. 归纳、总结常见的包装印后加工工艺流程，并列举其影响因素。

3. 掌握上光、覆膜、烫印、模切压痕等包装印后加工工艺流程。

第一节　上　　光

上光是均匀地在印品表面涂布一层无色透明涂料（也称上光油），经热风干燥、冷风冷却或压光后在印品表面形成薄而均匀的透明光亮层。上光加工是改善印品表面性能的一种有效方法，不仅可以增强表面光亮度，还能够起到防潮、防霉的作用，并具有抗机械摩擦和防化学腐蚀的作用，保护印刷图文。因此，被广泛地应用于包装纸盒、画册、大幅装饰、招贴画等印品的表面加工中。而且上光不影响纸张的回收再利用，可节省资源、保护环境。

由于胶印印品墨层比较薄，易造成墨色饱和度不足，印品整体光泽效果往往不佳。如果采用上光工艺，不仅可改善印品的表面光滑度，提高印品墨层的亮度，还为纸/纸板包装提供了一层有效的防护膜，使其色彩能够在印后加工以及储运包装中不致因摩擦而脱落。

上光设备有联线上光机组和独立上光机，上光油的选择要与上光设备相匹配。上光可分为满版上光和局部上光。而上光涂布可采用胶印、凹印、柔印和丝印等方式。不难理解，上光的优点集中体现在产品的美观性、防水性、防潮性、耐折性及耐磨性等方面。

印刷品上光的目的和作用可归纳为以下几方面：

（1）增强印刷品的外观效果　印刷品的上光包括整体上光和局部上光，也包括高光泽型和亚光型（无反射光泽）上光。无论哪一种上光形式，均可提高印刷品外观效果，使印刷品质感更加厚实丰满，色彩更加鲜艳明亮，提高了印刷品的光泽和艺术效果，起到美化的作用和功能。纸包装商品经过上光处理后，能使产品更具吸引力，刺激消费者的购买欲。

（2）可以改善印刷品的使用性能　根据不同印刷品的特点，选用适宜的上光工艺和材料，可以明显改善印刷品的使用性能。扑克牌经上光后，可以提高滑爽性和耐折性；电池外层包装经过上光后，可以提高它的防潮性能。

（3）可以增进印刷品的保护性能　各种上光方法都可以不同程度地起到保护印刷品及保护商品的功能。经过上光处理后，一般均可提高印刷品的耐水性、耐化学溶剂性、耐摩擦性、耐热和耐寒性等，使印刷产品得到进一步保护，进而减少产品在运输、储存和使用过程中的损失。因而，纸盒、纸袋类包装品印刷上大量地采用了上光加工工艺方法。

由于溶剂型上光油多为醇溶合成树脂，通过醇、酯、醚类溶剂分散成黏稠、透明液体。由于溶剂上光油的耐水性、耐磨性、反黏性、干燥性等方面的功效略差，而且醇类溶剂易于挥发，会影响环境和人身健康。因此，取而代之的是水性上光和 UV 上光、LED-UV 上光等方式。

一、上 光 方 式

与油墨相似，上光所用的光油有油性上光油、醇溶性上光油、水性上光油和 UV 上光油等类型，应根据实际用途来合理加以选择，比如药品、食品、化妆品等商品，就应该选用醇性或水性上光油。

（1）UV 上光　UV 上光（紫外线固化上光）依靠 UV 光的照射，使 UV 涂料内部发生光化学反应，完成固化过程。固化时不存在溶剂的挥发，不会造成对环境的污染。使用 UV 上光油的印品表面光泽度高，耐热、耐磨、耐水、耐光，广泛应用于中高档的标签和包装印刷品。

① UV 光油的组成　UV 光油是在一定波长的紫外光照射下能够从液态瞬间转变为固态的物质。UV 光油由预聚物（如丙烯酸盐聚合物）、活性稀释剂、光引发剂和其他助剂组成，其干燥机理是：在一定波长的紫外光照射下，光引发剂被激发出游离基，该活性基团能与预聚物中的不饱和双键快速发生链式聚合反应，使上光油瞬间交联结膜而固化。丙烯酸盐聚合物使其具有优良的光泽度、硬度和耐摩擦性，在紫外光作用下，光引发剂分解高能的活性分子，将光能转换并使丙烯酸盐聚合物发生链接反应，产生一层完全交联的上光油膜层。因此，UV 上光后的印品防水性、防潮性和耐磨性都比较好。

② UV 光油的应用　UV 上光油可广泛用于辊式涂布机、叼纸牙式涂布机、凹印涂布机及柔性版涂布机等脱机上光。厚纸专用的高效率辊式涂布机，是由同方向旋转的滚筒组成，根据滚筒的不同组合及滚筒间中心线角度的不同可分为很多型号。凹印涂布机及柔性版涂布机以局部涂布为主；凹版涂布机涂布能使局部图像鲜明，涂层均匀；但涂布量只能依靠稀释量来调整，只要不改变凹版线数深度及形状，是不能增减涂布量的。而柔性版涂布时，图像边缘容易产生边缘轮廓，缺乏鲜明性，但涂布量的调整及改版相对比较容易。

利用上述任何一种涂布机涂布后，一般还要采用热风烘箱或红外线烘箱使溶剂挥发，然后通过紫外线固化。纸张涂布 UV 上光油时，可采用先印刷、后脱机上光方式，上光速度一般为 30~60m/min。

③ UV 上光的主要特点　UV 上光油几乎不含溶剂，有机挥发物排放量极少；不含溶剂，固化时不需要热能，其固化所需的能耗只有红外固化型油墨和红外固化型上光油的20%左右；油墨亲和力强，附着牢固；色彩明显较其他加工方法鲜艳亮丽，固化后的涂层耐磨，更具有耐药品性和耐化学性，稳定性好，能够用水和乙醇擦洗；可以回收利用；纸张和油墨的附着力较差，模切和折叠时容易爆裂；在瞬间干燥过程中会释放出少量臭氧。

（2）LED-UV 上光

① LED 冷光源 UV 固化技术　在使用冷光源的同时，采用冷型灯具系统，通过选择地反射紫外光而吸收红外光（热量），并配合水冷、风冷来降低 UV 固化的温度。采用冷光源 UV 技术最多可减少80%的热量，保证承印物表面温度不会超过45℃。

② 冷光源 UV 技术的优点　节能环保，降低成本；优化生产工艺流程，提高生产效率；解决了油墨附着力的问题和印品变色问题，避免了承印材料受热变形而引发的套印精度等问题；应用范围广，可用于四色油墨、专色油墨、光油；材料应用广泛，可用于纸张、镀铝纸、PP/PVC/PET、合成纸的上光。

（3）水性上光　水性上光的包装产品防水性、防潮性、耐折性都较好，但是耐磨性较差。水性上光的主要特点有：干燥迅速、膜层透明度好、性能稳定，不易变黄、变色；上光表面耐磨性好、不掉色、斥水、斥油，能满足纸盒高速包装香烟生产线的要求；无毒、无味，特别适合食品、烟草包装纸盒的上光；成品平整度好、膜面光滑；印后加工适性宽，模切、烫印均可加工；耐高温、热封性能好；使用安全可靠、储运方便。

水性上光油主要由主剂、溶剂、辅助剂三大类组成，具有无色、无味、透明感强且无毒、无有机挥发物、成本低、来源广等特点，是其他溶剂性上光油所无法相比的。如果加入其他主剂和助剂，还可具有良好的光泽性、耐磨性和耐化学药品性，经济卫生，对包装印刷尤为适合。水性上光油根据产品用途主要分为高光泽、普通光泽、亚光光泽三种。从加工工艺上可分为墨斗上光工艺、水斗上光工艺（用普通胶印机的水、墨斗）、专用上光机上光工艺、联机上光工艺。

（4）珠光颜料上光　珠光颜料上光是将一种具有色泽和半透明性、有部分遮盖力的片晶状结构的颜料均匀涂布到印品表面。云母钛型珠光颜料是不同于目前常见的吸收型色料和反射型金属颜料的另一类光学干涉型颜料。珠光效果来自于其云母内核与金属氧化物构成的层状结构，二氧化钛、氧化铁以及氧化铬等与云母之间的光学折射率差异是形成光干涉效应的主要原因。

不同的印刷方式有不同的珠光效果。丝网印刷方式油墨层厚实，珠光效果表现最充分；其次是凹版印刷、柔性版印刷和上光；胶印方式的转移油墨量最低，转印到纸面上的颜料也相应最少，另外，由于胶印中有润版液（水）的存在，会影响珠光效果。因此，对于要求珠光效果强、较大批量的印刷品，最好采用凹版或柔性版印刷；对于要求珠光效果强、但批量不大的印刷品，应该考虑用丝网版印刷；对于珠光效果要求一般，数量有限的急件，可以选用胶印方式。

二、上光设备

上光机也称过油机，主要由印刷品传输机构、涂布机构、干燥机构以及机械传动、电器控制等系统组成，上光涂布结构如图 7-1 所示。上光机的干燥方式有：固体加热干燥、

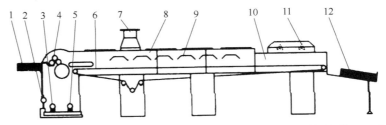

1—输入台；2—涂料输送装置；3—涂布动力机构；4—涂布机构；5—输送带传动机构；6—印品输送带；
7—排气管道；8—烘干室；9—加热装置；10—冷却室；11—冷却送风系统；12—印品收集装置。

图 7-1　上光涂布机结构示意图

挥发干燥、紫外线固化干燥、红外线辐射干燥。

按上光方式不同，上光设备可分为脱机（离线）上光和联机（在线）上光。

脱机上光是印刷、上光分别在专用机械上完成，上光需要使用专用上光机或压光机。而联机上光是印刷、上光一次完成，具有速度快、效率高等特点，不但节省了资金，还提高了工作效率，并减少了因半成品周转而造成的印品损失和所带来的麻烦。柔印机、凹印机和部分胶印机目前都采用联机上光。普通脱机上光设备是先上光涂布，待干燥后再压光；组合式脱机上光设备是将上光机、压光机等以积木形式或其他形式组成的上光机组。

联机上光设备流行采用辊式涂布装置，将光油转移到承印物上。罗兰公司和海德堡公司采用先进实用的封闭刮墨刀上光系统，由陶瓷网纹辊和封闭式刮墨刀以及柔性树脂涂布版辊组成。该系统的主要优点是通过选择不同的陶瓷网纹辊，精确地按需要的涂布量完成涂布和上光，既能快速更换网纹辊和上光涂布版，又能在整个印刷幅宽内均匀涂布或进行精确的局部上光。使用封闭刮墨刀系统上光，类似于在胶印机的后部配置一个柔印机组，不仅可以获得饱满厚实的上光涂层，又可以灵活地采取局部上光，更为珠光等特殊光泽提供了充分表现的空间。

1. 脱机上光

（1）普通脱机上光设备 按印刷品输入方式分的上光机有半自动和全自动两种；按加工对象范围分有厚纸专用型上光机和通用型上光机；按干燥机理分有固体传导加热干燥和辐射加热干燥。压光机是上光涂布机的配套设备，上光涂布机主要由印刷品输入机构和传送机构、涂布机构、干燥机构以及机械传动机构、电器控制等系统构成。涂布机构的作用是在待涂印刷品的表面均匀地涂敷一层涂料，由涂布系统和涂料输送系统组成。常见的涂布方式有三辊直接涂布式、浸入逆转涂布式。

① 涂布机构

a. 三辊直接涂布式 如图 7-2 所示，上光涂料由出料孔或喷嘴均匀地喷洒在计量辊与施涂辊之间，两辊反向转动，由计量辊控制施涂辊表面涂层的厚度。而后由施涂辊将其表面涂层转移涂覆到印刷品的待涂表面上。涂布量的大小受施涂辊与计量辊之间的间隙控制，间隙小涂层就薄。同时还受施涂辊与衬辊两者间的速比控制，其比值通常在 0.8~4.0。该比值越大，涂布的涂料量也越大。另外，涂层的厚度还与涂料涂层的流变学性质有关，一般涂层的厚度与涂料黏度成正比例关系。为了适应不同重量印刷品的涂布加工，涂布辊组装有压力调整机构。

b. 浸入逆转涂布式 如图 7-3 所示，浸入逆转式涂布结构一般由贮料槽、上料辊、匀料辊、施涂辊和衬辊等组成。涂料由自动输液泵送至贮料槽，上料辊浸入贮料槽中一定深度，辊表面将涂料带起并经匀料辊传至施涂辊。匀料辊的主要作用是将涂料均匀地传给施涂辊以控制涂层的厚度。而后施涂辊将涂料涂敷转移到印刷品的被涂表面上。涂布结构的改变可通过调整各辊之间的工作间隙，或改变涂布机速以及涂料的流变特性等方法来实现。

② 干燥机构 干燥的作用是为了加速涂料的干燥结膜，以实现上光涂布机的连续性涂布。根据其干燥机理不同，干燥的形式可以分为：

a. 固体传导加热干燥 这类干燥装置由加热源、电器控制系统、通风系统等构成，是目前常用的加热干燥形式。其干燥源为普通电热管、电热律、电热板等。干燥源产生热

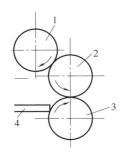

1—计量辊；2—施涂辊；3—衬
辊；4—印刷品输送台。

图 7-2　三辊直接涂布示意图

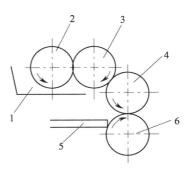

1—储料槽；2—上料辊；3—匀料辊；
4—拖料辊；5—输纸台；6—衬辊。

图 7-3　浸入逆转式结构示意图

能后，由通风系统将热能送入密封的干燥通道中，使干燥通道的空气温度升高。进入通道的印刷品表面的涂层受到周围高温空气的影响，其分子运动加剧，从而使涂层中的溶剂挥发速率增大，达到迅速干燥成膜的目的。这类干燥装置结构简单，成本低，使用与维修都十分方便；但是其干燥效率不高，能量消耗大。

b. 辐射加热干燥　如红外线辐射、紫外线辐射、微波辐射等。这类干燥装置一般由辐射源、反射器、控制系统以及其他系统构成。这种干燥方式很有发展前途。

红外线干燥机理：进入涂层的红外线部分被涂层吸收，转变为热能，使涂层的原子和分子在受热时运动加剧，原物质中处于基态的电子有可能被激发而跃迁到更高的能级。若红外线的波数恰好与涂料分子中原子跃迁的波数相同，则产生激烈的分子共振，使涂料温度升高，起到加速干燥的作用。

可被紫外线辐射干燥的上光涂料是一些能由自由基激发聚合的活跃的单体或低聚物的混合物。在干燥过程中，上光涂料经紫外光辐射后，光引发剂被引发，产生游离基或离子；这些游离基或离子与预聚体或不饱和单体中的双键起交联反应，形成单体基团，单体基团开始连锁反应聚合成固体高分子，从而完成上光涂料的干燥过程。

（2）组合式脱机上光设备　上光机、压光机中的基本结构或装置，按模块的方式或其他形式组合而成的上光机组。组合式脱机上光设备是以上光机、压光机中的基本机构或装置按模块的方式或其他形式组合而成的上光机组。一般由自动输纸机构、涂布机构、干燥机构和压光机构等部分组成。其各部分机构及原理与普通上光设备基本相同。可根据被加工印刷品的工艺性质，形成不同的组合形式。如由输纸机构、涂布机构、干燥机构和压光机构组成整机，使上光涂布、压光一次完成；由输纸机构、涂布机构、干燥机构组成的机组，完成上光涂布的加工；由输纸机构、压光机构实现压光加工。

压光机的工作方式通常为连续滚压式。如图 7-4 所示，印刷品从输纸台上输送到热压辊与加压辊之间的压光带下，在温度和压力的作用下，涂层贴附于压光带表面被压光。压光后的涂料层逐渐冷却后形成光亮的表面层。压光带为经特殊处理的不锈钢环状钢带。热压辊内部装有多组远红外加热源，以提供压光中所需的热量。加压辊的压力多采用电气液压式调压系统，可精确地满足压光中对压力大小的要求。压光速度可由调速驱动电机或滑差电机实现调速控制。

254

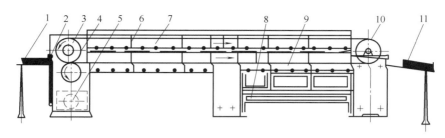

1—印品输送台；2—高压油泵；3—热压辊；4—加压辊；5—调速电机；6—压光钢带；
7—冷却箱；8—冷却水槽；9—通风系统；10—传输辊；11—印品收集台。

图 7-4　压光机结构示意图

2. 联机上光设备

联机上光设备是将上光机组连接于印刷机组之后组成整套印刷上光设备。一般情况下，上光机组连接于印刷机组之后，当纸张完成多色印刷后，立即进入上光机组上光，克服了喷粉所引起的各类质量故障。

① 两用型联动上光设备　利用印刷机组的润湿装置或输墨装置进行上光涂布。

a. 润湿装置　配置能转换的润湿与上光装置，通过作业状态转换，利用现成的印刷机组对承印物进行上光涂布。可根据印刷作业的实际需要，交换润湿与上光功能。这个印刷机组的输墨装置仍然完全保留输墨功能。如图 7-5 所示，顺向运转上光的形式：着液（水）辊与传液（水）辊呈顺向运转状态，液（水）斗辊将以传液辊 1/3～2/3 的转速运转，通过这种转速差就形成预上光，而真正的上光量还是需要通过调整液斗辊的转速来实现。逆向运转上光的形式：着液（水）辊与传液（水）辊呈逆向运转状态。通过这种逆向运转处理，能获得更为均匀的上光墨层，并更好地消除鬼影现象，特别在进行局部上光时，这种上光形式的优越性更为明显。

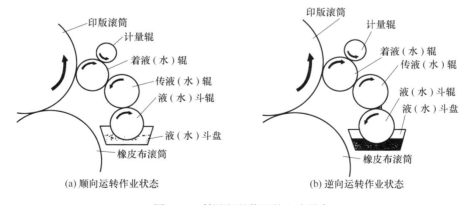

图 7-5　利用润湿装置的上光设备

b. 输墨装置　如同印刷油墨一样，将上光液在墨辊上打匀后便可进行上光。上光液经墨辊传递，先被转移到印版上，再由印版转移到橡皮布上，最后再转移到承印物上。

② 专用型联动上光装置　在印刷机组之后安装专用的上光涂布机构，进行整面或局

部上光，水性上光或 UV 上光均可。用橡皮布或柔性版的网纹辊进行定量局部上光。上光滚筒清洗装置可在印刷单元自动清洗橡皮布时自动清洗上光滚筒的橡皮布。

a. 辊式上光装置　如图 7-6 所示，海德堡 102 CD 胶印机、高宝利必达 105 胶印机等采用辊式上光装置。机组可作为顺向运转两辊式系统，也可作为逆向运转三辊式系统使用。两辊式结构依靠上光液斗辊和着液辊之间的压力来调节上光涂布量，结构简单。逆向运转时，上光滚筒和液斗辊逆向运转，可得到很好光亮度的上光膜层；同时在使用高黏度上光液时，不必靠过于提高辊子间的压力来达到薄而匀的涂布目的。

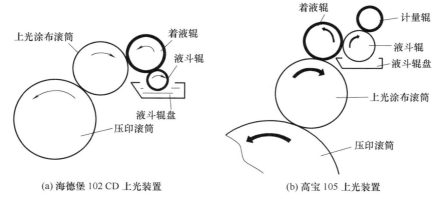

(a) 海德堡 102 CD 上光装置　　　　(b) 高宝 105 上光装置

图 7-6　辊式上光装置示意图

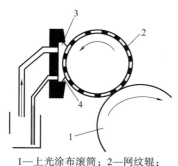

1—上光涂布滚筒；2—网纹辊；
3—上刮刀；4—下刮刀。

图 7-7　海德堡 SM 102-4
刮刀上光装置

b. 刮刀式上光装置　如图 7-7 所示，海德堡 SM 102-4 刮刀式上光装置由两个刮刀和起计量作用的陶瓷网纹辊组成，上下刮刀与网纹辊组成封闭的箱式结构。

三、上光质量及控制

（1）对上光油的要求　印刷品上光后膜层的品质及理化性能，如光泽度、耐折度、耐酸碱性、耐摩擦性以及后加工适性等均与上光油的主剂选择有关。一般采用天然树脂作为成膜物质，上光油干燥后透明性差、易泛黄、产生反黏现象；而采用合成树脂作为主剂的上光油，具有成膜性好、光泽度和透明度高、耐摩擦性强等优点，且耐水、耐气候，适应性广泛。

理想的上光油除具有无色、无味、光泽感强、干燥迅速、耐化学等特性外，还必须具备以下性能：

① 膜层透明度高、不变色　装潢印刷品的上光效果取决于印张表面形成的一层无色透明的膜，需要经干燥后图文不变色，还不能因日晒或使用时间长而变色、泛黄。

② 膜层具有一定的耐磨性　有些上光的印刷品要求上光后具有一定的耐磨性及耐刮性。因为采用高速制盒机、纸板盒包装机装置、书籍上护封等流水线生产工艺，印刷品表面易受到摩擦，故应有耐磨性。

③ 具有一定的柔弹性　任何一种上光油在印刷品表面形成的亮膜都必须保持较好的

弹性，才能与纸张或纸板的柔韧性相适应，不致发生破损或干裂、脱落。

④ 膜层耐环境性能要好　上光后的印刷品有些用于制作各类包装纸盒，为了能够对被包装产品起到较好的保护作用，要求上光膜层耐环境性一定要好。例如，食品、药品、卷烟、化妆品、服装等商品的包装必须具备防潮、防霉的性能。另外，干燥后的膜层化学性能要稳定，能抗拒环境中的弱酸、弱碱的侵蚀作用。

⑤ 对印刷品表面具有一定黏合力　印刷品由于受表面图文墨层积分密度值的影响，表面黏合适性大大降低，为防止干燥后膜层在使用中干裂、脱膜，要求上光膜层黏附力要强，并且对油墨及各类助剂均有一定的黏合力。

⑥ 流平性好、膜面平滑　印刷品承印材料种类繁多，加之印刷图文的影响，表面吸收性、平滑度、润湿性等差别很大，为使上光涂料在不同的产品表面都能形成平滑的膜层，要求上光油流平性好，成膜后膜面光滑。

⑦ 印后加工适性广泛　印刷品上光后，一般还需经过后工序加工处理，例如：模压加工、烫印电化铝等，所以要求上光膜层印后加工适性要宽。例如：耐热性要好，烫印电化铝后，不能产生黏搭现象；耐溶剂性高，干燥后的膜层不能因受后加工中黏合剂的影响而出现起泡、起皱和发黏现象。

（2）影响上光质量的因素　上光涂布过程的实质是上光涂料在印刷品表面流平并干燥的过程。主要影响因素有印刷品的上光适性、上光涂料的种类和性能、涂布加工工艺条件、压光质量等。

① 印刷品上光适性　是指印刷品承印的纸张及印刷图文性能对上光涂布的影响。上光涂布中，上光涂料容易在高平滑度的纸张表面流平。干燥过程中，随着上光涂料的固化，能够形成平滑度较高的膜面，故纸张表面平滑度越高，上光涂布的效果越好，反之亦然。纸张表面的吸收性过强，纸纤维对上光涂料的吸收率高，溶剂渗透快，导致涂料黏度值变大，涂料层在印刷品表面流动的剪切应力增加，影响了上光涂料的流平而难以形成较平滑的膜层；相反，吸收过弱，使上光涂料在流平中的渗透、凝固和结膜作用明显降低，同样不能在印刷品表面形成高质量的膜层。

印刷品油墨的质量也直接影响上光涂料的涂布质量和流平性，油墨的颗粒细，其分散度高，图文墨层就容易被上光涂料所润湿，在涂布压力作用下，流平性好，形成的膜层平滑度高。反之，膜层质量较差。

② 上光涂料的种类和性能　即使工艺条件相同，上光涂料的种类和性能不同，涂布、压光后得到的膜层状况也不一样。如上光涂料的黏度对涂料的流平性、润湿性有很大影响。同一吸收强度的纸张对上光涂料的吸收率与涂料黏度值成反比，即涂料黏度值越小，吸收率越大，会使流平过早结束，导致印刷品表面某些局部欠缺涂料而影响到膜层干燥和压光后的平滑度与光亮度。不同表面张力值的上光涂料对同一印刷品的润湿、附着及浸透作用不同，其涂布和压光后的成膜效果也差别较大。表面张力值小的上光涂料，能够润湿、附着和浸透各类印刷品的实地表面和图文墨层，可流平成光滑而均匀的膜面。反之，则会影响成膜质量。

另外，溶剂的挥发性对膜层质量也有影响。挥发速度太快，会使涂料层来不及流平成均匀的膜面。反之又会引起上光涂料干燥不足，硬化结膜受阻，抗沾污性不良。

③ 涂布工艺条件　涂布量太少，涂料不能均匀铺展于整个待涂表面，干燥、压光后

的平滑度较差。涂布量太厚会延缓干燥，增加成本。为了使较厚膜层得到干燥，要相对提高涂布和压光时的温度，干燥时间要加长，这势必导致印刷品含水量减少，纸纤维变脆，印刷品表面易折裂。

涂布机速、干燥时间、干燥温度等工艺条件也互相影响。机速快时，涂层流平时间短，涂层就厚，为获得同样的干燥效果，干燥时间要长、温度要高；反之则相反。这些工艺因素，对上光涂布的质量有时具有交联性质的影响。实际生产中，为获得良好的上光膜层，需对这些因素进行综合考虑，以求得各因素之间的适当匹配。

④ 压光质量　影响压光质量的主要因素有压光温度、压力和压光速度。

a. 压光温度　适当的压光温度可以使上光油膜层分子热运动能力增加，扩散速度加快，有利于涂料中主剂分子对印刷品表面二次润湿、附着和渗透。适当的温度也会使上光油膜层塑性提高，在压力的作用下，使膜层表面平滑度大大改善。另外，适当的温度还有利于提高压光膜层质量。上光油压光的热辊温度通常为 100~200℃，温度过高，上光油层黏附强度下降，且纸张含水量急剧降低，不利于上光和剥离。温度太低，上光油层不能完全塑化，故其不能很好地黏附于压光板和印刷品表面，导致压光效果不理想，压光膜层平滑度不够。

b. 压力　压力的作用是将上光油层压紧变薄，使其形成光滑的表面层。但若压力过大，会使印刷品的延伸性、可塑性和韧性变差；压力过小，又难以使印刷品表面形成高光泽表面。

c. 压光速度　压光速度即上光油在压光中的固化时间。如果固化时间短（速度快），上光油分子同印刷品表面墨层不能充分作用，干燥后膜层表面平滑度不够，上光油层与油墨层的结合强度不够，易使上光油层脱落。若固化时间太长（速度慢），上光油层的可塑性会变差，脆性增强，还可能导致墨层干裂，严重影响上光效果。

压光操作时，要根据上光油的种类、印刷品的上光适性等综合考虑压光温度、压力和压光机速。

（3）上光工艺常见的故障及排除方法

① 上光油发黄　主要是上光油的原料即树脂胶和溶剂中的杂质所致，购买原料时需注意其纯度和质量。

② 脏版　上光后的印刷品表面有小颗粒状的杂物出现，可能是上光油中混入了杂质。因此，需要将上光油过滤后再使用；上光前应把上光机的墨斗和着墨辊清洗干净，避免脏物混入墨斗。

③ 条痕　上光后的印品表面出现条状或其他印痕的现象。主要是上光机的着墨辊和压印滚筒间的压力不均匀所致，应适当调整压力，排除条痕。

④ 膜层光泽度差　上光油的质量、涂层厚度、涂布干燥和压光时的温度偏低、压光压力小均可造成成膜膜层光泽度不够，必须作出相应的调整。

⑤ 印刷品与上光带黏附不良　涂层太薄、上光油黏度太低、压光温度不足、压力过小是造成这种故障的主要原因。应增大涂布量、提高涂料的黏度值、提高压光时的温度、增加压光压力才能使印刷品较好地附着在上光带上。

⑥ 脱色　油墨未干、耐溶剂性差，上光油溶剂对油墨有侵蚀作用是造成脱色的主要原因。可通过增加印刷品的干燥时间、调换上光油来解决。

⑦ 上光后印刷品相粘连　可能是上光油干燥慢造成干燥不良，涂布层太厚或烘道温度不够造成的。可更换上光油或加快上光油干燥速度；或采取调薄涂布量，提高烘道温度等方法来解决。

⑧ 上光涂层发花　上光油对油墨的黏着力较差、上光油黏度太低、印刷墨层表面已晶化是造成涂层不均、发花的主要原因。可通过调换上光油，增加上光油的黏度来解决，如在上光油中加入 5% 的乳酸。

第二节　覆　　膜

覆膜也称贴塑，是将 12~30μm 厚的双向拉伸聚丙烯（BOPP）、聚对苯二甲酸乙二醇酯（PET）等塑料薄膜覆盖于印品表面，经过加热干燥压合而成。经覆膜的印品，表面色泽亮度增强，且增添图像的质感，可以满足印品所要求的高光泽透明、防脏污、耐油脂和化学药品、耐压折痕、耐折叠、耐穿透性、耐气候性、防水性、食品保鲜性。可以保护印刷品表面不受损伤，而且可以增加印刷品的光泽度。覆膜工艺曾经被广泛应用于高级包装盒面、精美画册的表面整饰，也是国内二十世纪八九十年代最常见的一种印后表面处理工艺。由于纸张覆膜后的包装废弃物难以回收处理，在欧美发达国家的应用越来越少。同时，覆膜技术受到很多因素如纸张种类、油墨用量、黏合剂、工作温度、环境气候等因素的影响，可能出现黏合不良、起泡、涂覆不均、皱膜、弯曲不平、脱落分离等故障。因此，越来越多的中高档标签和纸包装盒被上光工艺所代替，特别是环保性水性上光和LED-UV 上光越来越表现出竞争优势。

覆膜工艺可以分为预涂覆膜和即涂覆膜。预涂覆膜工艺是将黏合剂预先涂布在塑料薄膜上，经烘干、收卷，作为产品出售，也称干式覆膜。即涂覆膜工艺是指操作时先涂布黏合剂，经烘干后再热压完成覆膜，故也称湿式覆膜。按使用胶黏剂的种类分类：有油性覆膜和水性覆膜。油性覆膜即采用溶剂溶解合成胶黏剂的覆膜，水性覆膜即采用热塑性树脂的覆膜。覆膜传统的即涂型覆膜黏合剂材料正在被高质量的环保型新型黏合剂所取代。

一、覆　膜　材　料

（1）覆膜用薄膜　用于覆膜的塑料薄膜主要有：聚丙烯薄膜、双向拉伸聚丙烯薄膜、聚氯乙烯薄膜、聚乙烯薄膜、聚酯薄膜、聚碳酸酯薄膜。

对于覆膜用薄膜，不论采用何种类型和体系，均应符合下列基本要求：几何尺寸要稳定，常用吸湿膨胀系数、热膨胀系数、热变形温度等指标来表示；覆膜薄膜要与溶剂、黏合剂、油墨等接触，须有一定的化学稳定性；外观膜面应平整、无凹凸不平及皱纹，还要求薄膜无气泡、缩孔、针孔及麻点等，膜面无灰尘、杂质、油脂等污染；厚薄均匀，纵、横向厚度偏差小；因覆膜机调节能力有限，还要求复卷整齐，两端松紧一致，以保证涂胶均匀。宽筒薄膜卷料还须按所要求的宽度分切成窄筒卷料才能用于覆膜，分切后的窄筒卷料要求边缘平齐、两端整齐、卷曲张力一致。

（2）覆膜用黏合剂　黏合剂一般由主剂和助剂组成。主剂是黏合剂的主要成分，能起到黏合作用，主要物质有合成树脂、合成橡胶、天然高分子物质以及无机化合物。黏合剂的黏合力及其他物理化学性能都是由组分中的主剂所决定的。黏合剂与被黏合材料产生黏合力的首要条件是黏合剂能润湿被黏合材料，并且要求黏合剂具有一定的流动性，因此主剂要有良好的润湿性和黏附性。结晶性可以提高其内聚强度和初黏力，因而有利于黏合。主剂分子中化合物基团的极性大小和数量会影响到黏合力。一般地，基团极性较大，数量较多，黏合剂的黏合力就强。但若极性基团数量过多，又可能因相互作用而约束链段的扩散能力，从而降低黏合力。主剂的分子量也会影响黏结强度。对于某聚合物，当其聚合度在一定范围，或缩聚后相对分子质量在一定范围内时，才能有良好的黏附性和内聚强度。

助剂是为了改善主体材料的性能或便于覆膜而加入的辅助物质，常用的助剂有固化剂、增塑剂、填料和溶剂等。固化剂是一种可以使低分子聚合物或单体经化学反应，生成高分子化合物或使线型高分子化合物交联成体型高分子化合物的物质；固化剂的选择应根据黏合剂主体材料的品种和性能要求而定，加入量也应严格控制。增塑剂是一种能降低高分子化合物玻璃化温度和熔融温度，改善胶层脆性，增进熔融流动性的物质；增塑剂还可以增加高分子化合物的韧性、延伸率和耐寒性，降低其内聚强度。填料则是一种可以改变黏合剂性能，降低其成本的固体材料，它不和主剂发生化学反应。黏合剂中添加填料是为了降低固化过程的收缩率和放热量，提高黏合剂层的抗冲击韧性和机械强度。溶剂的主要作用就是降低黏合剂的黏度，便于涂布，并能增加黏合剂的润湿能力和分子活性，提高黏合剂的流平性，避免黏合剂层厚薄不均匀。

溶剂型黏合剂应用较广泛，常用的溶剂有酯类（如醋酸乙酯）、醇类、苯类（如甲苯）。以 EVA 为主体树脂溶剂型黏合剂，属于热熔型。EVA 树脂处于熔融状态时，其表面张力较低，因此与非极性的聚烯烃（如 BOPP 薄膜）有较好的黏合力，且无色透明，不影响图像的色彩；稳定性高，不致受日光影响而变色，流动性好，便于涂布；使用设备简单，能耗较低。但由于黏合剂中含有以芳香烃为主的溶剂，略有毒性，其挥发物有碍操作者的健康，也污染环境，不利于环保。而且耐油墨性较差，易受油墨中石油溶剂的侵害。醇溶型、水溶型胶黏剂，虽然稳定性不如溶剂型胶黏剂，黏合牢度还有待加强，但其无毒无味，不易燃烧，对环境污染小，非常有利于环保。

黏合剂性能对覆膜质量的影响，主要是指黏合剂内聚能、相对分子质量和相对分子质量分布以及黏合剂内应力、黏度值、表面张力等对黏合强度的影响。吸附理论认为，黏合剂主体材料的基团极性大小和数量多少与黏合剂的黏合强度成正比。但覆膜生产实践表明，此观点仅适用于高表面能被黏物的粘接。对于低能表面被黏物，黏合剂极性的增大往往会因其基团互相约束使链段的扩散能力减弱，导致黏合剂的润湿性能变差，而使黏合强度降低。因为覆膜生产中，塑料薄膜及印刷品不同，其表面能亦不相同，因此应选用不同的黏合剂。

一般情况下，黏合强度随相对分子质量的增大而升高，升高到一定范围后逐渐趋向一稳定值。如果相对分子质量过大，黏合剂的润湿性能下降，而使黏合强度严重降低；黏合剂的黏度对黏合剂的流动性、润湿性、涂布的均匀程度等都有很大影响，因此，在涂布、干燥、复合等过程中黏度的变化会影响到黏合强度；黏合剂的表面张力也是影响黏合剂润湿及渗透的一个重要因素。实际生产中，往往采用黏合强度高的黏合剂，并在其中加入少量表面活性剂，适当降低黏合剂的表面张力。

二、覆 膜 设 备

覆膜设备可分为即涂型覆膜机和预涂型覆膜机两大类。即涂型覆膜机适用范围宽、加工性能稳定可靠，是广泛使用的覆膜设备。预涂型覆膜机不需上胶和干燥，体积小、造价低、操作灵活方便，不仅适用于大批量印刷品的覆膜，而且适用于自动化桌面办公系统等小批量、零散的印刷品覆膜。目前国内已生产出采用计算机控制的先进的预涂型覆膜机。预涂型覆膜机具有广阔的应用前景和普及价值，是覆膜机的发展方向。

（1）即涂覆膜设备　即涂型覆膜机是将卷筒塑料薄膜涂敷黏合剂后经干燥，由加压复合部分与印刷品复合在一起的专用设备。

即涂型覆膜机有全自动机和半自动机两种。各类机型在结构、覆膜工艺方面都有独到之处，但其基本结构及工作原理是一致的，主要由放卷、上胶涂布、干燥、复合、收卷五个部分以及机械传动、张力自动控制、放卷自动调偏等附属装置组成，如图7-8所示。

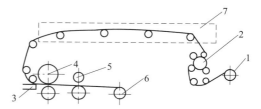

1—塑料薄膜放卷部分；2—涂布部分；3—印刷品
输入台；4—热压复合部分；5—辅助层压部分；
6—印刷品复卷部分；7—干燥通道。

图7-8　即涂型覆膜机结构简图

① 放卷部分　塑料薄膜的放卷作业要求薄膜始终保持恒定的张力。张力太大，易产生纵向皱褶，反之易产生横向皱褶，均不利于黏合剂的涂布及同印刷品的复合。为保持合适的张力，放卷部分一般设有张力控制装置，常见的有机械摩擦盘式离合器、交流力矩电机、磁粉离合器等。

② 上胶涂布部分　薄膜放卷后经过涂辊进入上胶部分。涂布形式有：滚筒逆转式、凹式、无刮刀直接涂胶以及有刮刀直接涂胶等。

a. 滚筒逆转式涂胶　间接涂胶方式，结构原理如图7-9所示。供胶辊从贮胶槽中带出胶液，刮胶辊、刮胶板可将多余胶液重新刮回贮胶槽。薄膜反压辊将待涂薄膜压向经匀胶后的涂胶辊表面，并保持一定的接触面积，在压力和黏合力作用下胶液不断地涂敷在薄膜表面。涂胶量可通过调节刮胶辊与涂胶辊、刮胶辊与刮胶板之间的距离来改变。

b. 凹式涂胶　由一个表面刻有网纹金属涂胶辊和一组薄膜分区辊组成，如图7-10所

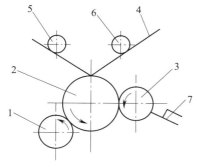

1—供料器；2—涂胶辊；3—刮胶辊；4—塑料
薄膜；5、6—反压辊；7—刮胶板。

图7-9　刮筒逆转式刮胶示意图

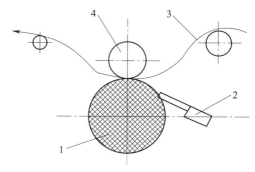

1—网纹涂胶辊；2—刮胶刀；3—塑
料薄膜；4—反压辊。

图7-10　凹式涂胶示意图

示。涂胶辊直接浸入胶液，随辊的转动从贮胶槽中将胶液带出，由刮刀刮去辊表面多余的胶液。在压膜辊作用下，辊的凹槽中的胶液由定向运动的待涂薄膜带动并均匀地涂敷于薄膜表面。可通过调整涂布辊轴表面栅格网纹、黏合剂的特性值、压膜辊压力值等来控制涂胶量。

凹式涂胶的优点是能够较准确地控制涂胶量，涂布均匀；但网纹辊加工比较困难、易损坏，需要经常清洗，另外涂布时对黏合剂要求较高。

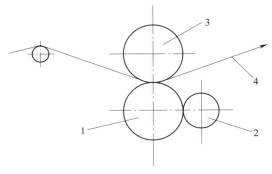

1—涂胶辊；2—加胶辊；3—压胶辊；4—塑料薄膜。

图 7-11　无刮刀辊挤压式涂胶示意图

c. 无刮刀辊挤压式涂胶　涂胶辊直接浸入胶液，涂布时，涂胶辊带出胶液经匀胶辊匀胶后，靠压膜辊与涂胶辊间的挤压力完成涂胶，如图 7-11 所示。挤压时，压力、黏合剂性能指标及涂布车速等决定胶层厚度。涂胶量通过调节涂胶辊与匀胶辊、涂胶辊与压膜辊之间的挤压力实现。因此，对各辊表面精度、圆柱度及径向跳动公差等都有较高的要求。

d. 有刮刀直接涂胶　涂胶辊直接浸入胶液，并不断转动，从胶槽中带动胶液，经刮刀除去多余胶液后，同薄膜表面接触完成涂胶。如图 7-12 所示，有刮刀直接涂胶方式，在设计上要求刮刀须刮匀涂胶辊表面的胶液，即要求刮胶刀刃口直线度、涂胶辊表面精度相当高。刮胶刀一般由平整度高、光洁度和弹性好的不锈钢带制成。

③ 干燥部分　涂在塑料薄膜表面的黏合剂涂层中含有大量溶剂，有一定的流动性，复合前必须通过干燥处理。干燥部分多采用隧道式，依机型不同，干燥道长度在 1.5~5.5m。根据溶剂挥发机理，干燥道设计成三个区：a. 蒸发区，应尽可能在薄膜表面形成紊流风，以利溶剂挥发。b. 熟化区，应根据薄膜、黏合剂性质设定自动温度控制区，一般控制在 50~80℃，加热方式有红外线加热、电热管直接辐射加热等，自动平衡温度控制由安装在熟化区的热敏感元件实现。c. 溶剂排除区，为

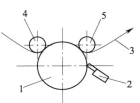

1—涂胶辊；2—刮胶刀；3—塑料薄膜；4、5—反压辊。

图 7-12　有刮刀直接涂胶示意图

及时排除黏合剂干燥中挥发出的溶剂，减少干燥道中蒸气压，该区设计有排风抽气装置，一般为风扇或引风机等。

④ 复合部分　主要由镀铬热压辊、橡胶压力辊及压力调整机械等组成。

a. 热压辊　热压辊为空心辊，内装电热装置，辊筒温度通过传感器和操纵台的仪器仪表来控制。热压辊的表面状态和热功率密度对覆膜产品质量有很大影响。一般覆膜工艺要求热压温度为 60~80℃，面积热流量 2.5~4.5W/cm^2。

b. 橡胶压力辊　将被覆产品以一定压力压向热压辊，使其固化粘牢。复合时的接触压力对黏合强度及外观质量有密切关系，一般为 15.0~25.0MPa。橡胶压力辊长期在高温下工作，又要保持辊面平整、光滑、横向变形小，抗撕性及剥离性良好，因而多采用抗撕性较好的硅橡胶。

c.压力调整机构　用以调节热压辊和橡胶压力辊间的压力。压力调整机构可采用简单偏心机构、偏心凸轮机构、丝杆、螺母机构等。但为简化机械传动零部件，并提高压力控制精度，目前大都采用液（气）压式压力调整机构。

⑤ 印刷品输入部分　印刷品的输送有手工和全自动输入两种方式。全自动输入方式又分为气动与摩擦两种类型。气动式是在印刷品前端或尾部装上一排吸嘴，依靠吸嘴的吸、放和移动来分离、递送印刷品。摩擦式输入主要靠摩擦头往复移动或固定转动与印刷品产生摩擦，将印刷品由贮纸台分离出来，并向前输送；摩擦轮作间歇单向转动，每转动一次分离一张印刷品。

⑥ 收卷部分　覆膜机多采用自动收卷机构，收卷轴可自动将复合后的产品收成卷状。为保证收卷松紧一致，收卷轴与复合线速度必须同步，收卷时张力要保持恒定。随着收卷直径的增大，其线速度又必须与复合的线速度继续同步，一般机器采用摩擦阻尼改变收卷轴的角速度值达到上述要求。为提高工作效率，有些覆膜机还在收卷部分配有快速卸卷及成品分切装置。

（2）预涂覆膜设备　预涂型覆膜机是将印刷品同预涂塑料复合到一起的专用设备。同即涂型覆膜机相比，其最大特点是没有上胶涂布、干燥部分，因此该类覆膜机结构紧凑、体积小、造价低、操作简便、产品质量稳定性好。

预涂型覆膜机由预涂塑料薄膜放卷、印刷品自动输入、热压区复合、自动收卷四个主要部分，以及机械传动、预涂塑料薄膜展平、纵横向分切、计算机控制系统等辅助装置组成。

① 印刷品输入部分　自动输送机构能够保证印刷品在传输中不发生重叠并等距地进入复合部分，一般采用气动或摩擦方式实现控制，输送准确、精度高，在复合幅面小的印刷品时，同样可以满足上述要求。

② 复合部分　包括复合组和压光组。复合组由加热压力辊、硅胶压力辊组成，如图 7-13 所示；热压力辊是空心辊，内部装有加热装置，表面锻有硬铬，并经抛光、精磨处理；热压辊温度由传感器跟踪采样、计算机随时校正；复合压力的调整采用偏心凸轮机构，压力可无级调节，原理简图如图 7-14 所示。

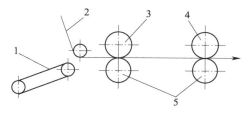

1—自动输纸部分；2—预涂薄膜；3—热
压力辊；4—压力辊；5—硅胶压力辊。

图 7-13　预涂型覆膜机复合部分机构

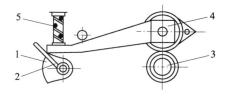

1—离合凸轮；2—手柄；3—硅胶辊；
4—热压辊；5—压簧。

图 7-14　复合压力调整机构图

压光组与复合组基本相同，即由镀铬压力辊和硅胶压力辊组成，但无加热装置。压光组的主要作用是：预涂塑料薄膜同印刷品经复合后，表面光亮度还不高，再经压光组二次挤压，表面光亮度及黏合强度大为提高。

③ 传动系统　传动系统是由计算机控制的大功率步进电机驱动，经过一级齿轮减速

后，通过三级链传动，带动进纸机构的运动和复合部分及压光机构的硅胶压力辊的转动。压力辊组在无级调节的压力作用下保持合适的工作压力。

④ 计算机控制系统　计算机控制系统采用微处理机，硬件配置由主机板、数码按键板、光隔离板、电源板、步进电机功率驱动板等组成。

三、覆 膜 工 艺

即涂覆膜工艺流程为：工艺准备—安装塑料薄膜滚筒—涂布黏合剂—烘干—设定工艺参数（烘道温度和热压温度、压力、速度）—试覆膜—抽样检测—正式覆膜—复卷或定型分割。

预涂覆膜工艺比较简单，只需将印刷品与预涂塑料薄膜进行热压即可，相对即涂覆膜工艺流程，它省却了涂布胶液和胶液烘干的步骤，其他工艺基本一致。

（1）工艺准备　准备工作是否充分，对保证覆膜生产的正常进行、提高生产效率和产品质量有很大影响。覆膜生产的准备工作一般应包括：待覆印刷品的检查、塑料薄膜的选用以及黏合剂的配制等。

① 待覆印刷品的检查　对待覆膜印刷品的检查有别于对普通印刷品的质量检查。主要应针对覆膜影响较大的项目，如表面是否有喷粉、墨迹是否充分干燥、印刷品是否平整等，一旦发现问题，应及时采取处理措施。

② 塑料薄膜的选用　塑料薄膜的选用包括塑料薄膜的选定及质量检查和分切卷料。

在覆膜材料中，已对覆膜用塑料薄膜的要求作了详细介绍，薄膜厚度以 0.01～0.02mm 为宜。经电晕或其他方法处理后的表面张力应达到 4×10^{-3} N/m，以便有较好的湿润性和黏合性能，电晕处理面要均匀一致。透明度越高越好，以保证被覆盖的印刷品有最佳的清晰度。

③ 黏合剂的配制　国内使用的黏合剂的品种较多，主要有聚氨酯类、橡胶类以及热塑性高分子树脂等。其中以热塑性高分子类胶黏剂使用效果最好。

黏合剂应符合以下要求：色泽浅、透明度高；无沉淀杂质；使用时分散性能好，易流动，干燥性好；溶剂无毒性或毒性小；黏附性能持久良好，对油墨、纸张、塑料薄膜均有良好的亲附性；覆膜产品长期放置不泛黄、不起皱、不起泡和不脱层；具有耐高温、抗低温、耐酸碱以及操作简便、价格便宜等特点。

溶剂型黏合剂有单组分和双组分之分。单组分黏合剂可直接使用，成本较低，黏结强度略低，可以采取其他工艺措施加以弥补，使用较普遍。双组分或多组分黏合剂，黏结强度较高，但成本高、使用比较麻烦，一经混合后即进行反应，而且黏合剂的黏合力随储存时间的增加会因表面老化而下降，所以，配制好的黏合剂不宜长时间储存，应当天用完。覆膜质量的好坏与黏合剂的配制质量优劣有很大关系，配制时要细心谨慎。

（2）安装塑料薄膜卷筒　将选定的薄膜按印刷品的幅面切割成适当宽度后，安装在覆膜机的出卷装置上，并将塑料薄膜穿至涂布机构上。要求薄膜平整无皱，张力均匀适中。如覆膜印刷品要做成纸盒，则须考虑留出接口空隙，否则粘接不牢。

（3）涂布黏合剂　首先，黏合剂的黏稠度应视纸质好坏、墨层厚薄、烘道温度及烘道长短、机器转动速度等因素而定。当墨层厚、烘道温度低、烘道短、机速快时，黏合剂的黏度应适当增大，反之则相反。其次应掌握涂布胶层的厚度，使之达到均匀一致。涂层厚度应视纸质好坏及油墨层厚薄而定：表面平滑的铜版纸，涂布量一般为 3~5g/m（厚约 5μm）；表面粗糙、吸墨量大的胶版纸、白板纸，涂布量为 7~8g/m（厚约 8μm）。当然，墨层厚，涂布量应稍大，反之则相反。但涂层过厚，易起泡、起皱，反之则覆膜不牢。

（4）烘干　烘干的目的是去除黏合剂中的溶剂，保留黏合剂的固体含量。烘道温度应掌握在 40~60℃，主要由过塑黏合剂中溶剂的挥发性快慢来确定。胶层的干燥度一般控制在 90%~95%，此时黏结力大，纸塑复合最牢。涂层不平或过干，会使黏结力下降，造成覆膜起泡、脱层。

（5）调整热压温度和辊间压力　热压温度应根据印刷品墨层厚度、纸质好坏、气候变化等情况来调整，一般应控制在 60~80℃。温度过高会超过薄膜承受范围，薄膜等受高热而变形，极易使产品卷曲、起泡、皱褶等，且橡胶辊表面易烫损变形；温度过低，覆膜不牢，易脱层。一般铜版纸的热压温度较低，胶版纸、白板纸及墨层厚的印刷品的热压温度偏高。

辊间压力应视不同纸质及纸张厚度正确调整。压力过大，纸面稍有不平整或薄膜张力不完全一致时，会产生压皱或条纹的现象；压力长期过大，会导致橡胶辊变形，辊的轴承也会因受力过大而磨损。压力过高或不均匀，则会造成覆膜不牢、脱层现象。一般覆膜表面光滑、平整、结实的印刷品，压力为 19~20MPa；覆膜粗糙松软的印刷品，压力为 22~23MPa。

（6）机速的控制　机速越快，热压时间也就越短，因此温度可调高些，压力可加大些，黏合剂的黏度应大些；反之亦然。机速一般控制在 6~10m/min 为宜，机速过快或过慢都会影响覆膜质量。

（7）试样检测　试覆膜后抽出样张，按照产品标准，对抽样产品进行关键性能检测，要求达到表面光亮、平滑，以及无皱褶、气泡、脱层等。

（8）定型分割　覆膜后的产品如果是白板纸印刷品，应立即分割，膜面朝上放置；铜版纸、胶版纸印刷品，应先复卷并放置24h后，才能分割，这样既可提高黏结度，又有防止单张纸卷曲。

四、覆膜质量控制

1. 印刷对覆膜质量的影响

覆膜效果不仅与覆膜原材料、覆膜操作工艺方法有关，还与印刷品的墨层有关。印刷品的墨层状况主要由纸张的性质、油墨性能、墨层厚度、图文面积以及印刷图文积分密度等决定，这些因素影响黏合机械结合力、物理化学结合力等形成条件，从而引起印刷品表面黏合性能的改变。

（1）印刷品墨层厚度　墨层厚实的实地印刷品往往很难与塑料薄膜黏合，不久便会脱层、起泡。当印刷品墨层较厚、图文面积较大时，油墨改变了纸张多孔隙的表面特性，封闭了许多纸张纤维毛细孔，阻碍了黏合剂的渗透和扩散，使得印刷品与塑料薄膜很难黏合，易出现脱层、起泡等故障。

另外，印刷品表面墨层及墨层面积不同，则黏合润湿性能也不同。实验证明，随着墨层厚度的增加或图文面积的增大，表面张力值明显降低。故不论是单色印刷还是叠色印刷，都应力求控制墨层在较薄的程度上。

印刷墨层的厚度还与印刷方式有直接关系，印刷工艺不同，墨层厚度也不同。如平印产品的墨层厚度为 $1\sim2\mu m$，凸印时为 $2\sim5\mu m$，凹印时可达 $10\mu m$。从覆膜的角度看，平印的印刷品是理想的，其墨层很薄。

（2）印刷油墨的种类 需覆膜的印刷品应采用快固着亮光胶印油墨，该油墨的连结料由合成树脂、干性植物油、高沸点煤油及少量胶质构成。合成树脂分子中含有极性基团，极性基团易于同黏合剂分子中的极性基团相互扩散和渗透，并产生交联，形成物理化学结合力，从而有利于覆膜；快固着亮光胶印油墨还具有印刷后墨层快速干燥结膜的优势，对覆膜也十分有利。但使用时不宜过多加放催干剂，否则，墨层表面会产生晶化，反而影响覆膜效果。金、银墨是用金属粉末与连结料调配而成的，金属粉末在连结料中分布的均匀性和固着力极差，墨层干燥过程中很容易分离出来，从而使墨层和黏合剂层之间形成一道屏障，影响了两个界面的有效结合，易引起起皱、起泡等现象，因此，应避免在金、银墨印刷品表面进行覆膜。

（3）油墨冲淡剂的使用 油墨冲淡剂是能使油墨颜色变淡的一类物质，常用的油墨冲淡剂有白墨、维利油和亮光油等。

白墨属油墨类由白墨颜料、连结料及辅料构成，常用于浅色实地印刷、专色印刷及商标图案印刷。劣质白墨有明显的粉质颗粒，与连结料结合不紧，印刷后连结料会很快渗入纸张，而颜料则浮于纸面，对黏合形成阻碍，这就是某些淡色实地印刷品常常不易覆膜的原因。印刷前应慎重选择白墨，尽量选用均匀细腻、无明显颗粒的白墨作为冲淡剂。

维利油是氢氧化铝和干性植物油连结料分散轧制而成的浆状透明体，可用以增加印刷品表面的光泽，印刷性能优良。由于氢氧化铝质轻，印刷后会浮在墨层表面，覆膜时使黏合剂与墨层之间形成不易察觉的隔离层，导致黏合不上或起泡。其本身干燥慢，还具有抑制油墨干燥的特性，这一点也难以适应覆膜。

亮光油是一种从内到外快速干燥型冲淡剂，是由树脂、平性植物油、催干剂等混合炼制而成的胶状透明物质，质地细腻、结膜光亮，具有良好的亲和作用，能将聚丙烯薄膜牢固地吸附于油墨层表面。同时，亮光油可以使印迹富有光泽和干燥速度加快，印刷性能良好。因此，它是理想的油墨冲淡剂。

（4）喷粉的使用 为适应多色高速印刷，胶印中常采用喷粉工艺来解决背面蹭脏之弊。喷粉大都是谷类淀粉及天然的悬浮型物质组成，喷粉后，油墨层表面形成一层细小的颗粒，减少粘连。因颗粒较粗，若印刷过程中喷粉过多，这些颗粒浮在印刷品表面，覆膜时黏合剂不是每处都与墨层黏合，而是与这层喷粉黏合，易造成假黏现象，严重影响覆膜质量。因此，若印后产品需进行覆膜加工，则印刷时应尽量控制喷粉用量。已喷粉的印刷品应用干布逐张擦拭去除粉质。

（5）印刷品墨层干燥状况 墨迹未完全干燥时覆膜，油墨中所含的高沸点溶剂极易使塑料薄膜膨胀和拉伸，容易导致覆膜产品起泡、脱层等故障。因此，在覆膜前应尽量保证墨层的充分干燥。对于印迹未干而又急于覆膜的产品，可将其置于烘箱内烘干。影响墨层干燥的因素除了有油墨的种类、印刷过程中催干剂的用量与类型及印刷、存放间的环境温湿度外，纸张本身的结构也相当重要。如铜版纸与胶版纸其结构不同，则墨层的干燥状况亦有区别。油墨中所含的高沸点溶剂极易使塑料薄膜膨胀和伸长，而塑料薄膜膨胀和伸长是覆膜后产品起泡、脱层的最主要原因。

油墨中加入燥油，可以加速印迹的干燥，但燥油加放量过大，易使墨层表面结成光滑油亮的低界面层，黏合剂难以润湿和渗透，影响覆膜的牢度，因此要控制燥油的加放量，一般在 2% 左右。

2. 覆膜时的温度和压力对覆膜质量的影响

在热压复合下，黏结层处于熔融状态，分子运动加剧，提高了反应分子的活化能，参与成键的分子数量增加，使塑料薄膜、印刷品、黏合剂层界面间达到最大黏合力，因此复合温度的提高有助于黏合强度的增加，但控制范围必须合理。热压温度根据印刷品墨层厚度、纸质好坏、气候变化、机型、压力、机速和黏合剂等情况来调整，一般控制在 60～80℃。若温度过高，会超出薄膜承受范围，薄膜等受高热而变形，极易使产品皱褶、卷曲及局部起泡。

复合压力是使印刷品与塑料薄膜牢固黏合的外部力量。压力大些，有助于提高薄膜和印刷品的黏合强度，但压力过大，易使薄膜变形、皱褶；压力过小，则黏合不牢。合理压力的确定应以覆膜后印刷品与塑料薄膜黏合牢固且表面光滑、平整为准。压力不当，不仅损坏产品，还会磨损设备。当压力过大时，若纸面、膜面不平整，或薄膜张力不完全一致，会产生压皱或条纹现象，尤其是在拖稍部位；压力长期过大，会导致橡胶辊变形。轴两端的轴承因受力过大而磨损。实际生产中，要根据复合件的特性以及其他工艺因素条件具体调节辊压力。一般覆膜表面光滑、平整、结实的印刷品压力为 19～20MPa；覆膜粗糙松软的印刷品，压力可大些，一般为 22～23MPa。

3. 操作环境湿度对覆膜质量的影响

覆膜车间的环境相对湿度对覆膜质量有影响，主要是因为黏合剂与塑料薄膜及印刷品之间，随空气中相对湿度的变化而改变含水量。对湿度敏感的印刷品会因尺寸的变化而产生内应力。例如，印刷品终向伸长率为 0.5%，BOPP 薄膜终向热收缩率为 4%，如果印刷品吸水量过大而伸长，与薄膜加热收缩之间造成内应力，会导致覆膜产品卷曲、起皱、黏合不牢。另外，在湿度较高的环境中，印刷品的平衡水分值也将改变，从空气介质中吸收的大量水分在热压复合过程中将从表面释放出来，停滞于黏合界面，在局部形成非黏合现象。况且，印刷品平衡水分值（从空气介质中吸湿或向空气中放湿）多发生在印刷品的边缘，使其形成"荷叶边"或"紧边"，在热压复合中都不易与薄膜形成良好的黏合而产生皱褶，使生产不能顺利进行。

4. 覆膜工艺常见的故障

影响覆膜质量的因素较多，除纸张、墨层、薄膜、黏合剂等客观因素外，还受温度、压力速度、胶量等主观因素影响。覆膜工艺常见的故障有如下几种：

① 黏合不良 因黏合剂选用不当、涂胶量设定不当、配比计量有误而引起的覆膜黏合不良故障，应重选黏合剂牌号和涂布量，并准确配比；若是印刷品表面状况不佳，如有喷粉、墨层太厚、墨迹未干等而造成黏合不良，则可用干布轻轻地擦去喷粉，或增加黏合剂涂布量、增大压力，或改用固体含量高的黏合剂，或升高烘道温度等办法解决；若是因黏合剂被印刷油墨或纸张吸收而造成涂布量不足，可考虑重新设定配方和涂布量。

② 起泡 其原因若是印刷墨层未干透，则应先热压一遍再上胶，也可以推迟覆膜日期，使之干燥彻底；若是印刷墨层太厚，则可增加黏合剂涂布量，增大压力和复合温度；若是复合辊表面温度过高，则应采取冷风、关闭电热丝等措施。覆膜干燥温度过高，会引

起黏合剂表面结皮而发生起泡现象，此时应适当降低干燥温度；由于薄膜有皱褶或松弛、薄膜不均匀或卷边而引起的起泡故障，可通过调整张力大小，或更换薄膜来解决；黏合剂浓度过高、黏度大或涂布不均匀、用量少，也易引起起泡现象，这时应利用稀释剂降低黏合剂浓度，或适当提高涂布量和均匀度。

③ 涂覆不匀　塑料薄膜厚薄不均匀、复合压力太小、薄膜松弛、胶槽中部分黏合剂固化、胶辊发生溶胀或变形等都会引起涂布不匀。应调整牵引力、加大复合压力，或是更换薄膜、胶辊或黏合剂来解决该故障。

④ 纸张起皱　覆膜用的纸张一般是铜版纸、胶版纸和白板纸等，车间的温湿度控制不当、覆膜温度偏高、滚筒压力不均匀、胶辊本身不平、胶辊上有污物、输纸歪斜和拉力过大等均可能引起纸张起皱的故障，只要采取相应的调整措施即可避免该故障的产生。

⑤ 皱膜　薄膜传送辊不平衡、薄膜两端松紧不一致或呈波浪边、胶层过厚或电热辊与橡胶辊两端不平、压力不一致、线速度不等都可能引起皱膜故障，应采取调整传送辊至平衡状态、更换薄膜、调整涂胶量并提高烘道温度、调节电热辊和橡胶辊的位置及工艺参数等措施。

⑥ 发翘　原因是印刷品过薄，张力不平衡、薄膜拉得太紧，复合压力过大或温度过高等；解决方法是尽量避免对薄纸进行覆膜加工；调整薄膜张力，使之达到平衡；适当减小复合压力，降低复合温度。

第三节　烫　　印

一、烫印的定义及种类

借助一定压力，将金属箔或颜料箔烫印到纸张（纸板）、塑料印刷品或其他承印物表面的工艺，称为烫印工艺，俗称烫箔、烫印。烫印是一种表面整饰工艺，其目的是提高产品包装的装饰效果，提高产品的档次和附加值。其使用范围正在越来越广泛，形式越来越多样。

烫印工艺有多种分类方式，常见的分类方法主要有：根据烫印版是否加热，可分为热烫印和冷烫印；根据烫印材料类型，可分为全息烫印和非全息烫印；根据烫印后的图文形状，可分为凹凸烫印和平面烫印；根据烫印材料在印刷面上是否需要套准，分为定位烫印和非定位烫印；根据烫印工位与印刷机是否联线，分为联线烫印和不联线烫印。冷烫印是利用涂布黏合剂来实现金属箔转移的方法，节能环保、成本低、生产效率高。

常用的烫印工艺主要有普通烫印、冷烫印、凹凸烫印和全息烫印等。

二、普通烫印

热烫印是最常见的烫印方式，也称普通烫印，指借助压力并利用温度对烫印版加热来实现的一种烫印方式。普通烫印工艺有平压平烫印、圆压平烫印、圆压圆烫印。

1. 烫印设备

（1）烫印机的类型及特点　烫印机就是将烫印材料经过热压转印到印刷品上的设备。按烫印方式分，烫印设备有平压平、圆压平、圆压圆烫印机，平压平式较为常用；按自动化程度分，有手动、半自动、全自动烫印机；根据整机型式不同，烫印机又有立式和卧式之分。

手动式（手续纸）平压平式烫印机的机身结构与手压式凸印机大同小异，其特点是操作简便、烫印质量容易掌握，机器体积小，但机速受到一定的限制，使用的企业越来越少。

自动平压平式烫印机的机身结构和装置，与手动手压平式烫印机基本相同，区别是输纸和收纸均由机械咬口速送。自动化程度较高，劳动强度低，时速约为1200~2000印。天津长荣自主研发的双工位烫印机受到了纸盒印刷企业的青睐，自动化程度、烫印精度和生产效率显著提高。

圆压圆式烫印机的机身结构与一般回转式凸印机大同小异，不同的是去除了墨斗、墨辊装置，改装了电化铝箔前后收卷辊。圆压圆烫印是"线接触"的连续旋转运动，其压力大于平面接触的烫印方式，同时，因往复旋转，速度也可大于平压平的往复直线运动，一般时速可达1500~2000印。

精细高档且批量大的产品多采用高精度的卧式平压平自动烫印机；立式自动烫印模切两用机可用于量大、调版较频繁的产品；圆压平烫印具有烫印基材广泛、适于大面积烫印、烫印精度高等特点，应用比较广泛。

（2）烫印机的基本结构　以目前广泛采用的立式平压平烫印机为例，其主要组成部分有：①机身机架。包括外形机身及输纸台、收纸台等。②烫印装置。包括电热板、烫印版、压印版和底版。电热板固定在印版平台上，内装有大功率的迂回式电热丝；底版为厚度约为7mm的铝板，用来粘贴烫印版；烫印版是深蓝色铜版或锌版，特点是传热性好，不易变形，耐压、耐磨；压印版通常为铝版或铁版。③电化铝传送装置。由放卷轴、送卷辊和助送滚筒、电化铝收卷辊和进给机构组成。电化铝被装在放卷轴上，烫印后的电化铝在两根送卷辊之间通过，由凸轮、连杆、棘轮、棘爪所构成的送卷机构带动送卷辊作间歇转动，以进给电化铝，进给的距离设定为所烫印图案的长度。烫印后电化铝卷在收卷辊上。

2. 电化铝箔

普通烫印的箔材是电化铝。电化铝箔是一种在薄膜片基上真空蒸镀一层金属箔而制成的烫印材料。电化铝箔以金色和银色为多，具有华丽美观、色泽鲜艳、晶莹夺目、使用方便等特点，适于在纸张、塑料、皮革、涂布面料、有机玻璃、塑料等材料上进行烫印，是现代烫印最常用的一种材料。

电化铝箔由基膜层、离型层、保护层、镀铝层和色层构成。①基膜层（片基层），多为PET薄膜，厚度为12~16μm，起支撑作用。②离型层（隔离层），烫印时便于基膜与电化铝箔分离。③保护层（染色层），提供多种颜色效果，同时保护铝层。④镀铝层，反射光线，呈现金属光泽，采用真空镀铝的方法。具体原理是将涂有色料的薄膜置于真空连续镀铝机内的真空室内，在一定的真空度下，通过电阻加热，将铝丝熔化并连续蒸发到薄膜的色层上，便形成了镀铝层。⑤色层，多为醇溶性染色树脂层，由三聚氰胺醛类树脂、有机硅树脂等材料和染料组成，主要颜色有金、银、蓝、红绿等。镀铝层使用纯度为99.9%的铝，在真空状态和高温（温度为1400~1500℃）下进行气态喷涂而成。铝反射性好，可以使颜色呈现金属光泽。烫印时，胶黏层能保证在压力作用下铝层能粘接在被烫印材料上，其成分主要是甲基丙烯酸酯、硝酸纤维素、聚丙烯酸酯等和虫胶，要根据需要选择。

电化铝箔应满足以下基本技术要求：色泽均匀、无明显色差、亮度高；胶黏层涂布均匀、平滑，无明显条纹、氧化现象、砂眼；在烫印温度下可保持色泽和光亮度。

3. 烫印工艺

电化铝烫印是利用热压转移原理，将铝层转印到承印物表面。即在一定温度和压力作用下，热熔性的有机硅树脂脱落层和黏合剂受热熔化，有机硅树脂熔化后，其黏结力减小，铝层便与基膜剥离，热敏黏合剂将铝层粘接在烫印材料上，带有色料的铝层就呈现在烫印材料的表面。由此可知，电化铝烫印的要素主要为被烫物的烫印适性、电化铝材料性能以及烫印温度、烫印压力、烫印速度，操作过程中要重点对上述要素进行控制。

电化铝烫印的方法有压式烫法和滚式烫法两种。工艺流程为：烫印前准备—装版—垫版—烫印工艺参数确定—试烫—签样—正式烫印。

（1）烫印前准备

① 烫印材料准备　包括电化铝型号的选择和按规格下料。型号不同，其性能和应用范围也有所区别，如白纸与有墨层的印刷品、实地印刷品与网点印刷品、大字号与小字号等，对电化铝型号的选择就要有所区别。烫印面积较大时，要选择易于转移的电化铝；烫印细小文字或花纹，可以选择不易于转移的电化铝；烫印一般图文时，应选择通用型的电化铝等。使用前要根据所烫印面积，将大卷的电化铝材分切成所需的规格。

② 烫印版准备　烫印所用版材多为铜版，其特点是传热性能好、耐压、耐磨、不变形。当烫印数量较少时，也可以采用锌版。铜、锌版要求使用厚度为 1.5mm 以上的版材，通过照相制版加工成凸版，图文腐蚀深度一般应达到 0.5~0.6mm。加工时，图文与空白部分高低之差要尽可能拉大，避免或减少烫印时连片和糊版现象，以利于保证烫印质量。

（2）装版　将制好的铜或锌版固粘在机器上，并将规矩、压力调整到合适位置。印版应粘贴、固定在机器底版上，底版通过电热板受热，并将热量传给印版进行烫印。印版的合理位置应该是电热板的中心，因中心位置受热均匀，当然还应该方便进行烫印操作。印版固定方法：把定量为 130~180g/m² 的牛皮纸或白板纸裁成稍大于印版的面积，均匀地涂上牛皮胶或其他黏合剂，并把印版粘贴上，然后接通电源，使电热板加热到 80~90℃，合上压印平板，使印版全面受压约 15min，印版便平整地粘牢在底版上了。

（3）垫版　为了保证印刷品与印版版面具有良好的弹性接触，常使用合适的垫版，以提高电化铝烫印的质量。印版固定后，对局部不平处进行垫版调整，使各处压力均匀。平压平烫印机应先将压印平板校平，再在平板背面粘贴一张 100g/m² 以上的铜版纸，并用复写纸碰压得出印样，根据印样轻重调整平板压力，直至印样清晰、压力均匀。可根据烫印情况在平板上粘贴一些软硬适中的衬垫，以适应不同印刷品烫印需要。要选择合适的衬垫厚度，以免造成印迹变形。

（4）确定烫印工艺参数　合理的工艺参数是获得理想的烫印效果的关键，主要包括烫印温度、烫印压力、烫印速度。当一定的温度把电化铝胶层熔化之后，须借助于一定的压力才能实现烫印，同时，还要有适当的压印时间即烫印速度，才能使电化铝与印刷品等被烫物实现牢固黏合。对于电化铝箔、烫印设备和需要烫印的图案确定后，需要多次试验，通过调整并选择合适的烫印压力、烫印温度和烫印时间，才能得到理想的烫印质量

（附着力等）。

① 烫印温度 烫印温度对烫印质量影响很大。温度过低，电化铝的隔离层和胶黏层熔化不充分，会造成烫印不上或烫印不牢（附着力低），使印迹不完整、发花。烫印温度不能低于电化铝的耐温范围，耐温范围的下限是保证电化铝黏胶层熔化的温度。温度过高，热熔性膜层超范围熔化，使胶黏层过度熔化，导致糊版、发花和变色，致使印迹周围也附着电化铝而产生糊版；还会使电化铝染色层中的合成树脂和染料氧化聚合，致使电化铝印迹起泡或出现云雾状；高温还会导致电化铝镀铝层和染色层表面氧化，使烫印产品失去金属光泽，降低亮度。

实际温度的确定要根据电化铝的型号和性能、烫印面积、烫印图文的结构、烫印压力、烫印时间、承印材料的种类、印刷墨层的颜色和厚度等因素来综合考虑。烫印压力较小、机速快、印刷品底色墨层厚、车间室温低时，烫印温度要适当提高。烫印温度的一般范围为 70~180℃。最佳温度确定之后，应尽可能自始至终保持恒定，以保证同批产品的质量稳定。

当同一版面上有不同图文结构时，选择同一烫印温度往往无法同时满足要求，可通过以下两种方法解决：一是在同样温度下，选择两种不同型号的电化铝；二是在版面允许的条件下（如两图文间隔较大），可采用两块电热板，用两个调压变压器控制，以获得两种不同的温度，满足烫印的需要。

② 烫印压力 施加合适压力保证电化铝能够黏附在承印物上，并对电化铝烫印部位进行剪切。烫印工艺就是利用温度和压力，将电化铝从基膜上迅速剥离下来而转黏到承印物上的过程。烫印过程中存在三种力：一是电化铝从基膜层剥离时产生的剥离力；二是电化铝与承印物之间的粘接力；三是承印物（如印刷品墨层、白纸）表面的附着力。故烫印压力一般要比印刷压力大。烫印压力过小，将无法使电化铝与承印物黏附，同时对烫印的边缘部位无法充分剪切，导致烫印不上或烫印部位印迹发花。压力过大，衬垫和承印物的压缩变形增大，会产生印迹变粗或糊版现象。一般应将压力控制在 2450~3430kPa 范围内。

设定烫印压力时，应综合考虑烫印温度、机速、电化铝本身的性质、被烫物的表面状况（如印刷品墨层厚薄、印刷时白墨的加放量、纸张的平滑度等）等因素。一般在烫印温度低、烫印速度快、被烫物的印刷品表面墨层厚以及纸张平滑度低的情况下，要增加烫印压力，反之则相反。

③ 烫印速度 烫印速度决定了电化铝与承印物的接触时间，接触时间与烫印牢度（附着力）在一定条件下是成正比的。烫印速度稍慢（烫印时间较长），可使电化铝与被承印物粘接牢固，有利于烫印。当机速增大时，烫印速度太快，电化铝的热熔性膜和脱落层在瞬间尚未熔化或熔化不充分，就导致烫印不上或印迹发花。印刷速度必须与压力、温度相适应，烫印速度过快、过慢都有弊病。

上述三个工艺参数确定的顺序，一般情况下，以被烫物的特性和电化铝的适性为基础，以印版面积和烫印速度来确定温度和压力；先确定最佳压力，使版面压力适中、分布均匀，最后再确定最佳温度。从烫印效果来看，选择较平的压力、较低的温度和较慢的烫印速度比较理想。

（5）试烫、签样、正式烫印 试烫印时，先依据印样来确定烫印规矩。平压平烫印机是在压印平板上粘贴定位块，定位块必须采用较耐磨的铜块或铁块，然后试烫数张，烫印质量达到规定要求，并经签样后，即可进行正式烫印。

4. 电化铝烫印常见故障及处理

电化铝烫印过程中，经常会遇到一些烫印故障，如烫印不上、反拉、烫印字迹发毛、缺笔断画等。下面通过分析故障产生的原因，提出相应的解决办法。

（1）烫印不上（烫印不牢）　烫印不上是电化铝烫印中最常见的故障之一。电化铝烫印不上或烫印不牢，首先要从烫印的印刷品底色墨层上找原因。被烫物的印刷品油墨中不允许加入含有石蜡的撤黏剂、亮光浆之类的添加剂。因为电化铝的热熔性黏合剂即便是在高温下施加较大的压力，也很难与这类添加剂中的石蜡黏合。调整油墨黏度最好加放防黏剂或高沸点煤油，若必须增加光泽可用 19# 树脂代替亮光浆。

厚实而光滑的底色墨层会将纸张纤维的毛细孔封闭，阻碍电化铝与纸张的吸附，使电化铝附着力下降，从而导致电化铝烫印不上或烫印不牢。所以，工艺设计时要考虑电化铝烫印的特点，尽可能减少烫印电化铝部位的叠墨，禁止三层墨叠印。对于深色大面积实地印刷品，印刷时采用深墨薄印的办法，即配色时，墨色略深于样张，印刷时墨层薄而均匀，也可以采用薄墨印两次的办法，这样既可以达到所要求的色相，同时又满足了电化铝烫印的需要。

印刷油墨干燥速度过快，纸张表面会结成坚硬的膜，轻轻擦拭会掉下来，这种现象称为"晶化"。墨层表面晶化是印刷时干燥油加放过量所致，尤其是红燥油，会在墨层表面形成一个光滑如镜面的墨层，无法使电化铝在其上黏附，从而造成烫印不上或不牢。故应避免使用红燥油或严格控制其用量。

科学合理选用电化铝是增加烫印牢度、提高烫印质量的先决条件。每一型号的电化铝都与一定范围的被烫物质相适应，选用不当，无疑会直接影响烫印牢度。目前，被烫印的物质大致可以分为大面积烫印、实地、网纹、细小文字，花纹烫印等几个档次。在选用电化铝材料时，除了要参照电化铝的适用范围，同时要考虑上述被烫印物质的具体情况。

如前所述，只有当烫印温度、压力合适时，电化铝热熔性膜层胶料才能起作用，从而很好地附着在印刷品表面。反之，压力低、温度不够必然会导致烫印不上或烫印不牢。

（2）反拉　反拉是指在烫印后不是电化铝箔牢固地附着在印刷品底色墨层或白纸表面，而是部分或全部底色墨层被电化铝拉走。反拉与烫印不上从表面上看不易区分，往往被误认为烫印不上，但两者却是截然不同的故障，若将反拉判断为烫印不上或烫印不牢，盲目地提高烫印温度和压力，甚至更换黏附性更强的电化铝，则会适得其反，使反拉故障愈发严重。因此必须首先把反拉与烫印不上严格区分开来。区分的简单方法是：观察烫印后的电化铝基膜层，若其上留有底色墨层的痕迹，则可断定为反拉。

产生反拉故障的原因，一是印刷品底色墨层没有干透；二是在浅色墨层上过多地使用了白墨作冲淡剂。烫印电化铝不同于一般的叠色印刷，它在烫印过程中存在剥离力，这种剥离力要比油墨印刷时产生的分离力大得多。印刷品上的油墨转印到纸面后，只有充分干燥才能在纸面上有较大的附着力，在墨层没有完全干透之前，电化铝烫印分离时的剥离力要远大于墨层的附着力，这样底色墨层便会被电化铝拉走。因此，电化铝烫印工艺要求印刷品表面的油墨层必须充分干透，以保证在其纸面上很好地固着。

烫印过程中，为何常常感到印刷品的深色墨层比淡色墨层容易烫印？因为淡色墨多用白墨冲淡调配而成，而白墨颜料易浮在表面产生粉化，导致电化铝不能被分离下来黏附于纸面，相反，粉化层会被电化铝带走。

预防反拉故障的措施，一是掌握承印物印刷后到烫印电化铝的间隔时间，要求印刷时将燥油的加放量控制在 0.5%左右；二要禁止印刷时单独用白墨作冲淡剂，一般是将撤淡剂与白墨混合使用，但白墨的比例应控制在 60%以下。在工艺允许的情况下，为避免反拉（包括烫印不上）故障的发生，最好在底色墨层的烫印部位在制版时就留出空白，使烫印电化铝不与墨层黏合，而与留出的空白黏合。

（3）烫印图文失真 烫印图文失真常表现为烫印字迹发毛、缺笔断面、光泽度差等原因有以下几点：①烫印字迹发毛是温度过低所致，应将电热板温度升高后再进行烫印。若调整后仍发毛，则多因压力不够，可再调整压印板压力或加厚衬垫。②字迹缺笔断画是电化铝过于张紧所致，电化铝的安装不可过松、过紧，应适当调整压卷滚筒压力和收卷滚筒的拉力。③烫印字迹、图案失去原有金属光泽或光泽度差，多为烫印温度太高所致。应将电热板温度适当降低，注意操作时尽量少打空车和减少操作过程中不必要的停车，因空车、停车均会增加电热板热量。停车时应将电热板开关断开。

电化铝安装松弛或揭纸方式不正确，也会产生字迹不清或糊版现象。同样应该适当调整压卷滚筒的压力及收卷滚筒的拉力，或者改变揭纸方式，如顺势缓缓揭取。

三、冷 烫 印

冷烫印技术是近年来出现的新科技成果，它取消了传统烫印依靠热压转移电化铝箔的工艺，而采用一种冷压技术来转移电化箔。冷烫印技术可以解决许多传统工艺难以解决的工艺问题，不仅可节省能源，还避免了金属印版制作过程中对环境的污染。

如前所述，传统烫印工艺使用的电化铝背面预涂有热熔胶，烫印时，依靠热滚筒的压力使黏合剂熔化而实现铝箔转移。而冷烫印所使用的电化铝是一种特种电化铝（冷烫铝箔），印刷时胶黏剂直接涂在需要整蚀的位置上，冷烫铝箔在胶黏剂作用下转移到印刷品表面上。

冷烫印工艺过程是在印品需要烫印的位置先印上 UV 压敏型黏合剂，经 UV 干燥装置使黏合剂干燥，而后使用特种金属箔与压敏胶复合，于是金属箔上需要转印的部分就转印到了印刷品表面，实现冷烫印。由于转移在印刷品上的铝箔图纹浮在印刷品表面，牢固度很差，所以必须给予保护。在印刷品表面上光或覆膜，以保护铝箔图纹。

与传统烫印工艺相比，冷烫印工艺具有烫印速度快、材料适用面广、成本低、生产周期短、消除了金属版制版过程的腐蚀污染等特点，但也存在一些缺点，如明亮度较差、冷烫印后需要上光或涂蜡以保护烫印图文。

1. 冷烫印工艺

冷烫印是指利用 UV 胶黏剂将烫印箔转移到承印材料上的方法。冷烫印工艺又可分为干式冷烫印和湿式冷烫印两种。

（1）干式冷烫印 干式冷烫印工艺是对涂布的 UV 胶黏剂先固化再进行烫印，如图 7-15 所示。冷烫印技术刚刚问

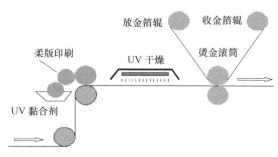

图 7-15 干式冷烫印工艺

273

世时，采用的就是干覆膜式冷烫印工艺，其主要工艺步骤有：①在卷筒承印材料上印刷阳离子型 UV 胶黏剂；②对 UV 胶黏剂进行固化；③借助压力辊使冷烫印箔与承印材料复合在一起；④将多余的烫印箔从承印材料上剥离下来，只在涂有胶黏剂的部位留下所需的烫印图文。

值得注意的是，采用干式冷烫印工艺时，对 UV 胶黏剂的固化宜快速进行，但不能彻底固化，要保证其固化后仍具有一定的黏性，这样才能与烫印箔很好地黏结在一起。

（2）湿式冷烫印　湿式冷烫印工艺是在涂布了 UV 胶黏剂之后，先烫印再对 UV 胶黏剂进行固化，如图 7-16 所示。主要工艺步骤有：①在卷筒承印材料上印刷自由基型 UV 胶黏剂；②在承印材料上复合冷烫印箔；③对自由基型 UV 胶黏剂进行固化，由于胶黏剂夹在冷烫印箔和承印材料之间，UV 光线必须要透过烫印箔才能到达胶黏剂层；④将烫印箔从承印材料上剥离，并在承印材料上形成烫印图文。湿式冷烫印工艺可在印刷机上联线烫印金属箔或全息箔，有些窄幅纸盒和标签柔性版印刷机都已具备这种联线冷烫印能力。

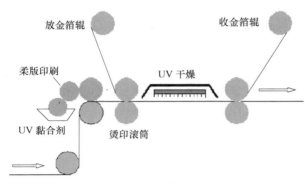

图 7-16　湿法冷烫印工艺

需要说明的是：①湿式冷烫印工艺用自由基型 UV 胶黏剂替代传统的阳离子型 UV 胶黏剂；②UV 胶黏剂的初黏力要强，固化后不能再有黏性；③烫印箔的镀铝层应有一定的透光性，保证 UV 光线能够透过并引发 UV 胶黏剂的固化反应。

2. 冷烫印注意事项

卷筒纸印刷机上最简单、最有效的烫印工艺是冷烫印方式。也可以理解为，冷烫印其实就是专业的 UV 复合，配有 UV 固化和复合单元的柔性版印刷就能够完成冷烫印工艺。不过要选择合适的压印辊、复卷装置、UV 冷烫印黏合剂和冷烫箔辊。具备这些条件，即可进行标签冷烫印工艺。

（1）选择合适的油墨　选择专用的复合用印刷油墨，如 UVitec 公司专门开发的 UV 油墨。由于水性油墨含有蜡或硅酮，不适合用于复合。大多数 UV 油墨不含硅酮，比较适合冷烫印工艺。

（2）UV 湿复合准备　采用柔印机对冷烫箔进行湿式复合时，首先在烫印图像部位涂布 UV 冷烫印黏合剂，然后由压印辊使冷烫箔压合，进入 UV 干燥箱完成固化，最后剥离冷烫箔排废。

（3）选择合适的网纹辊　如果将冷烫印理解为 UV 复合工艺，必须选择合适的网纹辊。由于冷烫工艺比常规的柔版印刷需要更多的涂料，所以要求尽量使用润湿标签材料和冷烫印箔，因此必须选择网穴容积大的网纹辊。4.25~5bcm 的网纹辊适用于薄膜材料的冷烫箔工艺，而对于纸张类标签材料则应选择 5.5~7bcm 的网纹辊。半高光纸需要预先打底，以确保没有针孔，达到最佳的黏合剂涂布量。

（4）选择合适的刮墨刀和胶带　能达到更好的柔印质量，也能保证得到更好的冷烫效果，需要选择合适的刮墨刀和胶带。高密度贴版胶带可以实现最佳的实地效果，而采用中密度胶带则可以使半色调效果更好。较轻的压力能够令包装图像的边缘锐利和清晰。

3. 冷烫印优缺点

冷烫印工艺的突出优点主要包括：①无须选用专门的烫印设备；②无须制作金属烫印版，使用普通的柔性版，不但制版速度快、周期短，还可降低烫印版的制作成本；③烫印速度快；④无须配置加热装置，节能环保；⑤采用同一感光树脂版可同时完成网目调图像和实地色块的烫印，即可以将要烫印的网目调图像和实地色块制在同一块烫印版上；⑥烫印基材的适用范围广，在热敏材料、塑料薄膜、模内标签上也能进行烫印。

但是，冷烫印技术也存在一定的不足之处，如涂布的高黏度胶黏剂流平性差，不太平滑，使冷烫印箔表面产生漫反射，影响烫印图文的色彩和光泽度，从而降低产品的美观度。

在薄膜和非吸收性纸张材料上，冷烫印工艺能够实现最佳的烫印效果，相反，在渗透性较强的多孔材料上进行冷烫印时，效果并不是太理想。在亚光 PSA 材料上进行烫印，烫印效果也不错；如果烫印前先在亚光纸张材料上打底漆和涂胶，也能够获得较好的冷烫印效果。

冷烫印投资少、性价比高、节能环保，已成为热烫印技术的强大竞争对手，而且冷烫印技术正从窄幅柔性版印刷领域向其他印刷工艺范围扩展，如宽幅柔性版印刷、凸印、卷筒纸胶印及单张纸胶印等。

4. 冷烫印和热烫印的选用

采用热烫印工艺能够达到比较好的烫印质量和烫印效果，但不太环保，成本要高一些。冷烫印最大优点是节能环保，虽然烫印质量有时不如热烫印效果，但冷烫印质量也在不断提高，部分产品的冷烫印质量也不亚于热烫印效果。

印刷企业是否选择投资冷烫印工艺，应结合企业的现有印刷设备状况和所印刷的产品决定。因为采用冷烫印工艺就意味着一个印刷机组要被冷烫印单元取代，而且还需要加装剥离装置，如果印刷机的色组数不够多，就可能会影响活件的正常印刷。另外，对活件所要求的图文进行仔细研究，判断其冷烫印效果是否满足要求。有条件的企业建议与 UV 胶黏剂供应商一起研究，通过冷烫印进行试验为客户提供更多的选择。

四、凹凸烫印

凹凸烫印目前有两种方法，一种是先烫后压（先烫印、后压凹凸），需要一套烫印版和一套凹凸版，多用于包装盒的主图案烫印或较大图案面积（$4cm^2$ 以上）的烫印，视觉效果强、立体感强。不足之处是需要套准，由于平压平烫印机精度误差产生的废品较多，且两道工序会加大成本。另一种方法是凹凸烫印一次成型，是利用现代雕刻技术制作的一对上下配合的阴模和阳模，烫印和压凹凸工艺一次性完成的工艺方法，生产效率高。电雕刻制作的模具可以曲面过渡，达到一般腐蚀法制作的模具难以实现的立体浮雕效果。凹凸烫印的出现，使烫印与压凹凸工艺同时完成，减少了工序和因套印不准而产生的废品。但凹凸烫印也有其局限性，需要根据实际生产的工艺要求来决定。比如印品表面需要压光处理或者上 UV 光时，由于烫印的压力会破坏凹凸效果，且凹凸对铝箔有特殊要求，通常还是将烫印与压凹凸分开，即先烫印，后上光/压光，再压凹凸或压凹凸与模切一次完成。

由于立体烫印是烫印与凹凸压印工艺的结合，形成的产品效果是呈浮雕状的立体图案，不能在其上再进行印刷。因此，必须采用先印后烫的工艺过程，同时由于它的高精度和高质量要求，不太适合采用冷烫印技术，而比较适合用热烫印技术。立体烫印与普通烫印有很大区别，除了能形成浮雕状的立体图案外，在烫印版制作、温度控制和压力控制上都有所不同。

1. 烫印版制作

高质量烫印版是普通烫印质量的保证，普通烫印版主要采用照相腐蚀制版工艺和电子雕刻制版工艺。常用的版材有铜版或锌版。铜版由于质地细腻、表面光洁、传热性能好、耐磨耐压、不易变形，是目前主流的烫印版。采用优质的铜版可提高烫印图文的光泽和清晰度。而对一些烫印数量较少、质量要求不高的包装印刷品烫印时也可采用锌版。照相腐蚀制版是一种传统的制作方法，工艺简单、成本低、精度较低，主要适用于文字、粗线条和质量要求不高的图像。而电子雕刻制作的烫印版则能丰富细腻的表现图像层次，对精细线条和粗细不均匀的图文都能很好地再现，但是相对成本较高。

立体烫印版的制作原理与普通烫印版一样，但要比普通版复杂，因为其要形成立体浮雕图案，烫印版一般都是凹下的，而且具有深浅层次变化，深度也比普通烫印版深些，精度更高。目前国内主要采用的是紫铜版照相腐蚀法。这种方法的优点是成本低、工艺简单，但是它只适用于平面烫印，由于立体感差、使用寿命短、耐印力只有 10 万印左右，因此常用在一些对浮雕效果要求不高的包装产品上。目前国外已经普遍采用雕刻黄铜版，用扫描仪先将要烫印的图案进行扫描，将数据储存进电脑，然后通过电脑及软件的控制进行立体雕刻，形成有丰富层次立体图案的阴模凹版。由于用电脑控制，可形成非常精细的图案，对细微部分的表现更为理想，耐印力可达 100 万印以上，因此非常适合用来制作要求质量高、印量大的立体烫印阴模凹版。

当然由于需配备高档的电子雕刻机、扫描仪、电脑及软件、工程技术人员等，其制作费用要比照相腐蚀法高。而正因为其制作复杂、技术难度大，可以较好地防止一些不法厂商的假冒行为，有一定的防伪功能。因此对一些高质量又要求有防伪功能的长版活，如烟包、酒包、保健品包装及贺卡等，多采用立体烫印。

底模凸版立体烫印不同于普通烫印，普通烫印的底版是平的，不需要特别制作，而立体烫印的底版必须是与烫印版相对应的阳模凸版，即烫印版凹下的部位在底版上应是凸起的，而凸起的高度与烫印版凹下的深度是相对应的。制作底模凸版的方法与凹凸压印的阳模凸版制作方法是一样的，常用的材料有石膏和玻璃纤维。采用石膏材料则须在机器上完成制作，因此，工艺比较复杂，更换底版麻烦，但成本较低。若使用玻璃纤维版材，可根据烫印版的模型预先制作，并配合加工的铜版制作定位孔，方便更换定位。底模凸版是为配合烫印凹版来形成立体浮雕图案的，其必须与烫印版精确对应。但是立体烫印不同于凹凸压印，凹凸压印多数不需要加热，而立体烫印则必须高温加热。烫印时，随着温度升高，烫印版会发生膨胀，而底模凸版的温度却基本保持不变，会造成烫印版与底模凸版的不配套，容易造成压碎底模或无法烫印的现象。因此，制作底模凸版时要充分考虑烫印版的膨胀率，以制作出精确的底模凸版。

2. 立体烫印工艺要求

（1）电化铝箔　一般由 4~5 层不同材料组成，如：基膜层（涤纶薄膜）、剥离层、着色层（银色电化铝没有着色层）、镀铝层、胶黏层。①基膜层主要起支承其他各层的作用；②剥离层的作用主要是便于电化铝箔层与基层分离，决定电化铝层的转移性；③着色层的主要作用是显示电化铝的色彩和保护底层，常见的色彩有：金、银、棕红、浅蓝、黑色、大红、绿色等，其中金色和银色是最常用的两种。④镀铝层的作用是呈现金属光泽。⑤胶黏层的作用是起粘接烫印材料的作用，组成胶黏层的胶黏材料不同，其粘接性也不同。为适应不同烫印材料的不同表面性能，电化铝就会采用不同的粘接层，从而构成了不同型号的电化铝。烫印速度和质量主要受剥离层和胶黏层的影响，如果这些涂层对热的敏感度不够，则烫印速度会相应降低。

由于立体烫印形成的是浮雕图案，温度、速度和压力的控制与普通烫印都有差别，对烫印箔的要求与普通烫印也有所差异，在选用烫印箔时应选用立体烫印专用的烫印箔，而不能将普通烫印箔用作立体烫印，否则会产生烫印质量不好或其他缺陷。

（2）烫印温度、压力、速度　　只有控制好速度温度、压力和速度，才能控制好烫印质量，立体烫印也一样。由于立体烫印是一次完成烫印和凹凸压印，对温度的要求就更高，普通烫印温度只要 70~90℃，而立体烫印则在 150℃ 左右才能完成。若温度太低则可能出现电化铝胶黏层和剥离层不能充分熔化，烫印时电化铝箔不能完整转移，产生烫印不上或露底。而温度太高则会出现纸张变形过度，图文糊并，字迹不清，甚至出现电化铝变色的现象，同时还可能会由于温度过高而使烫印版膨胀过多而不能精确与底模配合，产生烫印不良现象。因此温度的控制是三大要素之首。

烫印过程中，熔化后的电化铝胶黏层是靠压力来完成电化铝转印的，因此，烫印压力的大小和均匀性就直接影响了烫印的质量。而立体烫印除了要求电化铝箔转移到印刷品表面外，还要用巨大的压力在烫印部位压出立体浮雕图案，因此，烫印压力要比普通烫印更大，这也就要求烫印箔的强度要更好，以能经受强大压力的挤压。烫印压力过大过小都不能得到精美的图案，压力过大可能会压破烫印箔，甚至压坏底模和待烫印刷品；而压力过小，则可能会产生烫印箔转移不完全或烫印不上的情况，使压凹凸的立体感浮雕达不到质量要求。

烫印速度快，受热时间短，烫印温度下降快，造成温度过低，烫印牢度就会受影响；烫印速度慢，受热时间长，烫印温度下降慢，烫印牢度好，但若控制不好则会造成烫印温度过高的故障。因此，选择合适的烫印速度是获得高质量烫印效果的保证。

3. 立体烫印设备

立体烫印设备主要有平压平烫印和圆压圆烫印两类。平压平立体烫印设备以瑞士博斯特设备为代表，其正向高速、高精度、使用方便的方向发展，是立体烫印的主要机种，烫印速度为 7500 张/h，精度在 0.1mm 以内。圆压圆是线接触，可以避免平压平烫印中可能存在的气泡现象，速度快、质量好。但是由于其烫印版和底模凸版都是圆型的，加工难度大、成本高，圆型烫印版的传热效果也不是很理想，因此应用范围不太广泛，多用于产量大、质量高的长版活，如烟酒盒、保健品包装盒等。烫印和凹凸压印工艺一起使用，是传统印后加工常见的方法，不仅减少了生产工序，提高了生产效率，在商品包装的质量、装潢效果和防伪功能等方面有了更大的提高。随着各方面条件的成熟，它将会逐渐取代原先须由烫印和凹凸压印两个工序来形成立体金色图案的过程。立体烫印工艺将会成为包装印后加工非常有前途的整饰技术。

从目前国内市场上使用的烫印机来看，平压平烫印设备的调整相对容易，而圆压平烫印机的烫印速度要快一些，圆压圆烫印机的烫印速度就更快、精度更高，烫印后的电化铝箔更容易剥离。安装调试时，除普通烫印要求外，还应考虑以下环节。

① 采用圆压平烫印时，凸模的厚度应减小，凹凸模的凹凸深度也应减小，这样效果更好。

② 对凹凸模板，应调整使凹凸模板的凹凸图案与印刷图案的位置保持一致，先用一层薄胶皮代替凸模，待凹凸位置调整好后再上凸模，这样调整更方便、省时。

③ 凹模一般用锁版专用螺丝或调整螺丝锁住，而凸模则用专用双面胶来固定。由于双面胶的黏性不够好，可采用在衬纸板上用单面胶黏凸模的做法，这样衬纸板背后还可以垫版，以便有针对性地调节部分凹凸图案的压凹凸深浅。

④ 使用专用工具，用千分卡尺调整压凹凸位置，凹模打入模板后，在模板或凹模的铝质底座上打出专用的调整孔。用专用千分卡尺调整，可以大大缩短调整时间。

⑤ 凹凸烫印版上机调整，除了调整深浅与位置外，还要考虑烫印中的糊版（连烫）、部分脱落（烫不上）及烫印不牢等问题。除了调节温度、压力外，还应考虑烫印凹模边缘的隆起高度、烫印箔与印刷油墨的亲和性等影响因素。

五、全息烫印

随着新材料、新技术的发展，一种主要用于有价证券和商品包装的新技术——全息定位烫印技术得到了推广和应用，不但提供了商品包装装饰，而且具有很好的防伪效果，由于全息定位烫印工艺涉及全息烫印箔材料、烫印设备及定位装置等方面，因此要充分认识和掌握这些材料和设备的特点，才能印制精美的图案。

全息烫印是一种将烫印工艺与全息膜的防伪功能相结合的工艺技术。激光全息图是根据激光干涉原理，利用空间频率编码的方法制作而成的。由于激光全息图具有色彩夺目、层次分明、图像生动逼真、光学变换效果多变、信息及技术含量高等特点，在20世纪80年代就开始用于防伪领域。全息烫印的机理是在烫印设备上通过加热的烫印模头将全息烫印材料上的热熔胶层和分离层加热熔化，在一定的压力作用下，将烫印材料的信息层全息光栅条纹与PET基材分离，使铝箔信息层与承烫面黏合，融为一体，达到完美结合。

对于全息烫印，要求记录全息图的介质具有很高的分辨力，通常要能够达到3000线/mm以上，并要求全息烫印箔的成像层能够保证高分辨力激光全息图的信息不损失，以保证烫印后的全息图仍具有很高的衍射效率。

从烫印标识的类型来看，常用的全息标识烫印主要有连续全息标识烫印、独立全息标识烫印和全息定位标识烫印等三种形式：①连续全息标识烫印。由于全息标识在电化铝上呈有规律的连续排列，每次烫印时都是几个文字或图案作为一个整体烫印到最终产品上，对烫印精度无太高要求。连续全息标识烫印是普通激光全息烫印的换代产品。②独立全息标识烫印。将电化铝上的全息标识制成一个个独立的商标图案，且在每个图案旁均有对位标记，这就对烫印设备的功能与精度提出了较高的要求，既要求烫印设备带有定位识别系统，又要求定位烫印精度能达到±0.5mm以内。否则，生产厂商设计的高标准的商标图案将出现烫印不完全或偏位现象，以致达不到防伪效果及增加包装物附加价值的目的。③全息定位烫印。在烫印设备上通过光电识别将全息防伪烫印电化铝上特定部分的全息图准确烫印到待烫印材料的特定位置上。全息图定位烫技术难度很高，不仅要求印刷厂配备高性能、高精度的专门定位烫设备，还要求有高质量的专用定位烫印电化铝，生产工艺过程也要严格控制才能生产出合格的精品。全息定位烫印技术要求最高、防伪力度最大，需要保证在较高的生产效率条件下，将全息图完整、准确地烫印在指定的位置上，定位精度已可达到不低于±0.25mm。

（1）全息定位烫印的主要技术方法　全息定位烫印主要有三种工艺方法，即普通版全息图无定位烫印、专用版全息图无定位烫印、专用版全息图定位烫印。普通版全息图无定位烫印和专用版全息图无定位烫印的防伪效果还不太理想，所以只应用于对防伪要求并不太高的商品包装上，而专用版全息图定位烫印具有较好的防伪效果，因此近年来被广泛应用于钞票及有价证券、高档标签和烟酒盒及贵重商品的包装印刷上。专用版全息图定位烫印是指在烫印设备上通过光电识别将全息防伪烫印电化铝上特定部分的全息图准确烫印到纸盒和标签的特定位置上，全息图定位烫技术难度很高，不仅要求印刷厂配备高性能、高精度的专门定位烫设备，还要求有高质量的专用定位烫印电化铝，生产工艺过程也要严格控制才能生产出合格的包装产品。

全息定位烫印中，定位技术主要为消除烫印过程对烫印精度误差的逐步积累，独立图案全息烫印箔需要用定位光标及时修正全息图案在间距上的误差。每个烫印箔上的全息图案都需要有一个与之相匹配的方形光标，全息图案与其光标的中心线一致，距离保持至少3mm的恒定相对位置。为保证光标的准确性，光标的边缘应非常直，光学特性敏锐且一致。

目前用于全息定位烫印的定位系统有基本型、与烫印版同位型和智能型等三种。①基本型定位系统。探测器距离烫印版有一定距离，识别的图案不是正在烫印的图案，因此，这种定位技术必须要求所有全息图之间的间距完全相符，否则，任何误差都会反映为定位烫印上的误差。②与烫印版同位型定位技术。这种定位技术其探测器紧邻烫印版，定位的图案与烫印图案一致，定位最准，特别适用于小型平压平烫印机。③智能型定位技术。智能型定位技术其探测器的位置虽与烫印版有一定距离，但使用了微处理器进行控制，以保持对光标间距的跟踪，并拉动烫印箔来改变图案的位置，提高了定位的准确性。这种定位方式对烫印箔的张力控制比较敏感。

为了将多个独立全息图案一次烫印在基材上，需要预先计算出全息图案的排列方式。假设一次有5个图案需要烫印，而每对相邻印版间只有2个图案，则烫印箔拉动的一般顺序为：走过1个图案—烫印—走过1个图案—烫印—走过3个图案—烫印。但是，以这样烫印顺序做大小跳步时，会使箔片膜基的张力出现很大的差别，导致定位误差。所以，应当合理计算全息图案的排列方式，使每次拉动都能走过5个图案，避免出现大小跳步引发的误差。

在全息对位烫印中，目前研制成功更先进的双对位密码全息烫印新技术，这种高新技术更增添了全息防伪的效果。双对位密码全息烫印是将经过特殊处理含有密码的图像，对位直接烫印在基材指定的位置上，使密码全息图与包装物直接形成一体，不会分离。双对位密码全息烫印技术难度大，工艺要求高，要有特殊的烫印设备，要根据烫印基材的不同性质制作不同的全息烫印膜和烫印胶，同时要制定相应的操作工艺参数，非一般防伪产品生产厂家能够生产。其技术的特殊性和复杂性，使它成为目前又一理想防伪手段。这一新技术可广泛应用于信用卡、优惠卡、有价证券、各种包装彩盒、烟盒、服装吊牌上，能大大增强防伪性能，防伪效果良好。全息定位烫印技术在我国的烟酒包装盒、标签印刷中得到了广泛应用，正在逐步被药品、高档日化用品和化妆品包装采用。

全息定位烫印技术发展过程中，新出现的所谓定位镂空定位烫印技术，是采用全息镂空技术在全息烫印箔固定的位置上刻蚀出透明的花纹、图案或文字，然后烫印在包装上，它更能展现出特殊视觉的防伪效果。

（2）全息定位烫印的主要材料和设备

① 全息烫印箔　全息烫印箔是对具有烫印功能的薄膜箔进行全息激光处理，以其二维、三维、二维/三维、点阵、旋状、合成全息等具有高光泽、五彩缤纷并可变幻万千的色彩二维、三维全息图、线性几何全息图、分色阴影效果全息图、线状勾勒全息图、双通道效果全息图、旋转全息图等图像，对印刷品或纸张进行表面整饰。与普通电化铝烫印箔相比，全息烫印箔的厚度刚刚可以满足烫压的基本要求，且结构与普通电化铝烫印箔也有差异。电化铝烫印箔主要由两个薄层即聚酯薄膜基片和转印层构成。其基本结构为基膜层、醇溶性染色树脂层、镀铝层、胶黏层，其染色层为颜料。印刷时依靠高温和压力将金色电化铝箔烫印在承印物上，也称烫印。而全息烫印箔染色层是光栅。显示色彩或图像的不是颜料，而是激光束作用后在转印层表面微小坑纹（光栅）形成的全息图案。其生成相当复杂。烫印时，在烫印印版与全息烫印箔相接触的几毫秒时间内，剥离层氧化，胶黏层熔化。通过施加压力，转印层与基材黏合，在箔片基膜与转印层分离的同时，全息烫印箔上的全息图文以烫印印版的形状转移烫印在基材上。

此外，全息烫印箔还有普通全息烫印箔和透明全息烫印箔，其中透明烫印箔是具有较强防伪功能的新一代烫印箔。与普通烫印箔相比，透明全息烫印箔应用了先进的磁控溅射技术，用高折射率的介质替代了常规镀铝技术中的铝层，其最大的特点是能在不影响原有印刷品所携带信息（如文字、图案）的整体效果条件下，叠加上激光全息图案（即透明全息图），也就是说，透过全息图可看到被烫物上的原有信息。

全息烫印箔中，不同的全息效果之间可以互相组合，同时还可以加上双通道、部分镀铝、分色效果、微刻字、隐藏信息等多种防伪元素，对印品和纸张进行表面整饰加工，以有效的高等级的防伪手段达到其独特的版权保护。全息烫印箔面进行技术处理，既可应用于定位的独立图案，又可应用于不需定位有自由空间位置的连续性图案，应用范围已从早期政府文件和钞票的防伪扩大到价值较高、生产量较大的产品，如烟、酒、药品、化妆品、时装、钟表、电脑软件等的包装、标签印刷后的表面特殊整饰，已成为形象的重要部分。

② 主要烫印设备　根据全息烫印箔烫印方法不同，可使用不同的烫印设备。例如，连续全息标识烫印箔的烫印，其全息标识在电化铝箔上呈有规律的连续排列。每次烫印时都是几个文字或图案作为一个整体烫印到最终产品的表面，一般对烫印位置的精度并无特定要求，即对烫印设备选择没有特殊要求，因此可以在一般的平压平型烫印机、圆压平型烫印机、圆压圆型烫印机上进行，其操作技术相对就简单容易。而独立图案全息标识烫印箔的烫印必须针对每一个独立的商标图案，而且每个图案旁均有对位标记，要求烫印在指定位置，与印刷图相对应，对烫印设备的功能与精度提出了较高的要求，既要求烫印设备

带有定位识别系统，又要求定位烫印精度误差小于±0.5mm，还要求设备具有可烫印不同面积大小的性能，如烫印单个烟盒上的小标记和整条烟盒上的大标记时，烫印设备必须有可微调的温度、压力、速度控制装置及灵敏反应性等。此外，它对操作技术的要求也相对要高。

六、数字烫印

单张纸数字烫印专用设备，主要由输纸、印刷（打印）、烫印、收纸、纸张定位与传送、油/墨/液存储、控制等单元组成，印刷（打印）单元主要包括套准用摄像头、双托纸盘、喷墨组件；烫印单元主要包括 UV 激活、解绕辊、复绕辊、UV 固化、传送器、定位指示器、传感器、传送带张力控制等。如视高迪 Ultra-Pro 数字烫印特点：RSP™ 高速运动中套准技术、速度 1250 张/h；击凸和高亮泽度；可变数据增效；烫印工艺独特（烫上烫、烫金+触感、不同密度烫印）；支持细小文字及大面积烫印；烫印厚度为 40～80μm；操作简便、调试时间短；可应用于热烫、冷烫箔膜，实现局部 UV 上光、触感、可变密度、烫印、全息影像转移、水晶特效等多种特效。视高迪 PAS™ 冷烫印流程：①固化可流动油墨，锁定精细细节和保持精准度；②控制树脂的固化程度，达到期望的黏度；③固化树脂并将烫印箔膜牢固地粘贴在树脂上。

国产单张纸数字烫印机，如德曼仕 DMS 的数字增效印刷机，对开幅面，可实现 5pt 中文字和一次走纸完成 50mm 厚度喷印；设计独特的喷头运行方式可避免喷头拉线和斜喷现象；数字摄像头实时抓取印张上特征位置，保证套印精度；在线编辑软件可以帮助用户轻松实现光油、激凸、逆向、雪花、数码刺绣等包装印刷表面增效；专利设计的烫印机构可有效节约电化铝箔。

国产卷筒纸数字烫印机，除卷筒纸给纸、收纸、纸张传送和定位、张力控制外，其他单元与单张纸数字烫印机基本相同。如 DigiSpark 闪炫数字增效印刷机，为卷筒纸冷光源 UV 固化数字烫印系统，采用 DOD 喷墨方式，分辨率为 360×360dpi（最高 1440×360dpi），烫印速度为 6～30m/min（取决于喷墨层厚度），聚酯树脂采用 LED-UV 固化方式。具有全数字流程、产品适用性强、浮雕效果耐久不变形、套印精准快速等特点，可实现个性化数字烫印、光油、磨砂、3D 晶亮、局部上光、盲文等表面整饰效果。

第四节　纸盒成型加工

模压版的组成
及制作

折叠纸盒的设计、制作工艺流程包括纸盒的装潢设计、印版制作、印刷、表面整饰和成型加工。纸盒的结构设计、模切压痕、折叠糊盒是影响纸盒成型加工精度的主要因素。

在影响盒片精度的诸多因素（如模切机的性能、操作者的调校水平、模切版和阴模的质量）中，模切版、阴模的设计和制作水平是影响盒片模切精度的关键。要避免在自动折叠糊盒机上出废品，使折叠纸盒在高速包装机上自动完成打开、成型、装填、封口等工艺，不仅要求纸盒结构尺寸设计合理，还应保证盒片有足够的模切精度和折叠糊盒精度。

一、模切压痕原理

利用钢刀（模切刀）、钢线（压痕刀）排成模版，在模切压痕机上通过施加一定的压力，将承印物或印刷品冲切成所要求的形状或压出痕迹、槽痕的工艺过程称为模切压痕，简称模切。模切刀使承印物或印刷品产生裂变，压痕刀使承印物或印刷品产生形变。

模切压痕不仅可以增强纸包装制品的艺术效果、节约原材料，还能增加纸盒、纸箱等制品的使用价值、提高生产率，广泛应用于纸盒、纸箱、商标、标牌、纪念品等产品的成型加工。如纸盒、纸箱等纸包装制品的外形需要通过模切来完成、折弯处和结合部位需要通过压痕工艺来实现。对于折叠纸盒而言，模切压痕的质量效果不仅影响折叠糊盒和产品自动包装线的生产效率，还直接影响产品质量和使用效果。模切压痕可提高产品的外观质量和市场竞争力。

模切版安装好，初步调整位置后，根据产品质量要求对应调节模切压力。最佳压力是保证产品切口干净利索，无刀花、毛边，压痕清晰，深浅合适，压力的大小主要与被压印材料的厚度有关。对于平压平模切机，压力的调整是确定底版上衬垫的厚度，对圆压圆模切机，调节模切滚筒和下滚筒间中心距的大小。

对于平压平模切机，模切位置要依据印刷品的位置而定，一旦位置确定好，要将模压版固定好，以防止压印中错位。而圆压圆模切装置是安装在凹印机印刷机组的后面，只要张力确定，模切装置就不会切错位。一切调整完毕，先试压模切几张进行仔细检查，如需折成盒型，还应做成成品进行规格、质量等方面的检验，一经确认，留出样张，进行正式模切。平压平模切压痕的工艺流程如图 7-17 所示。

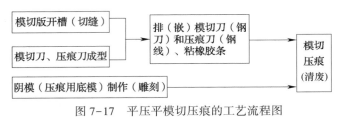

图 7-17　平压平模切压痕的工艺流程图

二、模切压痕版类型

（1）模切版基板材料　模切版基板材料要求有良好的质量和加工方便性、平整性、坚固性，尽可能轻而硬，模切刀、压痕刀嵌入模切版槽缝要可靠，保证多次更换新模切刀、新压痕刀后与模切版仍能良好地结合，模切版上所有尺寸不发生变化。

以前使用的模切版主要有金属底版和木底版。金属底版有铅空排版、浇铅版、钢型刻版、钢板刻版等。铅空排版是用大小不一的铅空组排成版面，其特点是排版操作简单方便、改版灵活性好、重复使用率高、成本低、实用性强。木底版主要有胶合板、木板、锌木合钉板等。胶合板、木胶合底版是将设计好的图案转移到胶合板上，在线条出钻洞锯缝，嵌进（入）钢刀和钢线制成模切压痕版，这种方法模切的质量高，且模切版重量轻，制版时间短。

目前国内外纸盒包装行业常用的平压平模切版的基板材料主要有多层木胶合板、玻璃纤维强化塑胶板和钢板（钢制底面板+合成塑料夹层）等三种。在基板上开槽、排（嵌）模切刀、压痕刀、粘海绵橡胶条后，即制成模切压痕版（简称模切版）。

（2）模切版基材类型　从目前国际纸盒加工业来看，常用的平压平纸盒模切版主要有多层木胶合模切版（MULTIPLEX）、纤维塑胶模切版（DURAMA）和三文治钢塑模切版（SANDWICH）等三种类型，如表7-1所示。

表 7-1　　　　　　　　　　　　　　模切版性能比较

项目	木胶合模切版	纤维塑胶模切版	三文治钢塑模切版
材料	优质多层木胶合板	玻璃纤维强化塑胶板	钢制底面板+合成塑料夹层
切割形式	激光切割	高压水喷射	激光切割
可换刀次数	2~3 次	6~7 次	12 次以上
受湿度、温度变化	受湿度及温差影响大	不受湿度及温度变化影响	
价格比较	1	2~3 倍	4~5 倍

多层木胶合模切版是国内包装印刷（或制盒）企业常用的平压平模切版，具有加工容易、价格低廉等特点，目前在国内除中高档纸盒加工使用激光切割的模切版外，也有相当数量的纸盒加工使用手工锯槽或半机械开槽的模切版。对于高质量的长版活件，由于多层木胶合板材易受环境温度和湿度变化的影响而产生变形，尺寸稳定性差（±0.15~±0.70mm），使多层木胶合版的模切压痕精度和使用寿命都会受到一些影响。德国 Marbach 公司的 Wolfang Grebe 博士开发研制的纤维塑胶板材，即使在温度和相对湿度有明显变化的情况下，也不会产生明显的尺寸变化。模切版的寿命主要取决于模切刀的质量和换刀次数。

纤维塑胶版的材料为玻璃纤维强化塑胶，三文治钢塑模切版材料的上下为钢板，中间采用合成塑料填充料结构，与之相配套使用的阴模（压痕用底模）也采用钢板材料，其优点是寿命长，精度高。

纤维塑胶模切版和三文治钢塑模切版不仅精度高，还克服了多层木胶合模切版易受湿度和温度变化影响的缺点；而且换刀次数分别为多层木胶合版的3倍和6倍以上。而对于单一纸盒而言，纤维塑胶版和三文治钢版的尺寸误差分别为±0.13mm 和±0.10mm，对于整个排料模切版，尺寸误差分别为±0.30mm 和±0.20mm。

三、模切压痕版的制作

模切压痕版简称模切板，将钢刀（模切刀）、钢线（压痕刀）按要求弯折成型后，安装排放在开有槽口的底版上，并按要求粘上合适弹性的衬空材料（橡胶条），就完成了模切版的制作。

模切压痕版制作的工艺流程为：绘制模切压痕版轮廓图—切割底版—钢刀钢线裁切成型—组合拼版—开连接点—粘贴海绵胶条—试切垫版—制作压痕底模—试模切、签样。

版面设计的主要任务包括：①确定版面的大小，应与所选用设备的规格和工作能力相匹配；②确定模切版的种类；③选择模切版所用材料及规格。设计好的版面应满足以下要求，即模切版的格位应与印刷格位相符；工作部分应居于模切版的中央位置；线条、图形的移植要保证产品所要求的精度；版面刀线要对直，纵横刀线互成直角并与模切版侧边平行；断刀、断线要对齐等。

模切版轮廓图是整版产品的展开图，是模切版制作的第一个关键环节。如果印刷采用的是整页拼版系统，可以在印刷制版工序直接输出模切版轮廓图，可以有效保证印刷版和模切版的统一。如果印刷采用的是手工软片拼版，就需要根据印样排版的实际尺寸绘制模切版轮廓图。在绘制过程中，为了保证在制版过程中模切版不散版，要在大面积封闭图形部分留出若干处"过桥"，过桥宽度对于小块版可设计成 3~6mm，对于大块版可留出 8~9mm。如图 7-18 所示，为使模切版的钢刀、钢线具有较好的模切适性，产品设计和版面绘图时应注意以下问题：①开槽开孔的刀线应尽量采用整线，线条转弯处应带圆角，防止出现相互垂直的钢刀拼接。②两条线的接头处，应防止出现尖角现象。③避免多个相邻狭窄废边的连接，应增大连接部分，使其连成一块，便于清废。④防止出现连续的多个尖角，对无功能性要求的尖角，可改成圆角。⑤防止尖角线截止于另一个直线的中间段落，这样会使固刀困难、钢刀易松动，并降低模切适性，应改为圆弧或加大其相遇角。

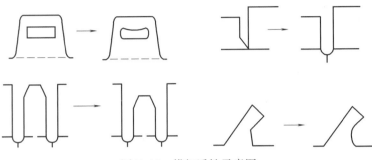

图 7-18　模切适性示意图

1. 模切版基板开槽（切缝）

模切版基板开槽（切缝）的常用方法有以下三种。

（1）机械锯槽法　机械锯槽法是在画有纸盒盒片模切排料图的优质多层木胶合板上用专用机床界缝的开槽方法。首先在每个线条和桥位起止点处钻孔，以便锯条顺利穿入木胶合板，然后在画好的线条上界缝，最后安装已加工成型的模切刀、压痕刀即可。与原来采用的手工锯槽法相比，采用机械锯槽法提高了加工效率和准确性，虽然锯条由机械控制，但线条导向仍由人工掌握，所以锯缝仍然不够平直，重复性不好。

锯床切割是目前中小企业制作模切版的主要方法之一，锯床的工作是利用特制锯条的上下往返运动，在底版上加工出可装钢刀和钢线的窄槽，锯条的厚度等于相应位置钢刀和钢线的厚度。锯床上配有电钻，可以在底版上钻孔，钻孔后，将锯条穿过底版，再进行切割。现在的锯床根据使用的场合和制版种类不同，规格丰富且功能完善，有的锯床配有吸尘系统，可以把锯切的锯末自动收集，锯条可以进行电动装夹，有些大版面锯床工作台面上还配有气浮系统，可以使大版面锯割轻快灵活。

（2）激光切割法　激光切割底板是从激光器发出波长为 10.6μm 的 CO_2 激光束，经导光系统传导到被切割材料表面，光能被吸收变成热能。光束经透镜聚焦后，焦斑直径只有 0.1~0.2mm，功率密度可超过 $10^6 W/cm^2$。这样高的功率密度能使材料表面温度瞬间就达到沸点以上，形成过热状态，引起熔融和蒸发。由于热传导，表面的热能很快传到材料内部，使温度升高，也达到熔点。此时，材料中易汽化的成分产生一定的气压，使熔融物爆炸性去除。木材用激光切割时，去除的材料以汽化为主并产生烟尘。因此，在切割过程中，需要喷吹一定压力的气体，以辅助加工的进行。

　　激光切割是在由电脑控制的激光切割机上进行的，它是以激光作为能源，通过激光产生的高温对底版材料进行切割。进行激光切割首先需要将整版模切轮廓图输入电脑，由电脑控制底版的移动，用激光进行切割。但在切割过程中需要的参数较多，如材料质量参数、板材厚度、激光输出功率、辅助气体的种类和压力、喷嘴的直径、口径、材料与喷嘴的距离间隙、透镜的焦距、焦点的位置以及切割速度等。所以，在实际生产中，借鉴以往经验来确定加工效果是极其重要的。激光切割的主要不足是激光切割机价格昂贵，切割成本较高，从而使模切版制作成本较高，因此，这种模切版一般由专业厂家生产，用户直接定做。

　　激光切割木胶合板是光学、机械、电子学和材料学相结合的综合技术，该系统由激光器（LASER）、计算机辅助设计（CAD）软件、计算机数控装置（CNC）、工作台等组成。

　　激光器是整个制造系统的核心，一般选择 CO_2 激光器并兼有连续和脉冲两种工作方式，稳定性应优于±2%。光束模式以低阶模（接近于高斯曲线分布的激光束能量剖面图）为好，因为它能使激光束聚焦在最小的光斑区域内并得到最高的能量密度。

　　工作台用来装夹支承和移动被切割材料（木胶合板）。通过它与激光束的相对运动切割出图形来。通常采用三维坐标工作台，由电机及同轴丝杆的转动来驱动滚珠导轨工作台移动。从激光束与木胶合板相对运动方式来看，又可分为工件移动式（激光束固定不动）、激光束移动式（工件固定不动）以及这两种方式的复合方式。激光束移动是通过调节光路的机械传动部分来实现的。光路系统是激光器和机床的连接桥梁，它包括光束的直线传输通道、光束的折射移动机构和聚焦系统。

　　计算机数控装置是整个系统的指挥中心，采用微处理器控制的可编程逻辑控制（PLC）技术，专家系统能根据材料的种类、性能、厚度及加工要求自动选择最佳过程参数（功率、速度、压力等）。将 CAD 产生的数控软件送入 CNC，它能实时控制木胶合板的激光切割，包括故障检测、伺服驱动与定位，辅助气体压力控制等。整个过程无须人工干预，实现了完全自动化。

　　CAD 系统能将客户提供的纸盒图纸迅速转换成数控语言，并在那些封闭的曲线段上加上适当数量的 2~8mm 长的辅助过桥，使切割材料在装刀之前不致脱落。在盒片库内可以放数百个纸盒样品供客户选用，大大方便了图形设计，避免了编程的重复劳动。

　　① 木胶合板切割工艺流程　木胶合板的切割工艺流程为：留桥—搭桥—切边框。

　　激光切割前，应按切割工艺要求编写留桥、搭桥和切边框程序，确定模切版激光切割的最佳路径。由于桥位、桥长和桥数直接影响模切版的承受力和使用寿命，在编制留桥程序时，要考虑木胶合板和纸板的种类、厚度以及模切排料图的复杂程度、尺寸大小、设置坐标原点，计算有关点在坐标系中的 X 值和 Y 值。在编制搭桥程序时，要重新设置坐标系和原点，计算并输入各桥端点的 X 值和 Y 值。程序编写完后要绘制所需图形，以便检查编程过程中有无差错。激光切割模切版基板（木胶合板），用激光切割头代替锯条，用 NC、CNC 装置代替手工推移木板，从而使锯切法遇到的技术难题得到完美的解决。

　　② 影响切割质量的主要因素　有了一套完备的激光制造系统并不一定能加工出高质量的模切版，还要有合适的加工工艺。加工工艺与多方面因素有关，如光束模式、偏振状态、聚焦透镜、焦点与胶合板表面的距离、机床的运行速度、编程方式、辅助气体压力及胶合板材料的性能等。当设备调整完好后，还应注意激光功率、工作台运行速度、焦点与

胶合板表面距离、辅助气体压力、编程方式、胶合板材料性能等要素。

③ 激光切割模切版基板的技术要求

a. 精度　盒型尺寸精度≤0.1mm，切缝宽度为（0.70±0.05）mm，以保证切缝的直线度、圆度，使模切出的盒坯规矩；保证钢线镶嵌松紧程度适宜，过紧时钢线镶嵌困难，模切版整体易变形，过松时钢线镶嵌不牢，大大降低模切版使用寿命；保证切缝和印刷图样套准，不产生积累误差，以解决多联版的切割加工。

b. 垂直度　切缝的两个侧面要同时垂直于木板表面，以保证切缝上口和下口宽度一致，使镶嵌的钢线不出现晃动，保证模切作业时钢线垂直于纸板平面，以避免印线棱边压痕和刀线倾斜切断。

c. 粗糙度　切缝的两侧面要有一定的粗糙度，且碳化程度轻，以保证切缝对钢线有足够的触面，从而产生足够的夹紧力；模切时有耐冲击性，从而提高模切版的使用寿命；多次模切后重换钢线，使模切版体得到多次使用，以降低成本。

④ 激光切割模切版基板的优越性　应用激光切割模切版，不仅速度快、精度高（设备的重复精度为±0.02mm，定位精度为±0.04mm），而且重复性好，特别是切割多联版和重复制作模切版时，更为优越。如德国 ELCEDE 公司研制的 LCS300-4TR DC020 激光切割系统，既可切割平模版（最大加工尺寸为 3000mm×1500mm），又可切割圆型模切版（版筒直径范围为 174~696mm，宽 2500mm），最大速度达 30m/min。

模切板厂商 Marbach、和兴、嘉洛公司等公司所引进的纸盒盒型结构 CAD 软件和模切版、阴模（压痕用底模）CAM 专用系统，使国内包装印刷厂淘汰了传统的手工设计、制版和加工工艺。采用 CAD/CAM 先进技术，可印制精美的包装纸盒。

（3）高压水喷射切割法　高压水喷射切割技术主要用于玻璃纤维强化塑胶板（简称纤维塑胶板）的切割。采用计算机控制的高压水喷射切割纤维塑胶板工艺，既保证了加工精度，又避免了激光切割开槽时因产生气体和烟雾带来的环保问题。高压水喷射切割后，可嵌入已加工成型的模切刀、压痕刀。

2. 刀具及成型系统

（1）模切刀（钢刀）　模切刀是影响模切版质量的关键，应具有锋利、耐磨损、易弯曲等特性。模切刀材料有软硬、薄厚之分，模切刀刃口形状也有高、矮之分。根据被模切的对象不同，可灵活选用，保证切口光滑，不允许粘连。用于纸盒加工的模切刀，其高度一般为 23.8mm。模切刀选择不当，会造成切边不齐、出现毛边等现象。

（2）压痕刀（钢线）　压痕刀材料要具有耐磨损、易弯曲等特性。根据不同压痕需要，可选不同的压痕刀形状（如单头线、双头线、圆头线、平头线、尖头线等）。

用于纸盒加工的压痕刀，其高度和厚度要根据模切刀高度和纸板厚度来计算，如图 7-19 所示。

图 7-19 中，δ——纸板厚度，mm；

$\qquad$ R_1——压痕刀厚度，mm；

$\qquad$ R_2——压痕刀高度，mm；

$\qquad$ Z_1——阴模（压痕用底模）厚度，mm；

$\qquad$ Z_2——压痕槽宽，mm。

当 $\delta < 0.5$mm 时，取 $R_1 = 0.7$mm，$R_2 = 23.3 \sim 23.4$mm，

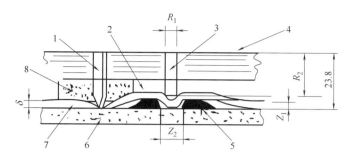

1—模切刀；2、7—纸板；3—压痕刀；4—模切版；5—阴模（压痕用底模）；6—钢板；8—海绵橡胶条。

图7-19　模切刀、压痕刀安装尺寸（mm）计算示意图

$$Z_1 = 0.5\text{mm}, \quad Z_2 = 1.5\delta + R_1 \text{（或取 } Z_2 = 1.1\sim2.0\text{mm）}$$

当 $\delta = 0.5\sim0.8\text{mm}$ 时，取 $R_1 = 1.0\text{mm}$，$R_2 = 23.0\sim23.2\text{mm}$，

$$Z_1 = 0.7\sim0.9\text{mm}, \quad Z_2 = 1.5\delta + R_1 \text{（或取 } Z_2 = 2.1\sim2.4\text{mm）}$$

对于瓦楞纸板，$Z_2 = 2\delta + R_1$；

当压痕线与纤维方向垂直时，常取 $Z_2 = Z_2 + (0.1\sim0.15)$。

加工厚纸板盒时，如果选择的压痕刀厚度不够，压痕线宽度太窄，不易折叠，会影响成型精度。

（3）刀具成型　模切刀（钢刀）和压痕刀（钢线）的成型主要有手工半机械成型和专用自动成型两种方法。

手工单机成型设备主要有刀片裁切机、刀片成型机（弯刀机）、刀片冲孔机（过桥切刀机）、刀片切角机等。其中，刀片裁切机用于钢刀和钢线的长度裁切；刀片成型机（弯刀机）用于钢刀和钢线的圆弧或角度的精确成型；刀片冲孔机（过桥切力机）用于过桥部分刀、线的冲孔；刀片切角机用于刀、线相交处钢刀的切角（保证有效切断）。这种加工方法速度较慢、生产效率低，不能加工精细复杂图形，重复性差，且对人工的熟练程度和技术水平依赖性很大；但成本相对较低，适合低质量、工期不紧的模切版的加工。

全自动电脑数控弯刀机把裁切、弯刀、冲孔、切角整合在一台机器上一次性完成，可以说是弯刀工艺的一次质的飞跃。自动弯刀所用的弯刀图形直接取自产品的图形设计，工作时，只需调入图形，输入要成型的数量，机器即可完成弯刀成型。处理时，刀片被送进特制的通道，此通道紧紧握住刀片，可用运转如飞、精确无误来形容。机器可接受直条刀线，但最好用卷装刀线，这样可提高速度，又可节省材料。

由于被模切产品形状各异，需要将模切刀（钢刀）和压痕刀（钢线）弯成各种各样形状。排（嵌）模切刀、压痕刀前，先将模切刀和压痕刀按设计打样的规格与造型，切割成若干成型段，然后进行刀具成型加工。

刀具成型加工时，无论弯曲成任何弧度和形状，都必须使模切刀和压痕刀的刀口与刀底（铁台）相互平行，保证刀具刀锋面上的各点都处于同一平面，以获得相同的压力。

开连点是指在模切刀刃口部开出一定宽度的小口，使废边在模切后仍有局部连在整个印张上而不散开，以便于下一步走纸顺畅。开连点采用刀线打孔机（砂轮磨削），连点宽度 0.3，0.4，0.5，0.6，0.8，1.0mm 等大小不同的规格，常用的是 0.4mm。连接点通常

打在成型产品看不到的隐蔽处，不能在过桥位置开连点。成型后外观处的连接点应越小越好，以免影响成品外观。

为了保证模切版的制作精度，利用 CAD 软件自动计算模切刀和压痕刀长度及搭桥缺口尺寸，并传送给由计算机控制的刀具成型机进行开槽、切角、弯曲和切断。由于采用了液压弯刀、液晶显示、液压传动和游标定位，有效地保证了刀具成型的精度。

3. 嵌入模切刀、压痕刀（排版或排刀）

嵌入模切压痕刀具（简称排版或排刀），是将成型后的模切刀［钢刀和压痕刀（钢线）］嵌入槽缝中并固定的装置。嵌好模切压痕刀具后，将海绵橡胶条（衬空出来）粘贴在模切刀两边的胶合板上。其作用是把模切的纸板从模切版上弹回去，便于清废剥离。

安装钢刀和钢线时，将开好槽口的底版放在版台上，成型刀线背部朝下，对准相应的底版位置，用专用刀模锤锤打上部刃口，将其镶入模版。锤打时一定要用专用的刀模锤或木锤，刀模锤头部采用高弹橡胶制成，在打刀线刃口时，可以保证不伤刃口。近年来，自动装力机也已出现，使装刀速度和质量都有了很大的提高。

模切压痕刀具时，纵向和横向须相互垂直，各边线须相互平行，才能使版面平整。橡胶条的种类很多，只有选配合适硬度的海绵橡胶，才能保证模切时纸张与模切刀迅速分离。

4. 粘贴海绵胶条

钢刀和钢线安装完毕后，为了防止模切刀在模切、压痕时粘住纸张，影响走纸顺畅，一般要在钢刀两侧粘贴海绵胶条，海绵胶条应高出模切刀 3~5mm。弹性海绵胶条的使用直接影响模切的速度与质量，因此应根据模切活件和模切速度的要求来选用不同硬度、尺寸、形状的海绵胶条。

5. 阴模（压痕用底模）的制作

为了使纸盒的压痕线更清晰、易于折叠，且折叠后无皱褶和裂痕，纸盒成型准确，通常使用一种与压痕刀具配套的阴模（即压痕用底模）。粘贴在钢板底台上的阴模（压痕用底模），其材料和加工方法有多种多样，除常见的绝缘合成纤维板、硬化纸板、酚醛塑料胶纸板、钢板等，通过铣床、计算机雕刻等方法开槽外，还可使用自粘底模线。

① 采用计算机雕刻制作阴模（压痕用底模）　用计算机辅助雕刻仪加工阴模（压痕用底模）时，压痕槽宽与切割深度、精度应满足要求，且雕刻速度、深度应可调。如德国 ELCEDE 公司开发的 NCC107-4T 阴模（压痕用底模）雕刻系统，其最大加工尺寸为 1070mm×1070mm，重复精度为 ±0.02mm，最大速度为 30m/min。应用 CAD/CAM 技术，不仅能缩短设计和制作周期，提高市场竞争能力，还由于采用了同一设计程序和参数，保证了阴模（压痕用底模）雕刻版、激光切割版尺寸精度的一致性，从而提高了纸盒的设计和制造精度。

② 使用自粘底模线制作阴模（压痕用底模）。自粘底模线具有出线快捷、压痕线饱满等特点，不同厚度的纸张应选用与其相对应的底模线，其基本结构由压线模、定位胶条、保护膜组成，如图 7-20 所示。压线模一般由金属底板、硬塑料模槽、胶粘底膜构成。如图 7-21

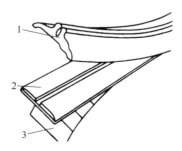

1—保护膜；2—压线膜；3—定位胶条。
图 7-20　自粘底模线结构示意图

所示，使用自粘底模线时，先截取适当长度底模线，将其套于压痕刀（钢线）上，并揭去保护膜［图7-21（a）］；然后将带有自粘底模线的模切版放在模压机上合压［图7-21（b）］，底模线便牢固地粘贴在模切版上；离压［图7-21（c）］后，除去定位胶条，便可制成压痕用底模版［图7-21（d）］。

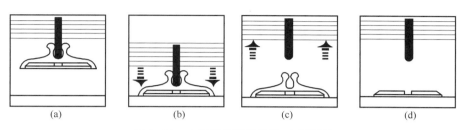

图7-21　自粘底模线的粘贴工艺流程

6. 试切与补压

试切时，若发现有一部分切不断，就要在局部范围进行垫版（或补压）。垫版就是利用0.05mm厚的垫纸板粘贴在模切版底部，对模切刀进行高度补偿。正式生产之前，为了方便压痕形成，还要制作压痕底模。接着进行试模切、客户签样等，即可进入正式模压生产。

四、模切压痕设备

纸盒盒片的模切工艺是在纸盒坯料（纸板）上根据图文、折叠等要求进行压痕、切割，使之形成所需纸盒形状。用来进行模切、压痕加工的设备称为模切压痕机（简称模切机）。按其模切压痕的形式来分，有平压平、圆压平和圆压圆模切机，其中平压平模切机应用最广泛。卧式平压平模切机由于具有生产成本低、换版容易、安全防护好、易实现自动化、模切精度较高、价格适宜、适合小批量多品种生产及操作维修简便等优点，在我国得到了快速发展，市场占有率很高。

1. 平压平模切机

平压平模切机根据版台及压版的位置，又可分为立式和卧式两种。大部分平压平模切机采用卧式，基本构成如图7-22所示。首先将模切刀、压痕刀排（嵌）在模切版上，并使模切版固定在上平台2上，将阴模（压痕用底模）粘贴在下平台（钢板）1上，纸板3由供给装置传送到模切版和阴模版之间，定位后，电机驱动施压机构6使下平台1上下运

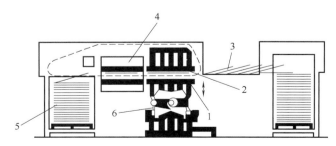

1—下平台（钢板）；2—上平台；3—纸板；4—排废装置；5—收纸台；6—施压机构。

图7-22　单张纸平压平模切压痕机示意图

动，使上、下压板接触，位于其间的盒片纸板坯受到压痕、切割、切除多余料块、压出折叠边，模切过的盒片纸板由自动清废装置4脱掉废边，并自动清除弹射到输送带上，留下的盒片送到收纸台5上堆码整齐。

平压平自动模切机由主传动系统、压力模切部件、输纸牙排机构、定位部件、输纸和收纸等部件组成。其主要功能有：采用可编程序控制器、人机对话触屏控制、微机集中控制；机械传动系统采用气动离合器和扭力安全控制器不停机给纸收纸、自动定位、自动套准、自动清废、自动分离盒片。

（1）平压平自动模切机典型机构

① 模切施压机构　模切是在压力的作用下完成的，施压机构是模切机压力模切部件的重要部件。常用的施压机构有肘节驱动压力系统、凸轮轴驱动机构、双肘节机构等。模切压力调节由专门的调压机构来完成，并可随意调节。因此，可以在任意时刻改变模切压力，以增加机器模切不同纸板厚度的灵活性。因为双肘节施压机构具有较长的保压时间，能够获得良好的印品质量，所以在平压平模切机中，肘杆压力机构被广泛采用。

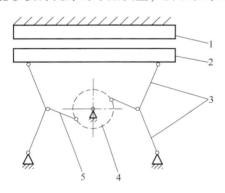

1—上平台；2—下平台；3—肘杆；4—曲轴；5—连杆。

图7-23　平压平压力模切部件机构简图

如图7-23所示，模切时，由上版框和模切压痕版组成的上平台是静止不动的，下平台上装有阴模（压痕用底模）版，通过主传动系统和肘杆压力机构完成上下运动，由最低点到最高点逐渐向上顶压。为了使模切压痕到位，加压时整个平台受力均匀，应保证上下两个平台的工作表面平行。由于长时间磨损或其他原因造成上、下平台不平行时，应对平台进行调整。

② 输纸间歇定位机构　平压平模切单张纸板时，纸张由输纸牙排上的叼纸牙叼住进入模切位置。纸板在模切时处于静止状态，所以牙排应是间歇运动。为了保证合适的模切精度，必须确保纸板传输准确，并保证每排牙排停留在准确的位置上。输纸牙排的运动是由主传动轴传来的动力经间歇机构和齿轮链条运动来实现的。因此，平压平模切机的间歇机构广泛采用平行分度共轭凸轮机构。在凸轮的推程段，每一个凸轮都依次推动若干个滚子；而在凸轮的休止段，滚子从动盘静止。每个滚子都有一段相应的凸轮轮廓曲线，这些轮廓曲线推动相应的滚子进行运动，实现输纸牙排的运动和静止。为了保证模切的定位要求，间歇机构中的齿轮传动要求是无齿隙运动。这样就尽就可能地避免了轮齿间的相互冲击，进而使传动更加平稳、准确。同时，要求平行分度凸轮机构的凸轮和各个滚子的轴线平行。否则，会影响凸轮与滚子接触，导致破坏模切的精度。

③ 输纸牙排机构　为保证套印精度，模切机除了纸张的定位外，还有牙排定位装置，以保证使得每一个牙排在前规处和模切处都能准确定位，通常采用靠规和锁紧钩装置。模切精度要达到±0.1mm，必须设计合理的传纸系统和定位系统。若采用机械式前规和侧规定位的单张纸平压平模切机，其模切精度受到限制。

④ 清废装置　清废装置安装在模切机的模切部件和收纸部件之间，将模切下来的废

料自动剥离并收集。清废装置主要由上清废框（也叫上部框架）、下清废框（也叫下部废框）和阴版组成。这三大部件分别装有上清废针、弹性牙块或下清废针等工具。

清废是通过固定在机构上方的清废针和下方装在弹性牙块上的伸缩清废针的"夹"和"冲"两个动作和阴模版的运动来清除模切过的纸板下的废边、废孔块等。当承印物上抬运动时，废料与承印物剥离。清废装置可减轻劳动强度，提高工作效率。当模切的纸张到达清废装置时，上部框架是固定不动的，由于下部框架向上托起，使活件的废边、废孔块被上、下清废销夹住，使其不能上下运动。这时，阴模向上运动，将活件托起并高于上清废针的下端面，使废边、废孔块与活件脱离，从阴模版各相应的孔或边缘处落入废料车里。有时，活件在去除叼口时，还要经过"二次清废"。当纸张到达收纸台时，递纸牙并没有放开纸张，而是由一块板下压在叼口边缘处，将纸张与叼口切断，递纸牙排叼着叼口继续前进，当到达输送带位置时，由间歇机构控制的递纸牙排的上部活动牙被弹开，叼口下落到输送带上。这样，叼口被去除，"二次清废"结束。

⑤ 清成品装置　20世纪70年代后，由于欧美发达国家人力成本上升，竞争中用户对准时交货的要求逐渐提高，迫使包装印刷厂要求模切机生产商提供能够自动清成品的模切机，以进一步降低对人工的占用，并减少工序，以利于准时交货。除了可减少工序，准时交货和节省人力的优点外，这种模切机还具备特殊性能，以满足市场的需求。如：对于加工食品、药品包装盒的厂家，用户通常要求其对卫生加以控制。全清成品的模切机能够大幅度减少人手接触盒片的机会，提高了卫生标准。但印刷排版限制了全清成品模切机的应用，如走纸方向有双刀而横向为单刀的排版方法就无法使用全清成品模切机。

（2）平压平自动模切机的选择与调整　性能稳定、精度良好且精度可持久保持的模切机是保证压痕饱满、均匀以及压痕线平行的关键。因此，应确定合适的模切压力并选择合适厚度的垫纸，尽量保证同一产品在相同的工作环境和压力条件下进行模切压痕，这是可靠的工艺保障。压力过大会造成爆色或爆线，压力过小则压痕不饱满，而压力不均匀会导致局部切不穿等。为了有效保证模切压痕质量，应按模切次数定量补充压力。另外，要牢固安装模切版，并定期检查模切版框及底模版边缘的磨损情况。切版和底模错位，易造成压痕线单边、爆色、爆线、压痕不清晰、不顺畅等故障。

2. 圆压平模切机

模切版嵌装在往复运动的平台上，连续旋转的滚筒夹持印刷品与模切版接触，模切后滚筒升起，模切版台退回。另有一种圆压平模切机是由做往复运动的平面形安装有压线模的版台和转动的安装有滚筒形印版专用钢刀和钢线的模压版的圆筒形压力滚筒组成，如图7-24所示。

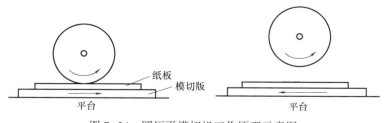

图7-24　圆压平模切机工作原理示意图

3. 圆压圆模切机

圆压圆模切是利用一组或多组模切辊，对卷筒纸印刷品进行精确的、连续的、高速旋转的模切压痕和压凸等。圆压圆模切可与印刷线同步运转，成为线内一个单元，实现卷筒纸从印刷、模切直到除废的一次完成过程，因此生产效率极高，最高可达 350m/min。圆压圆自动模切的基本形式有压切式和剪切式两种，如图 7-25 所示。

（1）压切式模切辊 压切式模切辊的上辊是刀辊，下辊为光辊。如图 7-26（a）所示，上下辊间隙调整范围为 0.003~0.005mm，刃口宽度为 0.02~0.04mm，辊刀角度为 40°。具有制造成本低、刀辊安装方便、刀辊调整容易等优点，但刀口不如剪切式的平整、模切刀具使用寿命较短。压切式模切辊有整

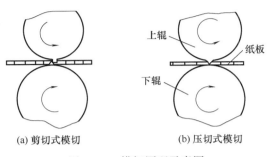

图 7-25　模切原理示意图

体式和全塞块式两种。目前国内使用的凹印生产线大多采用全塞块压切式模切辊，各种烟盒、酒盒、食品包装盒以及不干胶商标等产品的模切基本上使用整体压切式模切辊。

（2）剪切式模切辊 剪切式模切辊的上、下辊均为刀辊，它是利用剪刀的原理实现模切的。如图 7-26（b）所示，上下辊间隙调整范围为 0.02~0.03mm，刀口间隙调整范围为 0.0052~0.010mm。由于剪切式模切辊避免了金属与金属之间的直接接触，延长了模切辊的使用寿命（大约为压切式模切辊的 3~5 倍），模切辊可作调整，切口平整，模切质量高，但制造成本较高。剪切式模切辊的辊体结构大部分为整体式，只有在某些需要更换的图案处、压凹凸处和易磨损部位、内切用压切刀刃以及处理特殊图案时，才选用组合塞块式模切辊。剪切式模切辊主要适用于生产烟盒、饮料包装盒、药品包装盒、快餐盒等产品。

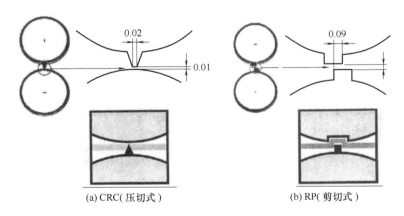

图 7-26　圆压圆自动模切原理

圆压圆模切是线接触，模切时线压力要比平压平的面接触压力小得多，从而设备功率小，而且运行平稳性明显大于平压平模切；连续滚动模切，生产效率高，先进的卷筒纸印刷生产线中的圆压圆模切机组最大模切速度可达 300~350m/min。而平压平模切由于是间

歇式运动，模切速度受到很大影响。如图 7-27 所示，比较平压平模切、压切式和剪切式圆压圆模切辊可知：圆压圆模切为线接触，模切压力小、平稳性好、生产效率高。应用 CAD/CAM 技术生产的各种圆压圆模切辊，为折叠纸盒的单机模切以及凹印、柔性版印刷模切生产线提供高质量的模切装置或单元。

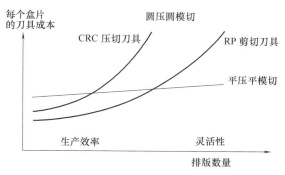

图 7-27　平压平模切和压切式、剪切式圆压圆模切比较

4. 联机圆压圆模切生产线

专门用来生产高档烟盒的卷筒纸圆压圆模切、烫印联动生产线，其主要特点是对已印好的卷筒纸板进行烫印、全息烫印、压模、模切、清废等一系列操作，从而将印张一次性地加工成最终产品。避免了以往采用老工艺必须的裁单张、烫印、全息烫印、压模、模切、人工清废等多道印后加工所引起的表面蹭脏、烫印和全息烫印定位不准、废品率高等一系列质量问题，并减少了设备投资和占地面积，又节省了大量的操作人员，缩短了生产周期。由于烫印材料性能的不断改进和高品质新材料的开发应用，常用的卷筒纸圆压圆模切、烫印联动生产设备的最高速度已超过 180m/min。圆压圆模切机因有高精度的套准装置及模切相位调整装置，可获得相当高的模切精度。

配有自动控制装置的圆压圆模切机可以与轮转印刷机联动，以流水线形式生产纸盒，不仅能提高印刷、模切、压痕的定位套准精度，而且还可以控制纸卷的张力变化，从而保证了纸盒图案的正确套准。如 BOBST-CHAMPLAIN 卷筒纸生产线，在高速下能一次完成纸板的印刷、模切、清废等工作，整个生产过程由套准控制系统实现，最大模切速度可达 300m/min，该生产线还能自动剔除卷筒纸接头和废品，具有高效率、高精度、高产量、低成本等优点。应用滚压模切技术，避免了刀刃与压切钢板之间的接触，使模切辊的使用寿命达 2.5 亿转次，国外先进的印刷生产线速度可达 400m/min。

可见，卷筒纸圆压圆印刷模切生产线具有效率高、速度快、模切精度高、总压力小、运动平稳等特点，是包装纸盒印刷的发展方向。

五、盒型打样与数字模切

1. 盒型打样

为了验证纸盒结构设计的合理性，在正式批量生产前，使用多功能纸盒样品 CAM 设备试制 5~10 个纸盒样品，征求用户及消费者意见后，再进行修改或重新设计，避免批量投产后纸盒结构设计、制造不合理的现象；也可以检查设计是否符合用户要求。多功能纸盒样品 CAM 系统配有组合式切刀、压痕刀，当控制部分接收到执行指令后，执行部件按其纸板类型自动选择压痕、切割刀具，并按计算机辅助设计的结构数据及程序自动进行绘图、压痕、切割，并能实现自动换刀。如 MARPLOT 多功能纸盒样品 CAM 系统，其最大加工尺寸为 1020mm×1420mm，最大速度为 40m/min。ELCEDE 公司所开发的 NCP280-4S 系统，不仅能在白纸板、瓦楞纸板、橡皮等材料上制作纸盒样品，又可雕刻阴模（压痕用底模）版，绘制模切版、阴模（压痕用底模）版以及排废版设计图。该系统配有 9 个工作头，具有 17 种功能。最大加工尺寸为 2800mm×1700mm。

2. 数字化激光模切

（1）数字模切　数字模切直接由计算机控制模切头移动，更加适合模切图案灵活多变的个性化模切。数字激光模切是利用高能量密度的激光线束对原材料表面进行局部照射，形成汽化沟槽，完成激光模切的一种工艺。由于激光模切在模切过程中无须模切版，因此属于非接触式模切，模切时不会产生压力，可有效避免承切物切口处变形等问题，提高模切抗压性能。不仅可以实现全透模切，还可以实现轻度划痕、半透模切等。

与传统模切工艺比较，数字模切工艺在生产效率和灵活性方面都具有强大的竞争优势，主要特点有：①个性化、高精度。模切时激光口可以沿着任何方向进行移动，可以模切出任何想要的复杂形状，而且每一个模切单元的形状都可以在运行中改变，可以确保实现个性化模切；模切公差小，可以补偿印刷和印后加工固有的精度误差。②无须制版、效率高。数字模切不需要模切版，省去了制作模切版的加工和更换，生产周期短、生产效率高。③由于数字模切没有压力，不会损坏被模切的材料，特别是模切出的压感标签比传统的圆压圆模切具有更好的剥离性。

（2）折叠纸盒激光加工系统　德国 MARBACH 公司于 2001 年 3 月所推出的 Boardeater 折叠纸盒激光加工设备（系统），在欧洲被称为是折叠纸盒加工的一场革命。该机应用 CO_2 激光束直接在纸板上加工纸盒的折叠压痕线和切边，速度快、精度高。可加工克重小于 $1500g/m^2$ 的纸板以及 B 瓦楞的瓦楞纸板；尺寸幅面为 500mm×600mm 到 1500mm×3100mm；使用的激光功率为 100~240W。

要加工一批纸盒，若使用目前市场上所采用的加工工艺［即用 CAD 软件设计纸盒盒片结构及模切排料图等、用纸盒样品 CAD/CAM 系统制作样品、用激光切割模切板、用计算机技术雕刻阴模（压痕用底模）、用全自动模切机加工折叠纸盒］，一般需要 8 天，而用 Boardeater 折叠纸盒激光加工设备加工工艺（即用 CAD 软件设计纸盒盒片结构及排料图、用 Boardeater 设备加工纸盒样品及批量纸盒等），只需要 1 天。在加工小批量的标准纸盒时，使用 Boardeater 设备也可大大降低加工成本。例如同样加工 100 个标准纸盒，使用 Boardeater 设备要比市场上所采用的加工工艺节约成本 1/3~1/2。

六、开窗贴膜与折叠糊盒

1. 开窗贴膜

为了增加商品在销售中的可视效果、宣传美化商品，可在丰富多彩的印刷图案中嵌以曲线优美的可视窗口。开窗工艺可以在模切工艺中完成，而贴窗工艺即可利用全自动贴窗机将塑料片粘贴到模切过的盒片窗口，也可使用覆膜工艺实现盒片与薄膜的粘贴。贴窗工艺已成为实现和提高商品价值的一种有效手段。

2. 折叠糊盒

为了适应现代工业生产的需要，日常使用的食品包装盒、药品包装盒、牙膏盒等折叠纸盒必须满足日渐普及的高速自动包装生产线对包装纸盒的基本要求，如纸盒尺寸一致、完全方正、开盒容易、上胶均匀、无污垢及损坏。但生产周期却要求越来越短。因此，包装印刷厂商应尽量选择高速、多功能折叠糊盒机。

天津长荣公司和 BOBST 公司所生产的高速自动折叠糊盒机代表了国内外先进水平。

自动折叠糊盒机采用组合式设计，以适应快速更换活件及高速生产的需要。整机操作过程由电子系统控制，并具有先进的电子计数装置，折叠部分可简单地调校，能糊制各种形式的包装彩盒，如标准盒、双层盒、锁底盒、四角及六角盒等不同结构和规格的折叠纸盒。

七、模切压痕工艺及质量控制

（1）模切、压痕工艺流程　模切压痕的主要工艺过程为：上版—调整压力—确定规矩—试压模切—正式模切—整理清废—成品检查。

① 调整压力　安装模压版并初步调整位置后，根据产品质量要求来调节模切压力，最佳的模切压力就是保证产品切口利索干净、无刀花和毛边、压痕清晰、深浅合适。模切压力的大小与压印材料的厚度有关。对于平压平模切机，通过底版上衬垫的厚度来调整模切压力；对于圆压圆模切机，调节模切滚筒和下滚筒间的中心距来调整压力。

② 确定规矩　对于平压平模切机，模切位置的确定要依据印刷品的位置而定，位置确定后将模压版固定好，以防止压印中错位。圆压圆模切装置安装在印刷机组后面，只要张力确定，模切位置就不会切错位。

③ 试压模切　调整完毕后，先试压模切几张进行仔细检查，确认后留出样张并进行正式模切。

（2）模切、压痕质量控制

① 模切钢刀刀锋和刀纹的正确选择　模切刀的刀锋和刀纹特性也是影响产品模切质量的重要因素。刀峰高的钢刀既能模切薄纸，也能模切较厚的双瓦楞纸板和其他厚板纸；既适用自动模切机的单张模切，也能适合手工续纸的平压模切机模切多张薄纸产品，适应性较广。但是，高峰刀的"钢性"比低峰刀要弱一点，当模切数量多、机器速度快时，刀锋容易出现扭曲变形、磨损等现象。而低峰刀抗机械压力性能较好，并且较稳定，刀锋不易出现扭曲变形现象。因此，用低峰刀能模切的产品，应尽量采用低峰刀进行模切。此外，选购模切刀时还应注意刀峰的纹向，横纹处理的钢刀弯曲成型后不易出现脆裂现象，适用于模切纸张、纸板类产品，其模切精度高、质量稳定，刀锋也耐用。而直纹处理的钢刀弯曲成型时，容易出现开裂弊病，且刀锋看似很锋利。如果模切时刀锋在铁板作用时间太长，就很容易使刀刃口变钝。所以，直纹处理的钢刀不适用于模切纸质的产品。

② 模切钢刀的特性对产品模切质量的影响　模切钢刀具有一定的抗压强度，这是实现模切压痕的基本要求，而模切钢刀之所以能够具有抗压强度，主要取决于它的"钢性"的强弱。钢刀制作过程中的淬火工艺处理效果，决定了钢刀的"钢性"程度。"钢性"不足时，钢刀就很容易出现不正常的磨损、凹陷或扭曲等。但也不能盲目增加钢刀淬火层的面积，若淬火层面积过多则容易因为刀身"钢性"过脆而造成断裂，影响钢刀的弯曲成型。

③ 根据模切压痕产品材料的特性选择相应的压痕模　压痕模是压痕钢线的配套材料，压痕模的使用可较好地稳定和提高产品的压痕质量，并且可极大地提高装版工作效率。由于模切产品的材料厚度和特性的差异，以及模切钢线厚度的不同，压痕模的规格也应该有所差异，才能有效地保证产品的模切质量。

④ 模切制版工艺技术控制　模切版是影响模切产品质量的重要因素，因此，要控制好模切制版工艺参数。传统的模切制版工艺，一般先采用手工画版、锯版，然后将弯、折

成型的钢线、钢刀镶入底板中，就可以进行模切。手工画版工艺是先将印样图需模切的轮廓用复写纸描画在薄白纸上，如果印样是薄纸可直接描画，而后将画好模切版轮廓图样用白乳胶粘贴于胶合板上，待干燥后即进行锯版。这种工艺不仅十分费工费时，而且制作精度较差。特别是一些版面较复杂的异形版，若生产员操作技术不娴熟，人工画版效果就更差了，常常造成废版而进行返工制作。基于这种情况，对一些版面复杂、绘制难度较大的异形版，用计算机替代传统的绘制工艺，先绘制模切版轮廓图样，而后直接输出图样胶片，可以极大地提高制作效率和精度，有效地保证模切版与印刷版套合的准确性。模切版轮廓图样胶片制作完成后，粘贴时先在胶合板适当的部位上涂刷白乳胶，同时用模切刀将胶水刮平刮均匀后，即可将胶片的正面平对着胶合板粘贴上去，而后再用块布在胶片背面稍微用力均匀抹平，使胶片平复紧贴于胶合板上。胶液干燥后，锯版时锯路只要顺沿着胶片上图样轮廓线切割，就可以准确无误地完成锯板工作。对一些比较精密的异形产品的成型，一般还要采用激光技术制作模切版（CAM工艺），激光制版完全可以克服手工操作制版粗糙、效率低的弊病，可大大节省人力、物力。

⑤ 原材料特性对模切质量影响的分析　生产工艺实践表明，原材料特性对模切质量的影响较大，如原纸或瓦楞纸板的水分过低或过高，对外界环境的温湿度敏感度高，往往容易产生翘曲变形、伸缩变异现象，造成模切后的产品规格出现不准情况。此外，原纸或瓦楞纸板的水分过低而变脆，产品的压痕线部位容易爆裂。反之，原纸或瓦楞纸板的水分过高，模切后边缘容易出现毛边现象。所以，要控制好原纸和瓦楞纸板保持合适的水分，每批半成品纸板最后检测含水率，然后根据半成品纸板水分的大小确定模切生产时间。如果能对生产车间进行恒温恒湿控制，可使半成品纸板保持正常的含水率，确保产品的模切质量。

（3）模切压痕常见故障及处理　模切压痕加工中常见故障及处理可归纳为以下几点。

① 模切压痕位置不准确　产生故障的原因是位置与印刷产品不相符；模切与印刷的格位没有对正；纸板叼口规矩不一；模切过程中输纸位置不一致，纸板变形或伸张，套印不准。解决办法是根据产品要求，重新校正模版，套正印刷与模切格位；调整模切输纸定位规矩，使其输纸位置保持一致；针对产生故障的原因，减少印刷和材料本身缺陷对模切质量的影响。

② 模切刃口不光滑　产生的原因是钢刀质量不良，刃口不锋利，模切适性差；钢刀刃口磨损严重，未及时更换；机器压力不够；模切压力调整时，钢刀处垫纸处理不当，模切时压力不合适。排除方法是根据模切纸板的不同性能，选用不同质量特性的钢刀以提高模切适性；经常检查钢刀刃口及磨损情况，及时更换新的钢刀；适当增加模切机的模切压力；重新调整钢刀压力并更换垫纸。

③ 模切后纸板粘连刀版　原因是刀口周围填塞的橡皮过稀，引起回弹力不足，或橡皮硬、中、软性的性能选用不合适；钢刀刃口不锋利，纸张厚度过大，引起夹刀或模切时压力过大。可根据模版钢刀分布情况，合理选用不同硬度的橡皮，注意粘塞时要疏密分布适度；适当调整模切压力，必要时更换钢刀。

④ 压痕不清晰，有暗线、炸线现象　暗线是指不应有的压痕，炸线是指由于压痕压力过重，纸板断裂。引起故障的主要原因是：铜线垫纸厚度计算不准确，垫纸过低或过高；铜线选择不合适，模压机压力调整不当，过大或过小；纸质太差，纸张含水量过低，

使其脆性增大，韧性降低。排除办法是重新计算并调整钢线剪纸厚度；检查铜线选择是否合适；适当调整模切机的压力大小；根据模压纸板状况调整模切压痕工艺条件，使两者尽量适应。

⑤ 折叠成型时纸板折痕处开裂　折叠时纸板压痕外侧开裂，其原因是压痕过深或压痕宽度不够。若是纸板内侧开裂，则为模压压痕力过大，折叠太深。排除办法是可适当减少钢线剪纸厚度；根据纸板厚度将压痕线加宽；适当减小模切机的压力；改用高度稍低一些的铜线。

⑥ 压痕线不规则　原因是铜线垫纸上的压痕槽留得太宽，纸板压痕时位置不定；铜线垫纸厚度不足，槽形角度不规范，出现多余的圆角，排刀、固刀紧度不合适，铜钱太紧，底部不能同压板平面实现理想接触，压痕时易出现扭动；铜线太松，压痕时易左右窜动。排除办法是更换铜线垫纸，挤压痕的槽留得窄一些；增加铜线垫纸厚度，修整槽角；排刀固刀时其紧度应适宜。

第五节　复合工艺

所谓复合，是指通过胶黏剂涂布和加压方式，把两层或两层以上的材料黏合在一起而形成一种新材料的工艺方法。由于复合是将一层一层材料黏合在一起，因此也常称为层合。由复合加工得到的新材料称为复合材料。

单一包装材料常常无法满足使用要求，因此常需要对不同材料进行复合加工。复合材料一般保持原有单一材料的优点，同时又具备一些新的特性，可弥补单一材料的不足。例如，BOPP薄膜强度好，阻隔性优良，但热封性较差；而LDPE薄膜热封性好，将这两种材料复合后可得到强度、阻隔性和热封性俱佳的复合材料。

复合的目的是对基材性能进行选择性组合，从而得到综合性能更优的新材料。在多层复合的情况下，最外层材料应具有良好的印刷适性和机械性能，最内层材料应具有良好的热封性能，中间层材料应具有良好的阻隔性能，如阻光性、阻氧性和防潮性等。

一、复合材料

未复合的包装基材主要有塑料薄膜、纸张、铝箔或金属化膜等，相应地可构成如下几类复合材料。

（1）塑/塑复合材料　即由两层或两层以上塑料组成的复合材料。各种塑料都有其优缺点，将它们适当组合可得到同时具有优良的阻隔性、耐油性、热封性等性能的复合材料。根据被包装产品的要求，通过塑/塑复合还可形成三层、四层甚至更多层的复合材料。

（2）铝/塑复合材料　即指由铝箔和塑料薄膜组成的复合材料。铝箔阻隔性极强，与塑料薄膜复合，可组成阻隔性能和热封性能优良的材料。

（3）纸/塑复合材料　即由纸张和塑料组成的复合材料。纸张印刷适性好，透气性好，但防潮性差；塑料薄膜阻隔性较好，但印刷适性较纸张差。纸塑复合材料可具有良好的印刷适性、防潮性和热封性。

（4）纸/铝/塑复合材料　即由纸张、铝箔和塑料组成的复合材料。纸铝塑复合材料可具有突出的印刷适性、阻隔性、热封性和机械性能。

包装材料的复合方法主要有干式复合法、湿式复合法、无溶剂复合法、挤出复合法和热熔复合法等。

二、干 式 复 合

1. 干式复合工艺流程

干式复合法，也称干法复合，是在复合基材上均匀涂布一层胶黏剂，经干燥通道除去胶黏剂中绝大部分挥发性成分，在热压状态下使其与另外一种材料黏合而形成一种新材料的工艺过程或方法。其工艺流程如下：放卷—涂胶—干燥—复合—收卷。

在目前生产实际中，放卷包装至少有两种待复合基材的放卷；干式复合胶黏剂大部分为溶剂型胶黏剂，但水性胶黏剂开始受到广泛关注。

2. 干式复合设备

最常见的干式复合机主要由放卷单元（两个）、涂布单元、干燥单元、复合单元和收卷单元等组成，如图7-28所示。

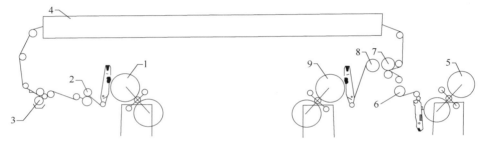

1、5—放卷单元；2—牵引单元；3—涂布单元；4—干燥单元；
6—预热单元；7—复合单元；8—冷却单元；9—收卷单元。

图7-28　干式复合机的构成

干式复合机的工作原理是：待复合的两种基材分别安装在两个放卷单元1和5上，放卷单元1上的基材经过涂布单元上胶，经过干燥通道后，与来自放卷单元5上的基材在一对复合滚组的压力下黏合，被黏合的材料再经过冷却装置，最后到达收卷单元完成卷取。

（1）放卷单元　干式复合机的放卷单元和收卷单元与卷筒料凹印机的同名单元结构相同，有自动或半自动型。与卷筒料凹印机的主要区别是，干式复合机有两个放卷单元，且两者必须保持料带边缘的一致，一般副放卷料带应跟踪主放卷料带。

（2）涂布单元　涂布单元的功能是将胶黏剂均匀地涂布在复合基材上。干式复合机最常用的涂布方法是凹滚涂布。涂布凹滚表面均匀地分布凹孔形状，能定量、均匀地转移胶黏剂。凹孔形状有锥形、格子形和斜线形等。凹滚方式涂布量非常均匀，但涂布量更改、胶黏剂黏度改变时要更换滚筒。

（3）干燥单元　干燥单元由桥式干燥通道和温度自动控制系统组成。一般桥式干燥通道由多段独立温控室组成。为降低能耗，所有干燥单元都配备了热风循环系统，其热风循环比例可以调节。但为降低溶剂残留量、保证干燥室内溶剂浓度在安全范围内，各干燥室的热风循环比例是分别设定的。一般第一干燥室不采用热风循环或循环比例很低，而后面的干燥室循环比例依次增加。

（4）复合单元　复合单元的功能是通过压力完成基材的黏合。复合滚一般配备加热装置，以使复合基材表面更平整、复合强度更均匀。在复合滚之后安装 1~2 个冷却滚，以进一步提高复合强度。

（5）收卷单元　收卷单元的功能是完成对复合好的材料松紧适度、整齐的卷取。

国产干式复合机目前常见的速度为 150~200m/min，国外同类设备最高速度已达到 300~350m/min。

上述干式复合机功能单一，但实际生产中也有使用功能组合的所谓特殊干式复合机，如联线干式复合机和多功能复合机。

① 联线干式复合机　即与凹印机联线作业的干式复合机。绝大多数干式复合机都是单机作业，但与凹印机联线的复合机在国外却很常见。实际上它只是一个干式复合单元。一般复合单元可位于印刷部分之后或之前。这种印刷复合联线设备特别适合产品比较定型的场合。

② 多功能复合机　即除了干式复合之外，还能进行其他复合的设备。实际使用的包括干式+湿式复合机、干式+无溶剂复合机、干式+湿式+无溶剂复合机等。

3. 复合胶黏剂

干式复合胶黏剂法应具备的特征主要有：①黏合力强；②溶剂残留量要少、溶剂挥发后毒性少；③耐油性、耐水性、耐高温性、耐冷性等性能优异；④透明性高，不会变色，展示效果优良；⑤价格适中、便宜。

聚氨酯胶黏剂使用较为普遍，它对塑料薄膜、铝箔、橡胶等材料具有较好的黏合性，固化后具有很高的凝聚力。聚氨酯胶黏剂分为单组分（一液型）和双组分（二液型）两种。

在干燥状态下的复合基材、湿度低的环境和涂布量较多的情况下，单组分聚氨酯胶黏剂容易出现固化不完全或需要较长固化时间，但它具有操作简便、不需要配合的优点，缺点是不能用于耐高温蒸煮复合材料的生产。以高分子末端带有—OH 的聚二醇类为主剂，异氰酸酯基团—NCO 为固化剂配合使用的称为双组分聚氨酯胶黏剂。作为主剂的聚二醇类主要有聚酯聚二醇、聚酯聚氨基甲酸酯聚二醇、聚醚聚氨基甲酸酯聚二醇等。一般而言，聚酯类胶黏剂比聚醚类胶黏剂要好，应用广。双组分比单组分使用广泛，黏合力强，黏接性能好，特别在高温蒸煮和超高温蒸煮复合材料的生产中双组分完全符合要求。

干式复合一般采用凹辊涂布方式，也有通过调节涂布辊与其他滚筒的间隙、速差或改变橡胶辊和涂布辊之间的压力及相互的速度差来控制涂布量大小的方式。与凹辊涂布相比，这种涂布方式的优点是不需经常更换涂布滚筒，清洗方便，但涂布量不易精确控制，橡胶辊易膨胀变形。

胶黏剂涂布量根据复合基材的类型和用途来确定。通常未经印刷或印刷面积较小的基材，涂布量为 1.5~2.5g/m²；纸张等基材或印刷面积较大的基材，涂布量为 2.5~3.5g/m²；包装干燥类食品的基材，涂布量为 2~2.5g/m²；包装含水食品的基材，涂布量为 2.5~3g/m²；耐蒸煮的基材，涂布量为 2.5~4g/m²；铝箔蒸煮的基材，涂布量为 4g/m² 以上。

选择好合适的胶黏剂及稀释剂，还要选择合适的复合压力和干燥温度。通常复合压力在 0.4~1.2MPa，塑-塑复合温度控制在 50~60℃，铝-塑复合温度控制在 80~100℃，其余为 70~80℃。

复合后，要立即联线进行冷却，以提高初期复合强度和平整度。然后可在 50~65℃ 下放置一定时间进行熟化处理，以保证胶黏剂充分交联固化，达到预期的黏合强度。

4. 干式复合的主要特点

① 与其他复合工艺相比，干式复合有如下优点：a. 复合强度高；b. 适用范围广、应用灵活；c. 生产效率高（速度可达 300m/min 或更高）。

② 干式复合法的主要缺点有：a. 存在污染环境和溶剂残留问题；b. 质量控制难度大，容易产生气泡、皱纹、隧道、复合强度不均匀等现象。

随着对食品药品的卫生要求越来越严格，水性黏合剂的使用正在迅速增加，这将替代溶剂性黏合剂，彻底消除溶剂残留的问题。同时这也对复合设备提出了新的要求。

三、湿 式 复 合

1. 湿式复合工艺流程

湿式复合法是指在复合基材的表面涂布水性胶黏剂或水分分散型胶黏剂，在胶黏剂湿润状态下与另一基材进行黏合，再经过干燥通道形成一种新材料的工艺过程或方法。其工艺流程如下：放卷—涂布—复合—干燥—收卷。

湿式复合法与干式复合法原理有相似之处，但也存在一定的差别。前者是涂胶后先复合后干燥，后者是先干燥后复合；前者使用水溶性胶黏剂，后者多使用溶剂型胶黏剂；前者最少要求一层为透气性复合基材，后者对材料无特殊要求。

2. 湿式复合设备

一般湿式复合机主要由放卷单元、涂布单元、复合单元、干燥单元和收卷单元等组成，如图 7-29 所示。

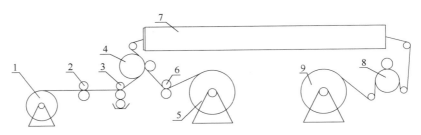

1—薄膜或铝箔放卷单元；2、6—牵引单元；3—涂布单元；4—湿复合单元；
5—纸张放卷单元；7—干燥单元；8—冷却单元；9—收卷单元。

图 7-29　湿式复合机的构成

（1）工作原理　待复合的两种基材（可分为主基材和辅基材）分别安装在两个放卷单元 1 和 5 上，放卷单元 1（常称为主放卷单元）上的基材经过涂布单元上胶，与放卷单元 5（常称为副放卷单元）上的基材经过复合滚压合，再经过干燥通道进行干燥，然后经过冷却滚冷却，最后复合好的材料到达收卷单元完成收卷。

（2）放卷和收卷单元　与干式复合机的同名单元结构基本相同，有自动或半自动型。但由于常采用纸张或卡纸作为基材，一般湿式复合机的放卷和收卷直径较大，相应的张力控制和卷取方式有所不同。

（3）涂布单元　涂布单元的功能是将胶黏剂均匀地涂布在复合基材上。干式复合机最常用的涂布方法是三滚涂布，其次是凹滚涂布。涂布凹滚表面均匀地分布凹孔形状，能定量、均匀地转移胶黏剂。凹孔形状有锥形、格子形和斜线形等。凹滚方式涂布量非常均匀，但涂布量更改、胶黏剂黏度改变时要更换滚筒。

（4）复合单元　复合滚一般配备加热装置，以使复合基材表面更平整、复合强度更均匀。

（5）干燥单元　干燥单元由桥式干燥通道和温度自动控制系统组成。一般桥式干燥通道由多段独立温控室组成。在干燥通道之后安装 1~2 个冷却滚，以进一步提高复合强度。

国产湿式复合机目前常见的速度为 150~200m/min，国外同类设备最高速度已达到 300~350m/min。

3. 胶黏剂

湿式复合法中使用的胶黏剂主要有聚乙烯醇、硅酸钠、淀粉、聚乙酸乙烯、乙烯-乙酸乙烯共聚物、聚丙烯酸酯、天然树脂等。目前常用水分散乳剂型胶黏剂，主要有聚乙酸乙烯、乙烯-乙酸乙烯共聚物、聚丙烯酸酯、聚氨基甲酸酯。

在进行湿式复合时，应将胶黏剂的浓度控制在 25%~30%，黏度性质接近于牛顿流体的性质，并不能产生飞胶、结皮、泡沫等不良现象，同时和乙醇、甲苯等填加剂具有良好的互溶性。湿式复合主要用于纸/纸、铝箔/纸、玻璃纸/纸、塑料薄膜/纸等材料的生产。

四、无溶剂复合

无溶剂复合，是指采用 100%固体的无溶剂型胶黏剂，在无溶剂复合机上将两种基材复合在一起的一种方法。1974 年，德国的 Herberts 公司将单组分无溶剂胶黏剂投入工业化生产，标志着无溶剂复合开始正式推广。随着人们环保与安全卫生意识的提高，无溶剂复合技术已成为复合工艺中最受关注的关键技术。无溶剂复合在欧美已发展成为主导的复合工艺，近年来在全球得以迅速增长，亚洲也开始日益关注此项工艺技术。无溶剂涂布复合设备可用于塑-塑、铝-塑、纸-塑的复合，其制品广泛用于干燥的食品、茶叶、肉制品、医药的包装。各类 100%固含量涂料的涂布，如硅胶树脂涂布、紫外线辐射医疗涂布等均可应用无溶剂涂布复合机，应用前景广阔。

1. 无溶剂复合工艺流程

无溶剂复合工艺是用固含量 100%的胶黏剂在加热加压状态下将两种基材黏合成一种复合材料的制造技术。无溶剂复合工艺的质量主要包括涂布质量、涂布精度、复合效果以及收卷质量等方面，其中涂布系统的精确设计以及涂布量的控制是制约无溶剂复合机发展的关键因素。如图 7-30 所示为无溶剂复合工艺流程，关键工艺有：放卷、涂布、复合、收卷。

2. 无溶剂复合设备

无溶剂复合机与常见的干式复合机组成大致相同（图 7-31），但有两个明显的差异：一是没有干燥单元；二是涂布单元结构不同。实际上，涂布单元是无溶剂复合机的最关键部分，通常采用五辊或四辊涂布机构。无溶剂复合机的生产效率高，其运转速度常可达 400m/min 以上。

无溶剂复合工艺是用100%的黏合剂在加热加压的状态下将两种基材黏合成统一的复合材料的制造技术。无溶剂涂布复合机主要结构包括：两个放卷装置、一个收卷装置、无溶剂胶黏剂涂布装置、复合装置和一套无溶剂供胶装置，如图7-32所示。

（1）涂布单元 国产无溶剂复合设备多采用五辊涂布系统，如图7-33所示，包括计量辊、转移钢辊、转移胶辊、涂布钢辊和涂布压辊。利用间隙、速度和压力来控制涂胶量，对零部件加工安装精度、控制要求都更高。三个涂布用辊筒（转移钢辊、转移胶辊、涂布钢辊）都可独立调节速度。工作时胶黏剂在转移钢辊、转移胶辊、涂布钢辊之间均匀渡料。根据制品要求，只需调节转移钢辊、转移胶辊相对涂布钢辊的速度即可得到所需涂布量。

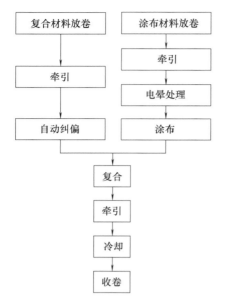

图7-30 无溶剂复合工艺

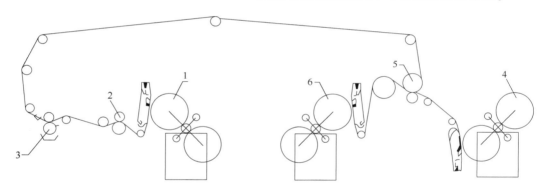

1、4—放卷单元；2—牵引单元；3—涂布单元；5—复合单元；6—收卷单元。

图7-31 无溶剂复合工艺流程示意图

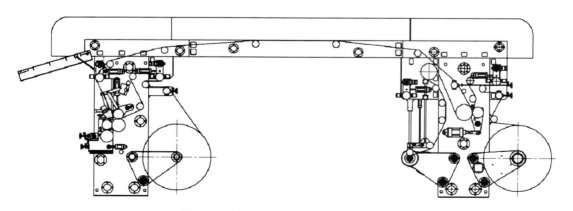

图7-32 广州通泽无溶剂复合机结构图

　　在涂布系统中，计量辊和转移钢辊之间有一套橡胶浮动辊装置，计量辊和转移钢辊为一组镀铬的钢辊，二辊间的间隙可精微调节。涂料储存在二辊之间的上部并由挡料板挡住，以保持一定的液位。计量辊固定不转动，从而对转移胶辊起刮胶作用，必要时用手转动此辊以便清洗而无须停机。转移胶辊、转移钢辊和涂布钢辊分别由单独伺服电机驱动，涂布钢辊与主机速度相同，转移胶辊、转移钢辊的转速与主机转速成一定比例，可调节来控制上胶量，转移胶辊为橡胶辊，转移胶辊的速度比主机的速度慢，因而传递到涂布钢辊的涂料就更少，涂布层更薄。

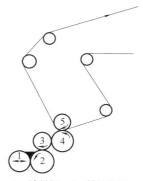

1—计量辊；2—转移钢辊；
3—转移胶辊；4—涂布钢辊；
5—涂布压辊。
图 7-33　无溶剂复合机
五辊涂布系统

　　五辊结构的涂布系统适宜黏度为 $500 \sim 10000 \mathrm{mPa \cdot s}$ 的无溶剂胶液，涂布量范围可达到 $0.5 \sim 5 \mathrm{g/m^2}$，五个辊全为光面辊，其中三条钢辊，两条胶辊，辊面宽度从 $650 \sim 1300 \mathrm{mm}$，涂布量的变动只需要调整辊的间隙和辊间的转速比，就可达到理想的涂布效果。

　　无溶剂复合中均匀的涂层、足够的涂布量尤为重要。涂布量的大小是主要是由转移钢辊、转移胶辊与涂布钢辊之间的速比、间隙量、压力等因素决定，不同的速比、辊间间隙和涂布温度对应不同的涂布量。在无溶剂复合加工中，胶黏剂的涂布量直接影响复合膜的质量。涂布量不足，会导致复合膜粘接力不大，易剥离甚至脱层；涂布量过大也不利于复合，而且增加了生产成本。

　　（2）复合单元　复合单元包括一个钢制热辊，一个高密度橡胶辊和一个与其他两个压合的背压辊，可以使复合透明而且无气泡。无溶剂复合机构是一种恒温复合机构，复合后使膜面保持一定的余温，收卷后卷内外保持相近的固化温度加快固化速度，涂胶膜和复合膜以一定的包角进入复合辊和压辊复合，恒温辊的温度可根据胶黏剂固化温度任意设定，使膜面两侧加热到固化温度，其固化速度相对一致，保证复合质量。

　　（3）张力控制　无溶剂胶黏剂一般初始固化比较慢，复合膜初黏力都较低。复合后产生的隧道效应，则会影响制品成本和质量。因此，张力控制是非常重要的。一般张力设定在涂布卷材产生变形值的25%，实际控制在±10以内。易拉伸的材料如 PE，CPP 张力应较小，拉伸程度中等的 OPP 张力应该适中，而不容易拉伸的 PET、尼龙、铝箔等材料则需要很高的张力。同样条件下，厚度越厚则张力越大，当然程度要比不同材料间的区别小得多。而对于预复合好的材料，张力需要增加约20%～50%。在无溶剂复合张力匹配中需要注意的是，原来经过烘道的主放卷材料由于在无溶剂复合中没有加热烘道，张力要相应降低一些或增加副放卷张力。而副放卷如果进行了电晕处理则电火花产生的热量可能使薄膜有所延伸，放卷张力可以降低或涂布张力可以相应地增加。

　　（4）配胶输送系统　涂布复合机的配胶输送系统由适用范围很广的双组分精密计量混胶机和储料桶组成，混胶均匀、计量准确、输胶平稳。配胶机构为双储料桶，两桶设有恒温保温、加温机构，按胶液的涂布工况要求设定温度胶桶出胶口设有精密的输胶泵，输胶速度可任意调整，输胶时可按胶液的配比要求恒定精准地向涂布机构输液。胶液混合器可将胶泵输送过来的胶液进行充分混合，输胶头将混合的胶液打到计量辊和上胶辊上进行涂胶。

3. 无溶剂复合胶黏剂

无溶剂复合使用的胶黏剂是100%的固体，没有挥发性物质存在。以前常用的主要有单组分和双组分聚氨酯胶黏剂。紫外固化型胶黏剂是一种新型胶黏剂，含有光引发剂，在紫外光激发下，由基态跃迁至激发态，产生路易斯酸分解，引发胶黏剂中的环氧嵌段交联聚合，最终固化。这种胶黏剂比前两种反应速度要快得多，复合效率大大提高。

双组分聚氨酯胶黏剂通常含有羟基—OH的聚氨酯多元醇，固化剂往往是多元醇和异氰酸酯—NCO的加减物。使用时，两组分按比例混合后，主剂的—OH与固化剂的—NCO进一步氨酯化反应。固化剂组分（含—NCO）很容易与水反应影响胶黏剂配比，对产品的复合质量造成影响。无溶剂聚氨酯胶黏剂分子间吸引力大（可形成氢键），易受温度影响而变化。胶黏剂的温度会随着时间的推移而增大，而温度的增大同时会造成其黏度的变化。

4. 无溶剂复合的主要特点

（1）环保、卫生、安全 由于不含溶剂，消除了溶剂对大气环境的污染，生产环境大为改善；复合膜没有残留溶剂，因此特别适合卫生要求越来越严格的食品药品等产品的包装；此外，由于没有挥发性溶剂带来的火灾隐患，生产也更加安全。

（2）经济、高效 无溶剂复合采用涂胶后直接复合，不需干燥系统、涂胶量少，从而可节省能耗，降低成本；无溶剂复合机的生产效率高，其运转速度可达400m/min。

（3）控制简单，产品质量高 无溶剂复合走纸路径明显缩短，料带不经过高温干燥通道，尺寸更加稳定，便于张力控制；便于提高成品率和产品质量，同时更容易满足一些特殊产品要求。

当然，就目前技术发展水平而言，无溶剂复合存在有其本身的不足之处，如复合张力要求较高，尤其对PET/AL，PET/VMPET的复合难度较大，需要选用初黏较好的黏合剂和精确的张力控制；另外，由于没有溶剂的清洗作用，对基材的表面张力要求更严格。因此，生产厂家必须根据自己的实际情况，选用适当的黏合剂和设备型号。

采用无溶剂复合替代干法复合，在环境保护、生产安全、确保产品质量方面都表现了明显的优势，特别是降低生产成本、提高经济效益方面有明显效果。虽然与溶剂型复合相比，无溶剂复合在国内应用还比较少，但由于其在环境保护、降低成本、提高复合速度、产品无溶剂残留等方面占有优势，而且无溶剂复合产品的各方面性能正逐渐接近或达到溶剂型复合产品的水平，发展无溶剂复合工艺将会形成一种趋势。

五、挤 出 复 合

1. 挤出复合工艺流程

挤出复合是通过挤出机将某种热塑性塑料加热熔融后作为胶黏剂，与一种或两种基材通过压辊层合在一起，经冷却后形成复合膜的工艺方法。实际生产中，挤出复合经常又被称为淋膜或流涎。挤出复合的工艺流程如下，即：放卷—AC涂布—干燥—挤出涂布—复合—收卷；或放卷—挤出涂布—复合—收卷。

在挤出复合中，AC剂（也称增黏剂）涂布使用在挤出涂布和复合工序之前，其目的是增强复合强度。但它有时可以不采用。

2. 挤出复合设备

挤出复合机有多种不同的结构形式，其主要组成是：一个主放卷单元、一个涂布单元、一个干燥单元、一个挤出单元、一个副放卷单元、一个复合单元和一个收卷单元等，其中最重要的是挤出单元，其次是涂布单元。最常见的结构如图7-34所示。

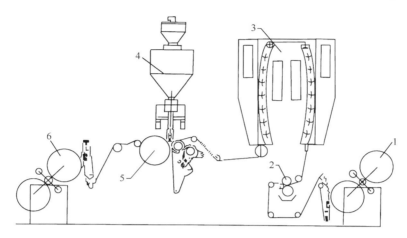

1—放卷单元；2—涂布单元（AC剂）；3—干燥单元；
4—挤出单元；5—复合单元；6—收卷单元。

图7-34　挤出/复合机的构成

挤出复合机的工作原理是：热塑性树脂经加热熔融后在挤出螺杆的压力下进入T形口模，流出口模的树脂呈厚薄均匀的膜状。

胶黏层厚度在4~100μm，是通过T形口模（常称为T-die）来完成的。T形口模的作用是控制热塑性树脂的流量，使其保持一致，并使流出树脂的厚度均匀不变。

树脂在到达冷却滚之前，与空气接触完成氧化，再与基材进行复合。与空气接触时间越长，氧化时间越长，它与复合基材间的黏合力越好，但材料的热封性可能下降。因此要合理确定T型口模与冷却滚间的距离。

挤出复合工艺可以一台挤出机进行复合，也可以数台挤出串联进行复合。在串联复合时，可以生成多种多层的复合材料。PVA、PVC、PT、PC、PVDC、EVAL、纸、铝箔等都可以通过这种方式进行复合，可以生成3~7层的结构。

值得注意的是，纸张类吸湿性较大的复合基材与高温塑料胶黏剂进行复合时，会影响其黏合强度，在用此类材料时要考虑预先进行干燥。

3. 胶黏剂

挤出复合法使用的胶黏剂主要是LDPE，此外还有PP、EVA、EEA、Surlyn等。为提高基材间的复合强度，过去常预先涂布AC剂。

AC（Anchoring Coating）涂布，也称结合剂或增黏剂涂布，可以提高基材间的复合强度。AC剂的种类和特点如表7-2所示。涂布AC剂时可选用凹版辊涂布。

4. 挤出复合的主要特点

① 成本低　热塑性塑料既可为胶黏剂层，又可为复合层，材料价格便宜；胶黏剂的涂布量少，通常仅为干式复合法的1/10左右。

表 7-2	常见 AC 剂的种类和特点
AC 剂种类	特　　点
钛类	通用性好,初黏性好,但使用挥发性溶剂,不能长时间存放
亚酰胺类	价格低,但只能在 PT、OPP、铝箔等材料上使用
聚醚型聚氨酯类	通用性、耐水性好,能用于蒸煮型复合材料的生产,但初黏性较差
聚酯型聚氨酯类	通用性好,黏合力优于聚醚型

② 适用性较广，采用挤出复合的基材可进行里印。

③ 生产过程环境污染小，复合后材料中无溶剂残余。

由于挤出复合具有成本低、无污染、效率较高等优点，被认为是一种环保的复合工艺，正被越来越广泛地应用。

六、共 挤 复 合

1. 共挤复合法工艺流程

共挤复合法是采用两台或两台以上挤出机共用一个复合模头，生产出多层复合薄膜的工艺过程，也常称为多层共挤复合。

共挤复合与生产单层塑料薄膜工艺流程相似，也分管膜法和平膜法，即分别使用共挤圆筒形复合吹塑口模和共挤 T 型流延复合口模，则最终得到管状薄膜和片状薄膜。

2. 共挤复合设备原理

多层共挤复合机一般是与别的工艺单元组合成生产线（图 7-35）。

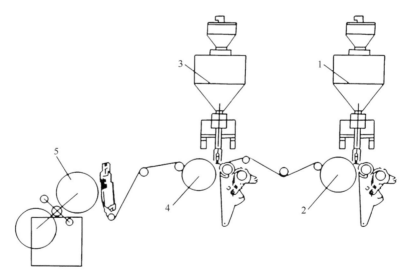

1、3—挤出机；2—冷却单元；4—复合单元；5—收卷单元。

图 7-35　共挤复合机的构成

3. 胶黏剂

多层共挤复合最常用热封基材是低密度聚乙烯（LDPE）膜和聚丙烯膜。常用塑料薄膜层合时的黏附特性如表 7-3 所示。

表 7-3　　　　　　　　　　　常用塑料薄膜复合时的黏附特性

塑料品种	PE	PP	PVDC	PET	PVA	PA
PE	优良	优良	优良	无	无	无
PP	优良	优良	优良	无	无	无
PVDC	优良	优良	优良	良好	无	无
PET	无	无	良好	优良	良好	无
PVA	优良	无	无	良好	优良	优良
PA	无	无	无	无	无	优良

4. 共挤复合法的主要特点

①复合强度好，且材料性能多样化；②不使用 AC 剂，没有环境污染；③与干式复合法和挤出复合法相比，共挤复合生产成本最低。采用多种树脂制成的多层结构的复合膜，材料成本不会有明显增加。而材料性能明显提高，产品品质大幅提升，应用领域也不断得到扩大；④只能选用具有相容性的热塑性塑料，如果塑料间不能相容，则需加入另一种与这些塑料都能相容的粘接性树脂；⑤对各层薄膜厚度控制较困难；⑥生产出的复合薄膜只能进行表印。

七、热 熔 复 合

1. 热熔复合法工艺流程

热熔复合法是指把不含水或溶剂的热熔性树脂加热熔融后，涂布在一基材表面，然后立即与另一基材黏合，经冷却后得到一种新材料的工艺过程。热熔复合工艺流程如下：放卷—热熔涂布—复合—收卷。

热熔复合与无溶剂复合相似，涂布后直接复合，且无干燥系统，但热熔涂布需要对树脂加热熔融，因此其涂胶系统需要有相应的加热装置及温度控制。

2. 热熔复合设备

热熔胶复合机的基本构成如图 7-36 所示。热熔复合机与无溶剂复合机相似，熔融树脂在涂布后，直接复合，再到收卷单元，不需要干燥系统。

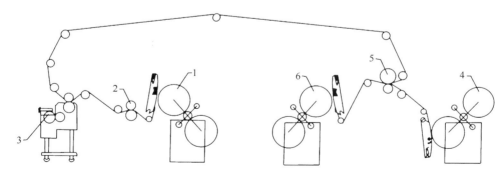

1、4—放卷单元；2—牵引单元；3—涂布单元；5—复合单元；6—收卷单元。

图 7-36　热熔胶复合机的构成

热熔复合机的最大特点在于它的涂布单元必须配备加热装置和温度控制系统。热熔涂布方式有两种：凹滚涂布或半柔性涂布（亦称三滚涂布），但涂布滚、刮刀板、供胶系统都需要加热，橡胶压辊和抹匀辊（如果采用）最好也都加热。

3. 热熔胶黏剂

热熔复合胶黏剂应具备如下几个条件，即加热熔融后分解物少；熔融后黏度较低；对复合基材的润湿性好，并具有较强的粘接力。现在主要使用乙烯-乙酸乙烯共聚物（EVA）、乙烯–丙烯酸共聚物（EEA）、聚烯烃、蜡和少量的松脂类树脂、石油类树脂混合后的胶黏剂，其中 EVA 的加入量达 80% 之多，聚烯烃包括聚异丁烯、聚丁烯等，蜡包括石蜡、微晶蜡、聚乙烯蜡等。

习　题

1. 纸制品的表面整饰有哪几种？
2. 简述 UV 上光的原理和特点。
3. 普通烫印与冷烫印有何区别？普通烫印时，如何选择烫印温度和压力？
4. 何谓冷烫印？冷烫印有何特点和优势？冷烫印与普通热烫印有何区别？
5. 模切和压痕的作用有何不同？简述模切压痕的原理与工艺特点。
6. 简述激光制作模切版的原理和方法。
7. 圆压圆自动模切的基本形式有哪几种形式，有何区别和特点？
8. 常用的阴模（压痕用底模）材料有哪些？
9. 塑料薄膜为什么在印刷前要进行表面处理？
10. 简述电晕处理塑料薄膜的机理。
11. 何谓塑料薄膜的里印工艺？里印工艺与一般印刷有何不同之处？
12. 薄膜复合工艺分哪几种？
13. 薄膜复合黏合剂的主要品种有哪些？影响复合黏结力的主要因素有哪些？

参 考 文 献

[1] 许文才. 包装印刷与印后加工 [M]. 北京：中国轻工业出版社，2006.

[2] 许文才. 包装印刷技术 [M]. 北京：中国轻工业出版社，2011.

[3] 许文才. 包装印刷技术 [M]. 2版. 北京：中国轻工业出版社，2015.

[4] 许文才，智文广. 现代印刷机械 [M]. 北京：印刷工业出版社，1999.

[5] 许文才，智川. 特种印刷技术问答 [M]. 北京：化学工业出版社，2005.

[6] 全国包装标准化技术委员会. 包装术语 第6部分：印刷：GB/T 4122.6—2010 [S]. 北京：中国标准出版社，2010.

[7] 陈虹，许文才，赵吉斌，等. 印刷设备概论 [M]. 北京：中国轻工业出版社，2010.

[8] 智文广，许文才，智川. 柔性版印刷技术问答 [M]. 北京：化学工业出版社，2006.

[9] 陈艳球. 丝网印刷工艺与制作 [M]. 湖南：湖南大学出版社，2020.

[10] 何晓辉. 印刷质量控制与检测 [M]. 北京：印刷工业出版社，2008.

[11] 何晓辉. 印刷原理与工艺 [M]. 北京：印刷工业出版社，2008.

[12] 王建清. 包装材料学 [M]. 北京：中国轻工业出版社，2009.

[13] 邢洁芳，黄蓓青. 绿色包装印刷 [M]. 北京：科学出版社. 2023.

[14] 张改梅. 纸盒和纸袋印刷300问 [M]. 北京：化学工业出版社，2005.

[15] 高晶，黎阳晖. 柔性版印刷500问 [M]. 北京：文化发展出版社，2016.

[16] 金杨. 数字化印前处理原理与技术 [M]. 北京：化学工业出版社，2006.

[17] 傅强. 不干胶标签及膜内标签印刷技术问答 [M]. 北京：印刷工业出版社，2008.

[18] 陈斌. 2020中国柔性版印刷发展报告 [M]. 北京：文化发展出版社，2020.

[19] 黄颖为. 特种印刷 [M]. 北京：化学工业出版社，2020.

[20] 中国印刷技术协会，上海新闻出版职业教育集团. 网版制版 [M]. 北京：中国轻工业出版社，2022.

[21] 姚海根. 数字印刷 [M]. 北京：中国轻工业出版社，2010.

[22] 智文广，何晓辉，智川. 特种印刷技术 [M]. 北京：中国轻工业出版社，2007.

[23] 刘浩学. 印刷色彩学 [M]. 北京：中国轻工业出版社，2008.

[24] 张逸新. 数字印刷原理与工艺 [M]. 北京：中国轻工业出版社，2007.

[25] 周奕华. 数字印刷 [M]. 湖北：武汉大学出版社，2007.

[26] 刘尊忠，黄敏，姜东升. 防伪印刷与应用 [M]. 北京：印刷工业出版社，2008.

[27] 美国柔性版技术协会基金会. 柔性版印刷原理与实践 [M]. 北京：化学工业出版社，2007.

[28] 张子成，邢继纲. 现代塑料印刷薄膜工艺 [M]. 北京：国防工业出版社，2020.

[29] 伍秋涛. 软包装结构设计与工艺设计 [M]. 北京：印刷工业出版社，2008.

[30] 潘杰. 实用丝网印刷技术 [M]. 北京：化学工业出版社，2015.

[31] 张逸新. 印刷与包装防伪技术 [M]. 北京：化学工业出版社，2006.

[32] 唐正宁，李飞，安君. 特种印刷技术 [M]. 北京：印刷工业出版社，2007.

[33] 江谷，朱雨川. 软包装印刷及后加工技术 [M]. 北京：印刷工业出版社，2007.

[34] 徐世垣. 金属包装印刷及打印技术新品 [J]. 丝网印刷，2023（20）：51-53.

[35] 周晓芹. 包装印刷生产模式的改进 [J]. 广东印刷，2023（05）：33-34.

[36] 张金荣. 绿色数字印刷在现代包装设计中的应用 [J]. 丝网印刷，2023（19）：93-95.

［37］　本刊辑. 包装印刷企业在选择 LED-UV 固化时必须考虑这些因素［J］. 广东印刷，2023（02）：43-44.

［38］　李莎. 浅谈柔版印刷操作工艺在包装设计中的应用［J］. 绿色包装，2023（04）：42-45.

［39］　曾亭元. 数字印刷技术在包装印刷中的应用［J］. 上海轻工业，2023（01）：126-128.

［40］　霍振美. 浅谈传统印刷技术与数码印刷技术的结合［J］. 丝网印刷，2023（10）：50-52.

［41］　徐志霖，肖克，王雅丽. 包装印刷车间废水收集处理工程研究［J］. 造纸装备及材料，2023，52（05）：155-157.

［42］　刘忠季，刘睿研. 丝网印刷在精品包装礼盒上的分析与应用［J］. 包装工程，2023，44（S2）：50-54.

［43］　吴雪梅. 包装印刷中数字印刷技术的应用方法探讨［J］. 丝网印刷，2023（11）：44-46.